卓越工程师教育——焊接工程师系列教程

焊接生产实践

贾安东　编著

机 械 工 业 出 版 社

本书是结合高等学校“卓越工程师教育”及现代焊接制造业对“材料成型及控制工程”专业、“焊接”专业学生的要求，为使学生掌握焊接结构制造的基础知识，具备从事焊接结构制造的基本技能而编写的教材。

本书主要介绍了焊接生产及其特点，焊接结构制造过程中的安全注意事项；焊接结构和焊接生产工艺过程设计；焊接结构生产的材料加工工艺；焊接结构生产的装配焊接和热处理工艺；梁、桁架、焊接柱、焊接机器件、焊接容器、铁路车辆、船舶、钢桥、起重机、建筑钢结构、水轮机和汽轮机机体等典型的焊接结构及其生产；焊接结构车间的工艺平面布置；装配焊接的辅助机械装备等内容。

本书可以作为大学本科和高职高专“焊接”“材料成型及控制工程”（焊接方向）专业相关课程的教材，硕士研究生“材料加工工程”专业相关课程的参考教材，焊接工程师继续教育的培训教材，还可以供焊接及相关学科教师及工程技术人员从事教学、科研与技术开发工作参考。

图书在版编目（CIP）数据

焊接生产实践/贾安东编著．—2版．—北京：机械工业出版社，2017.9

卓越工程师教育．焊接工程师系列教程

ISBN 978-7-111-58333-2

Ⅰ.①焊…　Ⅱ.①贾…　Ⅲ.①焊接－教材　Ⅳ.①TG4

中国版本图书馆CIP数据核字（2017）第258706号

机械工业出版社（北京市百万庄大街22号　邮政编码100037）
策划编辑：何月秋　责任编辑：何月秋　王彦青
责任校对：张　薇　封面设计：马精明
责任印制：常天培
唐山三艺印务有限公司印刷
2018年1月第2版第1次印刷
184mm×260mm·18.25印张·443千字
0001—3000册
标准书号：ISBN 978-7-111-58333-2
定价：49.00元

凡购本书，如有缺页、倒页、脱页，由本社发行部调换

电话服务
服务咨询热线：010-88379833
读者购书热线：010-88379649

网络服务
机 工 官 网：www.cmpbook.com
机 工 官 博：weibo.com/cmp1952
教育服务网：www.cmpedu.com
金 书 网：www.golden-book.com

卓越工程师教育——焊接工程师系列教程

编　委　会

序

教育部“卓越工程师教育培养计划”是贯彻落实《国家中长期教育改革和发展规划纲要（2010—2020年）》和《国家中长期人才发展规划纲要（2010—2020年）》的重大改革项目，也是促进我国高等工程教育改革和创新，努力建设具有世界先进水平和中国特色的现代高等工程教育体系，走向工程教育强国的重大举措。该计划旨在培养和造就创新能力强、适应经济社会发展需要的高质量各类型工程技术人才，为实现中国梦服务。

焊接作为制造领域的重要技术在现代工程中的应用越来越广，质量要求越来越高。为适应时代的发展与工程建设的需要，焊接科学与工程技术人才的培养进入了“卓越工程师教育培养计划”，本套“卓越工程师教育——焊接工程师系列教程”的出版可谓是恰逢其时，一定会赢得众多的读者关注，使社会和企业受益。

“卓越工程师教育——焊接工程师系列教程”内容丰富、知识系统，凝结了作者们多年的焊接教学、科研及工程实践经验，必将在我国焊接卓越工程师人才培养、“焊接工程师”职业资格认证等方面发挥重要作用，进而为我国现代焊接技术的发展做出重大贡献。

单　平

编写说明

随着高等教育改革的发展，2010 年教育部开始实施“卓越工程师教育培养计划”，其目的就是要“面向工业界、面向世界、面向未来”，培养造就创新能力强、适应现代经济社会发展需要的高质量各类型工程技术人才，为建设创新型国家、实现工业化和现代化奠定坚实的人力资源优势，增强我国的核心竞争力和综合国力。

我国高等院校本科“材料成型及控制工程”专业担负着为国家培养焊接、铸造、压力加工和热处理等领域工程技术人才的重任。结合国家经济建设和工程实际的需求，加强基础理论教学和注重培养解决工程实际问题的能力成为“卓越工程师教育计划”的重点。

在普通高等院校本科“材料成型及控制工程”专业现行的教学计划中，专业课学时占总学时数的比例在 10% 左右，教学内容则要涵盖铸造、焊接、压力加工和热处理等专业知识领域。受专业课教学学时所限，学生在校期间只能是初知焊接基本理论，毕业后为了适应现代企业对焊接工程师的岗位需求，还必须对焊接知识体系进行较系统的岗前自学或岗位培训，再经过焊接工程实践的锻炼与经验积累，才能成为“焊接卓越工程师”。显然，无论是焊接卓越工程师的人才培养，还是焊接工程师的自学与培训都需要有一套实用的焊接专业系列教材。“卓越工程师教育——焊接工程师系列教程”正是为适应高质量焊接工程技术人才的培养和需求而精心策划和编写的。

本系列教程是在机械工业出版社 1993 年出版的“继续工程教育焊接教材”与 2007 年出版的“焊接工程师系列教程”的基础上修订、完善与扩充的。新版“卓越工程师教育——焊接工程师系列教程”共 11 册，包括《焊接技术导论》《焊接原理》《金属材料焊接》《焊接工艺理论与技术》《现代高效焊接技术》《焊接结构理论与制造》《焊接生产实践》《现代弧焊电源及其控制》《弧焊设备及选用》《焊接自动化技术及其应用》《无损检测与焊接质量保证》。

本系列教程的编写基于天津大学焊接专业多年的教学、科研与工程科技实践的积淀。教程取材力求少而精，突出实用性，内容紧密结合焊接工程实践，注重从理论与实践结合的角度阐明焊接基础理论与技术，并列举了较多的焊接工程实例。

本系列教程可作为普通高等院校“材料成型及控制工程”专业（焊接方向）本科生和研究生的参考教材；适用于企业焊接工程师的岗前自学与岗位培训；可作为注册焊接工程师认证考试的培训教材或参考书；还可供从事焊接技术工作的工程技术人员参考。

衷心希望本系列教程能使业内读者受益，成为高等院校相关专业师生和广大焊接工程技术人员的良师益友。若见本套教程中存在瑕疵和谬误，恳请各界读者不吝赐教，予以斧正。

编委会

前　言

本书是焊接结构生产的入门教材，旨在给刚入职的到生产企业从事焊接技术工作的大学毕业生提供应熟悉和掌握焊接的生产基本知识，例如：焊接生产的组成和类别、怎样组织焊接生产、焊接生产的工艺流程和相关知识、焊接生产的产品——焊接结构概要、所采用的焊接工艺方法概要、生产结构的材料、典型焊接结构生产概要等。通过本教程（以及其他一些相关教程）的学习，在有经验的焊接工程师及技师的帮带下，使他们逐渐能够独立编制从订购原材料（主要结构材料、焊接材料、辅助材料等）到编制材料入厂、材料加工、装配焊接、质量检验等工艺-工序，再到编制产品出厂的整个生产工艺，迅速成长为一名焊接工艺师。本书是在本人编写的《焊接结构及生产设计》的基础上加以增删完善后改版而成的。例如，在第1、2章中讲了随着改革开放和国民经济的大发展，焊接生产和焊接结构的大发展；增加了焊接结构制造的安全注意事项、焊接结构的工作图；在讲述焊接结构设计的概要时，又介绍了焊接工艺过程设计和工艺评定方法；在第4章中增加了热处理工艺，将原书第3、4、5、6章中各种典型焊接结构的特点、设计、生产工艺过程，合并为第5、6章，删去了一些设计内容。本书保留了原书最后两章内容：焊接结构车间工艺平面布置和装配焊接辅助机械装备，但也做了大量删改，以符合入门及少而精的要求。

本书的主要内容有：焊接生产概念、焊接生产的特点、焊接生产的安全事项；焊接结构的生产设计，结构在工程图样中的表达，焊接工艺评定；焊接生产的材料加工工艺、装配焊接工艺、焊接生产的热处理；典型焊接结构的生产，包括各类典型焊接结构（焊接梁、柱、桁架、焊接容器、船舶和列车壳体及复合结构和焊接机器件等）的特点、几种主要焊接结构的制造（生产）方法。作为入门，还有对焊接生产组织相当重要的车间生产的工艺平面布置，非标准的装配-焊接胎具、夹具和机械装备以及焊接机器人等知识。

本书适合于刚入职的“材料成型及控制工程”专业的本、专科毕业生，到钢结构制造、造船、锅炉、压力容器、焊接桥梁等企业、科研院所从事焊接工作，进行入职培训使用，也可供这类企业、科研院所对从事焊接工作的技术人员进行培训，使之适应焊接工程师的工作需要。

本书由贾安东编著，孙维善主审。编写过程中参考了许多文献资料，有些是作者在工厂中工作收集的资料，这些文献资料对本书成书作用巨大，在此对原作者、工厂的工程技术人员表示衷心的感谢。

由于编著者水平有限，书中缺点和错误在所难免，敬请各界读者予以批评指正。

编著者

目录

第1章 绪论

1.1 焊接生产

1.1.1 焊接结构的发展

焊接结构近几十年来的发展趋势如下：

1）焊接结构获得进一步推广和应用。与其他可制造金属结构的工艺如锻造、铸造、铆接相比，只有焊接结构的占有率是上升的。在工业发达国家中焊接结构占到钢产量的50%~60%，我国2014年钢产量已达11.26亿t，十种有色金属产量达4417万t，据统计我国焊接结构用钢量已经占到当年钢产量的40%以上。有文章称焊接行业、焊接产品（焊接结构）要努力满足国民经济发展，“上天（航天、航空）”越来越高，“入地（地铁、隧道）”越来越广，“下海（潜船、海工）”越来越深的需求。

2）焊接结构向大型化、高参数、精确尺寸方向发展。如长382m、宽68m、高252m的50万t级巨型油轮；直径为33m、容积为20000m^3的大型球罐；国产核电站600MW反应堆压力壳是一个高12m多，内径3.85m，外径4.5m，壁厚从195~475mm的厚壁容器。国外还有1480MW级，而我国2010年亦有多台1000MW级反应堆压力容器交付使用。1.2GW电站锅炉工作压力为32.4MPa，温度为650℃的大型高炉，工作在热疲劳条件下，容积为5080m^3；560t热壁加氢反应器，壁厚达200~210mm，内径为2m，筒体部件长20多米；众所周知，总发电装机容量达1820万kW的三峡电站，其26台700MW的水轮发电机组已全部并网发电，其水轮机的座环、转轮、主轴、蜗壳等都是巨型焊接结构，如蜗壳的进口直径就达12m，壁厚为70~80mm，而水轮机叶片不仅焊接量大，而且要求精度高。与结构向大型化、高参数、精确尺寸方向发展相对应，数控切割、数控卷板、少切屑、无切屑和一次成形、精密成形的应用使得一些重型机械的主要部件在设计时就采用了焊接件，已经突破了将其作为毛坯的传统概念，这些焊接件采用先进的切割和焊接方法，不经机械加工或很少加工即可直接进行装配，并保证必要的安装装配精度和公差要求。

3）采用结构材料的巨大进步。由于以上原因，焊接结构材料已从碳素结构钢转向采用低合金高强度结构钢、合金结构钢、特殊用途钢，工业发达国家采用了的而我国已经开发的微合金化控轧钢（如TMCP钢）、高强度细晶粒钢、精炼钢（如CF钢）、非微合金化的C-Mn钢、制造海洋平台基础导管架和高层、越高层建筑钢结构用的Z向钢。高强度和超高强度钢也开始广泛用于制造焊接结构，如高强度管线钢X80、X100、X120钢，汽车车身用超轻型结构用钢，为发展建筑钢结构，武钢专门研发了高耐火性、耐气候腐蚀、高双向性和优良焊接性皆具备的高层建筑用钢WGJ510C2；制造固体燃料火箭发动机壳的4340钢，抗拉强度可达1765MPa等。与焊接结构的使用条件日益复杂和苛刻相对应，一些耐高温、耐腐蚀、耐深冷及脆性断裂的高合金钢及非钢铁合金也在焊接结构中获得了应用，如3.5Ni、5.5Ni及9Ni钢，不锈钢和耐热钢，铝及铝合合，钛及钛合金，还有用特殊合金制造输送液化天然气的货船（LNG）和球罐等。

4）焊接结构的设计应依据其工作条件和要求分别按照有关规范进行，接受有关部门的监督，但结构设计共同的发展趋势是来用计算机辅助技术进行优化设计，从而使结构更加经济合理，并且减少了设计的工作量。

1.1.2 焊接生产的发展

与以上焊接结构的发展趋势相适应，必然有以先进的焊接工艺为基础的相应的材料预处理、装配、工序间传送、产品的变位和清理、各工序间的检验和成品检验等一整套焊接生产的发展。近年来焊接生产的主要发展趋势如下：

1）先进、优质、高产、低耗、廉价和清洁的焊接工艺不断发展并快速在焊接生产中获得应用。如在很多场合，CO_2气体保护焊代替了焊条电弧焊；用富氩的混合气体保护焊、氩弧焊（MIG焊和TIG焊）焊接高强度结构钢、大厚度的压力容器；热壁加氢反应器采用窄间隙焊；需要单面焊的压力容器和管道中常用TIG焊、STT（表面张力过渡法）焊打底；药芯焊丝气体保护焊已用于诸如造船、重型机械、大型储罐等焊接结构的空间焊缝；管道的高速旋转电弧焊，全自动的气电保护焊和脉冲闪光焊广泛应用；在汽车制造业、航天航空、核设备的焊接中使用了激光焊、氩弧焊。一些传统的焊接工艺也有了新发展，如搅拌摩擦焊、活性焊剂氩弧焊，埋弧焊有了多丝（串联和并联），还有热丝、填金属粉、窄间隙埋弧焊等。即使采用焊条电弧焊的场合，也采用了高效焊接工艺，例如在长输管道的焊接中采用向下立焊方法对接、在造船焊接中采用重力焊、广泛应用铁粉焊条等。

2）包括上述先进焊接工艺在内的焊接机械化和自动化得到推广，焊接机器人得到应用。高效、优质的机械化和自动化是靠相应的自动化设备和焊接材料支持的。像大型化的焊接成套设备，具有自动跟踪焊缝、检测、调整等功能，如长输管线的全位置气电自动焊的成套设备、脉冲闪光焊的成套设备，这不仅可以大幅度提高焊接质量和生产率，也为改善工人的劳动强度，进而向无人化生产铺平道路。又如大型储油罐壁焊缝自动焊机，特别是焊接机器人，目前在世界上所有的工业机器人中，50%以上为焊接机器人，在一些劳动条件十分恶劣的场合，为摆脱对高级熟练焊工的依赖，进一步提高劳动生产率和质量，选择焊接机器人是重要的途径。

3）焊接生产中的备料工艺有了重大进步。这是使整个生产工艺现代化、自动化和短流程的一个重要环节。例如广泛采用数控热切割，目前主要采用数控氧乙炔气割下料，如海上平台的导管架，全部管节点构成管头各种空间曲线，都采用了精密的数控切割。有的工厂6mm以上的钢材大都采用数控热切割方法下料，使划线、下料实现了自动化，保证了零件的形状、尺寸正确，边缘光滑，不再需用边缘刨削来改善零件精度，80%以上的板料零件只需这道下料工序和修磨即可进入装配。一些工厂根据产品特点还保留了部分剪床下料，但由剪切向热切割，向数控切割过渡的趋向已十分明显。与上述变化相对应，热切割工艺与设备得到了很大发展，新的热切割工艺，如等离子弧切割、激光切割等获得应用。

备料生产中的材料成形工艺也有很大变化，如制造圆筒容器所用的大量卷板工艺，已经开始采用数控卷板代替繁重的手工卷板。各种封头的成形工艺也有了很大进步。

4）加强了基本金属如钢材、铝合金等的表面预处理和边缘处理，以保证热切割的连续、焊接及装配质量和成品涂饰质量。

5）除研制大型、成套焊接自动化设备外，还研制了通用的机械化的装配、精确定位的胎夹具及辅助机具和装备，包括机械化的工件变位机械、焊接操作机械等，这些是自动化焊接生产必不可少的。

6）除机器人和机械手之外，还在各工序、工位间设置专用的起重运输设备和传送带，组成立体运输网或流水线等。

综上所述焊接结构与焊接生产的发展趋势，不难看出无论在结构设计还是在焊接工艺、焊接设备、备料工艺与设备和焊接材料方面均有较大的发展。在图样设计方面采用了先进的技术标准、高性能的材料，在制造时采用了与技术标准和材料相适应的高质、高效、低成本的工艺，制造出了一流的产品，而焊接生产是整个生产制造过程中主要的一环，占有极重要的地位。现在我国已加入 WTO，我国产品进入国际市场，面临残酷、激烈的竞争，我国机电产品，包括焊接结构能否在国际市场上站住脚，争得一席之地，这与焊接生产的能力有很大的关系，它往往是产品打入国际市场，在国内取代进口产品，能否成为与外商合作的伙伴，并参与国际竞争的首要条件之一。

1.2 焊接生产的特点

如上所述，焊接生产过程是指采用焊接的工艺方法把毛坯、零件和部件连接起来制成焊接结构的生产过程。各种各样的焊接结构都是焊接生产的产品，其中有许多就是最终的制成品，如大型球罐、全焊钢桥、热风炉、加氢反应器、蒸煮球、尿素合成塔等；更多则是最终制成品的主要部件或零件，如全焊船体、电站锅炉的锅筒、起重机的金属结构、压力容器的承压壳、油罐车的油罐和底架、内燃机车的车体和底架柴油机的焊接机体及水轮机的主轴、转轮和座环等。

在工厂中承担焊接生产的车间，如金属结构车间、装焊车间、总装车间等是工厂的主要车间之一，在一些情况下，它是初级产品、半成品的准备车间（如汽车制造厂的车体车间或车身车间），或是工厂最终产品的总装车间、涂饰车间或成品库的供应者，同时它也可能是工厂的备料车间（切割下料与冲压成形、零件机加工等）、机加工车间、某些中间仓库的“消费者”。它还必须由动力车间（包括变电站、空压站、锅炉房、氧乙炔站等）提供能源。总之，焊接生产和工业生产的其他部门有着紧密的联系，随着焊接结构和焊接生产的发展，焊接生产在工业生产中占有越来越重要的地位。

除此之外焊接生产在工程建设和施工中也是最重要的环节之一，例如在石油化工企业的建设中，焊接工作量约占 1/3；已于 2005 年交付投产的西气东输管线一线干线长 4200km 的管线，采用 X70 钢管，直径为 1016mm，压力为 10MPa，壁厚为 14.6 ~ 26.2mm，仅接头就有约 40 万个，共用钢材 174 万 t，焊条 5100t。还未计入各种附属设施、闸阀门、加温装置等的焊接接头。可见焊接生产的水平是加快基本建设速度，提高工程质量，保证建成的工程和企业很快投产、达产的重要保证。

1.2.1 焊接生产过程

由于焊接结构的不同（包括所用材料、用途、焊接方法、生产条件与过程等的差异），焊接生产过程也不尽相同，但都可以归纳出下列焊接产品的工艺过程：

（1）焊接生产的准备　包括从图样的工艺审查开始，然后是制定工艺方案，进行工艺制定，编制工艺规程，进行工艺评定，生成工艺文件，包含定额编制、质量保证文件的编制，定购原材料和辅助材料，外购或自行设计制造相关的装配焊接设备和装备（对老厂来说，是指生产新产品需增加的或改造的）。

（2）材料入库和预处理　此时真正开始了焊接结构制造工艺过程，通常由钢厂供给的钢材要同时提供质量保证书，按炉批号进行复验，重要的产品有时要进行逐张钢板的复验，合格后方可入库。除金属材料外，焊接材料：焊丝、焊条、焊剂、保护气体（CO_2、Ar、He、H_2、N_2 等）；气焊和气割材料：氧、瓶装乙炔、强化丙烷、强化液化石油气等；其他辅助材料（油料、燃料、涂料）等，也需进行验收。合格的原材料方可入库。在材料库对验收合格的材料要进行预处理，包括除锈、矫正、表面防护处理（如喷丸、喷涂导电漆等）、预落料等。由于预处理工艺对提高一些产品质量作用巨大，随规模增大，如汽车车身制造、船舶制造业等往往设有专门的材料预处理车间。

（3）备料　指放样、划线、号料、下料、边缘加工、二次矫正、成形加工（冷热弯曲加工和冲压成型）、端面加工（如加工坡口）以及号孔、钻孔等。

（4）装配焊接　这是充分体现焊接生产的工艺过程，是中心环节。其装配和焊接是完全不同的又紧密联系，又互相穿插的工艺。由于产品结构和生产规模的差别，焊接装配技术的发展决定了采用的装配焊接工艺和方法。如对轿车车身，这种大量生产的薄板结构，决定了采用冲压毛坯，专用的高效率的胎夹具和快速高质量的焊接技术（如电阻焊、激光焊等）实行流水生产。而对于水电站的水轮机转轮，单件、巨型且往往是铸-焊复合结构，则适用于高效电渣焊工艺或窄间隙焊，甚至采用焊条电弧焊，并且可能在工厂预装配，进行部分焊接后，拆卸运至水电站现场再次装配焊接。某些情况下，中间还要增加机械加工，焊前焊后热处理、部件或成品的矫正等。

（5）检验　这是十分重要且贯穿整个焊接生产过程的工序。从入库开始的原材料检验、工序间的检验到制成品的总检-成品检验。严格的检验是对生产实行监督、保证产品质量的基本手段。所以目前工业生产的质量管理，已从最初的质量检验阶段经质量控制阶段，发展到现在的“全面质量管理阶段”（TQC）。

（6）成品验收、涂饰及包装　这是焊接生产的最后环节，该环节（和某些关键工序检验）往往有甲方（委托方、顾客）或其代表（驻厂检验员）参加。

焊接生产过程是由焊接生产组成来完成的，拟定焊接生产组成是焊接生产设计的基本任务。

1.2.2 焊接生产组成及焊接生产设计的基本任务

焊接生产的基本组成是：制造产品所需的材料，加工产品（改变金属形状、尺寸、性能和状态）以及保持流水生产必需的设备，供开动生产及运输设备和进行金属加工的各种动力，进行上述各项工作并合理组织在一起的工作人员，以及供产品、设备、工作人员等组织生产的场地面积。

“材料”包括成为焊接结构主体的金属材料及填充材料、辅助材料。其中有各种金属板材和型材，其他加工及外购的零件毛坯和标准件，焊丝、焊条、焊剂、保护气体、燃烧气体以及为冷却机器所用的水等。

“设备”不仅有主要的生产设备，如各种下料和成型机床、各种焊机、清涂机械及检验机器等，还有辅助设备，如装配焊接用的辅助器具和工艺装备。

“动力”指各种形式的能量。如开动各种机器、焊接设备的电能，金属热成形的燃料，压缩空气，蒸汽等。

“工作人员”包括：①直接生产人员。基本工人——电焊工、气焊（割）工、铆工（放样、剪切、下料、成形、装配等）等；辅助工人——设备维修工、运输起重工、电工等；工程技术人员——工程师、助理工程师、技术员、技师等。②非直接生产人员。管理人员，服务人员——勤杂工、仓库保管员、后勤人员等。③技术检验人员。检验工，检验技术人员等。

完成生产工艺过程，制造产品全部必需的材料、设备和工作人员必须在一个严格按生产合理布置的场地里组织起来，以完成焊接生产、制造焊接结构。该生产组成的总空间包括安置生产设备和工人工作场地的生产面积；布置通道、车道、储藏室、仓库、行政管理办公室、生活服务设施等的辅助面积；以及与这些面积相对应的车间空间高度。

上述生产组成部分内容相当繁多，但都是围绕生产出某种达到一定生产量和规定质量的焊接结构的目的而组成的。它们由生产的工艺过程有机地联系起来。

综上所述，焊接生产及焊接车间设计主要包括以下内容：

1）拟定生产工艺过程（工艺设计），拟定技术上和经济上都合理的产品制造工艺方法，包括技术检验方法、车间内部零件毛坯、半成品及产品的运输等。

2）确定保证制造产品所必需的全部生产组成部分的质量和数量。

3）拟定全部生产组成部分在车间里的布置计划。在进行车间平面布置之前，需要预先拟定生产组织管理系统；平面布置决定（车间宽度随之确定）之后再决定车间高度。

4）进行非标准设备和装备的设计，包括装配焊接的辅助器具及工艺装备，其他生产设备改装等等。

5）确定基本的、实现所拟定焊接生产必需的投资，从而决定产品的成本，进行财务分析和经济评估。

上述设计内容中拟定生产工艺过程，特别是装配焊接工艺过程是最关键的问题。由于它是完成其他设计的依据，不仅影响日后生产产品的质量，而且决定整个焊接生产和工厂的经济效益。例如压力容器筒体纵、环缝焊接工艺，可采用焊条电弧焊、气体保护焊、埋弧焊和电渣焊来完成，从劳动生产率和焊接接头质量来看，后三者较高，但电渣焊虽然焊厚壁筒的生产率最高，但焊后接头有粗大魏氏组织，必须经过正火一回火热处理。而圆筒容器的环缝在没有大型井式炉的条件时，进行上述热处理可能造成超限的椭圆变形。在进行了各种比较之后，可以选择纵缝电渣焊（热处理后校圆）、环缝窄间隙焊的工艺。

按此工艺，相应的其他生产组成部分也确定了。例如设备应是电渣焊机和窄间隙埋弧焊机，辅助装备应是焊接滚轮架和焊接变位机；辅助和填充材料主要是焊丝、焊剂和保护气体；材料的准备加工，如坡口的加工应该精确（对于电渣焊坡口用气割切割加清理即可，而窄间隙焊的坡口要求精确加工)，最好采用机械设备；基本工人及辅助工人也随之确定；由焊接工位决定的生产面积及布置形式也基本确定。

1.2.3 焊接生产的类别及其特点

根据不同类型产品的数量和每种产品的重复生产数，可以把焊接生产分为：单件小批、中批、大批和大量生产。当所设计的焊接生产越接近大批和大量生产时，生产产品的数量越多，类型越少（表1-1～表1-3)；生产工艺过程应拟定得很详细，以便于采用专门、复杂而高效率的设备和装备，采用高生产率的装配焊接方法，采用各种机械化的起重运输设备，快速移动生产的结构和部件；生产设备负荷越大也越均衡；生产的组织与调整也更先进。所有这些都有助于获得较高的技术、经济指标。

表1-1 根据年生产产品明细表（决定的生产类别表） （单位：件）

单件产品总重/t	生产类别			
	单件小批	中批	大批	大量
0.025以下	5000以下	5001～200000	200001～400000	400000以上
0.025～0.1	2000以下	2001～100000	100001～200000	200000以上
0.1～0.5	500以下	501～30000	30001～70000	70000以上
0.5～1	300以下	301～5000	5001～50000	50000以上
1～5	200以下	201～3500	3501～25000	25000以上
5～25	100以下	101～2000	2001～10000	10000以上
25～100	50以下	51～1000	1001～2500	2500以上
100以上	10以下	大于10	—	—

表1-2 我国汽车工业生产性质表 （单位：万辆/年）

生产对象：载重汽车/t	生产类别		
	小中批	大批	大量（流水）
2～4	0.5～1.0	2.0～4.0	>5
8～15	0.2～0.5	1.0～2.0	>2

表1-3 汽车、拖拉机冲压生产性质表

划分方法	单位	生产类别			
		小批	中批	大批	大量
按年产量	台	<10000	10000～50000	50000～150000	>150000
按每台压力机承担工序数	序数	25～50	15～25	3～15	1～3
按连续生产班数	班	<1	1～6	6～15	>15
按零件分					
大型零件展面积 $>0.6m^2$	件	<10000	10000～50000	50000～150000	>150000
中型零件展面积 $0.1～0.6m^2$	件	<20000	20000～100000	100000～500000	>500000
小型零件展面积 $<0.1m^2$	件	<50000	50000～250000	250000～750000	>750000

越接近单件生产，产品数量越少、类型越多，大多采用通用的装配焊接或起重运输设备及各种用途的其他装备；由于工人对产品的熟悉程度和经验不足，从而需要技术等级较高的工人；设备负荷也不均衡，这些都使其技术、经济指标较低。

工业生产常按产品组织生产、组成车间。如汽车厂，往往分为总装配车间（分厂）、车身车间（分厂）、底盘车间（分厂）、发动机车间（分厂）、车厢车间（分厂）等。在这些车间里往往设有焊接作业线、焊接工段或焊接工位，这些作业线、工段、工位和其他加工工艺（如冲压、成形、清洗、喷漆等）的作业线、工段和工位混杂排列，组成产品总的流水线，这是大批和大量生产按流水作业法制造产品时采用的生产组织方式。而在单件小批（有时中批）生产条件下，大多以生产工艺组成车间，如大电机厂、压力容器厂、金属结构厂等。全厂的主要焊接工作都是在装焊车间里完成。如前所述，由于单件小批生产技术经济指标低，故为使工厂企业的生产类型升级，可以采用以下措施以争取较好的经济效益。①组织同类型的零件集中生产，并实行工艺典型化。工厂整个产品可能属单件小批生产，但具体到某类型零件，如果集中生产之后，也可能属大批或大量生产，表1-3中，按年产台量属于小批，而按零件分属于大批或大量的，可在这种零件的生产作业线上组织流水生产。②扩大与其他企业的生产协作，即所谓横向联系，以减少本厂制造的零部件种类。③加强计划性，在保证按期交货的前提下，减少某个时期内生产产品的品种。④加强日常生产调度工作，改进劳动组织，实行“定人、定机、定活”。⑤加强标准化工作，扩大标准件和通用件的范围，使得零部件类型数减少。

1.2.4 焊接生产设计的步骤及内容

焊接生产（包括焊接车间）设计通常有两种情况：①原有工厂或车间在改革或调整过程中，产品改变、产品型号和结构改变、产量改变或工艺改变（采用新工艺和新设备），从而需进行设计；②筹建新厂设计。

由于设计的复杂性和大工作量，设计质量对基建投资和以后的施工建设有重大影响。故这种设计工作要分阶段进行，实行逐段审批和严格监督。过去学习苏联方法，将设计分为三个阶段，即初步设计、技术设计和施工设计。当有标准设计或类似企业的现成设计可供参考时，设计可分为两个阶段：扩大初步设计（包括初步设计和技术设计）和施工设计。随着改革和开放的逐步实行，为加速经济建设速度，避免建设中的失误，在建设工厂的决策确定下来，设计任务书下达之后，通常要进行可行性研究，提出可行性报告，然后才可以进行初步设计（相当于两阶段设计的扩大初步设计）、施工设计，基本上仍分为三个阶段。

根据国家计划或有关部委的委托，由专门设计院（或有关工程公司）编制可行性研究报告。可行性报告包括编制的依据，拟建工厂的位置、自然条件；拟建工厂的规模，生产技术方案，相应工艺原则，是否考虑引进国外先进工艺及设备；工作制度和年时基数；生产组成部分的概略估算；设备和人员，主要物料供应（规格和来源），动力消耗量；产品质量标准；总平面布置；运输及道路；公用设施（如供电、给排水、电信、空压站、乙炔站、中心实验室、供热等）和土建工程；投资估算和资金筹措；财务分析和经济评价—提出拟建项目的技术经济指标；项目实施规划等原属于初步设计的内容，实质上也是决定在当时、当地条件下建设该项目是否合算。

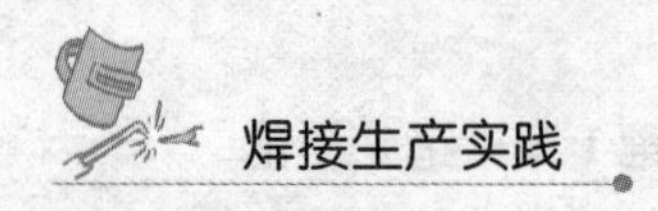

和过去不同的是，改革开放以来，我们实行的是有中国特色的社会主义市场经济，可行性报告还要包括市场情况部分，如国内外生产现状、市场需求调查结果和预测（需求或消费量分析、需求量计算、国外和国内发展趋势），这样就能避免盲目性。此外，基于国家对生态环境影响的相应法规要求，可行性报告中还要就工厂建成后对环境的影响加以说明，如有害因素的防止、三废的处理等都要编入报告，总图上对绿化应有所说明等。按照社会主义建设一切都是为了人们生活更美好，享受更高的物质文明和精神文明，可行性报告除总图中应有生活福利设施规划外，还要有劳动安全及防火篇章。

可行性报告要附有大量表格，如最重要的技术-经济指标表、主要设备装备一览表、投资估算表等，通过这些指标的比较，可得出经济评价及最终可行性的结论，上报有关领导机关审批，一旦可行性报告被批准，即进入初步设计阶段。

在初步设计阶段需将可行性报告所提及的原则及有关规定深化和具体化。设计目的是解决建厂中的一系列具体问题。

如生产工艺部分，要根据拟定的工厂产品明细表（产品的质量和数量）即生产纲领进行折算，按规定的工作制度、年时基数决定生产组成部分（详细决定其质量和数量）；拟定生产工艺过程，编制工艺文件；进行车间平面布置的设计；提出所需设备装备的规格、技术说明或草图、略图，提出订货明细表。

工艺平面布置及总图设计决定了各车间位置、面积、高度，据此进行土建设计，绘制土建平面和剖面草图，还应附有供电、给排水、供热、运输、通风等公共设施的建筑设计。

确定工厂的生产组织及管理系统，详细进行技术经济指标的计算。总之，它是可行性报告的具体化，通常由各相关专业人员合作进行。焊接工艺及车间设计人员主要负责工艺部分的设计。详细拟定工艺过程时要充分考虑生产的性质，确定各工艺工序上加工方法、劳动量、设备及原材料的规格数量，生产产品流动路线、合理的布置等。

在初步设计完成之后，应能提供主要设备和材料的订货、征用土地、场地施工准备、工厂生产准备的依据。初步设计是一份较为完整的设计文件，它较可行性报告提供更详细的、成套的建厂资料，包括更详细、确切的表格，如生产纲领表、工作制度和年时基数表、各种产品的劳动量表、主要设备及平均负荷率表、设备分类明细表、工作人员表、胎夹具及非标准设备和装备表、动力消耗量表、车间组成和面积表、投资概算表及主要数据和技术-经济指标一览表等。

与可行性报告仅提供投资估算不同，初步设计由设计单位负责编制总概算。各车间的概算，工艺部分由工艺设计人员负责编制，土建及公用部分由土建、公用设计人员负责编制、最后由总概算设计人员负责汇总。设计概算是编制基本建设计划，控制建设项目（基本建设）投资、工程拨款和交工验收等的依据，它应与整个设计一道由主管机关（如部局或委托设计单位的上级）审批。经主管机关审批的总概算，不得任意突破，如因设计变更，对总概算有较大变更时，应编制修正概算。

工艺部分概算包括：设备原价、设备运杂费、设备安装费、旧设备拆除费、设备基础费、工具器具及生产用家具费。最后一项费用，通常由总概算设计人员根据全厂设备总投资的百分数来计算，而不用工艺设计人员编制，但属于工具器具范围之内而需要订货的，应列入设备明细表以便订货，但不必填写价格，以免重复。

施工图设计按已批准的初步设计文件及审批意见进行。设计前还应具备水文、地质勘探资料和地形图，落实好施工单位，供电、供水与排水、供热、铁路专用线等协议和规定、关键大型设备订货合同（以取得设备资料等）。

施工图设计包括绘制工艺设备平面安装图及填写设备明细表；车间管道汇总及绘制管线布置图；提供土建及公用等专业任务书和设计资料，这些资料应能满足建筑、公用等专业施工图设计的要求；进行非通用设备、装备及机械化装置的设计，将初步设计中没有解决或解决得不彻底的工艺技术问题、设备问题都妥善解决，以满足当时当地建设施工、设备安装及试运转、装备加工及制造的要求。

施工图设计要符合编制施工预算的需要。施工图由设计部门领导批准即可实施。对施工图的修改也需经一定手续，一般问题的修改由施工配合人员负责解决，并发施工图修改通知单。重大问题及与其他专业密切相关部分的修改，需设计人员、主任设计师在现场解决。

施工图可采用标准设计，但需要注意与总体的配合，与非标准部分的合理衔接、防止盲目套用。

1.3 焊接生产的安全注意事项

“安全第一，预防为主”是我国安全生产的方针，当然也是焊接生产的安全生产方针。在焊接生产过程中要保护劳动者的人身安全和健康、保护环境不受破坏和干扰，而后者更关系到制止人类的家园——地球的生态恶化的进程。2010 年 11 月 17 日上海发生了一起施工公寓楼火灾，造成 53 人遇难、70 人受伤接受医疗的恶性事故，起因即是无证焊工违规操作。所以关注焊接生产安全十分重要，要了解焊接的危险、有害因素、安全与卫生的特点，从而总结出焊接生产的安全注意事项。

1.3.1 焊接的危险和有害因素

焊接通常是利用电能、化学能转换成热能加热和熔化金属形成焊接接头—制造焊接结构的。一旦失控，包括检修、补焊等作业就会酿成灾害和事故。焊接的主要危险和有害因素以及它可能造成的事故见表 1-4。

表 1-4 焊接的主要危险和有害因素以及其可能造成的事故或伤害

主要危险和有害因素	可能造成的事故或伤害
乙炔、电石、压缩纯氧、纯氢	爆炸、火灾
接触带电的焊接电源、焊钳、焊条、焊件	触电、火灾
气焊或切割火焰、电弧焰、熔渣或飞溅	灼伤、火灾
密闭容器或狭小空间作业（锅炉、容器—包括燃料和有毒物质、船舱、地沟内，潮湿等）	触电、急性中毒
水下作业	触电、溺水
高空作业	高处坠落、高处坠物
电弧烟尘及有毒气体、电弧光	尘肺、气管炎、锰和 CO 中毒、急性肺水肿；电光性眼炎、红外线白内障
放射性（α、β、γ、X 光）	皮肤疾病、血液疾病

（续）

主要危险和有害因素	可能造成的事故或伤害
噪声	耳聋、血液系统病
操作强迫不适体位、热辐射	腰肌劳损、脊柱损伤

1.3.2 焊接生产的安全技术

针对焊接生产的危险和有害因素，其安全防范首先是用电安全。这是因为焊接用电在各种焊接方法中，各种焊接设备一次电压（220/380V）和焊接空载电压（60～90V）都超过了安全电压，这就使操作人员有触电的危险。工人没有穿干燥的绝缘的防护服、绝缘鞋和手套，身体接触了带电体—焊条、焊机（如外壳带电）、老化和绝缘层破坏的电缆、接电的工件，即会造成触电，甚至伤亡事故。安全用电要求焊机可靠接地或接零，工作前首先检查场地和设备是否达到标准要求。加强个人防护：穿戴干燥完好的工作服、焊工手套、绝缘鞋，操作时如更换焊条、接触工件，尤其在容器、密闭船舱、金属构件上施焊时一定要“全副武装”，并有人监护。改变焊机接头、换接保险、搬动和检修焊机等操作一定要在切断电源的条件下进行。

第二，注意焊接的防火和防爆。由于焊接飞溅引起的火灾，将造成很大的人员伤亡和财产损失，这必须引起注意和重视。要求工作场地达到标准的要求，对操作工人进行防火安全和灭火装置及器具使用教育。人们都知道，发生燃烧有三个条件：氧和氧化剂、可燃物质、引火源。第一个条件很容易达到，空气中就存在着氧，而焊接飞溅、电火花和气焊、切割焰等就是火源，所以焊接场所存在易燃物质就非常危险。防止上述三条件同时存在即是防火和灭火的理论根据。如扑灭火灾，首先要切断火源、隔绝空气（隔绝氧）、冷却降温。用水扑灭一般火灾即是这道理。但对电气火灾和燃油的火灾以及焊接生产发生的一些火险则需要采用干粉、二氧化碳、四氯化碳灭火器来扑灭。

焊接时物质形态发生变化，当这种变化发生于瞬间，而且释放大量的能量和大量的气体，使周围气压猛烈升高和产生巨响则是爆炸。爆炸具有很大的破坏性，应当极力避免。前已述及在焊接生产中，经常会用到乙炔、压缩纯氧、纯氢等易燃易爆物，因此必须了解乙炔、液化石油气、压缩纯氧、纯氧燃爆特性和它们的使用安全要求；要了解氧气瓶、液化石油气瓶、氢气瓶、气体减压器、乙炔气瓶、乙炔发生器、回火保险器的安全使用技术，爆炸着火事故原因，进而防止事故发生。

第三，了解水下、登高、管道内、密闭容器内焊接生产（焊接和切割）的安全技术，以足够的安全措施防触电、防溺水、防高空坠落、预防坠物打击和爆炸、起火等危险。要了解和坚决执行有关的安全生产条令。

1.3.3 焊接生产的劳动卫生

焊接生产接触有害物质和危险因素要通过劳动卫生加以防护。首先是焊接烟尘和有毒气体的防护，焊条电弧焊、碳弧气刨和自保护焊会产生大量焊接烟尘，二氧化碳气体保护焊（特别是药芯焊丝）、氩弧焊、埋弧焊和电渣焊同样会有烟尘产生。比较而言，埋弧焊和电渣焊的发尘量要低些。发尘的机理是金属和熔渣（药皮）的熔融-过热-蒸发-氧化-冷凝过程

的结果，其含量相当复杂，通常的化学分析方法习惯将其表示为各种简单的氧化物和氟化物。焊接烟尘本身就有毒，此外焊接时还会产生臭氧、一氧化碳、氮氧化物和氟化氢。在电弧辐射短波紫外线作用下，以及高频发生器火花隙中的空气中的氧被破坏，生成臭氧；氮氧化物也是在电弧作用下空气中的氮、氧分子分解，重新结合而成；而氟化氢则是焊条电弧焊的低氢型焊条药皮中的萤石（CaF）、石英（SiO_2）在电弧高温作用下与氢气形成的。焊接烟尘和有毒气体的主要危害是造成焊工尘肺、对呼吸系统造成危害，而CO则造成严重缺氧。目前的防护办法主要是通风除尘，对焊接车间设计时就要考虑换气通风，焊接工位要有吸尘过滤设施。还要通过改进焊接材料和革新焊接工艺，从而改善焊接劳动卫生条件。如研制低尘无毒的焊接材料（焊条、焊丝、焊剂）、提高焊接机械化和自动化水平、避免在狭小空间焊接（如采用带衬垫的埋弧焊-单面焊双面成形）、在氩气中加入体积分数为0.3%的一氧化氮，使臭氧发生量降低90%等。

第二，弧光防护。防止弧光对眼睛、皮肤、纤维（如工作服）等的破坏，可采用设置防护屏（用玻璃纤维布、薄铁皮等制作，并涂以灰、黑无反光漆）；室内采用非反光-吸光壁；采用个人防护——护目镜和防护服；工艺措施有：对弧光和烟尘强烈的等离子弧切割和焊接，采用密闭和强制排风的独立工作间，或水槽式切割工作台、水弧等离子弧切割工艺等。

第三，焊接噪声防护。来源于等离子弧切割、等离子弧喷焊-喷涂；还来自旋转直流弧焊发电机、碳弧气刨、风铲、大锤击打工件和钢板产生，其危害已如上述。按照标准，低频（$f<300$Hz）噪声允许90～100db，中频（$f=300\sim800$Hz）噪声允许85～90db，高频（$f>800$Hz）噪声允许75～80db。可以研究采用低噪声工艺，隔离噪声源，厂房结构和设备采用吸声和隔声层，拒绝风铲和锤击矫正来消除噪声。另外个人尚可采用戴耳塞或耳罩来隔绝噪声。

第四，高频电磁辐射和焊接放射性的防护。高频电磁辐射和焊接放射性是在用高频振荡器来快速引燃电弧和等离子弧情况下瞬间产生的。可以用引燃后立即切断高频振荡器的办法来减小它的影响，也可用叠加高压脉冲办法取代高频振荡器；此外工件良好接地和屏蔽把线和电缆线也可得到改善。焊接工件的射线检测，氩弧和等离子弧的钍钨电极，真空电子束焊的X射线都会使操作者受到辐射伤害。防护办法是采用单室、个体防护和合理操作规范等。

1.3.4 焊接安全与卫生标准

属于特种作业的焊接作业，如上述是对操作者本人、他人和周围环境和设施的安全都有潜在重大危险因素的作业，故国家颁布了与焊接安全、卫生有关的标准、规程和规定，严格遵守这些规程和规定，达到标准的要求，是保证焊接生产、作业的安全和卫生的保证，限于篇幅这里只能列出部分有关焊接安全、卫生的国家标准、规程和规定：

生产过程安全卫生要求总则（GB/T 12801—2008）

生产设备安全卫生设计总则（GB 5083—1999）

乙炔站设计规范（GB 50031—1991）

溶解乙炔气瓶定期检验与评定（GB 13076—2009）

弧焊设备安全要求-第1、5、7、11、12部分（GB/T 15579.1、5、7、11、12—2013～2016）

电阻焊机的安全要求（GB 15578—2008）

弧焊变压器防触电装置（GB 10235—2012）

焊接与切割安全（GB 9448—1999）

气瓶安全技术监察规程（TSGR 0006—2014）

工作场所有害因素职业接触限值（GB Z2. 1 ~2—2007）

职业性电光性眼炎（紫外线角膜结膜炎）诊断标准（GBZ 19—2002）

从以上所列有关标准和规范看（并非全部）如果能严格执行，一定能够使焊接生产的安全和卫生达到一个良好的水平。

第2章 焊接结构和焊接生产工艺过程设计

2.1 焊接结构设计概要

焊接结构是金属结构中最主要的一种结构形式，如钢结构、船舶壳体、锅炉及压力容器、起重机金属结构，以及工程机械、动力机械、汽车拖拉机、铁路车辆等结构都是焊接结构。进行这些焊接结构的设计要正确选用和遵守相关的设计规程、规范。

2.1.1 焊接结构设计的内容

所谓焊接结构的设计，是要决定结构的形状、尺寸和构成，确定其制造技术条件及所采用的材料，这在很大程度上影响或决定了其制造工艺。焊接结构的整个设计过程是创造性的劳动过程，要根据使用性能要求来进行。它包括的内容有：

1）选择结构的材料，包括制造结构的材料种类和规格。

2）确定结构的形式，进行结构强度、刚度、稳定性及其他需要进行的计算（这种计算是在力系分析基础上进行的）。

3）进行结构的细节设计、焊接的设计和计算。

4）绘制施工图，规定产品的技术条件、工艺要求等。

5）最后还要编制设计计算说明书，其中包括设计结构的构造合理性和技术经济先进性的论证。

2.1.2 焊接结构设计的基本要求和遵循的原则

设计的焊接结构要满足实用性、安全性、工艺性和经济性等方面的要求。

1）焊接结构首先应满足使用性能的要求，即达到委托方预期的功能要求和效果。这要求合理地选择材料，合理地设计结构形式，要符合结构工作条件下强度和刚度的要求，并充分考虑焊接结构的特点，合理地布置焊缝，例如对称布置焊缝，避免焊缝交叉、密集，重要的工作焊缝要连续，次要的联系焊缝可用断续焊缝，这有利于焊接施工和减少焊接工作量，便于控制焊接应力和变形。

2）要求设计的结构便于制造，包括焊前预加工和焊后处理能正常进行，以及良好的焊接性、焊接和其他工艺或工序（如检验、涂饰）的可达性，便于实现机械化和自动化生产，与之相应地，能降低成本。

3）设计焊接结构时应大量采用标准件、通用件和型材，包括标准型材和异型材，并且规格越单一越好。焊接结构应重量轻、节省材料、便于运输、安装和维修保养，这样既可节省基础投资，又可降低运输费用。

4）应使所设计的结构在制造和制成后工作（包括运输、安装、调试过程）时都是安全和便利的；施工方便并考虑改善工人劳动条件，便于生产组织和管理，外形应尽可能美观。

总之，设计的结构要有良好的工艺性（通常是指以最合适和最少的原材料、能源——电力、压缩空气、水、煤气、氧气等和工时消耗，获得最佳质量指标的综合性能）。只有设计的结构有良好的工艺性，较高的技术-经济指标，产品质量好，价格低，才具有竞争力。

2.1.3 焊接结构设计方法

这里仅讨论设计阶段具体的焊接结构的设计与计算问题。

（1）许用应力法　又称为常规设计方法、安全系数设计法。它是目前最常用的结构设计方法，如压力容器、锅炉、起重机金属结构和焊接机器零件等都采用这种设计方法设计。按许用应力法进行设计是基于弹性失效准则来建立结构强度条件的。例如压力容器国家标准规定，对压力容器考虑了三种失效形态：强度失效、刚度失效和稳定失效。三种失效均按弹性及弹性—理想塑性范围内的应力—应变量给予判断。即对容器中任一点的应力，都按平面力系解法将其归结为单向屈服的关系，或用第一强度理论（最大主应力理论）、用第三强度理论（最大切应力理论）计算出最大主应力或差值应力（三个主应力中最大应力与最小应力的差值），并将其限制在许用应力之下，得到焊接容器结构设计的强度条件为

$$\sigma < [\sigma]$$

式中，σ 对压力容器来说，是其在各种载荷下，用平面力系（不考虑三维应力）解法得出的最大应力。这些应力包括与外载相平衡，分布范围大，沿容器壁厚均匀分布的一次薄膜应力和沿壁厚线性分布的一次弯曲应力。此外，由于设计原因，如容器存在局部不连续情况，局部薄膜应力将要增大；还由于容器内外壁的温度差，热膨胀不同导致的，或焊接残余应力产生的应力，它们构成自平衡力系的所谓二次应力；以及由于应力集中（如存在焊接缺欠）、交变的热应力等原因产生的附加在一、二次应力上的增量，即所谓的峰值应力。总之一些容器或构件除有总体一次薄膜应力（外载荷引起的最大应力）之外，还存在一次局部薄膜应力、一次弯曲应力、二次应力、峰值应力以及它们的组合，应当采用极限分析和安定性分析准则建立强度条件。但国家标准规定，对这些应力的影响，可通过限制元件结构的某些相关尺寸，或用应力增大系数、形状系数等形式予以考虑，把这些局部应力控制在许用应力范围内，这样的处理办法使标准简单、易行，便于推广应用。式中的许用应力 $[\sigma]$ 是针对已有成功使用经验的材料，按其力学性能除以相应的安全系数得出的。

实际上常规设计方法除要满足强度条件——即工作应力要小于等于许用应力外，有时还要满足刚度条件——即工作变形要小于等于许用变形。如起重机金属结构按国家标准《起重机设计规范》规定，除控制应力外，还要求控制结构的刚度，其中又分为静态和动态刚度。静态刚度用以规定载荷作用于指定位置时，结构某处的静态弹性变形，如桥式起重机（门式及装载桥）满载时，规定主梁跨中静挠度 f_L 应满足：

$$f_L \leqslant L/1000 \text{（或根据工作级别为 } L/800\text{、}L/600\text{ 等）}$$

式中，L 为起重机的跨度，其他类型的起重机也有相应的规定。而动态刚度则表征起重机作为振动系统的动态抗变形能力（以起重机满载，钢丝绳悬吊相当于额定起升高度时，系统

在垂直方向的最低阶固有频率，简称满载自振频率来表示）。一般起重机仅核算结构静态刚度，只有系统的振动影响了起重机的生产作业情况时，才需验算动态刚度。

安全系数的取值应综合考虑材料的性能、规定的检验项目及检验批量、载荷及其附加的裕度、设计计算方法的精确程度、制造工艺和装备及产品检验水平、质量管理、操作水平等来确定，并且要经过实践的考验。

上述许用应力设计方法所用的参量，如载荷、强度（许用应力）、几何尺寸等都被看成确定的量，所以此方法又称为定值设计法。这种方法表达式简单明了，使用方便，已沿用很长时间，积累了丰富的经验，至今仍是许多行业采用的设计方法。但这种方法的缺点在于将许多不确定的随机变量当作定值，为保证安全往往选取高的安全系数和低的许用应力，结果造成材料的不经济和不合理使用，因而近年来发展了以可靠性-概率论和数理统计为基础的设计方法。

（2）以概率论为基础的极限状态设计法　早先《钢结构设计规范》以概率论为基础的极限状态设计法，其中设计的目标安全度是按可靠指标校准值的平均值上下浮动25%进行总体控制的。现行的《钢结构设计规范》遵照《建筑结构可靠度设计统一标准》继续沿用以概率论为基础的极限状态设计法。考虑到大多数载荷及由其引起的应力和材料的抗力本质上是随机的，即随时间和空间而变动的随机变量，因而结构工作的可靠性（安全性、适用性和耐久性的统称）也是随机的。简单地说，我们希望设计结构的材料抗力大于应力，即抗力与应力之差应大于或等于零。因抗力与应力是随机的，则此差可大于或等于零，也可能小于零，定义该值大于或等于零的概率为结构可靠度。如果已知了应力和抗力的随机变量分布函数，则利用概率论的数学方法可以计算出结构可靠度。如果选择确定了结构的最优可靠度，达到设计结构在技术上可靠、在经济上节省，这就是所谓的概率设计法。但由于多种原因，包括缺乏各种形式载荷、材料性能、结构构件抗力的全部统计数据，许多参数的随机分布仅是近似正态分布等，还难于完全用可靠指标进行设计。目前仍用近似的概率设计法，采用分项系数表达式进行结构设计计算，但设计的目标安全度指标不再允许下浮25%，即设计各种基本构件的目标安全度指标不得低于校准值的平均值。规范对于连接的计算规定亦满足以概率论为基础的极限状态设计法的要求。关于钢结构疲劳计算，由于疲劳极限状态的概念不确切、对各有关因素研究不够，仍引用传统的许用应力设计方法，但将过去以应力比概念为基础的疲劳强度设计改为以应力幅为准的疲劳强度设计。下式即为用分项系数表达式进行结构设计的计算式：

$$r_R R_k \geqslant r_s S_k$$

式中　R_k 和 S_k——材料抗力 R 和载荷效应 S 的标准值；

r_R 和 r_s——按概率设计法（包括可靠指标、变异系数、均值和标准差等）确定的分项系数。

例如在承载能力极限状态（指结构或构件达到最大承载能力或达到不适于承载的变形状态）进行强度和稳定性设计时，设计表达式为

$$r_0\left(\sigma_{Gd} + \sigma_{Q1d} + \psi_C \sum_{i=2}^{n} \sigma_{Qid}\right) \leqslant \sigma_f$$

式中　r_0——结构重要性系数，应按结构体的安全等级（如1，2，3级）结构设计工作寿命并考虑工程经验，按GB 50068《建筑结构可靠度设计统一标准》规定采用：

σ_{Gd}——恒载（如自重）的设计值 *Gd* 在结构截面或连接中产生的应力；

σ_{Q1d}——第一个变载的设计值 *Q*1*d* 在结构和连接中产生的应力；

ψ_C——变载组合系数，按 GB 50009《建筑结构载荷规范》选取；

σ_{Qid}——第 *i* 个变载荷设计值 *Qid* 在结构和连接中产生的应力；

σ_f——结构构件和连接的强度设计值。

此外，恒载和变载的设计值可表示为

$G_d = r_G G_k$；

$Q_{id} = r_{Qi} Q_{ik}$；

$Q_{1d} = r_{Q1} Q_{1k}$。

式中　r_G——恒载分项系数，按 GB 50009 规定；

G_k——恒载标准值；

r_{Qi}，r_{Q1}——第 *i* 或第 1 个变载分项系数，按 GB 50009 规定选；

Q_{ik}，Q_{1k}——第 *i* 或第 1 个变载标准值。

强度设计值 σ_f 可表示为

$$\sigma_f = \frac{1}{r_R}\sigma_{fk}$$

式中　r_R——抗力分项系数；

σ_{fk}——材料（如焊缝则指焊缝金属）的强度标准值。

除可按承载能力极限状态（即达最大承载能力或不能承载的变形）进行结构设计外，还可按正常使用的极限状态进行结构设计，此时虽可能未到承载能力极限，但已不能正常工作，如达到某项规定（例如变形值）的极限，此时设计表达式可写作：

$$f = f_{Gk} + f_{Q1k} + \psi_C \sum_{i=2}^{n} f_{Qik} \leqslant [f]$$

式中　*f*——结构或构件中产生的变形值；

f_{Gk}——恒载标准值在结构或构件中产生的变形值；

f_{Q1k} ~f_{Qik}——第 1 个、第 *i* 个变载标准值在结构或构件中产生的变形值（第 1 个变载标准值产生的变形值最大）；

[*f*]——结构或构件的许用变形值，如梁的许用挠度等。

比较《钢制压力容器》和《钢结构设计规范》可见，两者对焊缝的设计还有差别：后者直接给出焊缝的强度设计值，而前者则用焊缝（折减）系数加以考虑。

2.1.4　焊接接头构造特点和焊接接头设计

焊接结构是由许多部件、元件、零件用焊接方法连接而成的，因此焊接接头的性能、质量好坏直接与焊接结构的性能和安全性、可靠性有关。多年来焊接工程界对焊接接头进行了广泛的试验研究，这对于提高焊接结构的性能和可靠性，扩大焊接结构的应用范围起了很大作用。

（1）焊接接头的基本类型　用主要的焊接方法如熔焊（包括电渣焊）、压焊和钎焊都可制成焊接结构，用这些焊接方法可分别形成熔焊接头、压焊接头和钎焊接头，从而构成焊接结构。但应用最广泛的是熔焊，故本书重点介绍熔焊接头。

1）熔焊接头：熔焊接头由焊缝金属、熔合线、热影响区和母材所组成，而焊缝金属是填充材料和部分母材熔化后凝固而成的铸造组织。熔焊接头各部分的组织是不均匀的，性能上也存在差异。这是由于以上四个区域化学成分和金相组织不同，并且接头处往往改变了构件原来的截面和形状，出现不连续现象，甚至有缺陷，形成不同程度的应力集中，还有焊接残余应力和变形、大的刚度等都对接头的性能有影响，结果使接头不仅力学性能不均匀，而且物理化学性能也存在差异。为保证焊接结构可靠地工作，希望焊接接头具有与母材相同的力学性能，有些情况下还希望获得相同的物理和化学性能，如导电、导磁、耐蚀性和相同的光泽和颜色等。

就焊缝金属而言，往往形成柱状晶铸造组织，一般较母材的强度高且硬，而韧性下降。对于高强度钢，采用适当的工艺措施，如预热、缓冷或采用合适的热输入也可获得要求性能的焊缝金属。一般来说，焊缝金属强度相对母材强度可能要高或低，前者称为高匹配，后者称为低匹配。

宽度不大的热影响区，由于焊接温度场梯度大，各点的热循环大不相同，造成了组织和性能的不同。这种差别和被焊金属的组织成分、焊接热输入有关。特别要指出的是，经过焊接热循环后发生的“动应变时效”（热应变时效）会使接头性能恶化。将钢材、铝材等经预应变后，会产生变脆的“时效”现象，这种预应变及时效都是在低温（室温）下发生的，通常称为“静应变时效”。而焊接热影响区经焊接热循环后会产生热应变，焊接的高温加速了时效脆化，所以“动应变时效”大大降低了接头的性能，要注意防止。

熔焊的焊缝主要有对接焊缝和角焊缝，以这两种焊缝为主体构成的焊接接头有对接接头、角接接头、T形（十字）接头、搭接接头和塞焊接头等。

电渣焊接头是熔焊接头中重要的一种接头。当焊件厚度大于30mm时即可以考虑采用电渣焊接头，特别是大断面的焊缝，例如焊件厚度大于60mm，则电渣焊比电弧焊接头效率要高。当采用电渣焊时，要使工件位置使焊缝由下至上，即适于垂直位置焊接。电渣焊的焊件焊后通常要经正火-回火或高温退火热处理，以消除大焊接热输入造成的宽热影响区、粗晶粒、高残余应力的不良影响。为焊接大厚度工件，又要避免电渣焊焊后的高温热处理，目前发展了窄间隙热丝焊和窄间隙埋弧焊方法，是目前解决厚壁巨型核容器、加氢反应器等焊接生产的重要方法。

电子束焊接接头是熔焊接头中一种特殊的接头。它是利用聚焦的高速电子流轰击焊件，使电子动能转化为热能而熔化焊接接头的焊缝区而进行的熔焊。其特点是可焊接各种特殊的金属，焊缝的深宽比大（可达25:1）。按其特点应用于核反应堆元件，航空、航天设备中的某些特殊金属，超高强度钢及耐热合金零件的焊接。由于电子束直径细，焊接能量集中，焊接时不加填充金属，形成了电子束焊接接头的一些特点。这种接头也有对接、角接、T形接和搭接形式。还有一种类似于电渣焊的叠接的端接形式，只是焊件是贴紧的。

2）压焊接头：除了上述熔焊接头外，电阻焊、摩擦焊、扩散焊、超声波焊、冷压焊和爆炸焊统称为压焊，其中电阻焊和摩擦焊由于其具有高效率的特点，在许多场合得到了广泛的应用。特别是在汽车工业中，电阻焊和摩擦焊应用很普遍，电阻焊中的点焊（包括滚点焊）和缝焊多采用搭接接头，凸焊是点焊的一种变异，但接头形式多种多样，需要根据焊件形状尺寸设计出适用和巧妙的接头来。高频电阻焊一般为对接，也有采用搭接接头的。电阻对焊显然采用对接接头。应当指出的是，由于电阻对焊工艺的发展，目前其已经可以焊接

$100000mm^2$ 以上的截面，所以在锅炉压力容器的制造中，特别是钢管道的环缝中，例如石油、天然气的长输管线建设中（包括陆地和海洋），电阻对焊获得了应用。摩擦焊接头通常也是采用对接接头。

3）钎焊接头：钎焊接头也有多种类型，但基本类型只有对接接头和搭接接头两种。

（2）熔焊坡口形式的选择　熔焊坡口形式根据其形状可分三类，即基本型，I 形、V 形和单 V 形、U 形和单 U 形等；特殊型，如卷边的、带垫板的、锁边的和塞焊、开槽焊等；组合型，顾名思义是上述各型的组合。坡口形式通常根据工厂条件（如加工条件）、工艺要求（如可达性好坏、焊接材料的消耗量大小、焊接的变形和应力）等来考虑决定。

应该指出，无论是对接焊缝还是角焊缝，其焊缝表面都可以是凹陷的、凸起的或是平齐的，后者有时通过加工来达到。而角焊缝除了上述三种等边角焊缝外，还有三种不等边角焊缝。焊脚尺寸为角焊缝的特征尺寸，角焊缝的焊脚尺寸为焊缝内接等腰直角三角形的直角边。

（3）工作接头、联系接头和密封接头　前述焊接接头的基本类型主要是根据采用的焊接工艺来区分的，实际上也是根据焊接结构焊缝的承载状况来区分的。焊接结构的焊缝又可以按直接承受载荷与否分为承载焊缝和非承载焊缝，习惯上又称为工作焊缝和联系焊缝，前者将结构中的作用力由一个零件传至另一个零件，焊缝和零（构）件串联在一起，这种焊缝必须进行强度计算。后者的焊缝和零（构）件并联在一起，与零（构）件一起受力和变形，焊缝即使破坏，一般也不会影响整个结构的安全工作，传递作用力不是焊缝的主要任务，通常可不进行强度计算。但严格讲，应该认为是整个接头。除焊缝外，还有熔合线、热影响区等承受（串联或并联）直接作用载荷或不直接承受载荷（并联），所以有资料提出了工作接头、联系接头和密封接头。密封接头主要任务是防止泄漏，故也多属于工作接头。

（4）焊接接头工作应力的分布　熔焊接头主要有对接接头、角接接头、T 形接头（十字接头）和搭接接头，塞焊接头实际上也是一种搭接接头。在焊接接头中工作应力的分布不是均匀的，也就是存在应力集中。而各种接头应力集中的情形亦不相同。其中对接接头应力集中最小，形式最简单，力的传递也较少转折，故是最合理的、典型的焊接接头形式。对接接头如果出现较大的余高和过渡处圆弧半径较小，则应力集中也将增大。

T 形（十字）接头由母材向焊缝过渡急剧，力的传递转折大，力线扭曲，应力分布不均，易出现较大的应力集中。由不开坡口角焊缝构成的 T 形（十字）接头，其最大应力在角焊缝的根部。如开坡口焊透，则应力分布大为改善。T 形（十字）接头也是典型的熔焊接头，应用亦很广。该接头在造船业中占所有接头的 70%，所以改善其应力分布十分重要。对于 I 形坡口的角焊缝构成的 T 形（十字）接头，随着焊脚尺寸的增大，应力集中下降。

由角焊缝构成的搭接接头，其应力分布很不均匀，它不是理想的结构接头形式，在动载和低温时尤其应避免采用。但由于采用搭接接头，装配工作十分简单，焊前准备工作简单，构件收缩量小，故在一些受静载的建筑结构中和用薄板制造的储罐结构中仍采用。应该指出：搭接接头又可分为正面搭接和侧面搭接，搭接接头中不仅存在角焊缝横截面上应力分布不均的情形（和 T 形接头角焊缝类似），而且正面和侧面搭接焊缝中的应力分布也不同，侧面搭接焊缝沿焊缝长度的应力分布不均。

2.2　焊接结构的图样表示方法

因为结构尺寸庞大，焊接结构设计中大多采用缩小比例绘制的焊接结构图，机械制图标准的各项规定在这里都是适用的，为了简化图样上的焊缝，国家标准《焊缝符号表示法》做出了规定，该标准采用国际标准《焊接、硬钎焊及软钎焊接头在图样上的符号表示法》，但亦有一些差异。除采用该标准规定的焊缝符号外，也可采用一般的技术制图方法表示。采用的焊缝符号应清晰地表示所要说明的信息，而且不使图样增加过多的注解。完整焊缝符号包括：基本符号、指引线、补充符号、尺寸符号及数据等。

2.2.1　基本符号

它是表示焊缝横截面形状的符号，基于各种焊缝、接头和坡口的形式不同而不同。除电渣焊之外，熔焊（包括气焊、焊条电弧焊、气体保护焊、高能束焊/埋弧焊）的基本符号见表 2-1。标注双面焊焊缝或接头时，基本符号可组合使用，见表 2-2。

表 2-1　焊缝横截面基本符号

序　　号	名　　称	示　意　图	符　　号
1	卷边焊缝（卷边完全熔化）		
2	I 形焊缝		
3	V 形焊缝		
4	单边 V 形焊缝		
5	带钝边 V 形焊缝		
6	带钝边单边 V 形焊缝		
7	带钝边 U 形焊缝		

（续）

序　号	名　称	示意图	符　号
8	带钝边J形焊缝		
9	封底焊缝		
10	角焊缝	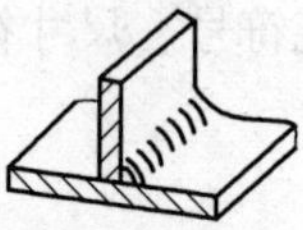	
11	塞焊缝或槽焊缝		
12	点焊缝	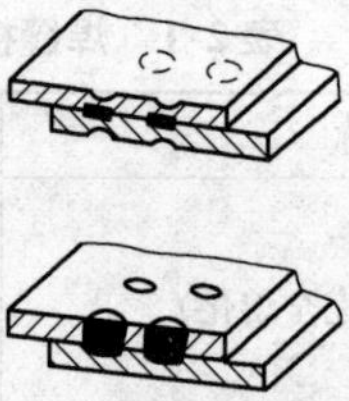	
13	缝焊缝	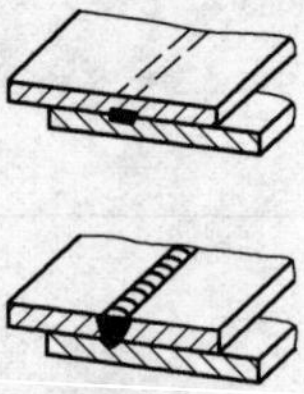	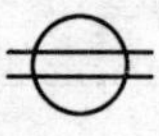
14	陡边V形焊缝		
15	陡边单V形焊缝	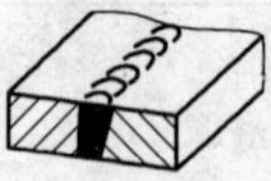	
16	端焊缝		
17	堆焊缝		

（续）

序　　号	名　　称	示 意 图	符　　号
18	平面连接（钎焊）	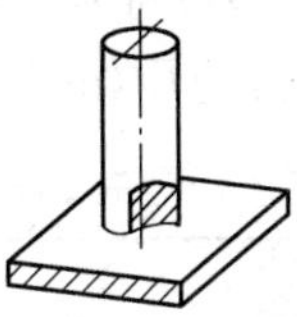 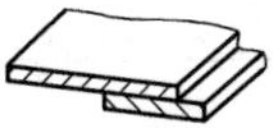	=
19	斜面连接（钎焊）	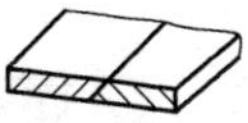	//
20	折叠连接（钎焊）		

表 2-2　基本符号的组合

序　　号	名　　称	示 意 图	符　号
1	双面 V 形焊缝 （X 焊缝）	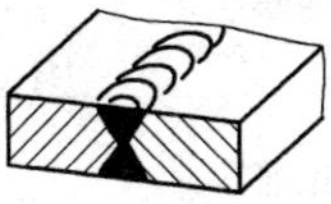	X
2	双面单 V 形焊缝 （K 焊缝）	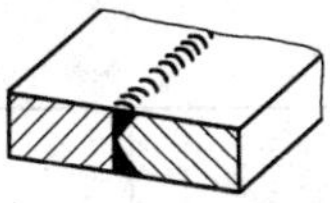	K
3	带钝边的双面 V 形焊缝		
4	带钝边的双面单 V 形焊缝	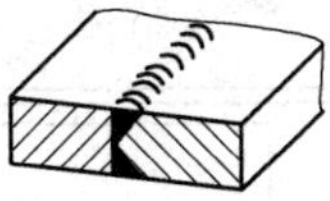	
5	双面 U 形焊缝	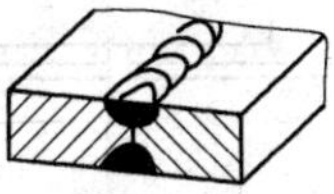	

2.2.2　补充符号

它是补充表示焊缝和接头的某些特征，如表面形状、衬垫、焊缝分布、施焊点等特征的符号。在以后焊接结构设计中会了解，设计要求焊缝表面可以是平齐的、凹陷的、凸起的和圆滑过渡情形，不需确切地说明焊缝的表面形状时，可不用补充符号。补充符号是补充说明焊缝某些特征时采用的，包括带垫板符号、三面焊缝符号、周围焊缝符号、现场符号及尾部符号。补充符号见表 2-3。其部分应用如图 2-1 所示。

表 2-3　补充符号

序　号	名　称	符　号	说　明
1	平面		焊缝表面通常经过加工后平整
2	凹面		焊缝表面凹陷
3	凸面		焊缝表面凸起
4	圆滑过渡		焊趾处过渡圆滑
5	永久衬垫	M	衬垫永久保留
6	临时衬垫	MR	衬垫在焊接完成后拆除
7	三面焊缝		三面带有焊缝
8	周围焊缝		沿着工件周边施焊的焊缝 标注位置为基准线与箭头线的交点处
9	现场焊缝		在现场焊接的焊缝
10	尾部		可以表示所需的信息

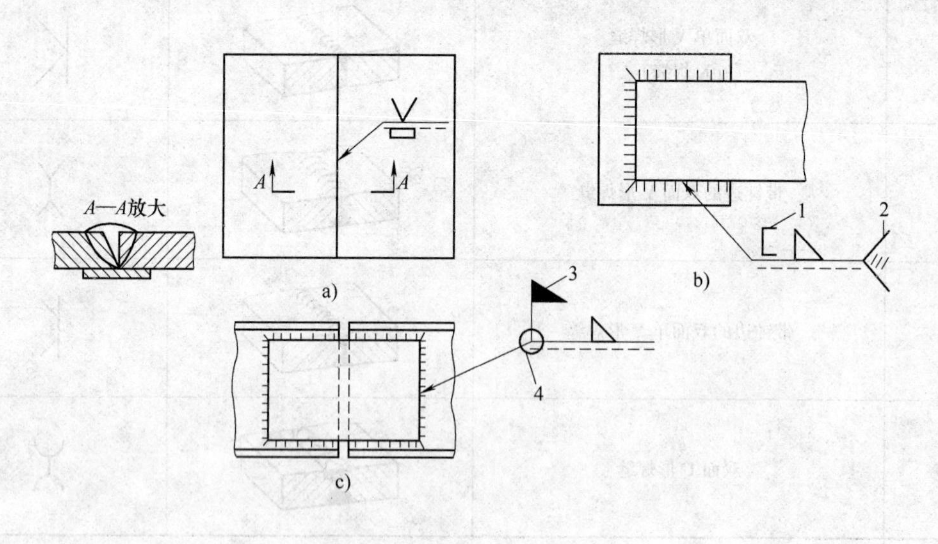

图 2-1　补充符号应用示意图

a）带衬垫的单面 V 形焊缝　b）工件三面带焊缝　c）现场焊接的工件周边焊缝

1—三面焊缝　2—尾部　3—现场焊接　4—周围焊缝

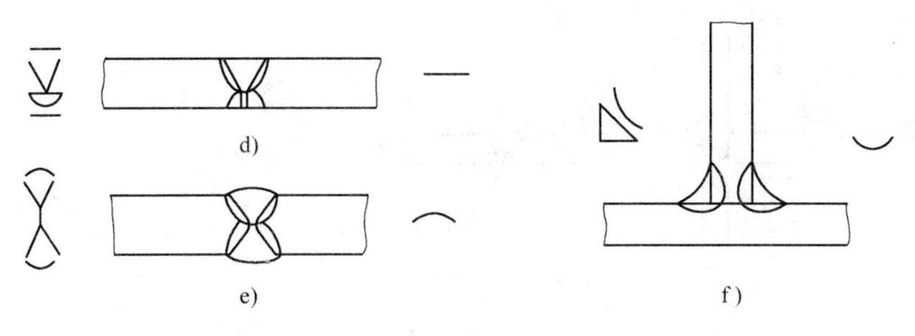

图2-1　补充符号应用示意图（续）

d）平面封底V形焊缝　e）凸面X形对接焊缝　f）凹面角焊缝

2.2.3　指引线、尺寸符号及数据

完整的焊缝符号最少需要由基本符号和指引线组成，必要时才加上补充符号、焊缝尺寸符号和数据。指引线由箭头线和实线、虚线两条基准线两部分组成，如图2-2所示。箭头线相对焊缝位置一般没有特殊要求。基准线一般要与图样的底边平行，必要时也可以与底边垂直。标准规定了基本符号相对基准线的位置，以确切地表示焊缝的位置，如焊缝在接头的箭头侧，则将基本符号标在基准线的实线侧，如图2-3b所示。如焊缝在接头的非箭头侧，则将基本符号标在基准线的虚线侧，如图2-3d所示。标注对称焊缝或双面焊缝，则可不加虚线，如图2-3e所示。标准还规定了尺寸符号和数据标注原则和次序，如图2-3f所示。图2-4、图2-5和图2-6所示为在焊接结构图中标注焊缝符号的应用示例。注意到在图2-6中，有部分焊缝是用剖面表示的。

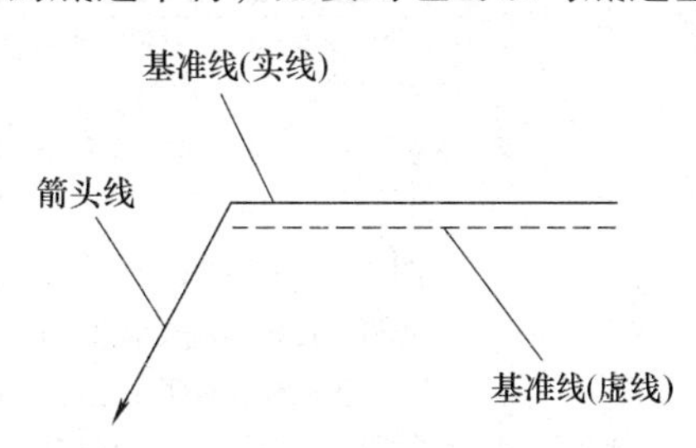

图2-2　指引线

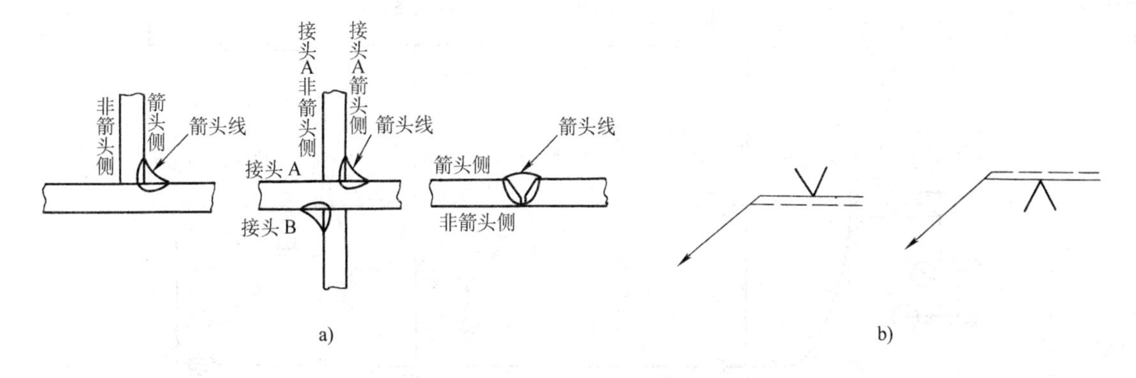

图2-3　指引线的组成、用法和尺寸符号与数据的标注原则和次序

a）、b）焊缝在接头箭头侧及标注符号位置示例

注：1. 在基本符号右侧无任何标注，且无其他说明，意味着焊缝在整个工件长度上是连续的。

2. 在基本符号左侧无任何标注，且无其他说明，表示焊缝要完全焊透。

3. 塞焊缝和槽焊缝带斜边时，应标注孔底尺寸。

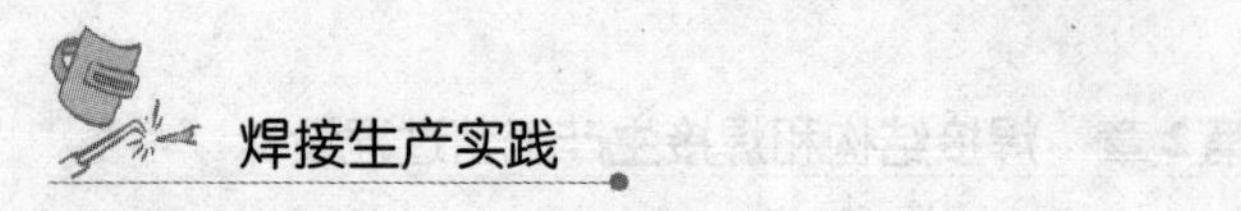

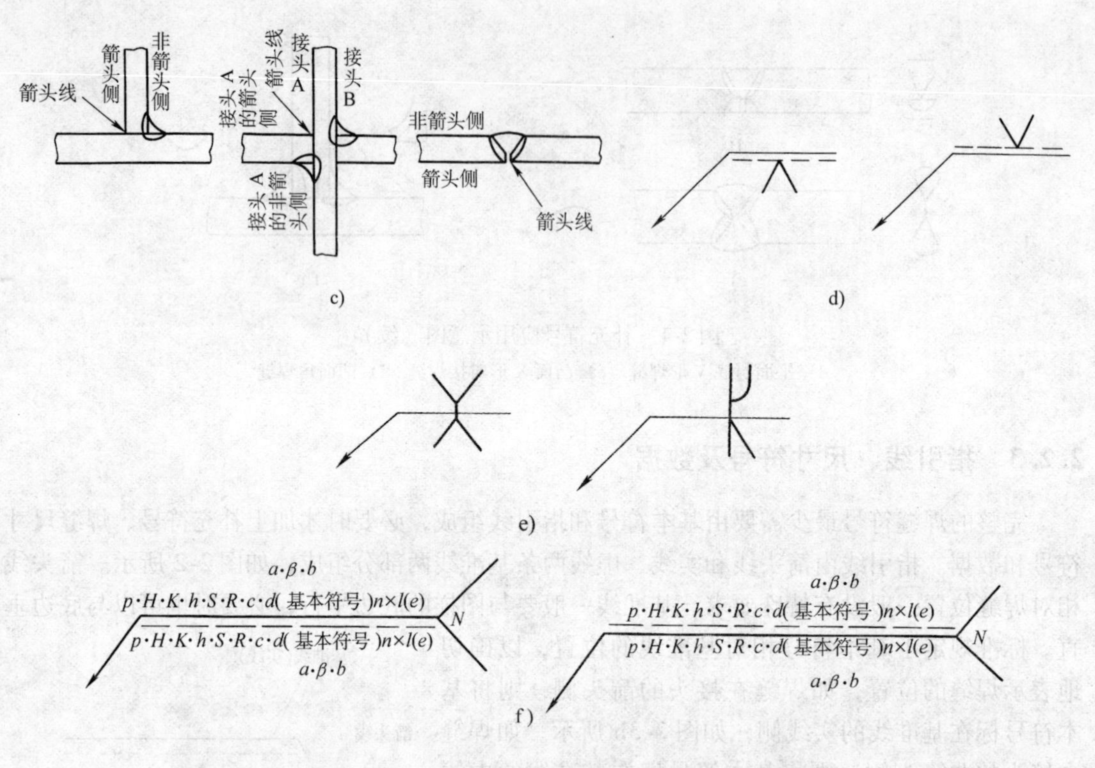

图2-3 指引线的组成、用法和尺寸符号与数据的标注原则和次序（续）

c)、d) 焊缝在接头非箭头侧及标注符号位置示例 e) 对称和双面焊缝的标注 f) 尺寸标注方法

注：1. 在基本符号右侧无任何标注，且无其他说明，意味着焊缝在整个工件长度上是连续的。

2. 在基本符号左侧无任何标注，且无其他说明，表示焊缝要完全焊透。

3. 塞焊缝和槽焊缝带斜边时，应标注孔底尺寸。

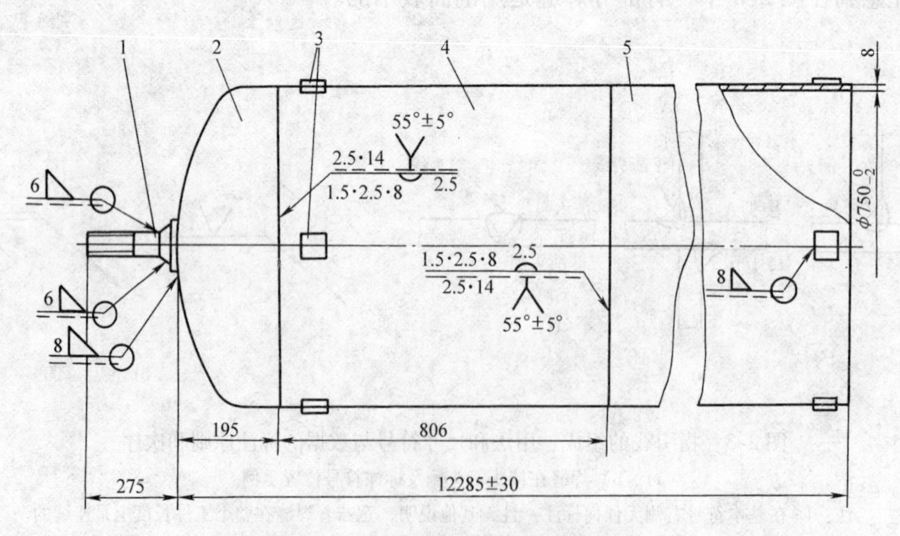

图2-4 尿素塔内（外）套筒结构图

1—管子 2—封头 3—定位块 4—下筒体 5—上筒体

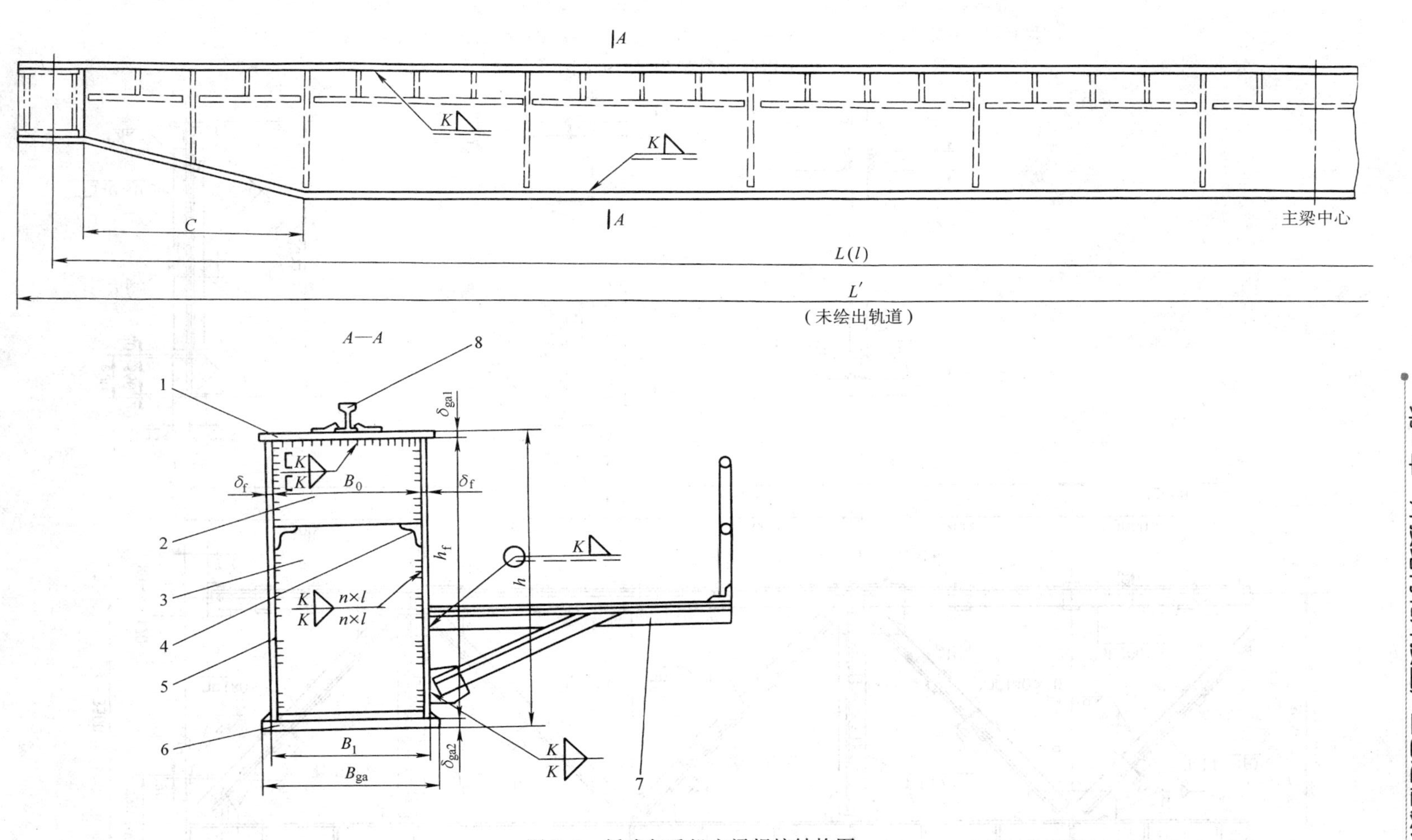

图2-5 桥式起重机主梁焊接结构图

1—上盖板 2—小肋板 3—大肋板 4—水平加强肋 5—腹板 6—下盖板 7—走台结构 8—轨道

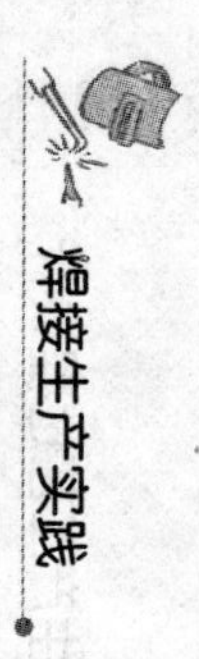

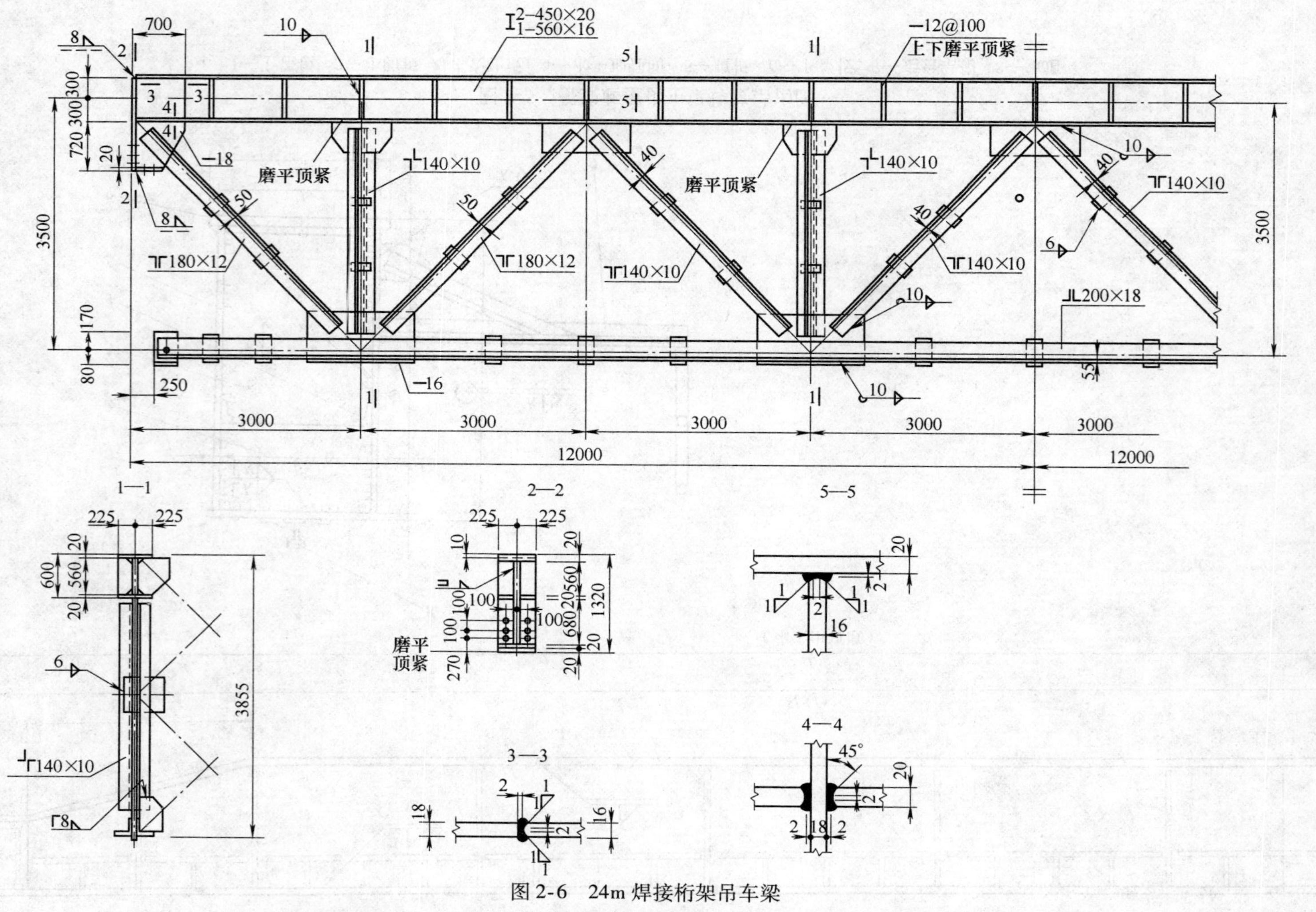

图 2-6　24m 焊接桁架吊车梁

（材质 Q235B，E4315 焊条施焊，未注明厚度节点板 16mm，垫板均为 80×12，按等距离排列；
未注明长度焊缝均满焊；图未标出轨道和螺栓孔 $d=21.5$；未绘出剖面线-焊缝涂黑）

2.3　焊接生产工艺过程的设计

1. 焊接生产及其组成部分

焊接生产过程由材料入库开始，在此阶段要先进行材料的复验，包括力学性能的复验和化学成分的分析，有些产品还要求对钢板进行检查。接着进行装焊前的零件加工，包括矫正、划线、号料、下料（机械加工和热切割）、成形（冲压成形和卷板弯曲成形）等。该工序完成后，则可将加工好的零件存入中间仓库，然后进行零件或部件的装配和焊接。最后制成的焊接结构经过修整后，进行涂饰（包括清除焊渣及氧化皮的喷丸处理、钝化处理和喷漆等）。有些复杂的结构要预先由零件、组件装焊成部件，这些组件或部件也可存入中间仓库或半成品库，从而保证整个生产过程有条不紊地、不间断地进行。整个生产过程中都穿插着检验工序，材料入库所进行的主要是检验工作，此外无论是备料、装配、焊接、返修乃至最后的涂饰工作都是在质量检查人员的监督下按技术条件进行的。当然这还只是全面质量管理（Total Quality Control）中的一部分，即制造过程的质量管理，全面质量管理还包括设计过程的质量管理、辅助过程（物料供应、工具供应、设备维护等）的质量管理以及使用过程的质量管理（售后服务）等。

综上所述，焊接生产过程可以归结为由制造焊接结构的材料（包括基本金属材料和各种辅助、填充材料，外购毛坯和零件等）经设备（材料准备设备、装配焊接设备等）加工制成产品的过程。这个过程的主体是参加生产的工作人员，包括直接（基本生产工人、辅助工人、工程技术人员）和非直接（管理人员、服务人员）生产人员、检验人员。当然还需要开动机器的能源（即动力）和一定的生产空间（即生产的车间场地）才能进行这个生产过程。所以说焊接生产是由材料、设备、场地、动力和工作人员所组成的，它们就是焊接生产的组成部分。

2. 焊接生产设计的内容

焊接生产的设计（包括焊接车间的设计）包括如下内容。

1）拟定生产工艺过程（工艺设计），拟定技术上和经济上都合理的焊接结构制造工艺方法，包括零件、毛坯、半成品及产品的运输方法、技术检验方法。

2）确定按此工艺制造产品必需的全部生产组成部分的质量和数量。

3）拟定全部生产组成在车间里的布置，拟定生产的组织管理系统，最终要提出平面布置图。

4）进行包括装焊工艺装备在内的非标准设备和装备的设计。

5）进行投资的计算，决定产品的成本，进行财务和经济的评估。

如上所述，焊接生产的设计（包括焊接车间的设计）从研究图样进行工艺过程设计直到进行整个生产设计的技术——经济评估，包括多项内容，而工艺过程设计是整个生产设计的核心。这是因为一方面工艺过程设计贯穿于焊接生产设计的始终，如包括在可行性报告中的生产技术方案及相应的工艺原则，在初步设计阶段拟定的概略生产工艺过程和编制的工艺文件，在施工图设计阶段详细编制的生产工艺过程等，以达到试生产和试运转要求（这即为所谓的三段设计）；另一方面工艺过程设计又决定了车间设计（确定全部生产组成部分的质量和数量及其在车间里的布置，拟定生产的组织管理系统等）和非标准工艺装备设计的水平和要求，提供设计所需的原始材料。可见，工艺过程设计的优劣直接影响产品的质量，决定了工厂的经济效益和生产设计的综合技术经济指标。

3. 焊接生产工艺过程设计的内容、步骤与方法

（1）内容　焊接生产工艺过程设计就是根据生产任务的性质（如大批大量、成批或是单件小批生产）、产品图样及技术条件、工厂或生产车间的条件，应用现代焊接技术，相应的金属材料加工和保护技术、无损检测技术等，来拟定产品的全部生产工艺，解决全部生产技术问题。其内容包括：

1）研究产品图样，将其分解成总成、部件、组件、零件，规定其加工方法、相应的工艺参数及措施。

2）确定产品的合理生产过程，规定各工艺工步的顺序。

3）确定每一加工工序、工步所需的设备、装备及其规格型号，提出所需非标准设备和装备的技术条件、结构原理图。

4）拟定生产工艺流程、流向的运输和起重方法，选定所用起重运输设备。

5）计算制品加工时间消耗定额、材料（包括基本金属材料、辅助材料、填充材料等）消耗定额，从而确定所需工人数、设备数、材料数和动力消耗数，为后续的设计工作及组织生产准备工作提供依据和条件。

（2）步骤和方法

1）工艺过程设计的准备工作。研究生产任务清单，即“生产纲领”，从而了解产品的生产性质，因为对于不同的生产性质，生产组织和所采用的工艺有很大不同，制造技术水平也不一样。还要研究产品的图样和技术条件，熟悉产品的结构特点，其工艺性如何，为什么要这样设计，能否用工艺性更强、更完善的结构去替代原设计。特别要注意结构的细节设计、连接的设计等。这些都要求工艺设计师不仅要熟悉生产工艺，而且要有足够的结构设计知识。此外，准备工作还应包括对工厂车间生产能力，包括设备、场地条件、工人技术水平，生产历史、经验等的调查，当然这是对老工厂进行新产品工艺设计时应该进行的准备工作之一。

2）产品工艺过程分析。即对产品的工艺过程进行分析和计划。通常拟定几个方案，通过分析对比，列出可以选择的最佳方案，供工艺主管部门审查批准。

工艺分析的原则是：在保证产品技术条件的前提下，取得最高经济效益。开始进行工艺分析时，首先要考虑的是采用何种工艺方法和措施，使产品达到设计技术条件的要求，同时工人的劳动条件相对好一些。另一方面，这些方法和措施应有较高的劳动生产率，低的劳动量、材料和动力消耗，降低产品的成本，投入市场有较强的竞争力，从而取得高的经济效益。就是说要选择技术和经济效果都较好的措施，但这两方面常常是矛盾的。例如，工作在动载荷下的一些重型机械焊接结构，为消除焊接应力应进行退火处理。虽然热处理工艺会大大增加产品的成本，但若不采用这个工序，则结构使用一年到一年半时间时，在靠近焊缝的基本金属中会出现裂纹，经修补后在临近的新的点再度出现裂纹。许多结构经再三修补，仍出现新的裂纹，只好拆下报废。故采用热处理工艺是提高产品质量的重大措施，它提高了产品竞争力，增加了总体运营效益。当采取降低产品成本的措施时，须进行经济核算达到预期使用效果，才能采用。对采用的工艺装备工厂将分为几种序列：零序列——没有这种工艺装备，产品根本没法制造，这种装备需迅

速安排设计，在产品试制之前就要制造出来；1序列——提高产品质量必需的工艺装备；2序列——为提高产品生产率而采用的工艺装备。对于2序列，要计算生产率提高后，产品成本因工资支出减少而降低的值，此值要大于制造装备的支出分摊到每台产品上的成本增加值，否则是不适宜的。

在进行工艺分析时，还应贯彻国家当前的方针政策（如制造产品的重要性、迫切性），生产厂如是新设计工厂，还应考虑工厂投资及偿还期、重点工程还是一般工厂、建厂进度要求和生产纲领等。

焊接生产工艺分析通常从以下两个方面考虑：①保证焊接结构的技术条件；②采用先进工艺的可能性。

满足产品技术条件的要求是产品质量合格的前提。要做到这一点，首先应基于对产品结构特点和工艺特点的研究，预估制造过程中可能遇到的困难，密切注意与技术条件要求有关的那些工艺工序，它们就是工艺分析中的主要对象。

例如，桥式起重机桥架结构属于工作在动载荷下的重要焊接结构，工作条件较为恶劣，破坏后会产生严重后果，故要求焊接接头有优良的质量。由于其基体金属为焊接性优良的低碳钢和普通低合金钢，这方面困难不大。桥架技术条件中对其外形尺寸有较高要求，这也是强度和稳定性方面的要求，是防止其整体失稳所必需的。鉴于产品尺寸大，焊缝分布上下不对称的特点，可以判断出焊接应力变形是个关键问题。

对使用焊接性较差的中碳钢、低合金结构钢及合金钢制造的焊接结构，工艺分析的关键问题往往是需获得所要求的接头性能（包括力学性能、高温或低温性能、耐蚀性等），包括金相组织和焊缝化学成分。

从以上讨论可知，保证产品技术条件，实质包括两个方面：①结构接头（包括焊缝）的质量；②结构外形尺寸是否满足要求，公差是否在规定值之内，是否有严重的残余应力等。影响接头质量的首先是焊接缺陷，在焊接（专业课程中）对缺陷的产生、影响及防止办法已进行了详细的讨论，因此进行工艺分析时，需要把这些理论与具体产品、具体结构、具体材料结合起来，进行分析，做出判断。

现代焊接结构的材料由低碳钢逐渐发展到中碳钢、高碳钢及合金结构钢，由钢发展到应用钢铁以外的金属及合金。这些金属材料在焊接热作用下，发生一系列变化，产生缺陷的可能性比低碳钢要大得多。因此分析金属材料本身的特点，寻找获得优质接头的加工方法是焊接低碳钢以外金属材料的结构所首先要考虑的。

焊接结构的大刚度，出现空间应力状态，过快的、不均匀冷却条件等是造成裂纹等缺陷的重要原因；坡口准备不当是造成气孔及一些情况下焊不透的重要原因。在动载荷下工作的结构，要求焊透及避免咬肉，需要加以特别注意。

各种工艺方法都具有各自的特点。如埋弧焊，对焊丝清理除锈和焊剂烘干要求较高，否则会产生气孔等缺陷，要在生产准备环节中加以安排；电渣焊产生粗大魏氏组织，需安排正火-回火处理；窄间隙焊则容易产生夹渣和边缘未熔合，需要选用正确的焊接参数以便获得优质接头。

影响结构外形尺寸的问题实质是控制产品的应力（它还促使产生裂纹）和变形的问题。在工艺分析时要结合具体产品特点、生产条件，灵活地运用焊接应力变形的理论以及控制变形和应力的措施，保证产品技术条件的要求。

工艺人员除对产品结构设计提出减小应力与变形的修改意见之外（这是在对产品进行工艺审查时进行的），更多的是利用生产工艺过程来控制和减小焊接应力与变形。例如在生产中减少和控制焊接残余变形，常用下述方法：

选择正确的装配焊接次序。包括正确的焊缝焊道次序、刚性加固、反变形和锤击焊缝方法等。这些方法有的也有利于减小产品的焊接残余应力。因为控制和降低焊接产品的残余应力不仅是动载结构的需要，也是防止产生缺陷的需要。

合理的施焊次序，通常是先焊收缩量大的焊缝、错开的短焊缝，后焊收缩量小的焊缝和直通长焊缝；先焊工作时受力大的焊缝，后焊受力小的焊缝，使后者对前者造成压应力。此外，焊前预热是减小应力的重要措施。当有些需减少焊接应力的焊接产品既不能预热又不宜锤击时，可以采用小热输入的焊接，焊后补充加热以及重叠退焊等方法减小焊接应力。

为减小和消除残余应力除使用焊后热处理方法外，还可使用机械的超载法、热塑法和机械振动法。机械振动法是近年发展起来的，现在已有商品出售。这些都可供工艺分析时考虑采用。

希望所设计的焊接生产过程中的每一工序、工步都处在最佳的生产条件下，从而获得最佳的质量，并且大大节省劳动量，特别是手工体力劳动量，改善劳动者的工作条件，获得最佳的经济指标，这是工艺分析时考虑采用先进工艺的出发点，由于先进工艺具有这些优点，我们进行新厂设计选择生产工艺时，要结合设计对象的条件，尽量采用先进的工艺。对已投产的老厂，随着焊接生产技术飞速发展，其工艺逐渐变得落后，故需要进行工艺更新，淘汰落后的工艺，使产品的质量进一步提高，更具有竞争力。

在设计的工艺过程中之所以首先考虑的问题是采用先进的焊接工艺方法，不仅因为焊接工作量占整个焊接生产的30%，还因为焊接工艺在焊接生产中起主导作用，焊接前后对许多工序的要求在很大程度上取决于焊接方法。如焊条电弧焊、埋弧焊、窄间隙焊、电渣焊等几种常用的焊接工艺方法，焊前坡口尺寸（包括间隙、坡口角和钝边尺寸）是不同的，坡口加工、清理等要求也不同；生产前的准备工作也不同，包括焊条、焊丝、焊剂的烘干、除锈，保护气体的提纯等。对与这些工艺相适应的工艺装备的要求也不相同。焊后是否要进行消除应力热处理及其他处理，在一定程度上也决定于焊接工艺，如电渣焊一般都要进行正火-回火热处理。

采用先进的工艺方法，不仅使焊接生产有较高的劳动生产率，而且使焊接工作量在整个焊接生产中所占份额进一步降低，同时使焊接产品质量进一步提高。

由于整个焊接生产中有大量的工作，包括准备工序、装配工序以及运输工序，要提高整个焊接生产率，需要考虑生产过程的综合机械化和自动化。不仅包括基本生产工序（毛坯准备、装配、焊接和涂饰工序），而且包括辅助工序（检验和运输工序）的机械化和自动化，还要设计与之相适应的生产组织和安排（工艺平面布置），即生产布置要合理化。以上这些又与生产性质有关。

在大批、大量生产条件下，采用专用设备和装置，组织成流水生产，能带来很高的经济效益。而对于单件小批生产，就不适宜采用专用设备和装置，此时应考虑将结构划分为工艺部件、组件和零件，利用标准化和统一化，并通过调查，适当地调整结构形式，从而增加其中部件（组件、零件）的生产批量，以便部分地组织成采用专用设备和装置的流水线生产。划分结构部件、组件、零件还可能减少一些在工地恶劣条件下制造的巨型结构，大大缩小工地工作量；便于质量检验和控制焊接应力及变形；还可使结构避免复杂的整体热处理，而代之以部件的热处理等。故工艺分析时考虑将结构合理划分为部件、组件、零件，也是一项重要工作。

单件小批生产条件下的综合机械化和自动化要考虑采用通用的万能设备和装置。我国目前绝大多数机械化和自动化的设备和装置，和焊机一样，也都由专门公司生产，但也还有部分设备由有关焊接结构制造工厂自行设计和制造，这不利于建立新的自动焊接生产流水线。成熟的工艺设计师比较善于总结国内外的经验，既学习先进经验，又不盲目照搬，结合自己条件，进行设计和试验，创造出先进的工艺过程。

3）制订产品工艺过程。在制订的生产方案的基础上编制全部生产工艺过程，从原材料检验、下料和零件的加工制造，一直到装配、焊接、最后的修整和涂饰，生产出合格产品为止。其间各制造工艺、工序、工步，包括检验和起重运输都要逐一编制。通常先初步制订工艺过程，提供工艺路线图和生产过程综合（一览）表；在此基础上进行试生产，在工艺人员参与下，检验初步制订的工艺过程的合理性，修改不足处；然后详细地制订工艺过程，编制各种工艺文件，如备料工艺卡、装配工艺卡、焊接工艺卡和各种表格等。表2-4是图2-4尿素塔内（外）套筒的制造工艺路线图；表2-5是生产过程综合表示例，表2-6、表2-7是装配和焊接工艺卡的示例。注意，目前相关的表格没有统一的国家标准，各工厂可根据自己的需要和习惯来编制工厂内或行业内统一的表格。

表2-4　尿素塔内（外）套筒的制造工艺路线图

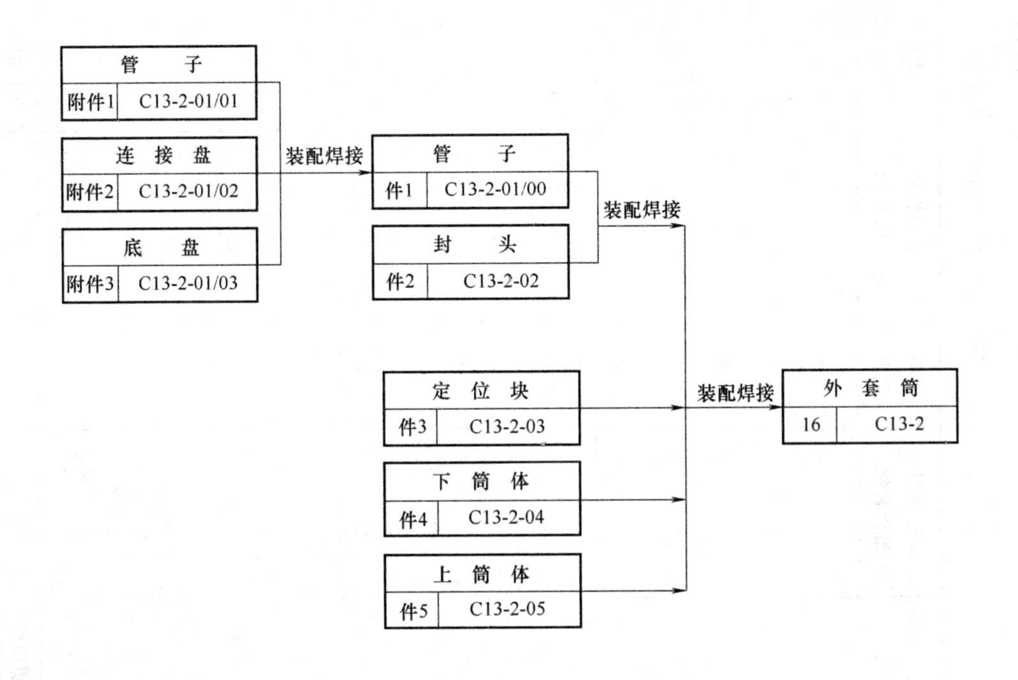

注：表中数码为图样编号。

表 2-5 生产过程综合表示例

共____页 第____页

____工厂

____车间

____________(零件、组件、部件)总成加工综合表

序号或工位号	总成、部件、组件名称	零件名称	工艺过程简要说明(附图)	工人(工种及时间定额)	设备(名称、数量、型号)	非标(名称、数量)	工、夹、量具(名称及数量)	备注
更改标号		签名(日期)			审批		校对	拟定

表 2-6　装配工艺卡示例

<table>
<tr><td colspan="3">工厂</td><td colspan="3" rowspan="3">装配工艺卡</td><td colspan="2">产品型号</td><td colspan="3"></td><td colspan="2">每台数量</td><td colspan="2"></td><td rowspan="3">共____页
第____页</td></tr>
<tr><td colspan="3" rowspan="2"></td><td colspan="2">总成号</td><td colspan="3"></td><td colspan="2">工艺编号</td><td colspan="2"></td></tr>
<tr><td colspan="2">总成名称</td><td colspan="7"></td></tr>
<tr><td rowspan="2">工序号</td><td rowspan="2">工步号</td><td rowspan="2">工序内容（附图）</td><td colspan="3">零件</td><td colspan="3">设备、非标、工具</td><td colspan="2">辅助材料</td><td colspan="2">工人</td><td colspan="2">工时</td><td rowspan="2">备注</td></tr>
<tr><td>名称</td><td>编号</td><td>数量</td><td>（名称型号）</td><td>编号</td><td>数量</td><td>名称规格</td><td>数量</td><td>工种</td><td>数量</td><td>台分</td><td>工分</td></tr>
<tr><td></td><td></td><td></td><td></td><td></td><td></td><td></td><td></td><td></td><td></td><td></td><td></td><td></td><td></td><td></td><td></td></tr>
<tr><td colspan="2" rowspan="2">更改标记</td><td>说明</td><td></td><td></td><td></td><td colspan="2" rowspan="2">编制</td><td colspan="2" rowspan="2"></td><td colspan="2" rowspan="2">校对</td><td rowspan="2"></td><td rowspan="2">批准</td><td rowspan="2"></td><td rowspan="2">年</td></tr>
<tr><td>签名</td><td></td><td></td><td></td></tr>
</table>

表 2-7　焊接工艺卡示例

________工厂 ________车间	焊接工艺卡	工步	工步号	车间工段	工艺过程号
		埋弧焊	12	5	
	零件、组件、部件名称：…外壳				图样号：NO. C13—3
	每批数量　50 台件 材料　Q235 焊接种类　埋弧焊 工人工种　埋弧焊工 工人数量　1 工种级别　6 级				设备及工作地： 自动焊小车　MA—1000—2 焊接变压器　TC—1000—3 工作地：　2—2 号

工序工步号及说明	辅助材料及装备	电流 I/A	电压 U/V	焊丝直径 d/mm	焊接速度 (mm/s)	板厚 /mm	500	750	1000	1250	2000	焊缝尺寸/mm	
							焊成筒节时间/min					b	c
1. 调整待焊焊缝至下部便于水平焊 2. 对中焊机后，撒布焊剂、设焊剂垫 3. 调整焊接参数需要值起动焊机 4. 收集未熔化焊剂	焊剂 350 焊接滚轮架 焊丝 H08A	600	36～38	5	14	6	7.4	8.2	8.9	9.6	11.4	12	20
		650	38～40	5	12.4	8	7.5	8.3	9.0	9.8	12.0	13	2.5
		700	38～40	5	12.5	10	7.6	8.4	9.1	9.8	12.2	14	2.5
		750	40～42	5	11	12	7.6	8.4	9.2	10.0	12.4	14	3.0
		775	40～42	5	7.8	14	7.8	8.7	9.6	10.5	13.2	14	3.5
		800	40～42	5	6.4	16	7.8	8.8	9.8	10.8	13.8	15	3.5

更改号	号	编制		校对		批准	
	签名						

（3）编制的焊接生产工艺应达到的要求

1）通过采用高生产率的、机械化和自动化的装配、焊接方法，包括在材料准备、零件加工中都采用现代化的设备和装备，防止焊接应力和变形及其他缺陷，以保证获得最好质量的同时，在各工序工艺上都应有最小的劳动量。

2）制造产品的延续时间（周期）最短，并且该产品的生产节拍应与生产任务（生产纲领）相适应。

3）采用多面手、多工位兼职、多机床管理以及采用高效的机械化、自动化方法，以便压缩生产工人数量到最低水平。

4）通过提高设备负荷率和利用率，使设备、装备数量最少。

5）用合理套裁下料等方法，降低废料率，使材料消耗量最少。

6）采用节能设备和工艺，降低能源的消耗等。

生产任务不同（生产纲领不同）时，即使是同一种产品，也可能组成大量生产、成批生产和单件小批生产，不同产品就更是如此。由于生产规模具有这种差异，使生产工艺过程的编制深度和详细程度也有所不同。对于大量成批生产则一直要到编制出详细的工艺卡片等全套工艺文件才行，而对于单件小批生产则比较粗略，往往编制出初步工艺，

提出工艺技术路线图和生产过程综合表——具有工艺卡片性质的工艺文件，能指导生产即可。

2.4 焊接工艺评定

2.4.1 焊接工艺评定的意义

拟定焊接结构制造工艺要选择焊接工艺方法及拟定全部焊接参数，这就是编制焊接工艺规程。要按标准进行焊接工艺评定，即在施焊前，产品焊缝的焊接工艺规程应该评定合格，使焊制出来的接头满足所要求的性能。这是保证产品焊接质量，也是保证结构质量的重要手段。工艺评定应依据国家和行业标准进行，如《火力发电厂锅炉、压力容器焊接工艺评定规程》《钢制压力容器焊接工艺评定》《压水堆核电厂核岛机械设备焊接规范　碳钢和低合金钢的焊接工艺评定》《油气管道焊接工艺评定方法》《汽轮机焊接工艺评定》《钢制件熔化焊工艺评定》等，有些行业将焊接工艺评定包含在焊接规范或规程中，如造船业、航空-航天装备制造业，国外如美国的《钢结构焊接规范》（ANSI/AWS D1.1）就有专门章节规定焊接工艺评定。各标准总的原则都是用所选定的焊接工艺方法和焊接参数，依标准规定焊制试件，检测接头的各项性能，如拉伸、冷弯、冲击、硬度及金相分析等，然后决定所定的工艺规程是否可行。

2.4.2 焊接工艺评定的程序

根据中国焊接协会行业指导性技术文件规定的《焊接工艺评定管理导则》，焊接工艺评定工作的程序如下：

（1）提出工艺评定项目　通常是根据编制的焊接工艺方案提出的焊接接头汇总及技术措施表得到焊接工艺评定的项目。

（2）提出工艺评定申请单　申请单内容应包括产品制造号、评定项目、焊接方法、材料（包括母材、焊接材料和辅助材料型号、牌号、规格、数量）、需外协的工序、单位和进度要求。申请单经生产技术准备部门核准，并给予评定工作（令）号后，返回负责部门分发供应给有关部门。

（3）编制工艺评定任务书和工艺评定指导书　它是实施工艺评定试验工作的技术依据。

工艺评定指导书（任务书）内容包括：被评定接头产品（令）号、接头形式、母材牌号、产品技术要求、焊接方法、检验项目和合格标准等，还包括实施评定试验所需的全部重要参数、附加重要参数和有关非重要参数。两者都应经校核、审定。

（4）工艺评定试验　包括材料准备、坡口加工、焊接、热处理、探伤、加工试件、理化性能试验等全过程。所有准备条件应与工艺实施时一样，证件应由相当等级的焊工施焊，评定负责人应按指导书的要求做好记录。焊完后，应按评定任务书要求进行检查和试验，除外观检查外，其余检查和试验应出具相应的报告。

（5）编写工艺评定报告　将检查记录、试验结果与任务书、指导书对照，判断确认合格后，编写焊接工艺评定报告。原始记录、检查、试验报告应保存备查或作为评定报告的附件。工艺评定报告经校核批准后生效。如试验结果不符合工艺评定任务书的规定，应做评定失败（不允许加倍取样复试）处理，找出原因，提出改进措施，重新评定直到合格为止。表2-8～表2-11是产品焊接接头汇总表、焊接工艺评定申请单、焊接工艺评定报告示例、焊接工艺评定指导书（任务书）的示例。有的评定标准给出上述表的推荐格式，大多企业根据标准自行拟定。本书中的表是根据辽宁有关企业和锅炉检验所合作编辑的《压力容器制造质量控制表样册》摘录的，这些表样具有简明、实用的特点。在合格的焊接工艺评定基础上编制焊接工艺规程。

表2-8　产品焊接接头汇总表

产品名称________　产品令号________　部件名称________　部件图号________

序号	组件图号	组件名称	接头形式	本体				附件				焊缝数量	焊接位置	焊接方法	热处理工艺	WPS①编号	PQR②编号或待评	附件
				件号	名称	材料牌号	规格	件号	名称	材料牌号	规格							

编制________　日期________　校对________　日期________　审核________　日期________

① 焊接工艺规程。

② 焊接工艺评定报告。

表2-9　焊接工艺评定申请单

艺评令号　　　　　　　　　　　　　　　　　　　　　　　　填写日期

产品令号		产品图号	
准备工作完成日期		要求评定结束日期	

评定项目与条件

序号	组件图号	焊缝名称	焊接方法	所需母材牌号、规格、数量	所需焊接材料牌号、规格、数量	协作部门及项目	附注

项目负责人________　校对________　审核________　生产技术准备部门

备注：本申请单经生产技术准备部门核准后副页分发供应给有关协作部门。

表 2-10　焊接工艺评定报告示例

共____页　第____页

焊接工艺评定报告				PQR No.
焊接方法		母材	钢号	
			类别、组别号	
焊接材料			厚度	
			直径	
适用厚度范围				
评定标准				

目录　　　　页次

1. 焊接工艺评定指导书（任务书）　(　　)
2. 焊接工艺评定施焊记录表　(　　)
3. 外观和无损检测记录表　(　　)
4. 力学性能检验记录表　(　　)
5. 硬度、金相、角焊缝、焊缝化学成分检验记录表　(　　)

结论	本评定按　　标准规定，焊接试件，检验试样，测定性能，确认试验记录正确。 评定结果　　□合格　□不合格

编制人	审核人	批准人	监检员	第三方	用户

表 2-11　焊接工艺评定指导书（任务书）

任务提出人		指导书编号	
审核		WPS No.	
批准		要求完成日期	
评定理由			

母材		标准号		尺寸/mm	
焊接材料		标准号		尺寸/mm	

产品准备采用的焊接条件摘要	接头形式简图
1. 焊接方法	
2. 电流种类、极性	
3. 焊接电流/A	
4. 电弧电压/V	
5. 焊接速度/(m/h)	
6. 保护气体	
7. 焊接位置	
8. 施焊技术	
9. 预热	
10. 层间温度	
11. 焊后热处理	
12. 后热处理	
13. 清根方法	

试板的检验项目及评定指标和试验数量

检验项目 / 要求	外观检查	焊缝缺陷检查				焊缝化学成分	接头硬度检验	金相	
		X 射线	超声波	着色或磁粉	分层刨削			宏观	微观
检验标准									
评定指标									

检验项目 / 要求	拉伸试验			弯曲试验			冲击试验		铁素体测定	缺口试验	腐蚀试验
	常温	高温	焊缝	面弯	背弯	侧弯	焊缝	热影响区			
检验标准											
评定指标											
试样数量											
评定标准							验收机关				

第3章 焊接结构生产的材料加工工艺

3.1 概述

焊接结构的零件绝大多数以金属轧制材料（板料和型材）为坯料，少部分以铸件、锻件和冲压件为毛坯。后者除部分需机加工外，大多数可直接焊接，而不需要准备工序。但用轧制材料制造焊接结构零件毛坯，在装配焊接之前必须经过一系列的加工，包括矫正（校直）、清理、表面防护处理、预落料等钢材预处理，划线（号料）、切割（下料）、边缘加工、成形及弯曲、焊前坡口清理等。这些工序是必不可少的，其重要性在于材料准备加工的质量将直接或间接影响产品质量和生产效率。

零件毛坯加工质量不良时，将增加装配工作的困难。有些毛坯件不符合图样要求，缺乏互换性，装配前需要修整，这将大大降低生产效率。装配质量不好及坡口不合适（角度、钝边、间隙等不符合要求）使焊接质量降低，还可使结构的外形尺寸、形状不符要求。当采用机械化和自动化装配焊接工艺时，要求尤为严格，否则将产生焊接缺陷。因此为获得优良的焊接产品和稳定的焊接生产过程，应制定合理的材料加工工艺。

金属材料加工的工作量在焊接生产中占有相当大的比重，如在重型机械焊接结构中，约占全部加工工时的25%～60%。因此提高材料加工工艺的机械化水平，采用先进的加工方法，改善加工质量，对提高整个生产的劳动生产率有着重要作用。

3.2 原材料准备

3.2.1 钢材矫正

送到工厂或焊接结构车间的轧制钢材，由于冷却、储存及运输等环节组织不当使轧制材料发生所不希望的变形，如局部凸起、波浪、整体弯曲、板边折弯、局部折弯等。变形的钢材会影响到后续的划线、号料、切割等工序的精确度。因此在制造结构之前需对钢材进行矫正。根据工厂经验，10%～100%的钢板和扁钢（依厚度而不同）和15%～20%的型材（角钢、槽钢、工字钢）需要矫正。而材料加工过程中可能引起零件毛坯产生变形（如切割加热引起的扭曲变形），对这种变形的矫正称为第二次矫正。经矫正，下料成形后送往装配焊接工序的零件就是符合图样要求的零件。

因此矫正就是利用钢材局部发生塑性变形来消除原来所不希望的变形。它通常是在冷态下进行，为避免钢材冷矫量过大而丧失其塑性，钢结构制造规范中对冷矫正和冷弯曲量作出了限制。通常规定冷矫正和冷弯曲的延伸率不得大于某一数值，按国家标准《钢结构工程施工质量验收规范》规定，冷矫正相对变形量不大于1%，由此决定冷矫正和冷弯曲的允许最小曲率半径 r、最大弯曲矢高 f，见表3-1。

表3-1 冷矫正和冷弯曲的最小曲率半径和最大弯曲矢高 （单位：mm）

钢材类别	示意图	对应轴	矫正		弯曲	
			r	f	r	f
钢板扁钢		x-x	50δ	$L^2/400\delta$	25δ	$L^2/200\delta$
		y-y（仅对扁钢轴线）	$100b$	$L^2/800b$	$50b$	$L^2/40b$
角钢		x-x	$90b$	$L^2/720b$	$45b$	$L^2/350b$
槽钢		x-x	$50h$	$L^2/400h$	$25h$	$L^2/200h$
		y-y	$90b$	$L^2/720b$	$45b$	$L^2/360b$
工字钢		x-x	$50h$	$L^2/400h$	$25h$	$L^2/200h$
		y-y	$50b$	$L^2/400b$	$25b$	$L^2/200b$

注：r 为曲率半径；f 为弯曲矢高；L 为弯曲弦长；δ 为钢板厚度；扁钢处 b 为扁钢宽度。

为防止低温下矫正和弯曲发生脆裂，规范还规定普通碳素结构钢在低于 -16℃，低合金结构钢在低于 -12℃时，不得冷矫正和冷弯曲。超过上述范围的矫正和弯曲，材料变形过大会影响其机械性能并使矫正和弯曲机床负荷过大，此时可采用加热矫正和弯曲。通常加热不超过900℃。加热矫正后的低合金钢必须缓慢冷却，使金属发生重结晶，塑性不会降低。加工或施焊过的毛坯进行二次矫正时，为了限制对接接头区域的塑性变形量，焊缝的余高应限制到最小或将余高去除。目的也是防止接头区塑性变形过大。现代焊接生产中多使用机床进行矫正。极少情况下用手工矫正，因为后者不仅劳动条件不良，还因为直接用大锤锤击，会产生局部的严重塑性变形，导致局部钢材塑性变坏和脆化。

钢材厚度为0.5～50mm，通常利用多辊钢板矫正机进行矫正，如图3-1a所示，辊子数目为5～11个。钢板在空隙较板厚略小（可以调节）的两排辊子中间通过，在垂直板的平面内反复弯曲，使钢板整个得到均匀的伸长来消除原有的不平处，达到矫正的目的。有一些钢板（如4.5mm厚板）是从工厂成卷供应的，在投入焊接生产之前必须经钢板矫正机进行矫正。板厚小于0.5mm的钢板则利用相应的压力机进行辗压延伸或在专门拉伸机上矫正。

矫正小的或中等的型材和轧制型材的机床同钢板矫正机类似，如图3-1b所示，图中是角钢的矫正，对于两翼分开或合并、局部弯曲都可以使用该矫正机。但是对于工字钢和槽钢这种机床仅用于惯性矩很小的面内的矫正，其他面内的矫正通常在调直压力机（顶床）上进行，如图3-1c所示。被矫正的槽钢、工字钢、Z形钢等安置在两支承之间，在冲头作用下使它弯曲，利用塑性变形，型钢弯曲部分得到调直，矫正质量和效率与操作工人的熟练程度有密切关系。

剪切的小零件（如各种三角筋板、隔板、角板等）进行二次矫正时，通常将其放置在较厚的钢板（20~25mm）上，并一起通过钢板矫正机得到矫正。也可用摩擦压力机或其他类型压力机进行矫正。在一些情况下，特别是钢材二次矫正或焊件的矫形还常常使用火焰矫正，其原理是利用气焊或气割的焊、割矩或专用的火焰矫正加热枪，加热被矫正钢材或焊件的变形部位，如纤维伸长变形部位，使之产生压缩塑性变形，然后令其迅速冷却，伸长纤维缩短了，从而消除了变形。

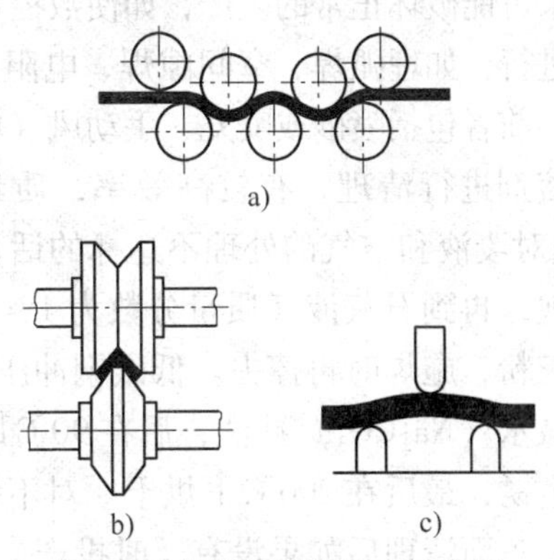

图3-1 钢板及型钢矫正示意图

a）在多辊钢板矫正机上矫正钢板

b）角钢多辊矫正 c）型钢在调直压力机上矫正

矫正后的钢材表面，不应有明显的凹面或损伤，划痕深度不得大于0.5mm，且不应大于该钢材厚度负允许偏差的1/2。钢材矫正后的允许偏差也即转入下一步工序前钢材允许变形值，见表3-2。

表3-2 钢材矫正后允许的偏差（单位：mm）

项目		允许偏差	图例
钢板的局部平面度	$\delta \leqslant 14$	1.5	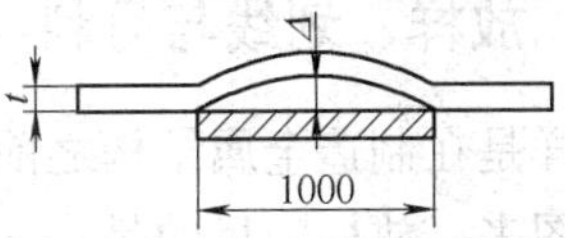
	$\delta > 14$	1.0	
型钢弯曲矢高		$L/1000$ 且不应大于5.0	
角钢肢的垂直度		$b/100$ 双肢栓接角钢的角度不得大于90°	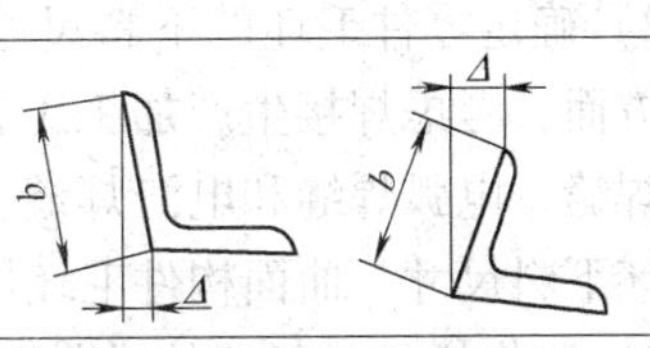
槽钢翼缘对腹板的垂直度		$80b$	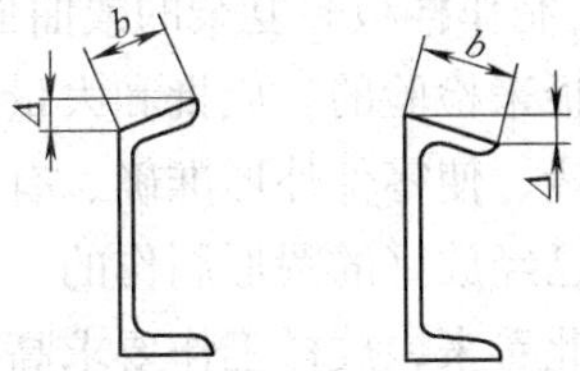
工字钢和H型钢翼缘对腹板的垂直度		$b/100$ 且不大于2.0	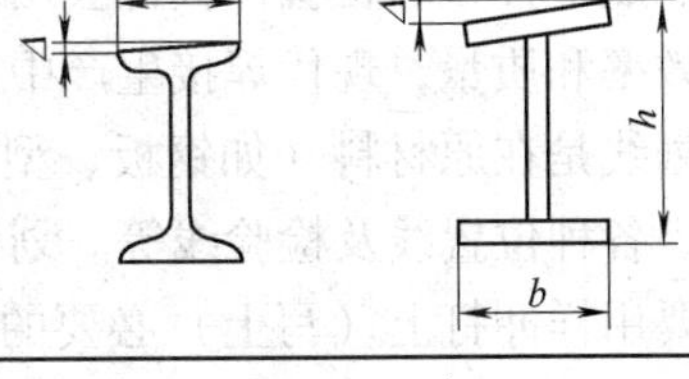

3.2.2 表面清理和表面防护处理

清除钢材和零件表面的锈、油污和氧化物等是焊接生产中常被忽视的一道工序。这样做的结果可能破坏正常的生产，如使数控切割的连续进行受阻；采用高效的焊接方法困难，甚至不能进行，如埋弧焊、窄间隙焊、电阻点焊和缝焊等。清理的方法主要有两类：机械法和化学法。前者包括喷砂或喷丸、手动风（电）砂轮或钢丝刷或砂布打磨、刮光或抛光等。后者即用溶剂进行清理，有较高效率，质量均匀且稳定，但成本较高，并可能对环境造成污染（如对废液和空气的处理不达标的话），常用的方法是在稀硫酸（质量分数为2%～4%）槽浸泡，再到石灰液（质量分数为1%～2%）槽中中和，后进行干燥。使钢板上留有一层薄石灰粉，施焊时再擦去。低碳钢冲压零件（如汽车制造厂）焊前要清理油污。用90℃以下热碱水（Na_2CO_3）冲洗，后在90℃以下热水中二次、三次冲洗，雨季水中加重铬酸钠，以防生锈，最后在200℃下烘干。对不锈钢及其他有色金属及其合金化学清理程序有所不同。

表面清理后如果没有及时投产，还会继续生锈。表面防护处理是在完成矫正和清理后的钢材表面喷涂底漆（可导电的）并烘干的工序。我国在造船、重机、锅炉和工程机械等行业中已经建设了20多条包括矫平、喷丸除锈、40℃预热、酸洗磷化、喷涂底漆和烘干（60℃）等工序在内的由专用设备组成的钢材预处理生产线。

3.3 装配焊接前的其他加工

3.3.1 放样、划线与号料

放样是在制造金属结构之前，按照设计图样，在放样平台（间）上用1:1的比例，绘出结构图来，放样的目的是：

1）检查设计图样的正确性，包括所有零件、组件、部件尺寸以及它们之间的配合等。

2）确定零件毛坯的下料尺寸。一方面，许多曲面构件需钣金展开，绘制毛坯下料图；另一方面，考虑焊接生产加工工艺的特点，如焊接的收缩变形，不同焊缝（如纵向焊缝和横向焊缝、电弧焊缝和电渣焊缝）有不同的收缩变形量，下料前要放出变形量，也需要绘出毛坯下料尺寸。曲面构件毛坯用不同方法成形，即使同一零件，其下料尺寸也将不同。

3）制作样板。复杂的或曲面构件（圆柱面、圆球面、圆锥面等）制造时，其外形尺寸是用样板来检验的。成批和大量生产或虽为小批生产却有多个相同外形的零件时，为减轻划线工作量、使零件外形准确、有互换性、对简单外形零件也可制作样板。这些样板是按放样平台上已经放好的图形制作的。

由此看来，放样工作要求高度的精确、细致，操作者要有较高的技艺。否则结构的下料尺寸、成形样板、检验样板都会出现差错，以致产生废品，造成生产的失误和混乱。为提高放样效率和质量，现代焊接生产中采用光学放样和计算机放样。

划线是在原材料（如钢板、型材等）和经粗加工的毛坯上划上加工零件的下料线、加工线、各种位置线及检验线等。划线必须准确，以保证加工的零件或结构有要求的精度。划线后要用样冲打上（写上）必要的标志和符号。

划线要恰当排料，使原材料得以充分利用，将边角废料降到最低限度。利用样板进行划线和排料，比较容易做到这一点。用样板进行划线称为号料。

为保证号料的正确，样板制造精度很重要。它应满足技术条件要求，并经检验员严格检查，在合格的样板上打上钢印，并注明产品编号、零件号、断面尺寸、件数等。

样板要轻便耐用，选择合适的材料制造也是保证样板精度的条件之一。根据样板使用频繁程度、零件精确度及尺寸大小来选择样板的材料。通常钢质样板由1.0~1.5mm的金属板制作，也有用薄铁皮（如镀锌薄铁皮）制作的，还可以用松木板或青壳纸板制作。无论用哪一种材料，都要求使用过程中不能伸缩变化，以免影响精度。

在焊接生产组织中，划线和号料工作必须有划线平台，而且划线平台的位置要在车间桥式起重机活动范围以内。通常划线台的高度为500~800mm，宽度为2000~4000mm。划线平台必须坚固并且能支承1.0~2.5T/m^2的负载，使大型钢材可在平台上进行划线作业。

放样平台通常设置在放样间里，已放好的结构图样通常要保留到结构样品制出之后。

随着计算机的推广和应用，上述工作可以大大减少，精度可以大大提高。当用仿形样板气切下料或者采用数控气割机自动切割下料时，划线和号料工序可免。

3.3.2　切割

制造焊接结构时，切割金属进行下料（钢板和型钢，材料有碳钢、不锈钢、低合金钢和有色金属等）是重要工序，现代焊接生产中，机械化和自动化（数控化）的热切割工艺成为下料工艺的重大进步，加上热切割本身的进步，原先那种认为热切割生产效率低，切口质量差的概念发生了根本的改变。现代热切割方法除氧乙炔焰切割（一般割炬可切低碳钢厚达100mm以上）外，现代又发展了等离子弧切割。这种方法可以切割任何金属及其合金，目前已取代了切割不锈钢、铸铁、铝等必须采用的氧熔剂切割。而且这种切割工艺已经由使用惰性气体、氮气发展到当今大量使用压缩空气、水作为离子气、保护气。现代热切割可用在不同厚度、各种直线、曲线外形的切割上，具有很高的通用性，有的工厂厚6mm以上的全部或大部分钢材都采用机械化和自动化（数控）的热切割工艺下料，并且省去划线、号料工步，使切割质量大大提高，许多产品的边缘是机械化热切割的产物，切口光滑，零件尺寸正确，使产品质量大为提高。还应指出热切割在切断钢板的同时，可以加工出焊接坡口，但需在不同方向上布置数把割炬，则可一次切断并切出坡口，如V形坡口、X形坡口（各需2把和3把割炬）。热切割的另一个优点是工人劳动条件较好——不必搬动沉重的钢板，设备投资低，切割后零件变形小，切口质量好，且生产效率高（特别是厚度小于60mm的钢板）。

最近发展起来的激光切割，切口极窄（毫米的几分之一），目前已用于很薄（0.05mm）和较薄金属的切割上。

另一类切割为剪切切割，这类切割相对于大量的手工热切割来讲称为机械切割。它通常是在常温下进行切割，常用剪床（龙门剪床）、圆盘剪、冲床、联合冲剪机等设备。它的动作和家用剪刀类似，在上、下刀之间的切口处，金属发生挤压、弯曲、剪切而分离，这种切口会发生冷作硬化，被切开的金属发生整体的扭曲塑性变形。大多数剪切设备只能切割直线，极少的剪床可切出坡口。最大切割厚度对于龙门剪床不大于40mm，而切非直线切口的圆盘剪，则可切割的最大厚度为20~25mm。对于型材，除可用联合冲剪机进行剪切外，还有使用圆盘无齿锯、工具钢带锯床或接触电弧火花锯加工的。采用上述剪切、锯切下料，由于设备多是固定的，常常配有单独的起重运输设备和辊道，并在车间的起重设备工作范围之内。即使如此，工人的劳动强度仍较大。常用的剪切设备如图 3-2 所示。图 3-2a 中钢板送到上下刀口之间，由挡铁定位，压紧器压紧钢板之后，上刀向下运动，切口处金属发生挤压、弯曲最终剪断。在切口处产生冷作硬化区，同时被切开的金属发生整体的扭曲塑性变形。在采用挡铁切割时，切割尺寸误差为 ±1.5 ~2.5mm，按划线切割时，切割误差在 ±2.0 ~3.0mm。采用专门剪床可以切出焊接坡口的斜边，如图 3-2b 所示。液压缸使可摇动的刀架绕轴 *A* 回转，由刀片切断金属；当刀架上的挡铁碰到零件上的凸起时，它们一起绕轴 *B* 回转，带动压紧器离开调整挡铁，刀片切出坡口。可以切非直线切口的圆盘剪，如图 3-2c 所示。为切割规定宽度的毛坯，还可以采用双圆盘剪，如图 3-2d 所示。

切割边缘形成的冷作硬化区，其宽度通常在 1.5 ~2.5mm。钢材塑性越好，钢板越厚，此区越宽；而压紧器的压紧力越大，上下刀片越锋利，该区越窄。此外，剪刀片之间的间隙应尽可能小，间隙增加，变形区也增加。如切割边缘随后要进行焊接，则由于焊接热作用，可完全消除冷作硬化的不良影响，钢材性能几乎完全恢复，故可以不处理；如果剪切边缘是自由边，结构工作在动载或低温脆性断裂危险条件下，则要求用机加工刨去冷作硬化层，刨削厚度通常为 3 ~6mm。

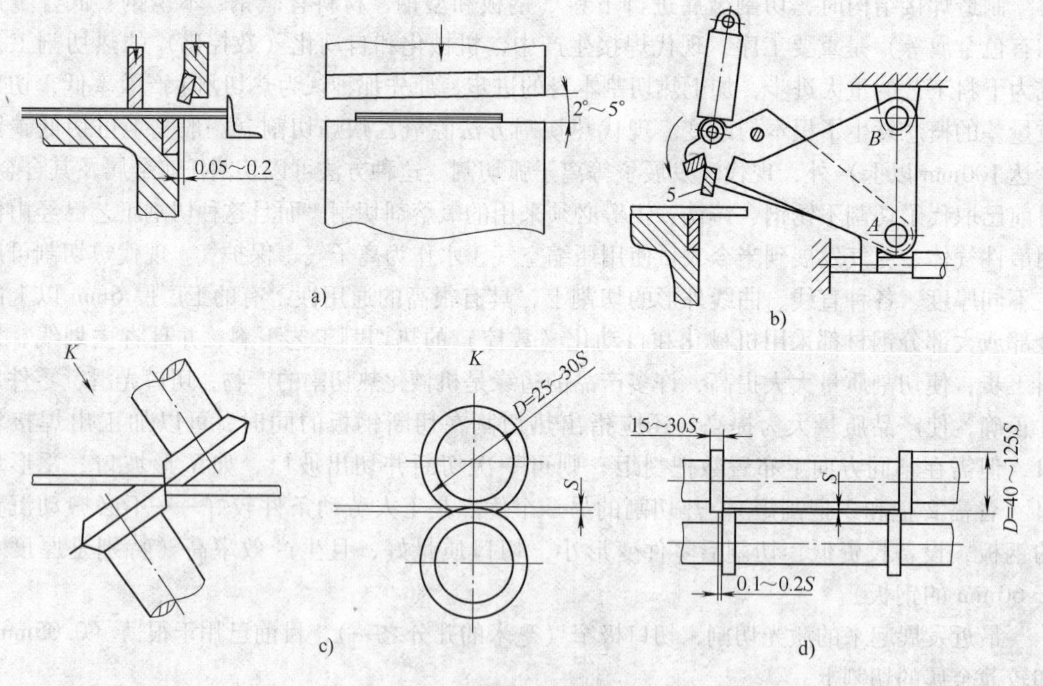

图 3-2 常用的剪切设备

工厂除使用上述大型剪床（剪刀片长 1.5 ~2.5m）、圆盘剪床、专用剪床之外，还采用联合冲剪机冲剪钢板（剪刀长 300 ~600mm）、型钢（如角钢、圆钢、方钢、工字钢等）和进行零件冲孔，故又称为万能冲剪机。不规则曲线形状的切断，也可用冲床或联合冲剪机，其冲剪刀口（冲头）也具有不规则曲线形状。此外，还有使用圆盘无齿摩擦锯，工具钢带锯床，或接触电弧火花锯加工型材。

为提高机械切割的效率和改善工人劳动条件，大型剪床、冲剪机应配有单独的起重机械及辊道，并且应该在车间起重机工作范围之内。

在机械切割和热切割都可以完成的工件上，到底选用哪一种切割方法，应通过技术-经济性分析比较决定。包括：①进行经常费用计算。计算被加工零件的直接成本（切割与校正的工时费用、动力消耗、废料边角料的利用等）和间接成本（与设备投资费相联系的设备折旧费、维修费、辅助设备和车间其他费用）；②加工质量（切口质量和切割毛坯精度）和生产效率的比较。通过以上比较，一般可得出这样的结论：当被切钢材厚度增加时，非直线切割剪切缺点显得突出。通常，钢板厚度在 20 ~ 25mm 以下用剪切较经济（实际上厚度超过 14 ~ 18mm 就采用热切割了，随热切割的技术进步，适于厚度还在降低）。为提高热切割法的生产效率，可将数张乃至十几张钢板叠在一起切割，总厚度可达 100mm。

切割下料以后的金属毛坯，在下列情况下还需进行边缘加工：①需保证装配的精确度；②为了去除不良的金属边缘；③复杂形状毛坯倒角或加工坡口等。许多机加工设备都可用作边缘加工，但焊接结构车间多采用专用设备——刨边机和铣边机。目前国产刨边机加工边缘长为 6m、9m、12m 等多种。

3.3.3　弯曲及成形

在金属结构制造中，弯曲及成形工作占有很大的比重。制造某些焊接结构时，金属材料的 80% ~ 90% 需经过弯曲及成形加工。如输送管线、锅炉、压力容器和化工设备等都属于这一类结构。

大多数金属材料的弯曲及成形加工是在冷态下进行的。当变形量过大，金属产生过大塑性变形，从而引起冷作硬化，使力学性能下降时，则可采用加热弯曲和成形。按规定，允许的冷弯最小曲率半径 r 和最大弯曲矢高 f，可见表 3-1，其冷弯曲相对变形量不大于 2%。在表 3-1 范围之外采用加热弯曲。热成形和弯曲的加热温度为 900 ~ 1000℃。普通碳素结构钢温度下降到 700℃之前，低合金结构钢温度下降到 800℃之前，应结束加工，并使工件缓慢冷却。

即使允许冷弯和成形的工件，为防止发生脆性断裂，与冷矫正一样规定了不得冷弯的最低温度。

钢板弯曲成圆筒形和圆锥形都是在辊式弯板机（又称卷板机、辊床）上进行。目前制造的辊式弯板机可冷弯曲钢板最大厚度达 190mm 和热卷板厚 380mm，板长 3. 6m，是一种下辊可作水平移动的三辊弯板机。可卷制核反应堆等厚壁圆筒形压力容器。国内制造和使用的卷板机卷制厚度都在 60mm 以上，长 13m（分为 1. 5 ~ 2m，2. 5 ~ 3m，8 ~ 13m 几种系列）。这种弯板机有三辊和四辊两种，目前我国工厂大多是用三辊弯板机。这种弯板机结构简单，但钢板的两端有一直边不能弯曲，如图 3-3a ~ b 所示。直边的宽度决定于三辊弯板机下面两辊的中心距离，如图 3-3b 所示。三辊弯板机的上辊轴承是可拆卸的，以便调节上辊与下辊间的距离。当上辊与下辊平行时，可加工出圆筒形工件；如上辊中心线与下辊中心线成一角度时，则加工出圆锥形工件，如图 3-3g 所示。这种弯板机由下部辊子驱动，依靠摩擦力带动上部辊子转动。

为消除滚圆的直边（称为剩余直边），钢板弯曲加工前必须用手工或压力机预先加以弯曲，也有用预先制好的圆柱形厚钢板模，在三辊弯板机上预弯钢板头，如图 3-3c 所示。采用四辊弯板机可以使滚圆直边大大减小，此时直边 a 相当于 1 ~ 2 倍板厚，如图 3-3d 所示。

利用两辊弯板机，可以不用预弯钢板头，这种弯板机下部辊子有一用聚氨酯制造的弹性外套，弹性外套夹住钢板，使其围绕上部刚性轴旋转，使整个板均匀弯曲，如图3-3h所示。这只能用于板厚较小（小于6mm）工件的弯曲成形。也可以先弯成带 a 直边的圆筒毛坯，焊完纵焊缝（不焊满）后，再套入辊床予以校正。图3-3f是两下辊可水平移动（或上辊作水平移动——相对两下辊水平移动）的三辊卷板机进行消除剩余直边卷圆工艺的情形。

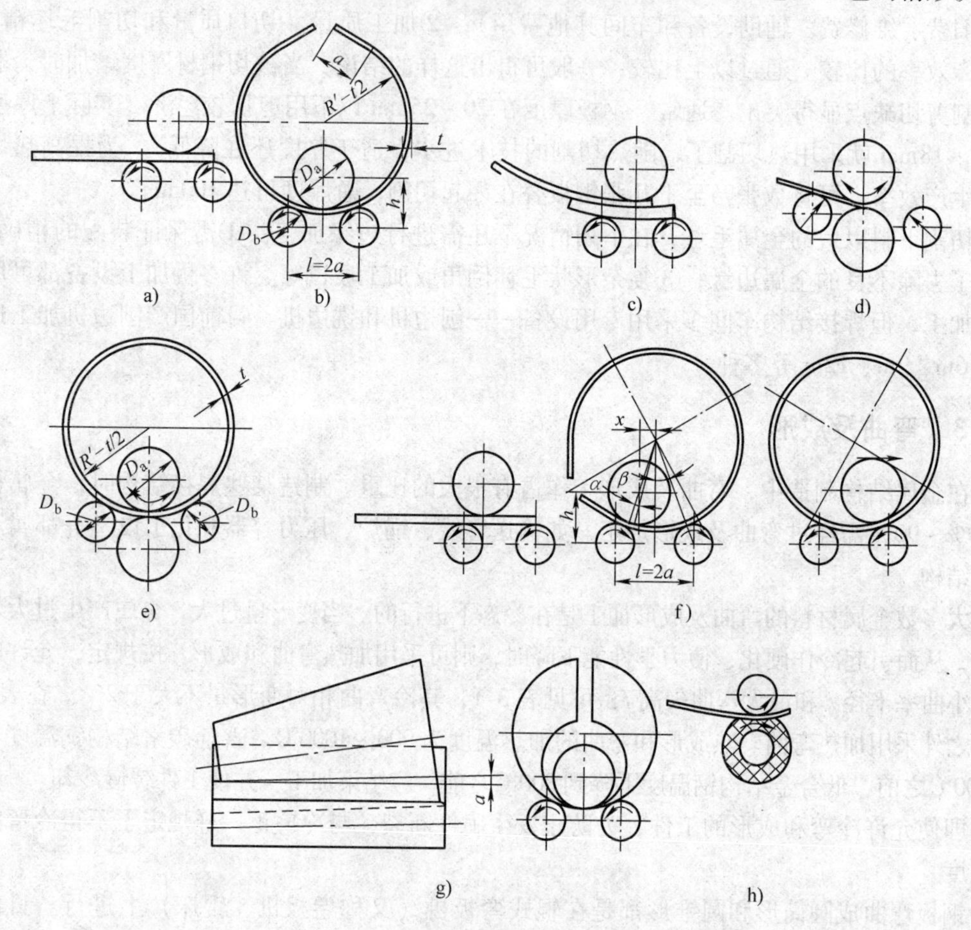

图3-3　弯板机弯曲工件的示意图

实际上各种预弯方法都仍存有一些直边，只要是在卷圆圆度误差范围内，即容许，如板厚为 δ，各种方法的剩余直边见表3-3。

表3-3　平板卷板的理论剩余直边

设备		卷板机			压力机
弯曲形式		对称	不对称弯曲		模具压弯
			三辊	四辊	
剩余直角	冷卷时	$l/2$	$(1.5\sim2)\ \delta$	$(1\sim2)\ \delta$	1.0δ
	热卷时	$l/2$	$(1.3\sim1.5)\ \delta$	$(0.75\sim1)\ \delta$	0.5δ

注：l—两下辊的中心距 $l=2a$。

为防止卷圆时产生扭斜，卷圆开始时工件送进务必对中，对中使得工件的母线与辊子的轴线平行。三辊卷板机设有保证工件对中的挡板，也可用倾斜进料方法，让一个下辊起对中的挡板作用；四辊卷板时，可将一侧辊上升当作挡板。

卷圆工艺分一次进给和多次进给。取决于工艺限制条件和设备限制条件，即冷卷时不得超过允许的最大变形率和板、辊之间不打滑，不得超过辊子的允许应力与设备的最大功率。一次进给不能满足则可多次进给完成卷圆。卷板机设备说明书给出的最小弯曲半径系指一次进给卷制机器规定的名义规格板材时的最小弯曲半径，多次进给时最小弯曲半径可以接近上辊半径。卷圆进给次数越少，效率越高，而圆度误差相对大一些。卷圆时总是在工艺、设备条件和圆度误差允许范围内以最少或一次进给完成卷圆，以求达到最高的生产率。

考虑到冷卷时钢材的回弹，卷圆时必须施加一定的过卷量，即使回弹后工件的直径为加工图要求的工件直径，故滚卷时应用回弹前工件直径决定各工艺参数。回弹前筒体半径 R'，依据加工件半径 R（中径之半）、截面形状系数 k_1、钢材相对强化系数 k_0、板材厚度 δ、钢材屈服限 σ_s 和弹性模量 E，参考以下公式计算。

$$R' = \frac{R}{1 + 2m\dfrac{\sigma_s R}{Et}}$$

式中　m——决定于 R、δ 的常量，$m = k_1 + \delta k_0/2R$。

其他符号如前所述，k_1—对于常进行卷板的矩形截面可取为1.5；钢材相对强化系数 k_0 对于Q235A可取11.6；如Q345（16Mn）可取14；18MnMoNiR可取为17.6等；而屈服极限 σ_s 分别可取为240MPa、350MPa和520MPa等，而 E 取为 2.1×10^5MPa。则可利用上式根据图样要求的卷制筒体内径 D、板厚 δ 计算出回弹前筒体内径 d：

Q235　　$d = 1726.8D\delta/(3D + 1750\delta)$

Q345（16Mn）　　$d = 4102D\delta/(10.5D + 4200\delta)$

18MnMoNiR　　$d = 10042.4D\delta/(39D + 10500\delta)$

已知回弹前的筒体半径 R'，利用几何关系可以求得对称和不对称的三辊卷板、四辊卷板时的几何参数。例如在对称三辊和四辊卷板时，已知下辊中心距、筒体壁厚、上下辊半径以及弹前的筒体半径为 R'，则可确定滚卷时上下辊中心的合适距离。在不对称三辊卷板时，可确定滚卷时上辊左位置角与上辊相对位置角，上辊偏离两下辊中心距，上辊从最高位下压的距离，如图3-3f中 α、β、x 和 y 等卷板参数。

不对称三辊卷板机上下辊之间最大距离设为 H（这可查设备参数获得），上下辊的直径分别为 D_a、D_b，则可计算出上辊压紧工件的下移量 y_1：

$$y_1 = H - D_a/2 - D_b/2 - \delta$$

因为不对称卷板，上辊将偏于一侧，将上辊施力线和筒体中心与偏离侧下辊中心之连线的夹角 α 称为左位置角，筒体垂直中心线也即两下辊的中心线和筒体中心与另侧下辊中心连线的夹角 β 称为相对位置角，则可得

$$\alpha = \sin^{-1}(B/R')$$

$$\beta = \sin^{-1}[l/2(R' + \delta/2 + D_b/2)]$$

式中　B——剩余直边（即前设为 a），在三辊不对称卷制条件下，B 大大减小，$B = k\delta$，此处 k 为剩余直边系数，最小可取为1.5，δ 为板厚；

l——为两下辊中心距（见图3-3f），其余符号同前。

如用 H' 表示卷成回弹前筒体中心与两下辊中心距，则有

$$H' = (R' + \delta/2 + D_b/2)\cos\beta$$

相对此中心，在不对称卷板时，上辊垂直位置和水平位置 y 和 x 可由下式计算：

$$y = (R' - \delta/2 - D_b/2)\cos(\beta - \alpha)$$

$$x = (R' - \delta/2 - D_a/2)\sin(\beta - \alpha)$$

当计算结果 y 为正，表示卷成回弹前筒体中心向上；x 为正，表示卷成回弹前筒体中心向右，有了这些参数，即可进行三辊不对称卷板。如果将其编程，则可供数控三辊卷板机进行数控自动卷板。

当需要热卷时，如前所述正确控制卷制的温度。加热炉应布置在卷板机附近，这一距离在6～10m左右，视加工工件和设备的尺寸确定。整个工作场地应在车间最大起重能力的桥式起重机工作范围内，并往往配有专门的立柱起重机。热卷没有回弹，因此不用过卷。对于不允许冷卷的薄板，若用热卷则因刚性太差，吊运困难，则可以采用温卷，所谓温卷，即加热温度在金属再结晶温度以下、蓝脆温度以上。

弯曲成形的零件采用弧形样板检查。当零件弦长小于或等于1500mm时，样板弦长不应小于零件弦长的2/3；弦长大于1500mm时，样板弦长不应小于1500mm。成形部位与样板的间隙不得大于2.0mm。除技术要求有单独规定外，卷曲筒体的尺寸偏差可参考表3-4。

三辊卷板机上辊中心线与下辊中心线构成一角度时，则可加工圆锥形工件。此时，由于工件受到较大的轴向力，要进行打滑的验算，三辊卷板机都规定了本机可卷制的锥体最大锥顶角，图3-3g为弯制锥形筒的情形。

表3-4 卷曲筒体的尺寸偏差 （单位：mm）

圆筒外径	偏差				
	冷卷外径公差	热卷偏差			
		外径公差	椭圆度		局部凸凹
			壁厚≤30	壁厚>30	
<1000	±2	±2	5	5	3
1000～2000	±3	±4	10	9	4
2000～3000	±4	±6	12	11	5
>3000	±5	±7	14	13	6

焊接生产中除钢板的弯曲外，管子和型材也常常需要弯曲。在管子弯曲时在中轴线外侧管壁会因受拉而变薄，内侧管壁则相反，受压应力而增厚，这种受力状况，加上弯管机具和模具的作用，弯管会产生我们不希望的变形（各种歧变和皱折），都需要加以防止。常用的弯管方法有：在压力机或顶弯机上进行冷压或热压弯（管内加支撑或不加支撑）；在卷板机或型钢弯曲机上进行冷滚，通常要用带槽的滚轮；在压力机上进行冷挤和在专用的推挤机上进行热挤，前者压力机配有专用的型模，后者用专用的芯棒进行加热管子的推挤；应用最多的是在专用的立式或卧式弯管机上进行冷弯（加芯轴或不加芯轴）和热弯，热弯的管子内填充砂子。机械传动的弯管机示意于图3-4，由图可见插入芯杆的被弯管被夹紧在弯管模中，随其旋转而卷弯。目前除这种机械传动弯管机外，已经生产了半自动、全自动和数控弯

管机，后者适于中、大批且管子尺寸多变的生产场合。

型材的弯曲和管子弯曲一样受适用弯曲半径的限制，该半径对不同壁厚、不同型钢，可查手册按给出的数据或相关公式计算。型材的弯曲可用三辊或四辊卷弯机上进行滚卷，也可用弯管机进行，但要带有夹块和滑槽的分解弯曲模，还可以用模具在油压机或卧式弯曲矫正机上进行，例如铁路货车的底架中梁Z形钢的预弯。

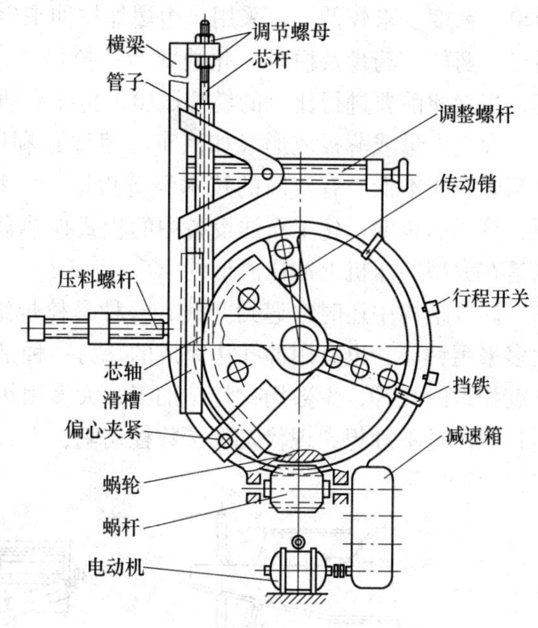

图3-4 机械传动弯管机示意图

复杂曲面形状的成形一般在压力机上利用模子压出来，如封头、球罐的球瓣、翻边的锥体、翻孔的筒体、翻边的管接头、弯头瓣等，如图3-5所示。这种加工多需加热，但也可用冷压。焊接车间的压力机与锻造车间的压力机不同，在同样加压能力下，要求更大的工作台面。由于压力机的生产率较大，往往和结构焊接生产不合拍，会造成大型设备负荷不足，此时应该组织成形加工中心，同时为若干个工厂完成成形加工。在这些成形加工中心里集中了多种压力机、冲压机、加热炉，以及一些较新的成形方法。例如，旋压方法加工球形和椭球形封头，如图3-6所示，为立式（图3-6a）和卧式（图3-6b）旋压机的示意图，前者要与压力机配合，即分两步：压力机上先压出锅底，再上旋压机上翻边。后者有内胎，可将封头一次压成。当加工特

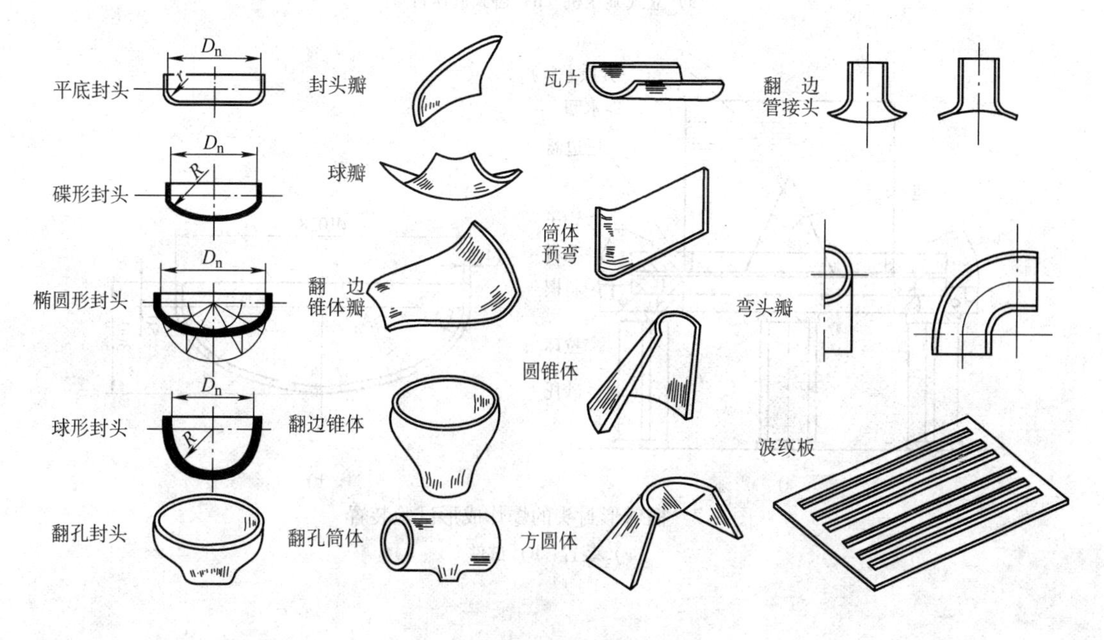

图3-5 压制成形的工件示意图

大或形状特别数量不大甚至是单件的工件，也可以用爆炸方法成形。对于椭球封头由于外形简单，精度要求较低，可采用自由爆炸拉伸来生产，如图 3-7 所示。其正确外形是通过控制药形、药位、药量及模具，此处即为一拉伸环，而不必用压力机压形所用的很笨重的上下模，当然此前要进行比例的模拟试验，传压介质为水。

大批大量或薄板成形（如汽车覆盖件）利用冲压机加工，特点是效率高，外形尺寸十分精确，成本低，有较高的技术经济指标。一些大型结构的平板构件，如集装箱、火车车厢、轮船的舱壁、化工石油设备中的板式换热器等。采用的冲压起棱板（波纹板，图 3-5）也是在大型冲压机上冲压成形的。

焊接结构中还时常遇到开孔，一种是栓焊结构（或铆焊结构）的螺栓（铆钉）孔，它大多采用钻床，也有用冲孔法完成的。另一种是锅炉和压力容器中的管孔、手孔、人孔、管节点相贯的孔等，少数用摇臂钻加工，大多用热切割开孔，过去相贯孔精确加工采用样板切割，但质量不理想，现代发展了数控切割，大大提高了切割的质量和效率。

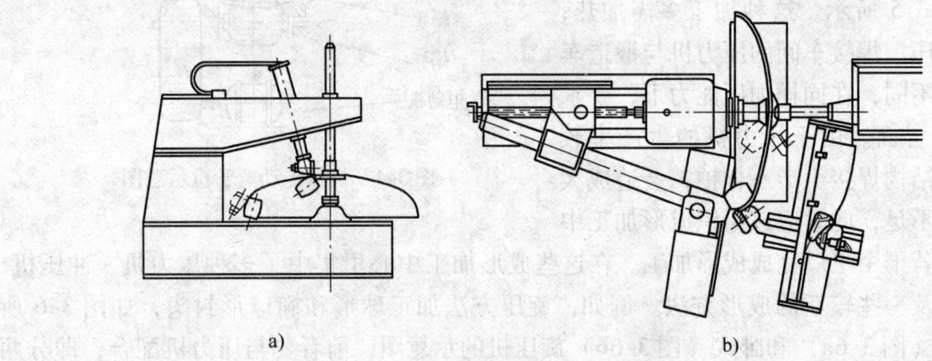

图 3-6　旋压法加工封头

a）立式旋压机　b）卧式旋压机

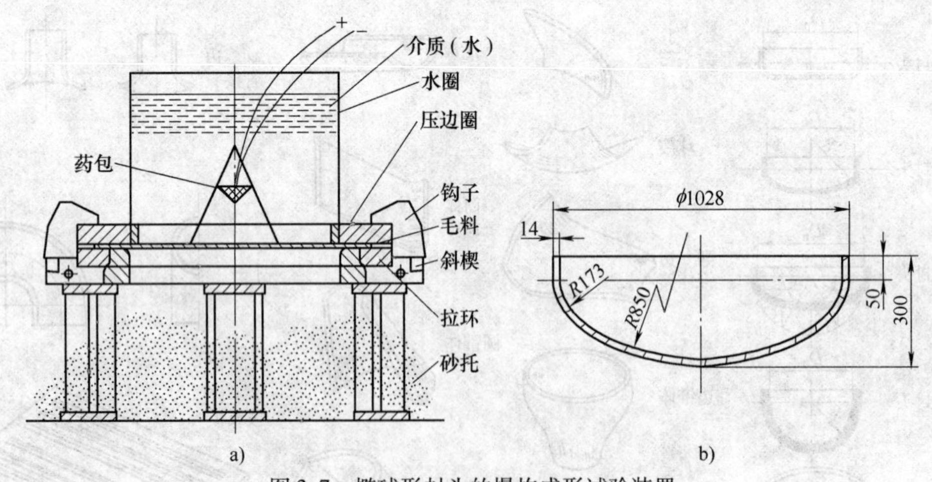

图 3-7　椭球形封头的爆炸成形试验装置

a）装置　b）试件

焊接结构生产的装配焊接和热处理工艺

4.1 焊接生产装配工艺

焊接结构生产的装配工艺是指将组成结构的零件、毛坯以正确的相互位置加以固定，组成组件、部件或结构的过程。再经过焊接就可生产出成品（结构、部件、组件）。装配质量对焊接的质量影响很大。焊接工艺越是高度机械化和自动化，对装配质量的要求也越高。装配工序比较繁重，约占结构全部加工工作量的25%~35%。装配时零件的固定常用定位焊、装配焊接夹具来实现。用定位焊固定零件时，要求定位焊缝有一定的强度和刚度，例如固定好的零件在从装配夹具或装配位置取出运往焊接工位时，不应开焊和产生过大的变形，定位焊缝还应能减小焊接变形，它的位置和尺寸应方便焊接并不影响焊接接头和结构的质量和工作能力。定位焊的焊缝截面尺寸不宜太大，且应尽量布置在基本焊缝所在位置，以便施焊时将其全部重熔。如果定位焊必须布置在不设焊缝的位置时，在完成结构焊接后，应将其仔细清除。有些在装配焊接夹具中完成装焊工序者，则不需定位焊。

4.1.1 装配工艺方法

1. 按定位方式分为划线装配法和胎夹具装配法

装配工作通常在装配平台、支架、专门装配台或装配夹具或装置中进行。利用专门夹具或装置来进行装配不仅提高了劳动生产率，而且改善了装配质量。采用或不用以及用何种装配或装配焊接夹具取决于产品结构、技术条件、采用何种制造工艺以及产品生产性质等因素。

对于单件小批、结构简单的产品，可利用划线来进行装配。按产品图样，在零件相互之间划线，再利用简单的螺旋、楔形和凸轮夹紧器来固定零件，符合图样要求之后加以固定，并施以定位焊。这种方法目前已获得广泛的应用。如起重机桥架金属结构的装配，桁架结构在产量不大时也用此法装配，它们零件之间相互位置常常划在装配平台上。

在成批或大量生产情况下，装配前的划线工作往往用预先做好的样板来完成或由定位装置取代。这样使繁重的、提高质量必须有熟练技术的划线装配工作被装配胎夹具代替，从而有更高的质量和生产率。有时可将重复生产的部件本身作为样板，例如成批生产的桁架。通常按大样装配好桁架的一半，放置在装配平台上，再在这半片桁架上依次放置连接板、弦杆、腹杆等元件，依据先装配用定位焊固定好的半片桁架各元件位置用螺旋、楔形等夹紧器固定、施予定位焊，然后取下这半片桁架，再在其上按相应位置布置并定位焊其余元件，直到全部装配完毕，进行焊接。而这第一个半片桁架就这样不断地被作为样板，直到完成同类桁架的全部装配。大量生产情况下，一些部件、组件，甚至结构的装配是在专用胎夹具上进行的，如C62A型敞车中梁部件生产线上就设置了若干专用装配胎夹具。

即使小批生产条件下，也可采用通用的装配夹具，如图4-1所示。用这套装置可组织专业生产。它的基础是带纵横向T形槽的装配平台，在其上装置通用的，可以拆卸替换的挡铁、带定位销的挡铁、螺旋夹紧器、带嵌套的压板、紧固零件等。

2. 按装配焊接的顺序

①整体装配焊接；②边装边焊；③按部件装配焊接；④最后总装配焊接。

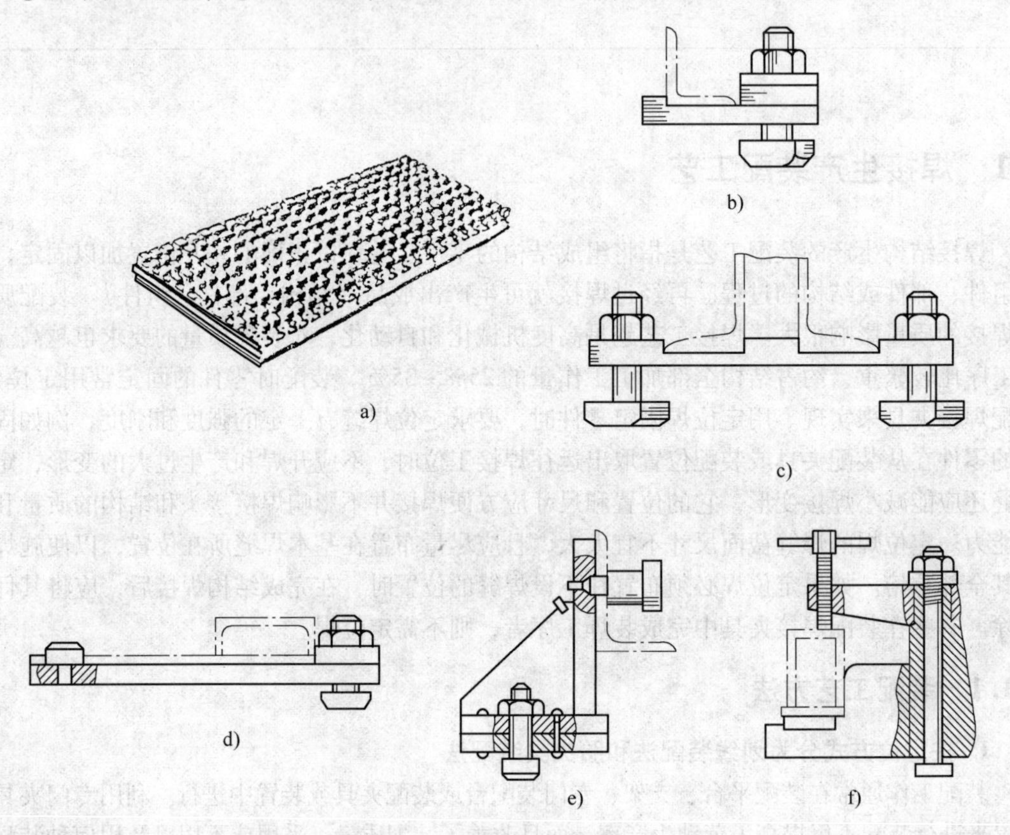

图4-1　通用装配夹具
a）基础平台　b）~f）各种定位夹紧元件

1）由单独零件逐件组装成结构之后再进行焊接。这是单件小批生产、结构简单的产品常用的方法，如每片桁架的装配，一些机器结构的装配。

2）一些复杂的结构，由单独零件逐件组装，并且焊接，后再装配，再焊接。即装配焊接交替进行，逐渐完成整个结构的制造。许多单件小批生产的结构都用这种方法进行装配，如大型立式储油罐的工地建造，球形容器的工地建造等。

3）由部件组装成结构的装配过程。结构分成若干组件、部件，常将各个组件、部件单独装配焊接合格后，再将其总装配成结构，焊接总装配焊缝。这种方法常被称为分部件装配法，有一系列优越性：这种方法装配焊接质量较高，并改善了工人的劳动条件，因为这种方法将大型复杂的结构分为轻的、尺寸较小的、较为简单的结构（组件、部件等），方便装配和焊接，并可把一些空间位置焊缝变为平焊焊缝，可以大大增加在厂房内、车间内的工作量，从而减少了在现场条件下的工作量，还可以方便地控制焊接应力和变形，方便地采用装配焊接夹具。这种分部件装配法，可以提高劳动生产率，缩短生产周期，这是因为分部件后

便于实行专业化生产，工人需要掌握的生产过程相对简单，并且可较多地采用胎夹具，消除或减少各工序间相互等待的时间。采用这种方法装配还简化了胎夹具，降低了成本，可获得较高的技术经济指标。所以在大批大量及成批生产条件下，如铁路油罐车、敞车、汽车壳体的生产都采用这种分部件的装配法。对于一些结构复杂的产品，即使是一些小批生产的结构，也尽量创造条件采用这种装配法，如巨型船舶的钢结构的装配焊接。

3. 按装配工作地分

（1）固定地点的装配　装配工作在固定的工作位置上进行。各工种工人和工作队轮流为特制产品服务。这种装配方式一般用在重型产品上，或是产品产量不大的情况下。例如重型水压机下横梁和水轮机转轮的焊接生产。

（2）流动装配　焊接工件顺着固定的工作位置（工作地、工作胎位）流动，在各工位上进行装配，工位上有装配胎夹具和相应工种工人。这种形式用于大量流水生产，并不限于轻小型产品上。有时为了凑用固定在某工作地的专用设备，也常采用此种装配形式。

4.1.2　装配工艺过程的制定

1. 装配工艺过程制定的内容

装配工艺过程制定的内容包括：零件、组件、部件的装配次序；在各装配工艺工序上采用的装配方法；选用何种提高装配质量和生产率的装备、胎夹具和工具。

由于装配和焊接是密切联系的两个工序，在很多场合下是交错进行的，故在制定装配工艺过程时，要全面分析，使所拟定的装配工艺过程对以后各工序都带来有利的影响。如前所述使施焊处于有利位置，各焊缝的可焊到性好，并有利于控制应力与变形等，例如将工件反变形装配。当装置焊接带有筋板的工字梁时，可以先装配筋板后，再焊接翼板与腹板的角焊缝（腰缝），这将有利于防止翼板的角变形，但却不便利用埋弧焊、CO_2 气体保护焊等高效、高质量焊接方法焊接通长的腰缝。反之，先自动焊接腰缝再装配筋板，可使生产率和质量大为提高，而翼板角变形需采用反变形方法加以控制。

制定装配工艺时，还要注意定位基面和零件公差的选择。例如轧制型材（如角钢、槽钢）不宜用内缘面作定位基面，焊接结构装配常以外缘为准。故零件、组件、部件外缘精确度常常影响装配质量，必须予以注意。按结构规定的公差，拟定相应的零件、组件、部件的公差。

2. 分部件装配法

该项内容在工艺分析时已经提及。大批大量生产时需将结构划分为零件、组件和部件；采用分部件装配法。这种方法不仅适用于不预先分割为部件就不能生产的各种焊接结构（如桥式起重机的桥架结构），而且对于某些复杂的，即使单件小批生产的结构也可采用其优越性，可总结如下：

1）提高装配、焊接工作质量，改善工人劳动条件。将大型复杂结构，分为轻的、尺寸较小、较为简单的零件、组件、部件，便于装配焊接。如使一些只能在工地进行装配焊接的结构分为可在工厂制造的部件、减小工地劳动量。分部件后一些空间位置焊缝变为平焊焊缝，平角焊可变为船形焊，这些都改善了劳动条件。

由于划分部件时可以考虑焊缝的相互位置和数量，这些对焊接应力和变形有重要影响的因素的恰当控制，使部件应力变形得以减少。通过尽量减小总装配焊接量，使结构总的应力变形减少。

分部件装配可以较方便地采用装配焊接胎夹具。这都对提高产品质量和改善工人劳动条件发生有利的影响。

2）提高劳动生产率和缩短生产周期。分部件后便于实行专业化流水生产，工人需要掌握的生产过程相对简单，而且多采用胎夹具，使劳动生产率得以提高。同时，分部件使各工件工序间相互等待的时间减小，各部件可平行进行生产，总装工作量大为减小，这些都有利于缩短生产周期，减小生产面积，或使各工序工位负荷比较均衡，获得较高的生产效益。

3）简化胎夹具的设计和制造，降低了生产成本。由于分部件，使胎夹具大为简化，设计和制造简单的、专用胎夹具比复杂的、万能的胎夹具快而且成本低。

3. 部件合理划分通常应考虑以下原则：

1）结构上的合理性。部件划分应不影响结构的强度，不宜把受力最大的焊缝留待总装时施焊。还应使划分的部件有足够的刚性、形式单一。

2）工艺上的合理性。要考虑接头的形式，施工工艺的可能性及装配焊接是否合理。充分增大部件工作量、缩短生产周期、节省生产占地面积、容易控制应力变形和进行质量检验、容易采用简单胎夹具等。

3）制造工厂的条件。如工厂的设备和规模，包括热处理能力、起重运输能力、劳动组织情况等。

4. 带有机械加工零件的焊接结构的装配工艺有其自己特点。这类带有机械加工面，并要与其他零件配合的结构有两种装配工艺：

1）整个结构装配焊接好，热处理消除内应力后再进行机加工完成结构制造。例如内燃机车的内燃机体、水轮机座环、六千吨水压机的三个梁等，这种方法能保证满足要求，质量好，但需大型设备，造价高。

2）先加工好零件，然后利用专门的、有足够刚度的装配装置进行装配和合理的焊接。这类例子如挖掘机的框架、汽车吊的臂杆等。

5. 典型装配示意

下面用表示出几种典型装配（表4-1）定位与找正方法：带反变形的装配方法（表4-2），热套圆筒节的装配方法（表4-3），筒节环缝（表4-4）和纵缝装配方法（表4-5）。

表4-1 典型装配常用定位与找正方法

装配内容	简图	找正内容	基准部位	找正工具
纵缝	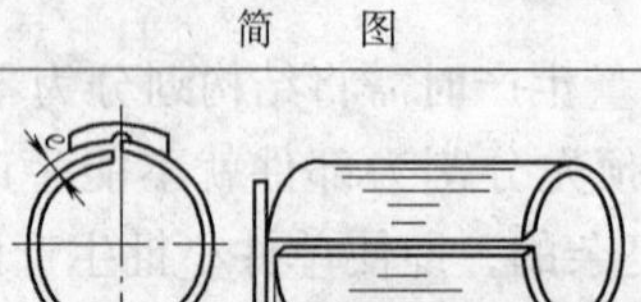 e	错边 错位	外壁 端面	圆弧样板 直尺
环缝	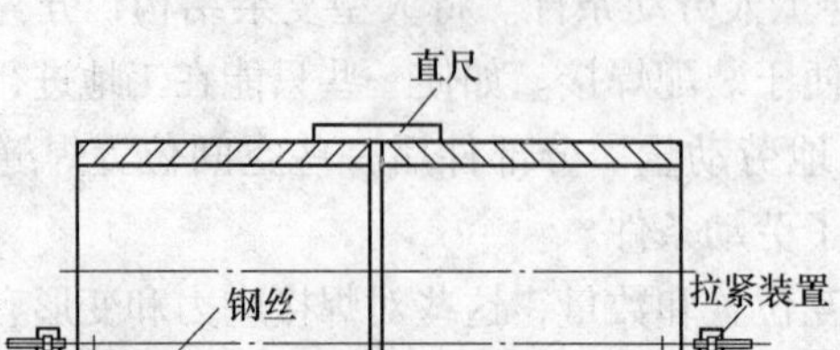 直尺 钢丝 拉紧装置	平直度，同心度	内外壁，纵向线	直尺，钢丝架，准直仪

（续）

装配内容	简　　图	找正内容	基准部位	找正工具
内件	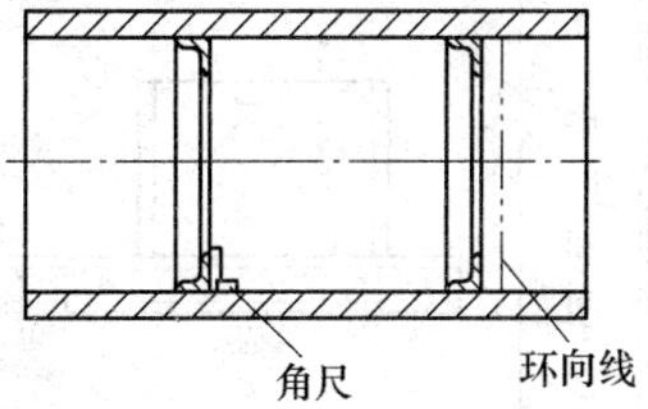 角尺　环向线	与轴线垂直度，与基面平行度	环向线，内壁，纵向线	角尺，水平尺，经纬仪，准直仪
管座	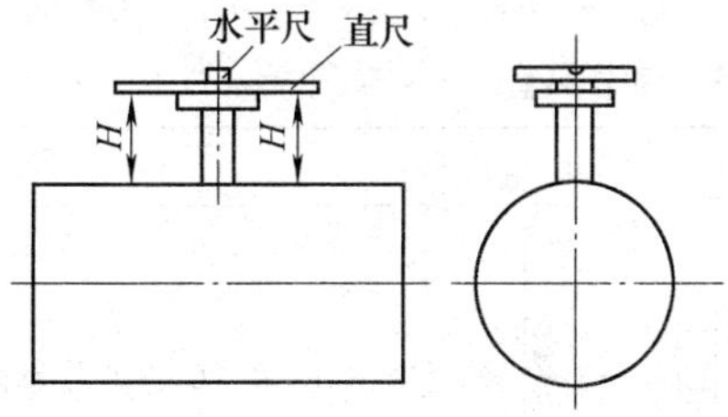 水平尺　直尺　H　H	法兰与筒体垂直度，法兰面高度及水平度	管座孔，筒体外壁，法兰面	直尺，角尺，水平尺，量具
梁柱	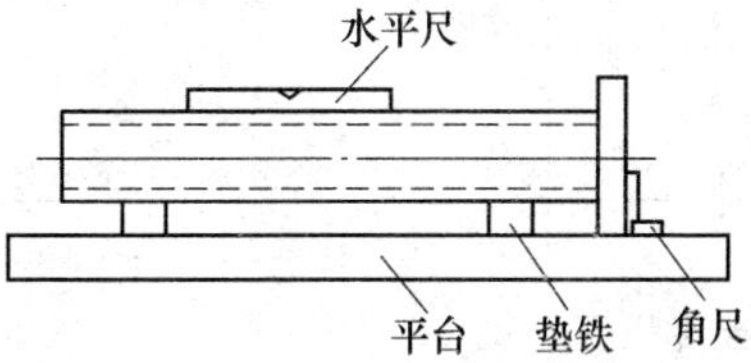 水平尺　平台　垫铁　角尺	平直度，底面角尺度	外表面，端面	角尺，水平尺，平台，垫铁

表 4-2　预防变形的装配方法

措施	简　　图	说　　明	措施	简　　图	说　　明
反变形	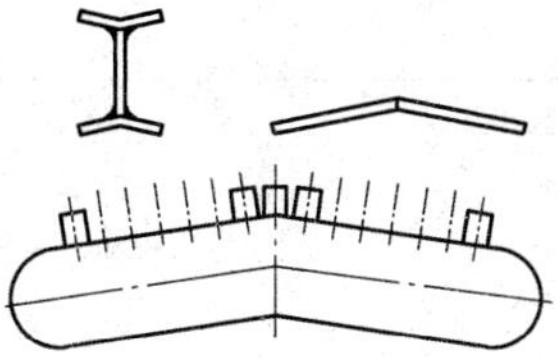	使工件预变形，其方向与焊接变形相反，大小相等	局部加固	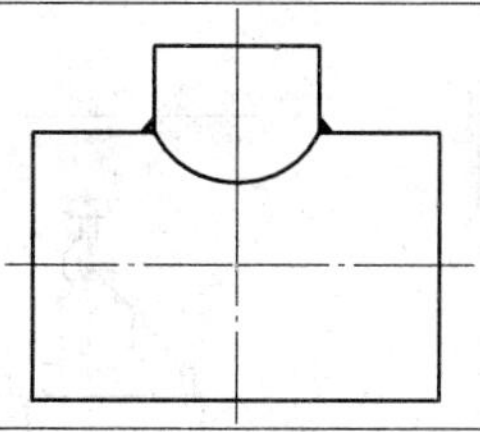	先焊管座，后开筒体上的孔
刚性固定	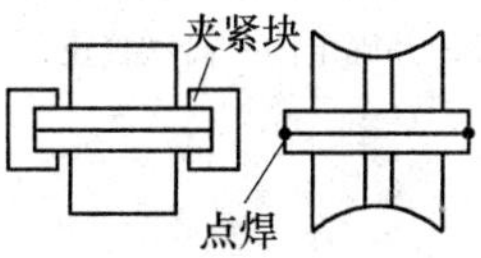 夹紧块　点焊	利用两工件相互支撑，形成刚性固定		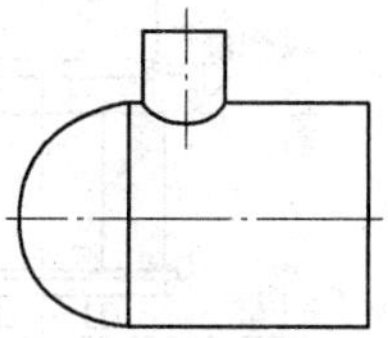	先装焊封头，后装焊管座
	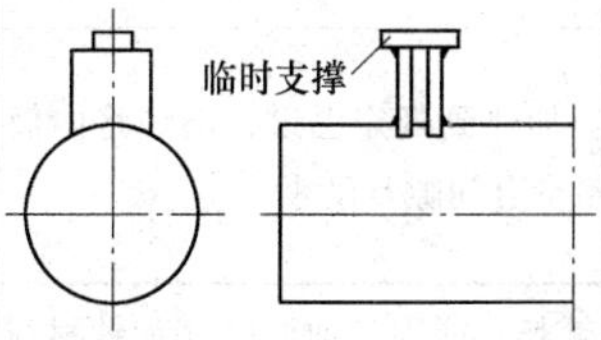 临时支撑	临时支撑，焊后拆除		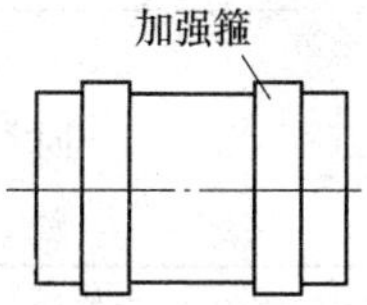 加强箍	筒体外装焊加强箍，完工后拆除，对多层容器兼有防松作用

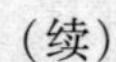
（续）

措施	简　图	说　明	措施	简　图	说　明
局部加固	撑圆环	筒节端部装撑圆环，环缝焊完成后拆除	局部加固	Δ Δ	坯料上放加固余量 Δ，焊后复加工

表 4-3　筒节热套

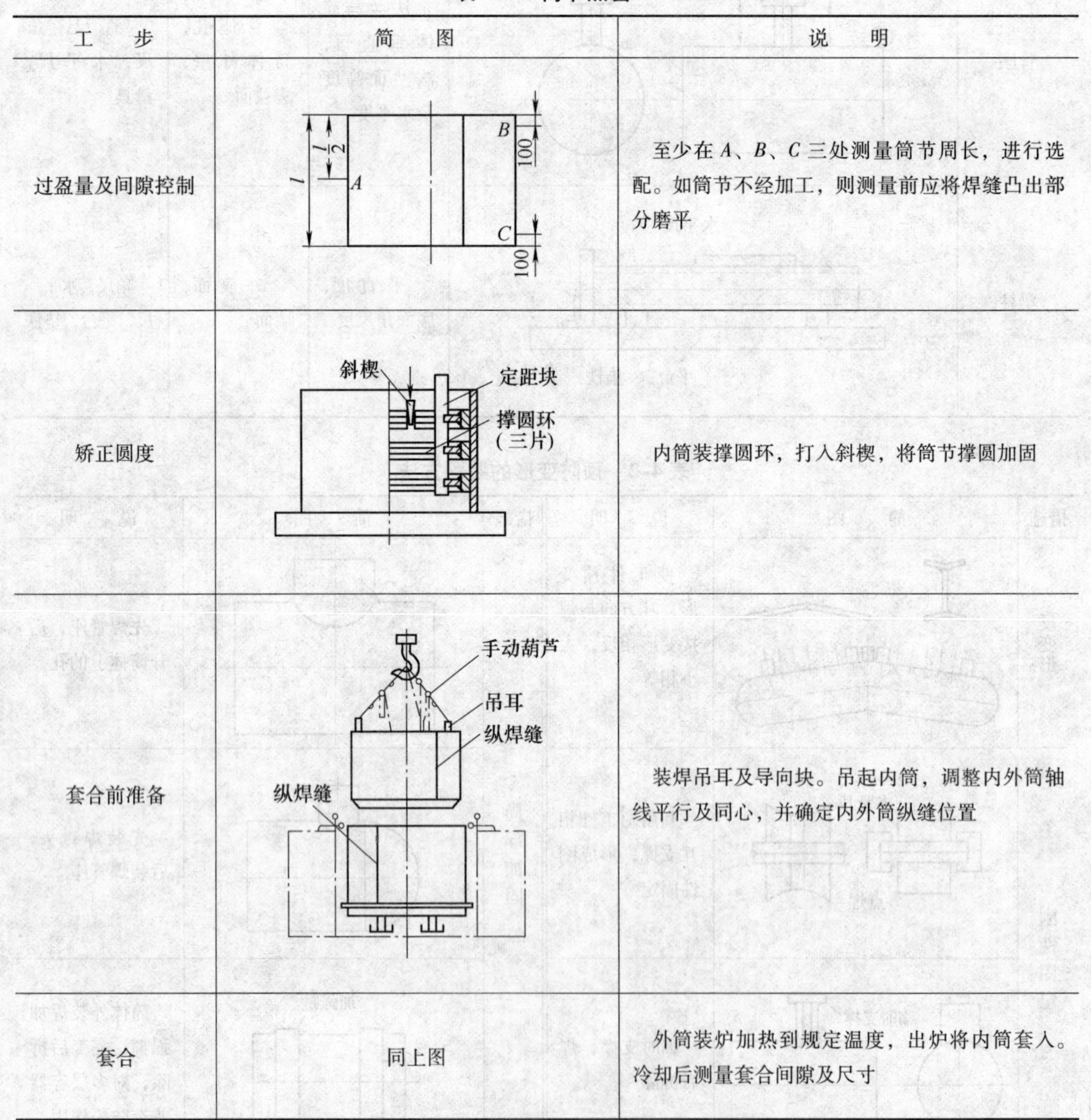

工　步	简　图	说　明
过盈量及间隙控制		至少在 A、B、C 三处测量筒节周长，进行选配。如筒节不经加工，则测量前应将焊缝凸出部分磨平
矫正圆度		内筒装撑圆环，打入斜楔，将筒节撑圆加固
套合前准备		装焊吊耳及导向块。吊起内筒，调整内外筒轴线平行及同心，并确定内外筒纵缝位置
套合	同上图	外筒装炉加热到规定温度，出炉将内筒套入。冷却后测量套合间隙及尺寸

注：单个筒节一般采用立套，操作简便。如内筒由几个筒节焊成，且长度较长，或因其他原因（如钛材衬里等），则可用卧套，但操作较困难。

表4-4　环缝装配

找正内容	简　图	说　明
坡口对齐	厂形铁 斜楔	焊Γ形铁后打入斜楔，消除错边
	装配夹具 调节螺杆	利用环缝装配夹具调节边缘
	撑圆环	厚壁筒节可用热套法装入撑圆环矫正圆度，经选配后再加工环缝坡口
焊缝间隙符合工艺要求	定距块	装焊定距块，调节焊缝间隙

表4-5　纵缝装配

找正内容	简　图	说　明
坡口错边一般不超过2mm	厂形铁 斜楔 斜楔 门形铁	坡口一边外壁上焊Γ形铁或内壁装门形铁，打入斜楔，强迫坡口对齐
焊缝间隙符合工艺要求	螺栓	间隙过大可焊拉紧板后用螺栓收小，间隙过小可打入斜楔扩张

（续）

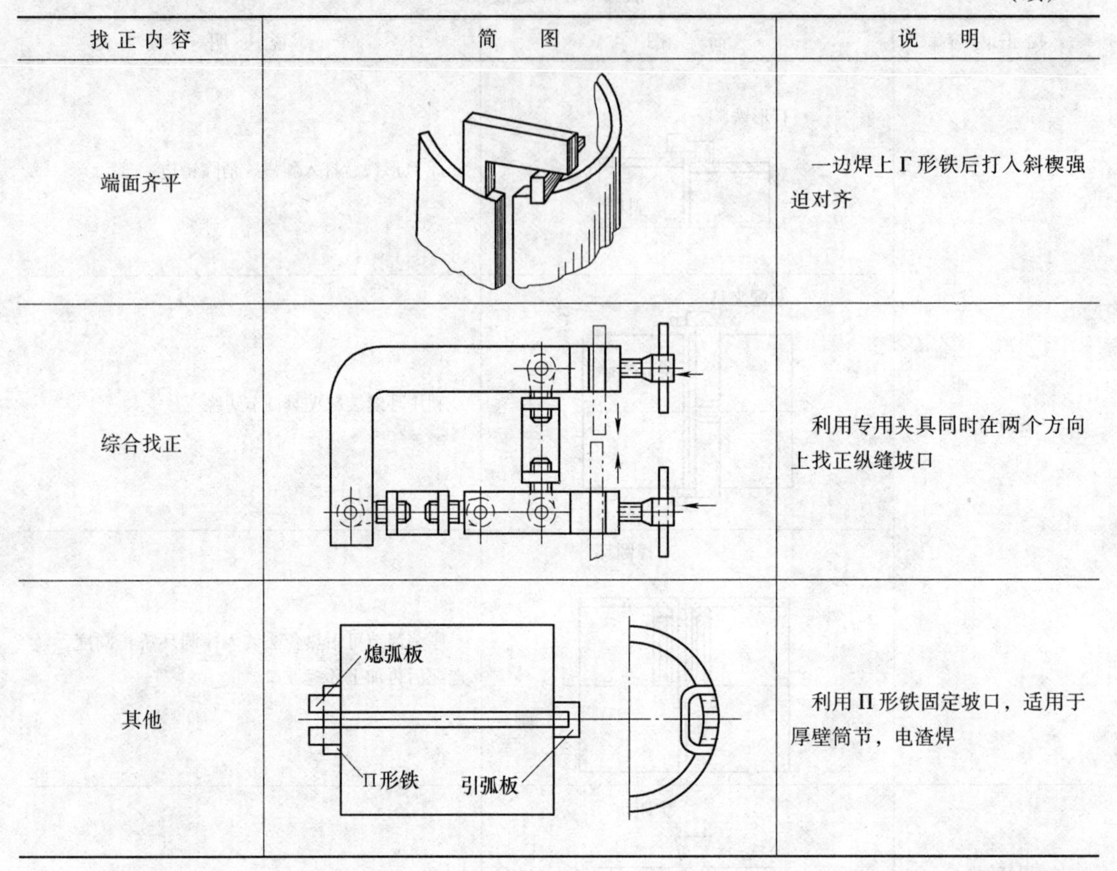

找正内容	简图	说明
端面齐平		一边焊上Γ形铁后打入斜楔强迫对齐
综合找正		利用专用夹具同时在两个方向上找正纵缝坡口
其他		利用Π形铁固定坡口，适用于厚壁筒节，电渣焊

4.2 焊接结构生产的焊接工艺

4.2.1 焊接工艺制定的内容

1）选择待制产品各焊接接头合理的焊接方法，并确定相应的焊接材料。

2）制定合理的焊接参数。例如在焊条电弧焊时，包括焊条直径、焊接电流和电弧电压（弧长）、焊接速度、焊缝施焊次序、每条焊缝中焊接层数、每层焊道数目及其施焊次序等；在埋弧焊时还应包括焊剂的种类；在 CO_2 等气体保护焊时，还包括气体种类、焊丝伸出长度、气体流量等。

3）制定其他的热参数。如层间温度、是否要预热、后热、中间加热及焊后热处理，以及加热温度、加热时间、加热部位及冷却要求等。

4）拟定焊接工艺中所需采用的措施及选用的焊接胎夹具与辅助装置。

制定焊接工艺应遵循以下原则：获得合格的焊接接头，包括外形尺寸、强度、刚度等方面的要求；焊接变形小于技术条件的规定；焊接应力应当尽可能小；翻转工件次数少，或利用胎夹具及焊接辅助装置使焊缝处在最有利的施焊位置；可焊到性好，焊工施焊方便；生产效率高，且生产成本低，有好的经济效益等。

4.2.2　主要焊接方法的生产特点

前面已论述过焊接工艺方法的选择在焊接生产设计中的重要性。焊接工艺方法选择的原则和制定焊接工艺应遵循的原则是一样的。但工艺方法的选定更多取决于结构尺寸形状及接头形式，有的设计图样规定了工艺方法，这是在设计接头形式及接头结构要素时，结构设计师和工艺师共同拟订的。为了在规定的（或现有工厂）生产状况下，选择最经济、最方便、高效率、高质量的焊接工艺方法，了解主要工艺方法的生产特点十分必要。这里所述主要工艺方法的生产特点是指：此种工艺方法适用的范围，包括焊件基本金属种类、厚度、焊接位置、焊缝的长度等；对材料加工工艺及装配工艺的要求，如坡口准备、焊前清理等；焊前焊后热处理要求；焊接所需辅助装备、机具、辅助工序的要求及其复杂程度；焊接接头的质量及其稳定程度；其经济指标，如劳动生产率，设备投资等影响下的生产成本；工人的劳动条件等。

1. 焊条电弧焊

焊条电弧焊应用灵活方便，适用于短小焊缝及空间全位置焊缝，焊件厚度在2mm以上，最大厚度可以说不受限制，但考虑到经济指标，当厚度特大时，生产效率显然不如埋弧焊和电渣焊，而且厚度过大施焊过程中产生缺陷的危险也增加了。这种焊接方法对装配工作的要求较低，边缘清理也较别的工艺方法要求低。如果选择合适等级的持证焊工，使用合适的焊条，可以优质地完成各种金属焊接结构的焊接。

所以这种方法所具有的优点，使得它是目前生产中一种常用焊接方法，其缺点是生产效率低，工人劳动强度大，影响工人的健康（烟尘和弧光）。针对其缺点，可采用重力焊、高效率的铁粉焊条提高其生产率，为改善劳动条件，目前模拟高水平熟练焊工的操作，设计了全位置自动焊机和焊接机器人，这种自动化焊接方法保留了焊条电弧焊的各项优点。

为在我国焊接生产中进一步提高焊条电弧焊的质量，需提供稳定质量的焊条和焊接设备；普遍进行焊工培训和考核发证工作；研制和采用低尘、低毒焊条和更加安全方便的劳动保护用具等。

2. 埋弧焊与焊条电弧焊

此种方法一般适用厚度在4mm以上平焊缝的焊接位置，特别适合于长焊缝。埋弧焊对于规则的（通长或圆形）特长焊缝尤其能体现其高生产率、优良焊缝质量和良好劳动条件的优点。在中等厚度情况下，可以不开坡口，并同时有高的焊接速度、低的焊丝焊剂等辅助材料的消耗，因而具有比焊条电弧焊高得多的生产率，及较低的焊接成本（包括节省坡口加工费用）。对焊前的准备工作要求严格，在焊接时间大大缩短的同时，辅助时间却增加了。

1）要求焊件有精确的装配质量。如对接间隙一定按照要求全长保持不变，并随板厚增加而加大；边缘加工需严格，重要的焊接结构装配前，各零件的焊接边都要经过加工。

2）焊前坡口附近要彻底清理油污和铁锈，因为埋弧焊对此十分敏感，清理不彻底是导致焊缝产生气孔的重要原因。焊接材料准备不当（如焊剂烘干不够、焊丝上有铁锈或油污，或焊丝、焊剂牌号弄错等等），生产组织和管理不善（如烘干的焊剂、清理过的焊丝和坡口边缘未能及时施工，焊丝和工件边缘重新生锈，焊剂受潮等），都会影响焊接质量，产生焊接缺陷。

3）焊接前，要进行焊接参数的选择。每道焊缝施焊前，都要校对自动焊机与焊道的相互位置，焊后要回收焊剂。

4）埋弧焊需要焊接辅助装置，即使平板对接，一般也需要焊车轨道。大多数情况下，需要焊接操作机、焊接变位机或回转台、焊接滚轮架、翻转机、焊药垫、电磁平台等。

为克服自动焊不宜焊接不规则的曲线焊缝的缺点而设计的埋弧焊，需要工人有较熟练的技艺，且劳动强度较大，目前已逐渐为气体保护焊所代替。

埋弧既是优点，没有刺眼的弧光，又是缺点，不如明弧可观察焊缝成形及施焊质量。

在确定采用埋弧焊还是焊条电弧焊时，需要进行经济分析和论证，焊接工艺评定应当在此之后进行。

3. 气体保护焊

20 世纪 50 年代以来，气体保护焊获得发展，目前已经在焊接生产中得到广泛应用。在我国应用于生产的气体保护焊主要是两类：熔化极气体保护焊和不熔化极气体保护焊。前者主要是 CO_2 气体保护焊、熔化极氩弧焊（包括富氩的混合气体保护焊、脉冲氩弧焊、窄间隙焊等）。后者主要指钨极氩弧焊。

气体保护焊具有以下共同特点：

1）明弧，电弧可见性好，便于工人观察焊缝成形（其中窄间隙焊稍差，而窄间隙埋弧焊则同埋弧焊不可见焊缝）。焊缝质量好，如 CO_2 气体保护焊，Ar、O_2 或 Ar、CO_2 混合气体保护焊对生成气孔的敏感性小，对无风的露天作业特别有利，解决了某些金属焊接的困难，如钨极氩弧焊、熔化极氩弧焊焊接铝及铝合金、镁及镁合金、钛及钛合金、一部分不锈钢、高强度钢及耐热钢。

2）可以进行空间全位置的焊接，施焊工件厚度没有限制，既适用于通长直焊缝、规则形状焊缝，也适用于不规则焊缝。如 CO_2 气体保护焊焊接薄板可完全代替气焊，而且目前也用 CO_2 气体保护焊焊接中厚度以上的低碳钢、低合金结构钢重要结构。脉冲氩弧焊更是合金钢薄板（不锈钢）、铝镁合金、镍合金零件的优良工艺。

3）生产效率高。如 CO_2 气体保护焊生产率可比焊条电弧焊高 1～4 倍，比埋弧焊高 1.5 倍；熔化极氩弧焊比钨极氩弧焊生产效率高十几倍。

4）除药芯气体保护外，其他气体保护焊后不需清渣；CO_2 气体保护焊等对焊接边缘清理及装配精度要求不高，但有色金属及不锈钢、耐热钢、合金钢的氩弧焊除外。窄间隙焊则对清理和装配质量（间隙和坡口）有严格的要求。

5）CO_2 保护气来源广、价格低、氩气价格也在下降。

综合以上优点可见，气体保护焊的焊接成本低。如 CO_2 焊只有埋弧焊和焊条电弧焊成本的 40%～50%；窄间隙焊与常规焊条电弧焊相比，国外有资料介绍，其人工费仅为后者的 20%。

4. 电渣焊

此种方法适用于厚度 60mm 以上金属的焊接，特别适用于大厚度、大截面工件的焊接，生产率很高，所以在重型机器制造业中得到了广泛应用。

电渣焊的一个特点是焊缝必须处于垂直位置，对复杂的重型焊接结构，在选用和拟定电渣焊工艺时必须注意这一点。

电渣焊常用丝极、板极及熔嘴电渣焊几种。丝极电渣焊适用于长度较大（1m以上）、厚度小于600mm的环形、直通接缝的焊接；熔嘴电渣焊适于变断面或复杂断面，断面积大于1m×1m焊缝的焊接；而板极电渣焊应用在矩形断面，面积小于1m×1m焊缝的焊接。

电渣焊后一般需正火处理以消除焊接接头中的粗大晶粒组织，正火后必须回火，去残余应力。这都是选用电渣焊必须考虑的。

应该指出窄间隙埋弧焊是目前可以取代电渣焊，焊接厚壁压力容器如核容器和加氢反应器的先进焊接方法，在我国获得广泛应用。

常用熔焊方法的生产特点见表4-6。

表4-6　常用熔焊方法的生产特点

<table>
<tr><th rowspan="2">熔焊工艺方法</th><th colspan="10">适用材料及适用厚度/mm</th><th rowspan="2">适用焊缝位置</th><th rowspan="2">适用焊缝长度及形状</th><th rowspan="2">坡口准备及焊前清理要求</th><th rowspan="2">对焊接工装夹具或焊接变位机械要求</th><th rowspan="2">对焊前及焊后热处理的要求</th><th rowspan="2">生产效率、设备投资、产品质量</th></tr>
<tr><th>低碳钢</th><th>低合金钢</th><th>不锈钢</th><th>耐热钢</th><th>高强度钢</th><th>铝及铝合金</th><th>镁及镁合金</th><th>钛及钛合金</th><th>镍及镍合金</th><th>铜及铜合金</th></tr>
<tr><td>焊条电弧焊</td><td colspan="5">各种厚度及难于施焊位置</td><td colspan="3">很少用</td><td>各种厚度</td><td>很少用</td><td>全位置</td><td>长短及曲线形状</td><td>不严格</td><td>一般不要求</td><td rowspan="4">根据材料性能、厚度和技术条件选择</td><td>效率低，质量人为影响大</td></tr>
<tr><td>埋弧焊</td><td colspan="5">一般4以上厚度</td><td colspan="2">较少用</td><td colspan="2">4以上厚度</td><td>较少用</td><td>平焊</td><td>长和规则（环）的</td><td>严格，并清理光洁</td><td>根据条件必须配置</td><td>高效率，高质量，设备投资较大</td></tr>
<tr><td>CO_2气体保护焊</td><td colspan="6">一般1以上</td><td colspan="4">3以上</td><td rowspan="2">全位置</td><td>长短曲线形如自动CO_2气体保护焊则要规则形</td><td>不严格如自动CO_2气体保护焊则要严格</td><td rowspan="2">不要求，如自动CO_2气体保护焊则有要求</td><td>高效率，不用清渣，设备投资低于埋弧焊</td></tr>
<tr><td>钨极氩弧焊（TIG）焊</td><td>少用</td><td colspan="4">4以下及打底焊</td><td colspan="2">各种厚度</td><td>4以下</td><td>6以下</td><td>3以下</td><td>短焊缝和曲线形状</td><td>同CO_2气体保护焊</td><td>高质量，设备投资高于焊条电弧焊</td></tr>
</table>

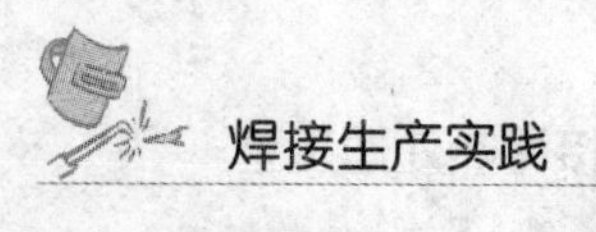

（续）

熔焊工艺方法	适用材料及适用厚度/mm										适用焊缝位置	适用焊缝长度及形状	坡口准备及焊前清理要求	对焊接工装夹具或焊接变位机械要求	对焊前及焊后热处理的要求	生产效率、设备投资、产品质量
	低碳钢	低合金钢	不锈钢	耐热钢	高强度钢	铝及铝合金	镁及镁合金	钛及钛合金	镍及镍合金	铜及铜合金						
熔化极氩弧焊（MIG）焊	很少用		中等厚度以上		很少用	中等厚度以上						长焊缝和规则形状	同埋弧焊		一般不要求	高效率，高质量，设备投资高于钨极氩弧焊
Ar + CO_2 混合气体保护焊（MAG焊）	各种厚度			很少用	各种厚度	国内少见应用						同 CO_2 气体保护焊	同 CO_2 气体保护焊	同 CO_2 气体保护焊		比 CO_2 气体保护焊质量高，其他同 CO_2 气体保护焊
Ar + He 混合气体保护熔化极电弧焊	很少用					各种厚度			国内未见应用	各种厚度		同 CO_2 气体保护焊		不要求	一般不要求	更高质量，其他同氩弧焊
熔化极脉冲氩弧焊	很少用	用于薄板									全位置	长短缝、规则形状	极严格			高质量，设备投资大
药芯焊丝气体保护焊	3以上					不用		3以上	不用		同 CO_2 气体保护焊					基本同 CO_2 气体保护焊（飞溅小，质量较高）
等离子弧焊	很少用	20以下			很少用			20以下		很少用	平焊位	长短焊缝规则形状	极严格	有要求	一般不要求	同熔化极氩弧焊
电渣焊	50～60以上厚度				很少用			50以上		很少用	立焊位		不开坡口，但留大间隙	有要求	一般要焊后正火-回火处理	高效率，因晶粒粗大，韧性差，故要热处理 质量高，设备较贵

（续）

熔焊工艺方法	适用材料及适用厚度/mm										适用焊缝位置	适用焊缝长度及形状	坡口准备及焊前清理要求	对焊接工装夹具或焊接变位机械要求	对焊前及焊后热处理的要求	生产效率、设备投资、产品质量
	低碳钢	低合金钢	不锈钢	耐热钢	高强度钢	铝及铝合金	镁及镁合金	钛及钛合金	镍及镍合金	铜及铜合金						
气爆	用于薄板		很少用								全位置	短焊缝、修补	小或无间隙，清理要求不严	无要求		节省投资、质量较差

4.3 焊接生产的热处理

根据焊接结构的技术条件，为提供优质的焊接产品（包括防止焊接裂纹和某些其他的焊接缺陷产生），改善焊接接头（包括近缝区和焊缝金属）的组织和性能，提高其韧性和减小或消除焊接残余应力，一些结构需要进行热处理。进行热处理工序可在焊前、焊后进行，故可以分为预热、后热和焊后热处理等。

4.3.1 预热

预热的目的是减缓焊接时接头区温度提升的梯度，同时也减缓冷却的速度，适当延长该区在500~800℃区间的停留时间，改善焊缝金属及热影响区的显微组织，减少和避免淬硬组织的产生，有利于氢的逸出，可防止冷裂纹的产生。针对不同的被焊金属和焊接材料不产生裂纹的最低预热温度，建立了一些确定预热温度的计算公式，可参考有关手册和教科书。在局部预热条件下（如气体火焰单喷嘴、多喷嘴、电加热等）资料给出了根据板厚和材料裂纹敏感指数 P_w 确定预热温度的方法，还提供了公式和图线，但要注意其应用范围。表4-7给出各种钢材焊前预热温度表，取自《电力建设施工及验收技术规范》和《钢制压力容器焊接规程》，可供选用时参考。实际确定预热温度和预热与否，除依据被焊材料（母材）成分、焊接性能、板厚外，焊接接头和结构的拘束程度、焊接方法和焊接环境等都应加以考虑，必要时应通过试验（如焊接工艺评定）决定。当不同钢号或不同工件（如管座与主管或筒体，非承压件和承压件）相焊时预热温度按较高的钢号和工件选取。

表4-7 常用钢材推荐的预热温度

钢号	厚度/mm	预热温度/℃	管材		板材	
			壁厚/mm	预热温度/℃	厚度/mm	预热温度/℃
20，20R，20G，20g（DL 5007—1992规定：$w(C)\leqslant0.35\%$碳素钢及其铸件）	30~50	≥50	≥26	100~200	≥34	100~150
	>50~100	≥100				
	>100	≥150				

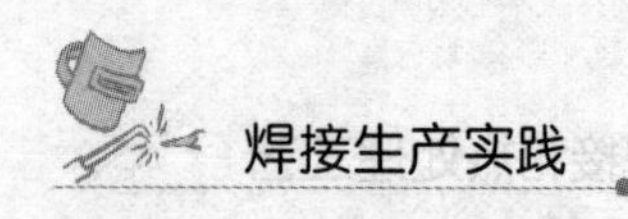

（续）

钢　　号	厚度/mm	预热温度/℃	管材		板材	
			壁厚/mm	预热温度/℃	厚度/mm	预热温度/℃
16MnD，09MnNiD，16MnDR，09MnNiDR，15MnNiDR	≥30	≥50	—	—	—	—
16Mn，16MnR（C-Mn）15MnNbR，15MnVR（Mn-V）	30～50 >50	≥100 ≥150	≥15	150～200	≥30 ≥23	100～150
20MnMo，20MnMoD，08MnNiCrMoVD	任意厚度	≥100				
15MnVNR(11/2Mn-1/2MoV18MnMoNbR，14MnMoV，15MnMoV，18MnMoNbg)			—	—	≥15	150～200
20MnMoNb	任意厚度	≥200				
12CrMo（1/2Cr-1/2Mo），12CrMoG，15CrMoG 15CrMo，15CrMoR（1Cr-1/2Mo，ZG20CrMo）	>10	≥150	≥10	150～200	≥15	150～200
12Cr1MoV（9Cr－1Mo）	>6	≥200	—	300～400	—	—
12Cr2Mo1，12Cr2Mo，2Gr2MoG，12Gr1MoVG，14Cr1MoR，14Cr1Mo	>6	≥200				
（1Cr-1/2Mo-V）			—	200～300	—	—
1Cr5Mo	任意厚度	≥250				
07MnCrMoVR 07MnNiCrMoVDR	16～30	≥60				
	>30～40	≥80				
	>40～50	≥100				
13MnNiMoNrR	任意厚度	≥150				
18MnMoNbR		≥180				
11/2-1Mo-V，2Cr-1/2Mo-VW，13/4Cr-1/2Mo-V，21/4Cr-1Mo，3Cr1Mo-VTi			≥6	250～350	—	—

注：1. 当用钨极氩弧焊打底时，DL 5007—1992 可按下限温度降低50℃。

2. 当管子外径大于219mm或壁厚大于20mm（含20mm）时，应用电加热法预热。

当选用局部预热时，应防止由于加热不均导致的局部应力过大。通常局部预热范围应为焊缝两侧各不小于焊件厚度的3倍，且不小于100mm。较厚工件（如厚度大于35mm）的焊接接头预热时的升温速度应与热处理升温速度的规定相符合。

需要预热的焊件在整个焊接过程中，应不低于预热温度，层间温度不低于规定预热温度下限，且不高于400℃。当用热加工方法（如热切割）下料、开坡口、清根、开槽或施焊临时焊缝（如定位焊焊缝），亦需要考虑预热要求。

4.3.2　后热

对冷裂纹敏感性较大的低合金钢和拘束度较大的焊件，为防止产生延迟裂纹，应使焊件中的氢充分逸出，焊后应立即进行后热处理，温度应在300～350℃之间，恒温时间不小于2h（也可采用300～500℃，保温1h，或200～350℃，保温时间与焊缝厚度有关，一般不低于0.5h）。若焊后立即进行热处理可不采用后热。

许多试验证明，采用合适的后热温度，可以把预热温度降低，一般可降低50℃左右，这就一定程度改善了劳动条件。后热也可代替一些重大产品的焊接中间热处理，达到提高生产率、降低成本的效果。

4.3.3　焊后热处理

焊后热处理分为局部热处理、（整体）焊后热处理、整体炉内热处理、分段热处理（因工件受限，不能一次整体入炉，在一定的附加条件下多次分段入炉进行热处理）、整体炉外热处理（在炉外用适当的加热方式将工件进行热处理和中间热处理）。

1. 焊后热处理的目的

1）消除或降低焊接残余应力，这将提高结构抵抗应力腐蚀的能力，并提高结构的尺寸稳定性。

2）改善焊缝金属和焊接接头的组织和性能。

3）促使接头中残余氢的逸出，有利于防止某些钢的焊接接头产生延迟裂纹，例如500MPa级且有延迟裂纹倾向的低合金高强度结构钢焊件。

4）在脆性转变温度以下工作的焊接结构，以及存在三向残余应力的结构，如厚壁压力容器，为防止发生低应力脆性断裂的危险，都要求进行消除应力的热处理。

5）一些动载或交变应力状态下工作的结构，进行消应处理，以提高抗疲劳破坏的能力。

6）为电渣焊结构改善粗大的魏氏组织，通常要求进行正火-回火热处理。

有些钢材制造的焊接结构与大量低碳钢及中低强度级别的钢制结构（如500MPa级强度钢）不同，如800MPa级高强度钢，经焊后热处理后可能产生回火脆性，导致断裂韧性下降，甚至产生再热裂纹，这类钢制焊接结构则不宜进行焊后热处理。故应根据母材的成分、焊接性能、厚度、结构条件、如拘束度、使用条件和有关标准、影响产生的成本等综合分析是否需要进行焊后热处理。

2. 焊后热处理工艺

焊后热处理工艺和一般热处理工艺类似，通常要掌控：工件进炉温度，加热速度，工件上的温差，升温、保温时间和加热区氛围，冷却速度，工件出炉温度等。

1）进炉温度：焊件进炉时炉内温度不得大于400℃，是为防止产生较大的热应力，对于一些合金钢，进炉温度还要低一些。

2）加热速度：焊件升温至400℃后，升温速度不得大于以下计算值：5000/t（℃/h）。t受热处理工件厚度（mm）影响，有关规程有明确规定：不超过200℃/h，最小可为50℃/h。整体炉外热处理宜控制在80℃/h以下。

3）焊件温差：升温期间，加热区任意长5000mm内温度差不大于120℃。焊件保温期间，加热区最高和最低温度之差不宜大于65℃。整体炉外热处理在规定的有效加热范围内，此值不超过85℃。

4）升温、保温期间应控制加热区的氛围（中性或还原），防止焊件过分氧化。

5）保温时间可见热处理推荐规范表4-8。

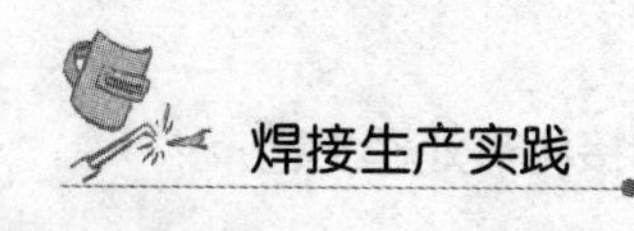

表 4-8 压力容器和锅炉常用钢焊后热处理推荐规范

钢 号	焊后热处理温度/℃		回火最短保温时间/h
	电弧焊	电渣焊	
10 Q235-A，20 Q235-B，20R Q235-C，20G 20g	600 ~ 640	—	（1）当厚度 $t<50$mm 时，为 $t/25$h，但最短时间不低于$\frac{1}{4}$h （2）当厚度 $t\geqslant50$mm 时，为 $[2+(t-50)/100]$ h
09MnD	580 ~ 620	—	
16MnR	600 ~ 640	900 ~ 930 正火 580 ~ 620 回火	
16Mn，16MnD，16MnDR	600 ~ 640	—	
15MnNbR，15MnVR	540 ~ 580	—	
20MnMo，20MnMoD	580 ~ 620	—	
18MnMoNbR 13MnNiMoNbR	600 ~ 640	950 ~ 980 正火 600 ~ 640 回火	
20MnMoNb	600 ~ 640	—	
07MnCrMoVR 07MnNiCrMoVDR 08MnNiCrMoVD	550 ~ 590	—	
09MnNiD，09MnNiDR 15MnNiDR	540 ~ 580	—	
12CrMo 12CrMoG	≥600	—	
15CrMo，15CrMoG	≥600	—	（1）当厚度 $t<125$mm 时，为 $t/25$h，但最短时间不低于$\frac{1}{4}$h （2）当厚度 $t\geqslant125$mm 时，为 $[5+(t-125)/100]$h
15CrMoR	≥600	890 ~ 950 正火 ≥600 回火	
12Cr1MoV，12Cr1MoVG 14Cr1MoR，14Cr1Mo	≥640	—	
12Cr2Mo，12Cr2Mo1， 12Cr2Mo1R，12Cr2Mo1G	≥660	—	
1Cr5Mo	≥660	—	

6）冷却速度：焊件温度高于 400℃时，降温速度不得大于 6500/t（℃/h）且不超过 260℃/h，最小可为 50℃/h。整体炉外热处理时，该值宜在 30 ~ 50℃/h。

7）焊件出炉温度不得高于 400℃，出炉后在静止空气中冷却。焊后热处理一般为高温回火，见表 4-8，可以参考选用。

2. 焊后热处理注意事项

1）调质钢焊后热处理温度应低于调质处理的回火温度，否则将影响调质的效果；不同钢号，非受压元件与受压元件相焊接，焊后热处理的规范和温度按要求较高的执行，但温度不应超过两者中任一钢种的下临界点 Ac_1。

2）有再热裂纹倾向的钢焊件焊后热处理时，应注意防止再热裂纹发生。

3）焊后热处理应在补焊后、压力试验前进行。

4）奥氏体高合金钢制压力容器一般不进行焊后热处理。

5）电渣焊焊件的焊后热处理一般采用正火 + 回火规范。

6）应尽可能采用整体热处理，当不得不采用分段热处理时，加热的重叠部分长至少为1500mm。补焊和筒体环缝局部热处理时，焊缝两侧加热带宽度不得小于容器壁厚的2倍；接管与容器相焊接的整圈焊缝热处理时，加热带宽度不得小于容器壁厚的6倍。电站建设中，管道环焊缝热处理加热宽度，从焊缝中心算，每侧不得小于管壁厚的3倍，且不小于60mm。以上分段和局部热处理加热区外应采取防止有害温度梯度的措施，如管道热处理时，每侧在不小于管道壁厚5倍的区域进行保温，以减小温度梯度。

7）炉外热处理的加热方法，应力求内外壁和焊缝两侧温度均匀，保温时，在加热范围内任意两测点的温差低于50℃。厚度大于10mm时采用感应加热或电阻加热。

8）焊后热处理的测温应该准确可靠，应采用自动温度记录仪。仪表、热电偶及其附件都要通过计量检定。合理布置测温点，如管道热处理测温点应对称布置在焊缝两侧，且不少于两点。水平管道测温点则应对称布置。

9）热处理后，应做好记录和标记，如打上热处理工的钢印（代号）等。

典型的焊接结构

焊接结构应用十分广泛，遍及国民经济各部门，包括工业中的制造业：起重机机械、石油化工设备、锅炉及压力容器、各种锻压机械、交通运输设备（船舶、汽车、铁道车辆等）；能源工业中的设备（水力机械——水轮发电成套设备、风力发电成套设备、核电站全套设备、火力发电全套设备等）、冶金工业（高炉、热风炉、转炉等）、建材工业（水泥窑炉成套设备等）以及军事工业（兵器、火箭、航空航天器、深潜器）等都有焊接结构。这里仅按其结构特点大类作简单介绍。

5.1 焊接基本构件

通常，各种焊接结构件都由一些基本构件组合构成，称为焊接基本构件，包括焊接梁、柱、桁架等，它们分别承担弯曲、拉-压载荷，是建筑结构、高耸结构（高层和超高层建筑的钢结构、塔-桅钢结构）、机器零部件、（石油开发）平台的导管架等的基础。

5.1.1 焊接梁

图5-1是吊车梁的例子。吊车梁是架在车间跨间柱子（牛腿）上，供桥式起重机行走的钢梁。图5-1a是跨度（梁长）$L=12$m的吊车梁，每隔1.5m设置一筋板。该梁采用工字形截面，盖板和腹板的角焊缝，在受拉边焊脚$K=0.65\delta_f$（腹板厚度），在受压边焊脚$K=0.85\delta_f$，该焊缝采用自动埋弧焊完成。该吊车梁承受5~75t载荷，根据载荷不同梁高加以改变，但筋板布置不变。图5-1b是300t起重机的吊车梁的横截面，其结构构造细节如图5-2n所示。

典型工字梁的加强肋布置和构造细节如图5-2所示。焊接梁由于载荷变化，截面沿梁长相应改变，如图5-3所示。大多数情况下，如载荷和跨度都不大时，可根据梁的最大载荷选截面，并且全长保持不变；但对大跨度、重型梁，如冶金工厂的重型吊车梁，桥式起重机主梁，为省材料、减轻自重则设计成变截面梁。对于起重机主梁可采用鱼腹和典腹箱形工字形梁（图5-3b、c），后者施工不便现已很少使用。分级的鱼腹形梁常为1~2级，分级越多越省材料，但制造费用提高。图5-3a和d是盖板厚度变化的变截面梁，一般用于重型不变载荷的梁，在动载时板厚要采取过渡措施，以提高疲劳寿命。还有改变盖板宽度的变截面梁，目前已很少用。主梁结构图如图5-4所示。

图5-5是常见焊接梁的截面形状，其中工字形截面和箱形截面用得最多（图5-5a、b及b′）。由工字形和箱形截面梁组成的桥式起重机主梁的截面形式如图5-5h、i、j、k、l等。箱形截面结构简单，设计和制造省工时，通用性好，水平刚度及抗扭刚度都较工字形截面高，所制成的起重机桥架机构安装及检修都较为方便。现已制成5~80t系列起重机金属结构。

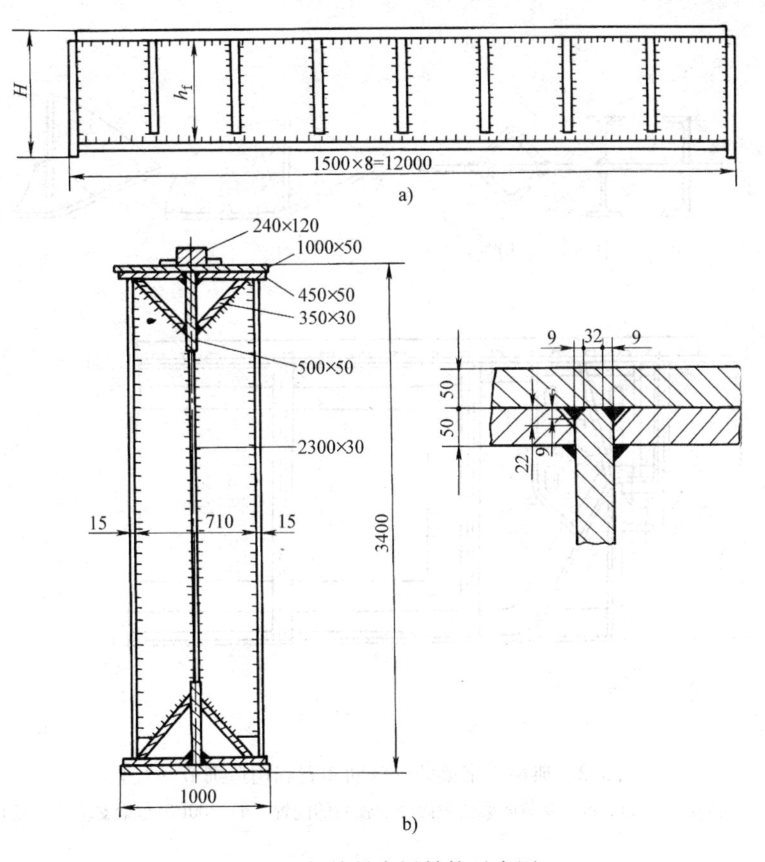

图5-1　焊接吊车梁结构示意图

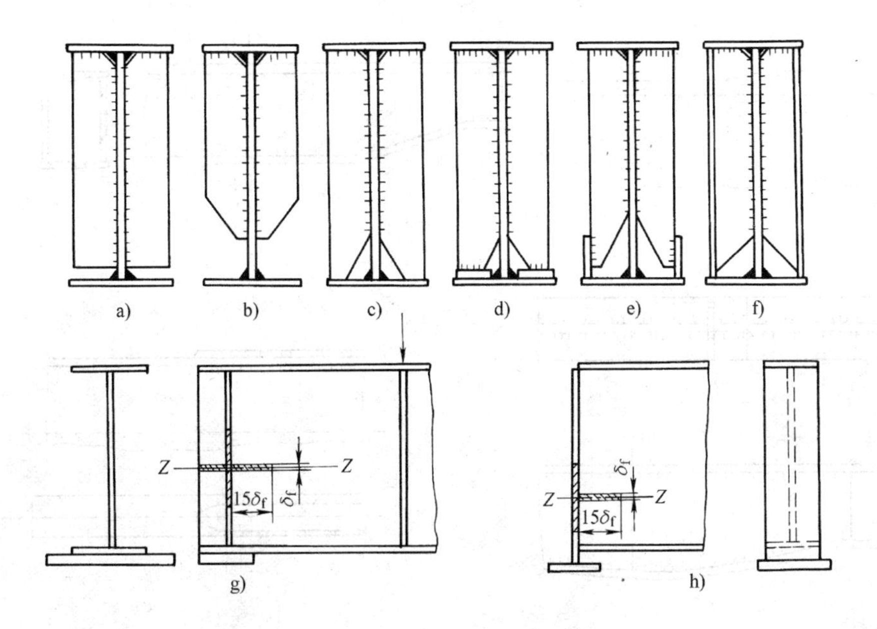

图5-2　典型工字梁的加强肋布置和构造细节

a）~f）横向加强肋布置图　g）~h）支承与支座处加强肋配置（阴影线面积为承受集中力的计算面积）

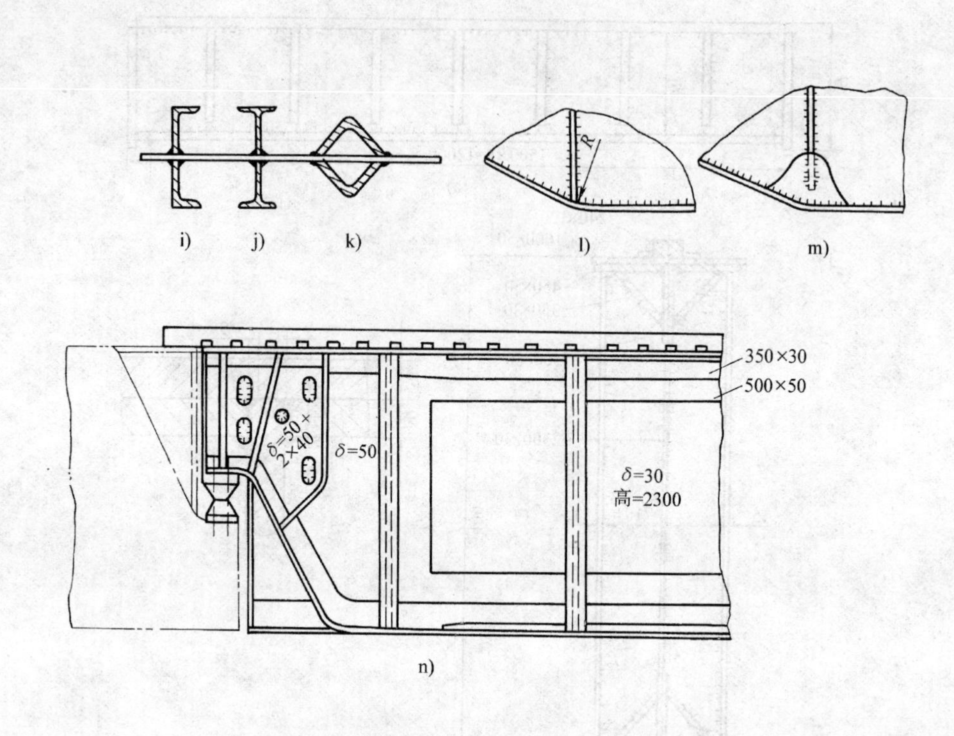

图 5-2　典型工字梁的加强肋布置和构造细节（续）

i）~k）型钢加强肋的例子　l）、m）变截面梁变截面处加强肋的配置　n）300t 吊车梁支承（连接）处的构造细节

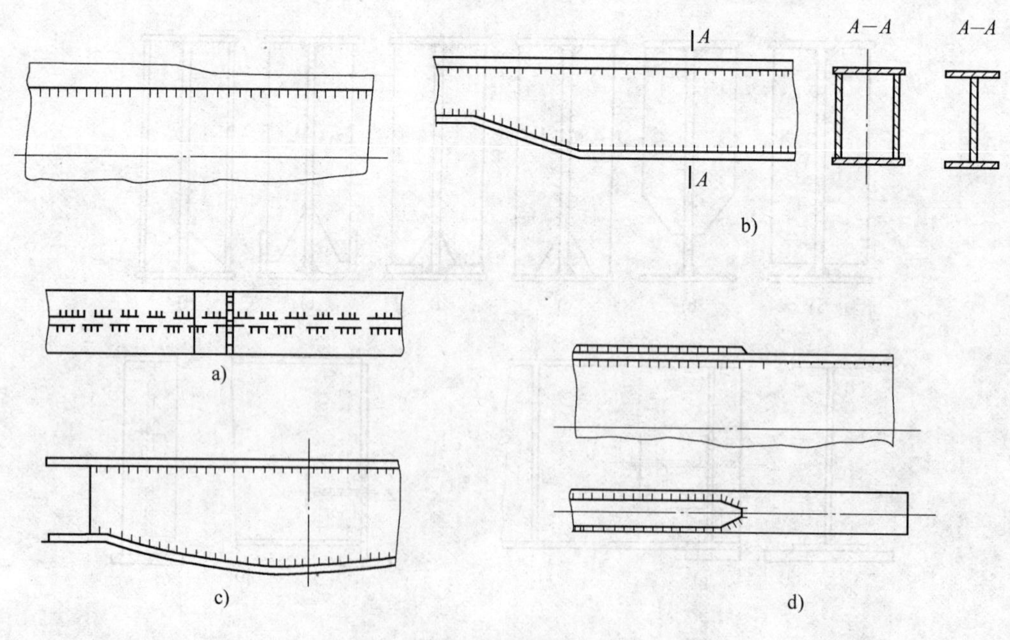

图 5-3　变截面梁

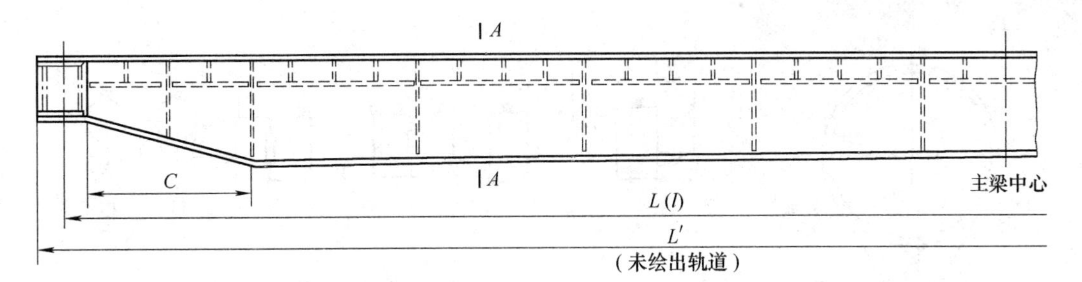

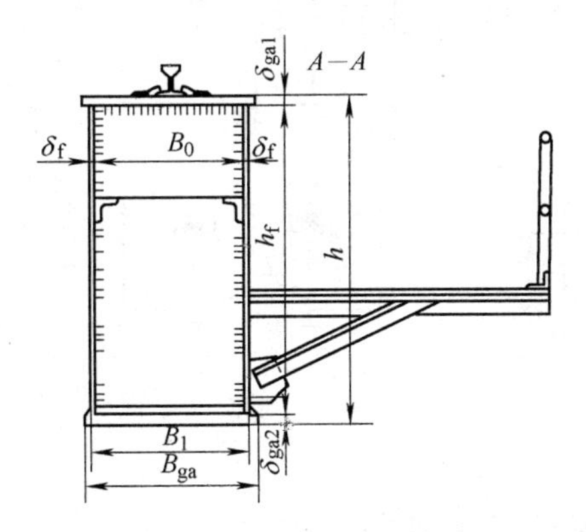

图5-4　主梁结构图

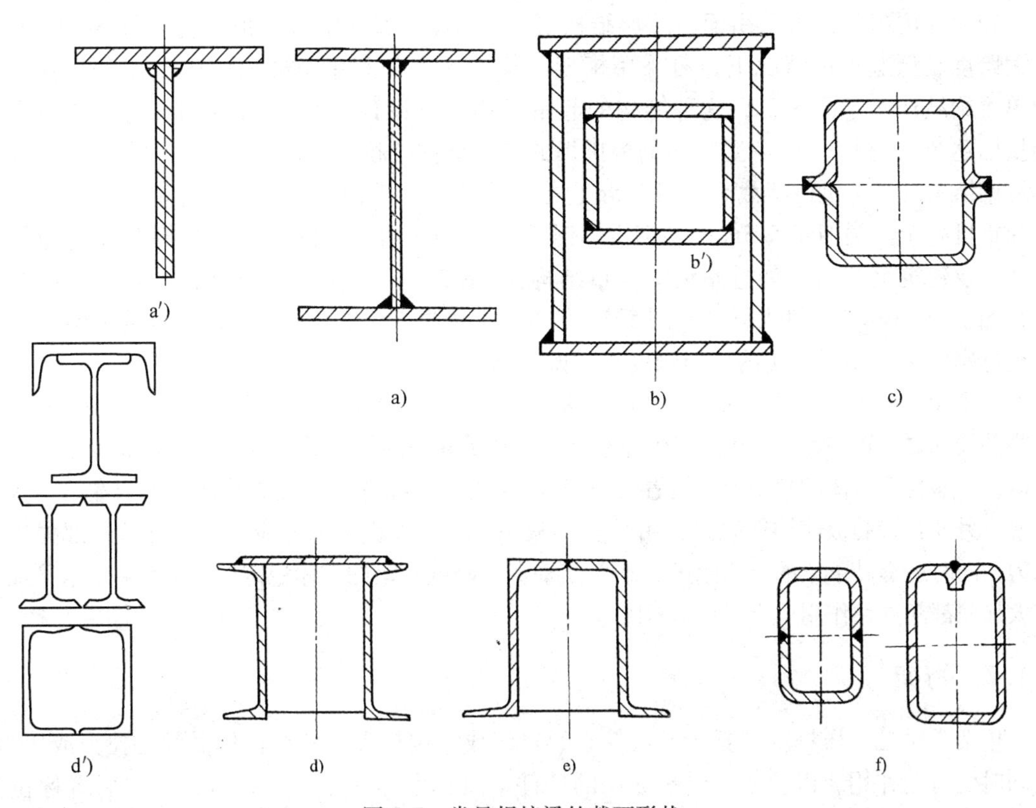

图5-5　常见焊接梁的截面形状

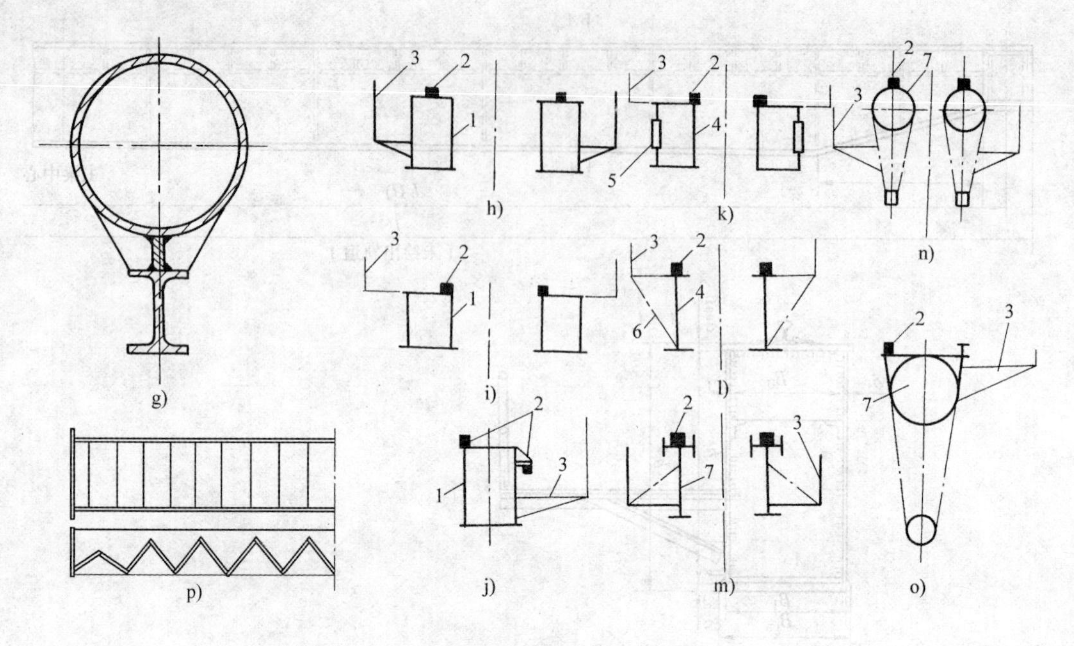

图 5-5　常见焊接梁的截面形状（续）

1—箱形主梁　2—轨道　3—走台　4—工字形主梁　5—空腹梁　6—斜撑　7—管形主梁（单和双主梁）

较大吨位起重机可采用偏轨箱形结构（图 5-5i）、偏轨空腹箱形结构（图 5-5k），当在大跨度、低起重量情况下，可采用桁架结构。既充分利用箱形梁的优点，又节省材料的单主梁结构示于图 5-5j，这种结构的起重机国内已设计了 5～50t 系列，生产的最大起重量已达 80t。图 5-5m 为型钢和钢板拼焊的单腹板主梁桥架结构，图 5-5n 和图 5-5o 为管形主梁结构的起重机桥架截面。图 5-5g 也是管形截面，用于电葫芦小车的桥式起重机（门式起重机）上。类似于 5-5m 的型钢拼焊钢梁图 5-5d 和 T 形梁及工字梁大量用于房屋钢结构及工业建筑钢结构（如电站锅炉承重结构）。图 5-5c、d、e 在车辆的中梁中得到应用，图 5-5f 用于汽车类车辆大梁中。图 5-5p 是将工字梁腹板做成折线梁，较同样的工字梁（相同抗弯刚度）可获得更优的抗扭刚度和减振性能。

为了使梁能承受局部载荷（如梁的支承处及承受集中载荷处）而不致发生平面外的弯曲，这些部位都要布置加筋板。图 5-4 所示桥式起重机的箱形主梁，其上盖板上铺有起重小车行走轨道，传递起重载荷的集中力；设置大小筋板，特别是小筋板，主要是将此集中力在梁中合理传递。另外布置筋板使构件的“自由长度”减小，提高失稳的临界应力及构件抗局部失稳的能力，同时还提高了梁的抗扭刚度、水平（垂直）刚度及梁的整体稳定性。图 5-4 中水平加筋和大加筋都起这种作用。

5.1.2　桁架

桁架常由拉、压杆（包括轴心或偏心的）组成。拉杆和压杆指构件受轴心拉力或压力，或同时受弯矩作用，以及偏心受拉或压的杆件。前者也称轴心拉（或压）杆，后者称拉弯（或压弯）构件。偏心受拉或压的构件实际上也是一种拉弯（压弯）构件。

桁架和梁一样，受横向弯曲载荷。在大跨度下用桁架作梁具有节省钢材、重量轻、材料

得到充分利用的优点。在小载荷大跨度结构上，如用板梁（实腹梁），为保证刚度，梁高较大，但腹板易失稳，并且自重加大。而桁架的刚度大，这种情况下应用桁架十分有利。桁架运输和安装方便，制造时易于控制变形。但桁架节点处均用短焊缝连接，装配费工，难于采用自动化、高效率的焊接方法（大多都采用焊条电弧焊），这增加了制造成本。因此一般认为跨度大于30m，载荷较小时，使用桁架是比较经济的。

由拉杆和压杆组成的桁架连接点称为节点。若载荷作用在桁架的节点（图5-6a），则桁架的所有杆件都可作为轴心拉杆或压杆。若节点之间还作用有载荷（图5-6h），则受到节间载荷作用的那些杆件就属于压弯构件和拉弯构件。

常见桁架是由三角形单元构成的，如图5-6a、c、d所示。有时采用无斜杆的带刚性节点（一般桁架节点都认为是铰接的）的矩形单元构成，这种桁架结构称为空腹桁架，也叫空腹架（图5-6b），其节点需做成能承担弯矩的扩大节点，其杆件也较粗大。后面还会提及，如图5-6a、b等它们常是铁路钢桥的结构形式。

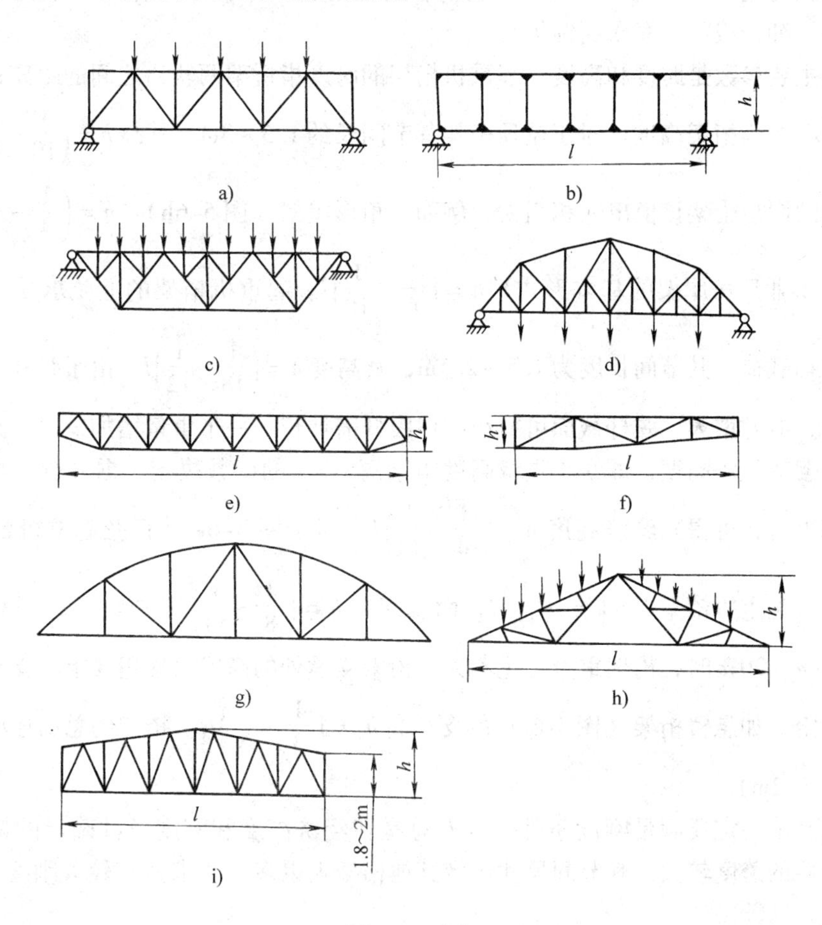

图5-6　桁架

桁架的载荷可以作用在上部（图5-6c），也可作用于下部（图5-6d）。受力点附近用较短的杆件来制造（又称再分式腹杆）。按桁架杆件位置分弦杆和腹杆两类。弦杆分为上弦和下弦。桁架大多由平行的上下弦杆组成，如用于桥式起重机图5-6e、装卸桥和桥梁。有时起重机桁架的下弦为鱼腹折线形，如图5-6e所示。形成折线的桁架用作屋架、塔式起重机和门式起重机的臂架。塔式起重机的悬臂还可以做成单面坡的，如图5-6f所示。大跨度结构（厅、堂、馆和桥梁）多采用弓形桁架，如图5-6g所示。

屋顶桁架在静载下工作，杆件主要采用轧制的和焊接的封闭截面的型材和管子。这类桁架由成对的角钢组成杆件占了将近90%。这些杆件或直接联结或借助辅助元件焊接成节点，将来有可能采用电阻焊焊接成节点。

起重机和桥梁桁架在变载荷下工作，后者常常在露天、低气温下工作，对应力集中很敏感，在设计和制造时需要加以注意。

桁架的用途非常广，除上述主要承受横向载荷的梁类结构之外，还可作为机器的骨架和各种支承塔架。因为高度很大，风载荷不可忽视。这类结构多采用管子类型的杆件来制造。由于这些结构尺寸很大，大大超过铁路运输界限，通常在工厂里分段制造，分段之间用端部法兰在工地安装，采用螺栓联结。海洋石油开发用的钻井平台，桩腿采用大直径管组成的桁架，管子直径可达6.3m，壁厚64mm。它们在特别恶劣的条件下工作（冬季低温、海浪冲击、冰载荷、冲击载荷、海水腐蚀等）。

桁架的主要参数是跨度和高度。起重机桁架的跨度指桥架两轨道之间的距离；桁架弦杆轴线之最大间距为桁架高度。对于屋顶桁架其节间长约1.5~3m，其高$h=\left(\frac{1}{10}\sim\frac{1}{14}\right)l$。但对于不同形式的屋顶桁架该值出入相当大，例如三角形屋架（图5-6h），$h=\left(\frac{1}{4}\sim\frac{1}{6}\right)l$，而对梯形屋架（工业厂房屋架的基本形式）$h=\left(\frac{1}{6}\sim\frac{1}{10}\right)l$。起重机桁架的上弦承受小车轮压产生的集中移动载荷，其节间长度为1.5~2.5m，其高度$h=\left(\frac{1}{18}\sim\frac{1}{12}\right)l$。由于弦杆中内力与高度$h$成反比，故$h$增大，弦杆截面可减小，但腹杆需加长。一个重量增加，一个减小，故总重量决定桁架的经济高度，即最小重量高度由梁高-梁重的函数决定。据分析，当弦杆总重等于腹杆总重时，可得到经济高度$h=\left(\frac{1}{8}\sim\frac{1}{12}\right)l$（对于图5-6e平行弦起重机桁架而言）。资料推荐桥式起重机桁架$h=\left(\frac{1}{12}\sim\frac{1}{16}\right)l$，而装卸桥$h=\left(\frac{1}{8}\sim\frac{1}{14}\right)l$。据经验，当高度与经济高度相差20%~30%时，桁架重量变化不大。桁架支承处的高度由使用要求、支承结构及刚度条件等决定。如悬臂桁架（图5-6f）的支承高$h_1=\left(\frac{1}{3}\sim\frac{1}{5}\right)l_1$。桁架的总高还必须小于运输界限（约3.2m）。

桁架的高度一定要满足刚度条件，故h总是在经济高度和刚度条件确定的最小高度之间。桥梁桁架的跨度较大，其节间尺寸也较其他桁架大得多，要求具有较大刚度，因此$h=\left(\frac{1}{5}\sim\frac{1}{8}\right)l$。

桁架杆件的截面形式如图5-7所示。该形式随工作性质不同而异。图5-7a~h是用作上弦杆（压杆）的横截面，单角钢也是作上弦杆的截面，只能用于刚度要求不严的轻型桁架和非工作截面。双角钢（图5-7a）中用垫板连接，是屋顶桁架中常用的截面形式，也可用于腹杆及下弦杆，作下弦杆时应倒过来放置。图5-7c、d、e、f、g、h也可作下弦

杆，其中图5-7c、d、e、f也要倒过来布置，同一角钢不同布置，如图5-7j、k则分别作下弦杆及腹杆。图5-7l~p用作腹杆。图5-7c、d、m、p等在受压时（如作为上弦杆及腹杆）要布置加强筋，以防局部失稳。H形截面杆件用于桥梁桁架；而管形截面刚度大，风阻小，适于塔桅、栈桥等轻型大刚度桁架，以及特重型桁架（如海上采油平台导管架等）。

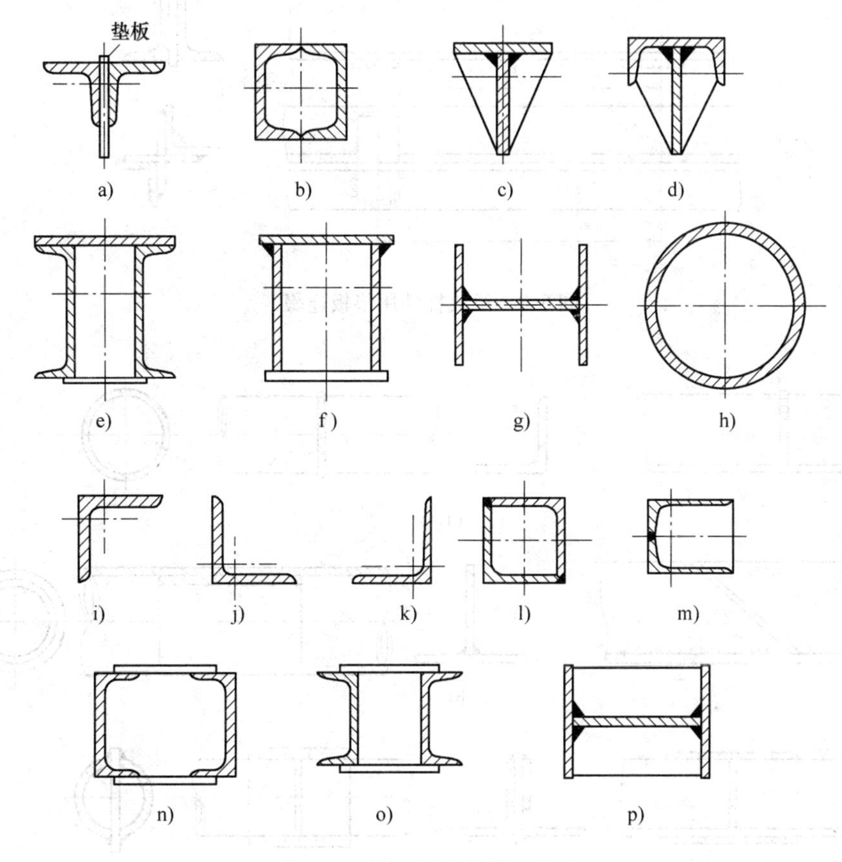

图5-7 桁架杆件的截面形式

从制造方便及满足使用刚度要求等方面，截面选择应遵循以下原则：

1）同一桁架中所用型钢种类越少越好，最多不要超过5种。

2）杆件所用角钢一般不得小于∟50×50×5，钢板厚度不小于5mm，钢管壁厚不小于4mm。

3）杆件截面宜用宽而薄的型钢组成，以增大刚度。

4）杆件可采用组合截面，如图5-7a、e、f、n、o等所示。其中图5-7a用垫板将两角钢连缀起来，垫板间距l应小于$40r$（压杆）或$80r$（拉杆），r系单件型钢对平行于垫板形心轴的回转半径；对双角钢十字截面杆件，r为角钢对Y-Y和X-X轴的最小回转半径，如图5-8所示。这种杆件按实腹杆计算，而图5-7e、f、n、o等按格构杆件计算。

当桁架跨度、高度足够大，而型材长度不能满足要求时，就需要进行杆件的拆接，如图5-9所示，拆接时要保证接头与杆件等强度，中心重合，轴心不得偏移。图5-9a、b为正、斜对接；图5-9c、d为搭接和角接。

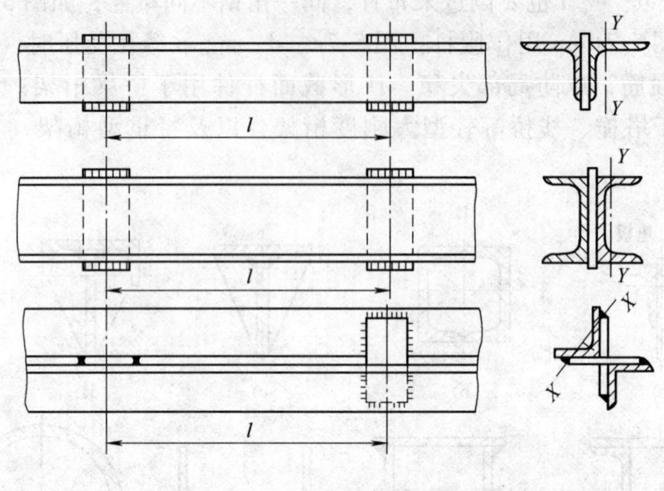

图 5-8　组成杆件用垫板连缀

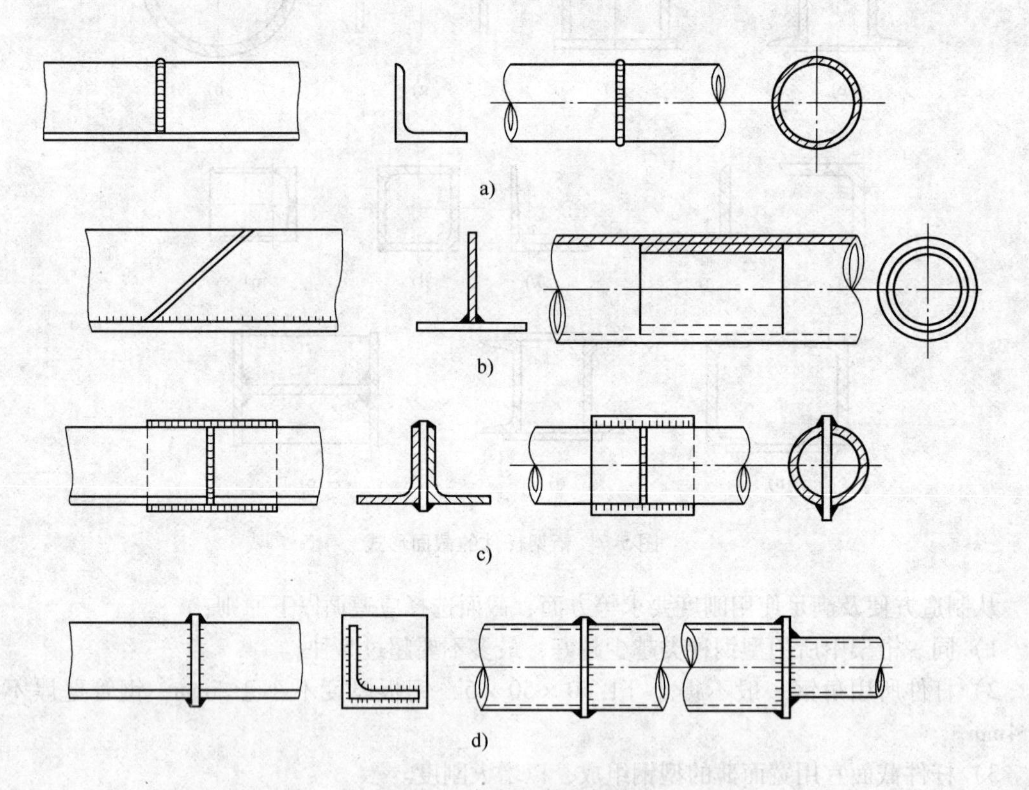

图 5-9　桁架杆件的拼接

对于梁、柱、桁架的细节设计十分重要。相对于梁柱，对于桁架来说节点的设计也非常关键，图 5-10 为常用桁架节点形式。节点所连接杆件的几何轴线应交于节点中心，如图 5-10a、b 则将在节点处产生偏心矩；节点处焊缝避免密集，防止交叉和重合，并要有好的焊接性；焊接桁架可无节点板（铆、栓接则必须有节点板），如图 5-10a、c ~ g 这种节点可减轻重量，节省钢板和工时，其中图 5-10a、c、d 是型材连接的；图 5-10e、f、g 是管材连接的，称为 K 形、T 形和 Y 形节点，是海洋平台导管架常用节点形式。图 5-10h ~ m

都用了节点板，使焊缝分散，并有足够长度，还要注意节点接长板和弦杆最好不要正交。图 5-10o、n 是桁架支承接点的构造，分别用于屋顶桁架和起重机桁架。

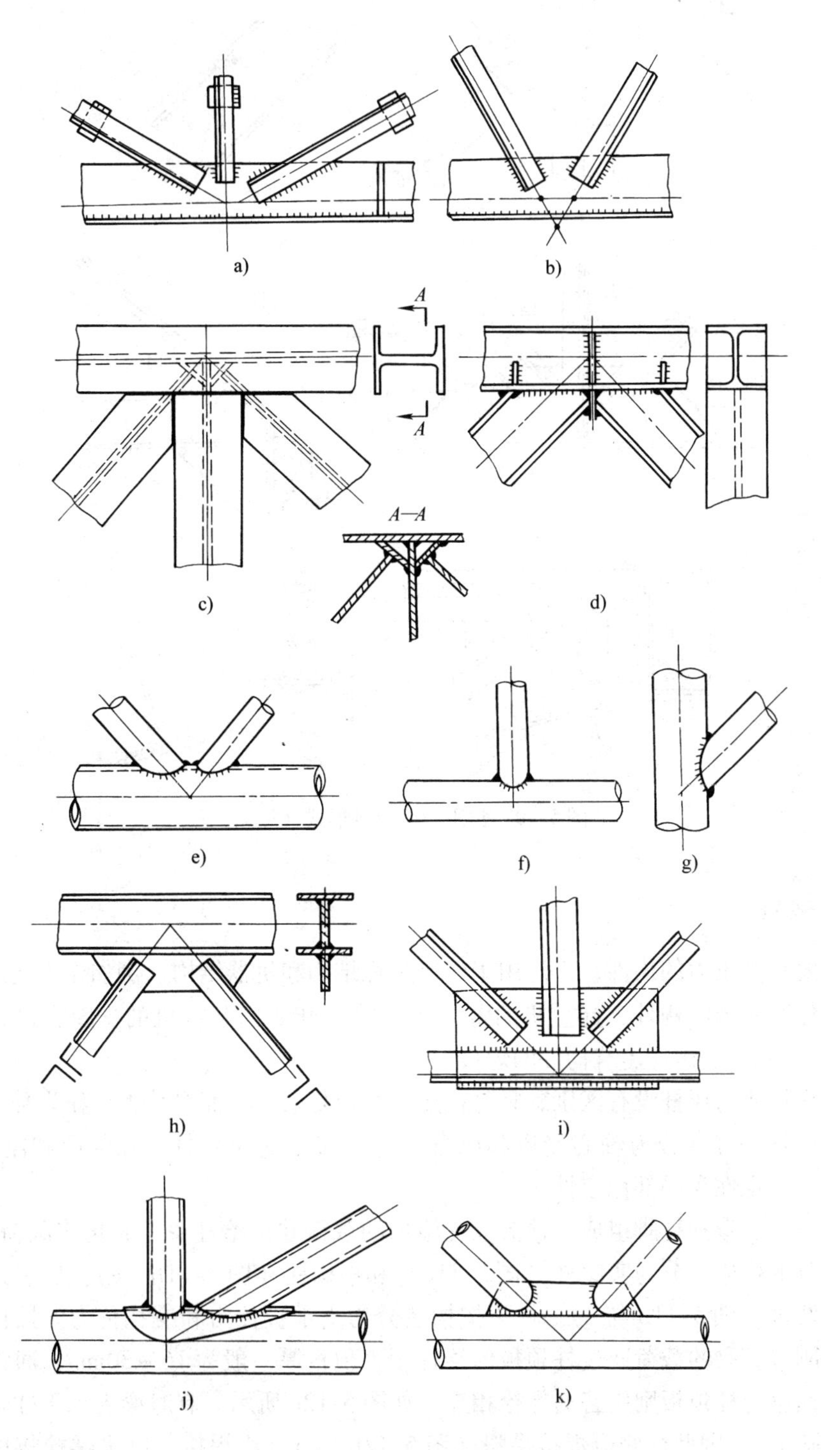

图 5-10　常用桁架节点形式

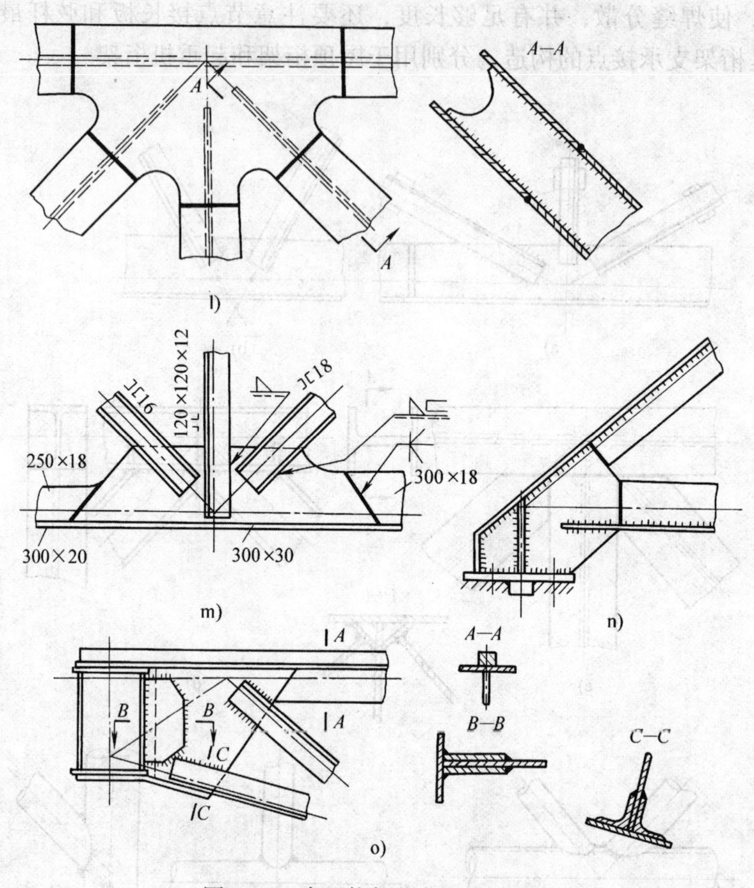

图 5-10　常用桁架节点形式（续）

5.1.3　焊接柱

柱是主要承受压力的构件，广泛用于建筑工程结构和机器结构。例如作为支承梁和桁架等并将载荷传至基础的构件，起重机的臂（支撑臂）和龙门起重机的支腿、自升式钻井船的桩腿等。图 5-11 是作为建筑构件的焊接柱。

柱的工作性质与压杆没有区别，只是比压杆结构复杂，截面尺寸大。作为独立的结构和构件，柱与压杆一样，分为轴心受压和压弯（包括偏心受压）柱，除强度和刚度要求外，还要具有整体稳定性和局部稳定性。

柱由柱头、柱身和柱脚组成。柱头承受施加的载荷并传给柱身，它再将载荷传至柱脚、基础。按柱身的构造可分为实腹柱（图 5-11a）和格构柱（图 5-11b、c），后者还分为缀条式和缀板式两种（图 5-11b 与 c）。柱头按构造分为支承板传力和支托传力。按传力性质分为铰接和半刚接。梁的载荷通过柱顶板传给柱子，顶板厚一般为 16～30mm，通常用角焊缝与柱身连接而梁与柱顶板则用普通螺栓相连，如图 5-12c 所示。有时梁支承于柱侧（如吊车梁支承在牛腿上），因此柱侧应焊接牛腿（图 5-12b、d），用焊接与高强螺栓将梁与柱连接起来。刚性（半刚性）连接能传递部分弯矩。

柱脚也分铰接和刚接两种，如图 5-12e、f、g 所示。大多是铰接的，柱脚与地基的连接

能够传递弯矩则为刚接的，虽无铰，不能传递弯矩不一定是刚接的。水泥基础强度较钢材低得多，所以必须把柱的底部放大，以降低接触压力。底板与基础相连，受力较小时，柱端用角焊缝直接焊在底板上（图5-12e），为增加底板抗弯刚度可焊接一些加筋。最常用的是靴梁形式的柱脚，柱端通过垂直角焊缝将载荷传给靴梁，靴梁通过水平角焊缝再将载荷传给底板（图5-12f）。

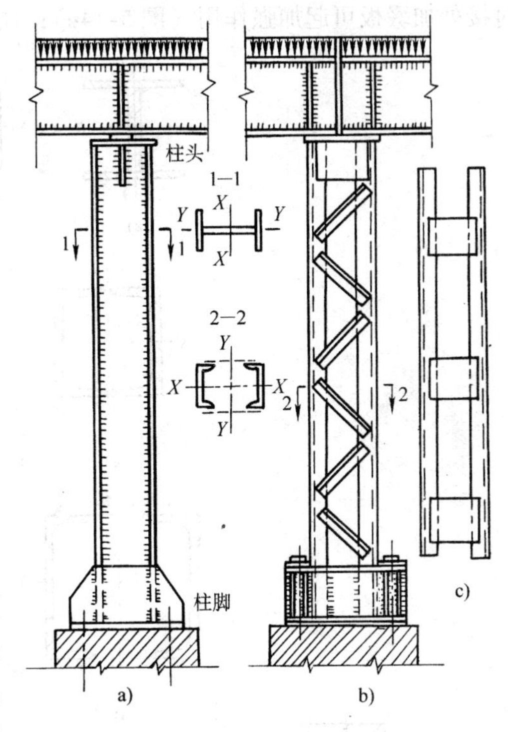

图5-11 焊接柱

图5-13为柱的截面形式。按载荷情况，分为轻型、中型和重型柱；按载荷通过轴心否，分为轴心受压柱和压弯柱等，这些对柱截面都有影响。选用对称截面形式作轴心受压柱，图5-13a焊接工字钢（H型钢），以及图5-13b、e、f、g等，其中f、n等为型钢组成的大型柱；图5-13k′为十字型截面柱，制造简单，易于实现稳定型要求，图5-13k′为钢与混凝土组合柱用。图5-13l、m为箱形和圆管形截面柱，有大的抗扭刚变，但后者和其他构件（如梁）连接较困难。图5-13b、c、d、e、f等是型钢、钢板-冲压件等组成，结构紧凑，刚度大和外形美观。图5-13d、n还是压弯柱的截面形式。图5-13j、h、i、g是以缀条或缀板将槽钢、角钢、工字钢连接而成的格构柱。其中图5-13g还是偏心受压柱，它是油槽车底架的中梁结构。

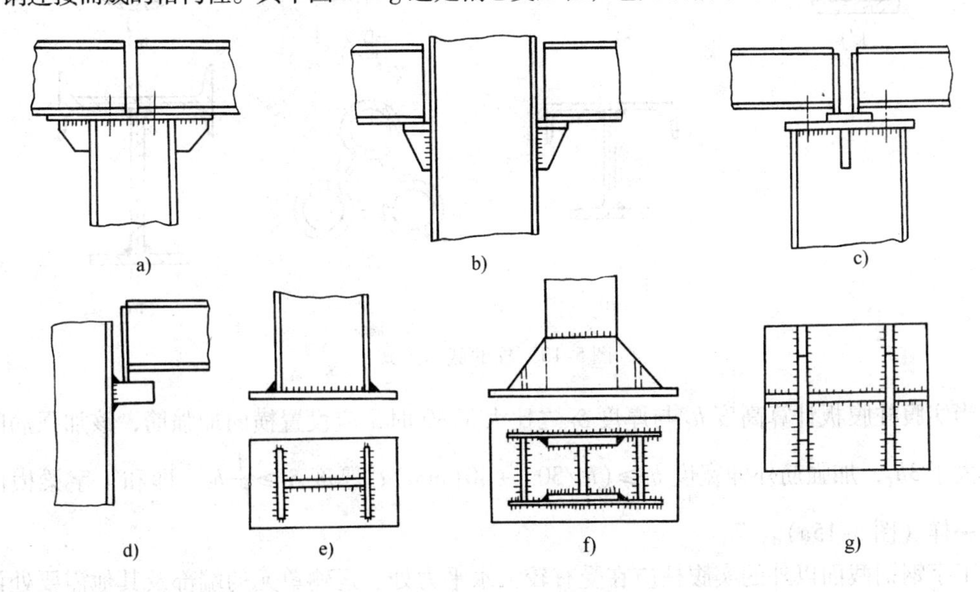

图5-12 柱头与柱脚

当柱的长度不足时，可以采用对接。对垫板的对接，如图5-14所示。在格构柱中，在对接处加缀板可起加强作用（图 5-14c）；加垫板的对接（图 5-14d）采用角焊缝。

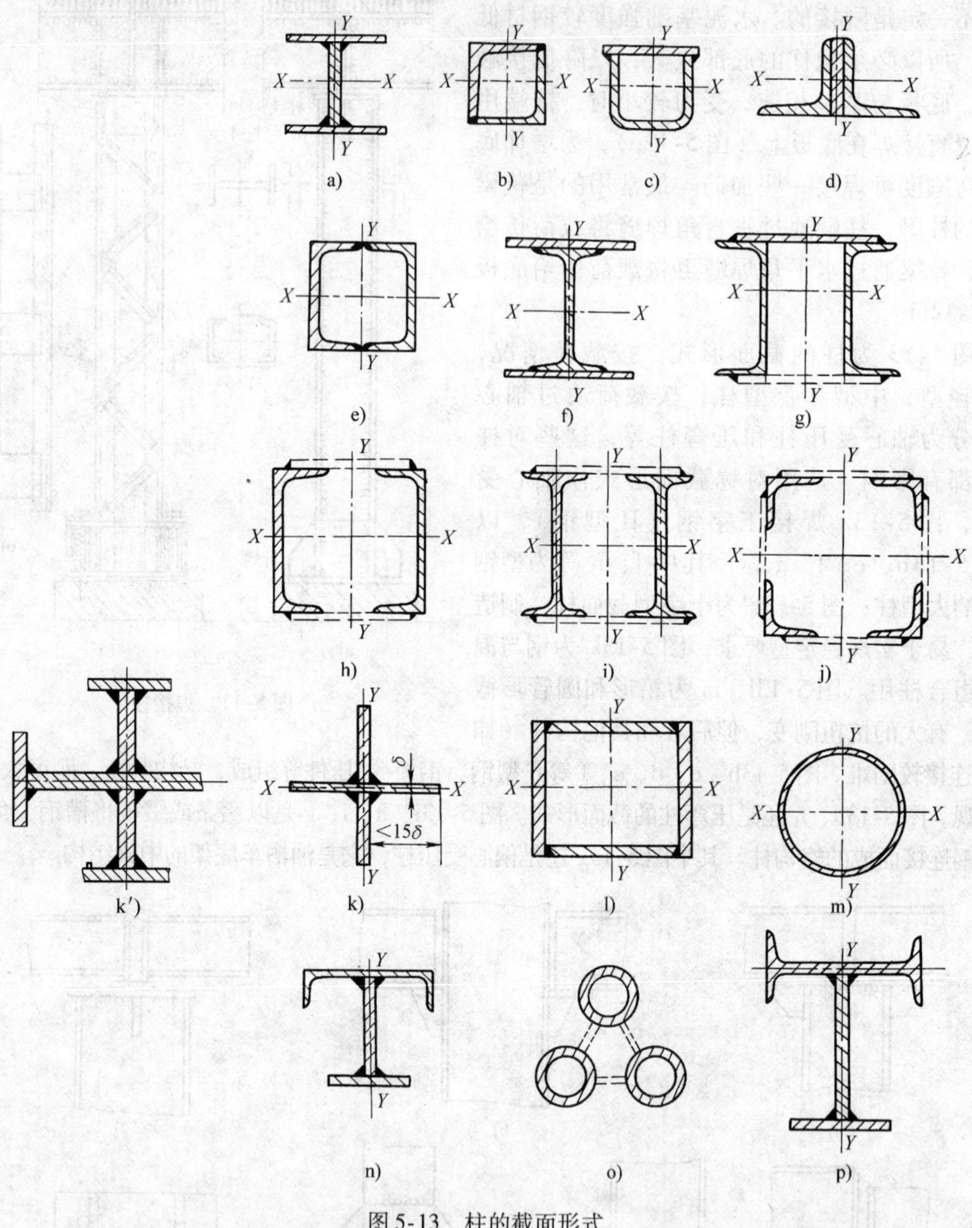

图 5-13　柱的截面形式

当实腹柱腹板计算高度 h_f 与厚度 δ_f 之比大于 80 时，应设置横向加强筋，该加强筋间距不得大于 $3h_f$，加强筋外伸宽度 $b_f \geqslant (h_f/30)+40(\mathrm{mm})$；厚度 $\delta_j \geqslant \frac{1}{15}b_j$，即和工字梁横向加强筋一样（图 5-15a）。

工字钢钢截面以外的实腹柱应在受有较大水平力处、运输单元的端部及其他需要处设置横隔，其间距不得大于柱截面较大宽度的 9 倍，也不得大于 8m。对于宽大的实腹压弯柱，每隔 4 ~ 6m 设置横隔；格构柱也同样设置横隔，如图 5-15b ~ d 所示。横隔可用钢板或角钢做成。

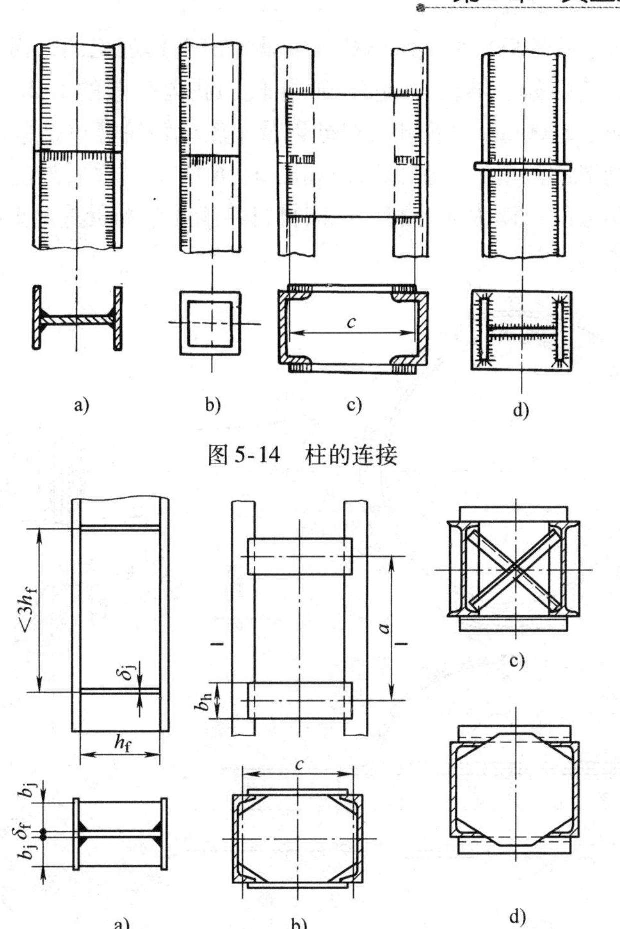

图5-14 柱的连接

图5-15 柱的加强筋、缀板和隔板

5.2 焊接机器件及复合结构

各种大型压力机，如大型自由锻造水压机的梁（上横梁、下横梁、活动横梁、侧梁）和柱（圆柱形、矩形），大型冲压机床的床身（封闭的和开式的），金属切削机床大件（床身、立柱和横梁），大型柴油机机体、汽轮机及燃气轮机基础零件，传动机件（轴类、轮类、汽车传动桥等），水力机械（大型水轮机转轮、主轴、座环、蜗壳）等，有些结构包含了焊接以外的工艺（如铸造、锻造、冲压及轧制工艺）制成金属毛坯，用焊接连接而成，即所谓复合结构。复合结构对不同工作条件和不同承载要求的部位，分别采用不同工艺方法和金属毛坯制造，这既充分满足了结构使用条件的要求，充分利用了材料的性能，又减少加工裕量，节约贵重金属。复合结构改善了结构制造条件，使整铸、整锻十分困难的结构化整为零，使毛坯制造容易，并且缺陷少而质量优，使整个产品制造周期大为缩短。

国家建设需要的新型重型机器结构（如大型锻压机床、大型水轮发电机，高压锅炉及容器、冶金设备等）在已有生产条件下采用整铸、整锻件制造是很困难的。例如20世纪70年代在天津制造6000t（59000kN）自由锻造水压机，以当时的铸锻能力是不可能完成其主要件的铸（其中一件重215t，当时不具备如此重大铸钢件的铸造能力）、锻（如水压机立柱直径

745mm，长16375mm，需6000t锻造水压机才能整锻出来）加工的，而采用复合工艺就顺利完成了该项产品的制造任务。早在20世纪60年代初我国制造的1.2万t自由锻造水压机、72500kW水轮机主轴、1200mm薄板轧机机架以及水轮机转轮等也是采用这种工艺制造的。

采用复合工艺制造的汽车传动轴和后桥如图5-16所示，桥盒与法兰盘、轴肩法兰、轴套都是用不同材料制造的。作为充分利用不同材料性能并节约贵重金属的典型例子，还有各种复合工艺制造的金属工具。

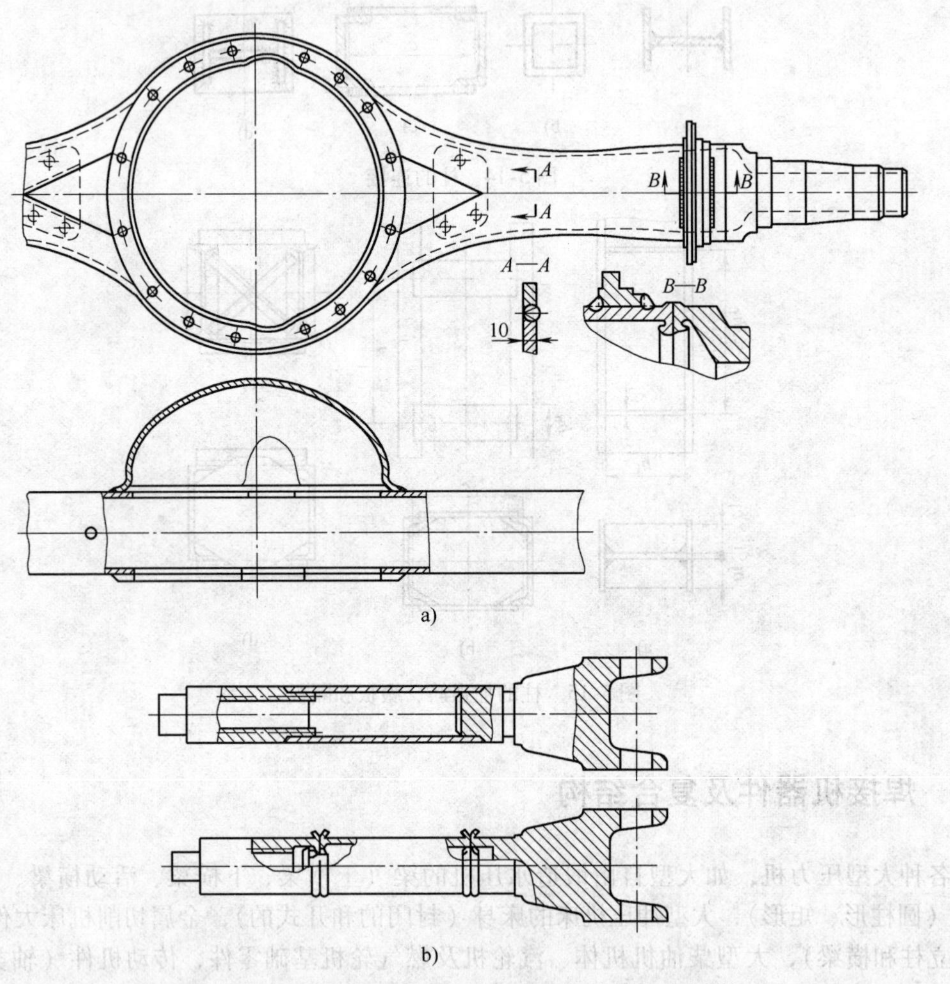

图5-16 复合工艺制造的汽车后桥和传动轴（万向轴）

a）汽车后桥 b）传动轴（万向轴）

7.25万千瓦水轮机主轴采用复合工艺制造，可作为复合结构节约钢材的另一个典型例子。原工艺需用104t钢锭，经自由锻成60t重毛坯，这样有近一半钢材变成氧化皮和料头，毛坯再加工成工件重仅30.6t，即有20多吨钢料变为切屑，总共损失近70t。而采用铸钢法兰盘（12t）和锻造轴（24t）经粗加工后，组装焊接。焊后精加工成件重24t，即损失12t左右钢材，这仅是整锻方式的1/6。

复合结构的设计应慎重选择结构材料和焊前加工工艺，以保证复合结构满足各项工作性能要求；选择适当的结构形式（包括合理分部件和零件、合理布置焊缝，以及选择先进的焊接工艺方法），以保证复合结构有良好工艺性（劳动量小、易机械化和自动化），并且有

高的产品质量，发挥用小型设备加工大型机器的特点。

复合结构按其制造工艺可分为：铸-焊、锻-焊、铸-锻-焊、铸-轧制-焊、锻-轧制-焊等结构；按其材料可分为轧材（冲压及锻钢）-铸钢结构、堆焊复合结构等。

焊接机器件绝大多数是复合结构，所以复合结构的特点及设计的注意问题同样适用于焊接机器件。

由轧制材料焊接的机器零件应用十分普遍，如各种机器基座、巨型减速机箱体、大型卷扬机鼓筒、齿轮等。

许多巨型机器的床身主要由轧制材料、部分零件是铸件或锻件经焊接而成。图5-17示出6000t水压机下横梁（图5-17b）和40000kN冲压机的床身（图5-17a）。水压机下横梁的柱套提升缸和顶出器座是铸钢毛坯，其余为50mm、70mm、80mm、100mm、120mm厚的轧制钢板。与其类似，冲压机床床身的上部巨型横梁和管子是铸钢和锻钢毛坯，其余为轧制厚板，所以它们

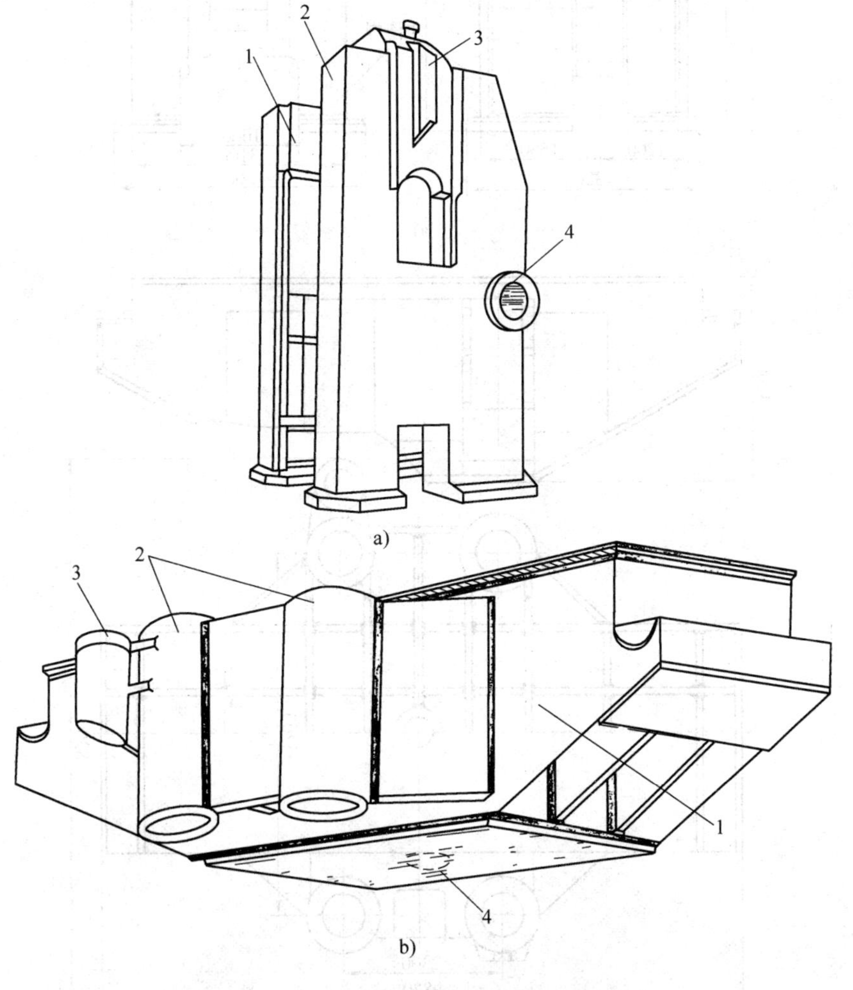

图5-17　铸-轧-焊锻压机床身结构（轴侧图）

a）冲压机床身　1、2—厚板件　3—铸钢上横梁　4—锻钢管子

b）水压机下横梁　1—厚轧板焊接件　2—铸钢柱套　3—提升缸套　4—顶出器座

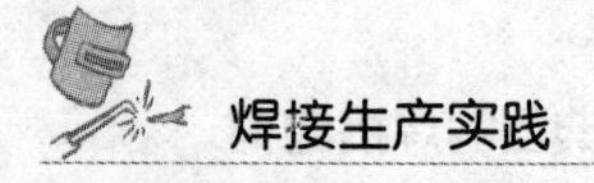

也是铸-焊和铸-轧-锻-焊结构。图5-18是6000t水压机下横梁和冲压机床身的工作图。由图可见，大部分焊缝是对接、角接和T形接头电渣焊缝，少量焊条电弧焊缝。

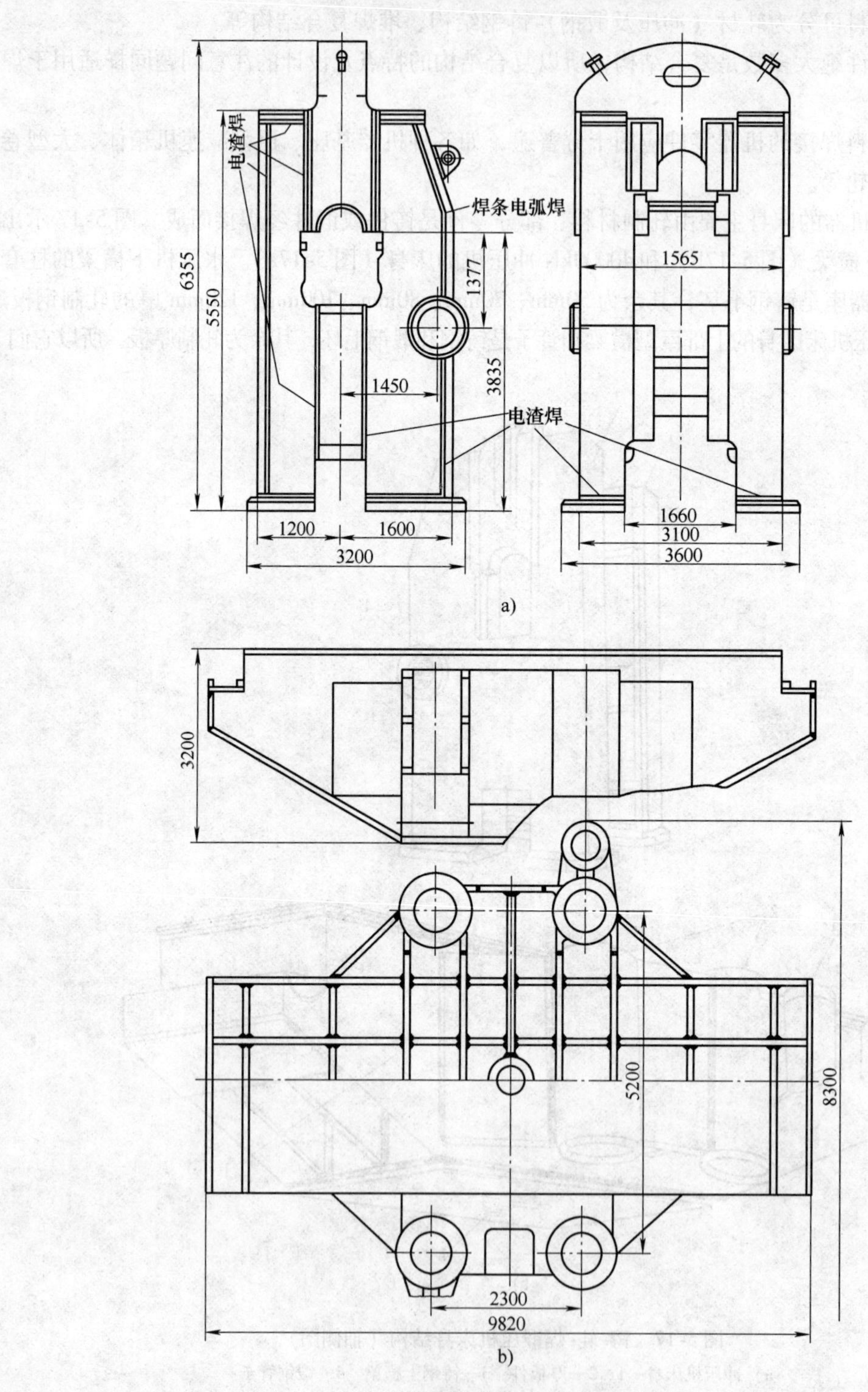

图5-18　大型机床床身及下横梁结构

a）模锻冲压机床身　b）水压机下横梁

主要由锻件焊成的机器零件常在动载荷或冲击载荷下工作，如各种焊接曲柄、杠杆、拉杆、推杆等。小锻件组成的零件可以采用电阻焊或摩擦焊来完成，这类零件如图5-19所示。图5-16中的汽车传动轴也属于这类零件。与巨型复合结构机器床身和梁不同，它尺寸不大而需要量大，通常成批大量生产。与使用要求及生产特点相适应，多为冲压或模锻的毛坯与轧制的板材、型材（如钢管）用高效的CO_2气体保护焊、埋弧焊、电阻焊或摩擦焊等方法制成，并且常常组成自动流水线生产。除一部分焊后精加工，要求尺寸精度较高和需改善组织性能的零件需要进行焊后热处理外，有许多是不经过热处理的。

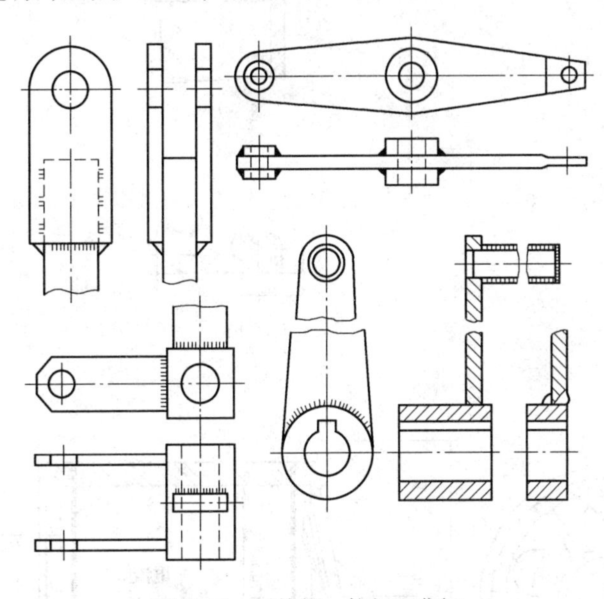

图5-19　焊接推、拉杆和曲柄

巨型复合结构的机器床身、锻造水压机的梁，是由厚大铸钢（锻钢）件毛坯、特厚的轧材拼焊而成，它们的大多数焊缝是采用电渣焊、窄间隙焊和埋弧焊等熔焊方法完成的。

回转体类机器零件应用焊接结构很普遍，可以举出许多实例，如焊接鼓筒是球磨机、起重机和卷扬机的重要零件；焊接齿轮是巨型工程机械、船舶、轧机中不可缺少的重要零件；各类焊接轴、曲轴；水轮发电机系列的零件（电机、电机轴、转轮、座环等）；汽轮机零件（转子等）；汽车的传动轴和后桥等。

图5-20是焊接鼓筒的结构示例。焊接鼓筒的轴可以连成一体，也可以分开（图5-20a、b）。小直径的鼓筒可以铸成。用作起重卷扬的鼓筒时，鼓筒表面加工了钢丝绳缠绕的沟槽，在钢丝绳的压力下，鼓筒可能失稳破坏（图5-20c）。此时钢板卷制的鼓筒内部可以设置筋板（图5-20b），少数情况下焊接鼓筒由型钢骨架外蒙钢板构成。鼓筒的底（两端）板和鼓筒的焊缝是主要受力焊缝，可以采用图5-20d～f的接头形式。挖掘机用巨型鼓筒如图5-20j所示，其两端为铸钢法兰盘，中部由厚钢板卷焊而成，焊缝采用电渣焊完成。

图5-21是焊接的齿轮、滑轮、皮带轮类的结构示例。图5-21a巨型减速机的焊接齿轮，其轮缘厚达70mm，内轴孔d=920mm；轮毂部厚150mm，由两半环用电渣焊方法对接起来，轮缘也是两半环用电渣焊连接；轮辐板厚30mm，由V形坡口焊条电弧焊对接完成；轮辐和轮缘、轮毂皆用单面坡口埋弧焊完成（当用焊接回转台时，可实现自动埋弧焊）；两辐板之

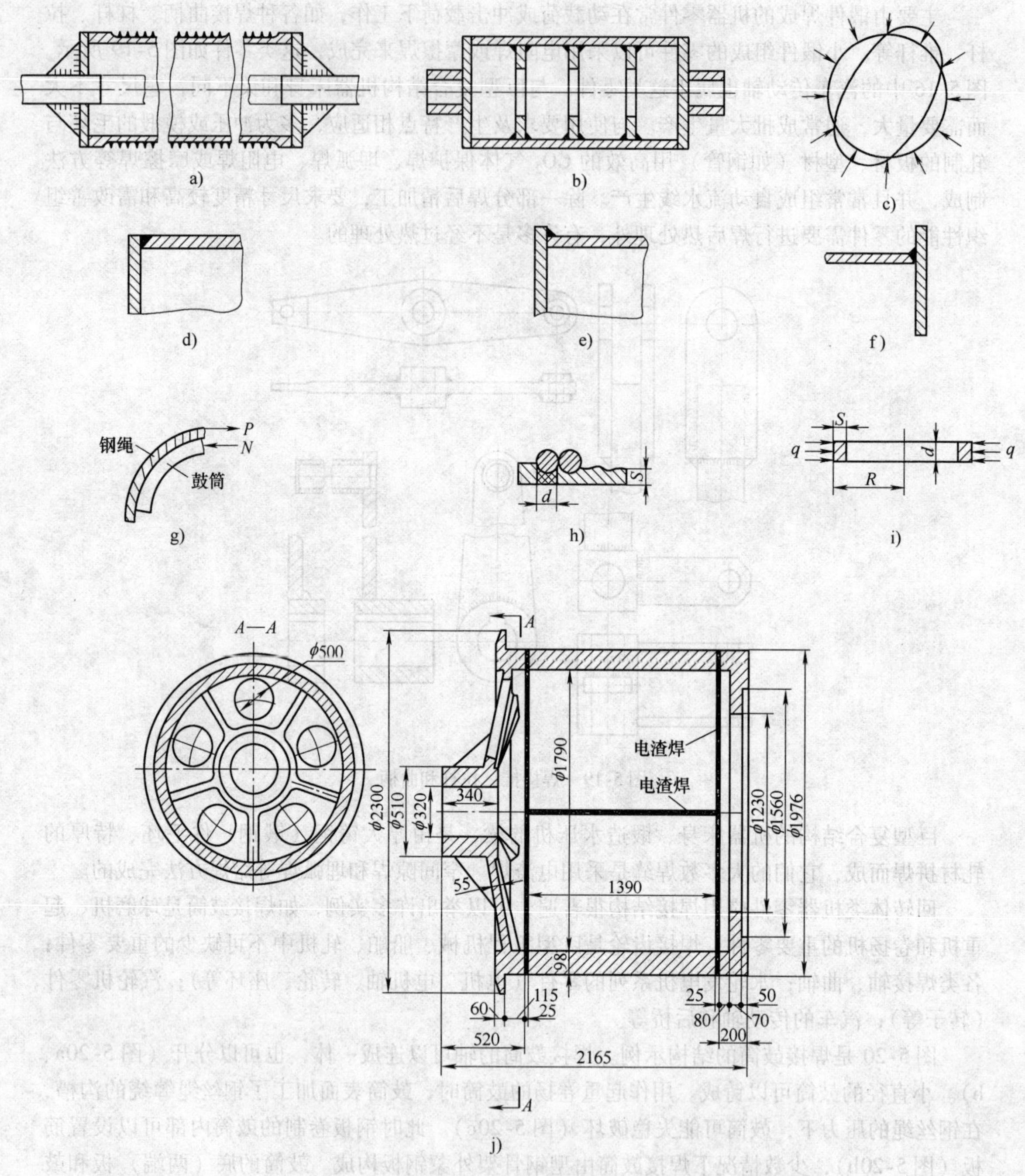

图 5-20　焊接鼓筒

间的筋板用 T 字接头连接。辐板上开孔为了减轻重量和便于施焊。整个焊接齿轮重 13.7t，比铸造齿轮 26.2t 轻许多。要加工轮齿的轮缘用优质合金钢材料。图 5-21b、c 所示为焊接滑轮，其轮缘为角形和槽形截面，其轮辐采用辐板，也可采用辐条焊接而成，而后者更轻。图 5-21d、e 是直径更小的焊接齿轮。

图 5-22 所示为焊接轴类的例子，是采用电渣焊来完成的。图 5-22a 所示为 60000kN 自

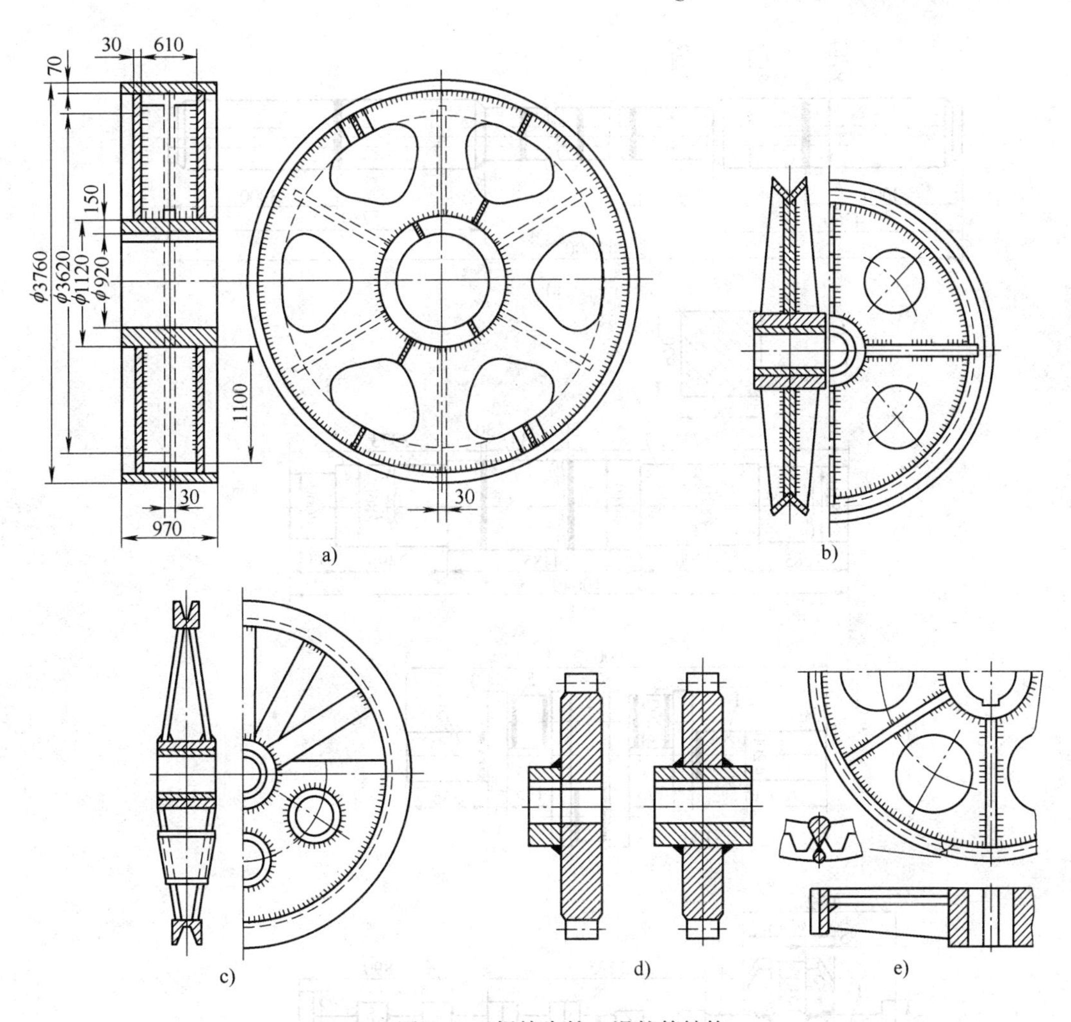

图5-21 焊接齿轮、滑轮等结构

由锻造水压机的立柱毛坯，是由20MnV钢锻件毛坯经粗加工并开好内孔后，用丝极环缝电渣焊完成的。由于内外孔径相差太大，丝极电渣焊时渣池流动很激烈，焊时有很大困难。这类零件还可用断面熔嘴电渣焊来完成焊接，再打孔。由于工件太长打孔困难，不能用矩形截面焊接来完成。图b是矿井起重机的轴，由45号钢制成，分为三段锻造后进行热处理，矩形断面电渣焊后，再一次热处理。该轴毛坯（锻件）重53t，轴的净重41.9t。图5-22c是水压泵的焊接曲轴，轴头1、2，拐柄3、4和轴颈5分别用45号钢制成毛坯，用电渣焊的方法焊接起来。由于采用电渣焊，全轴重1.15t，耗用112工时，而整锻曲轴重2.5t，消耗158工时。可见锻改焊既节约钢材又降低成本。图5-22d是另一个锻焊的泵曲轴，35号钢锻造的轴头1、2，根部轴颈3，曲柄轴颈4，曲拐5等均由电渣焊而成。全部焊完后进行整体热处理，锻-焊轴重4.22t，整锻轴重9.8t。

水轮发电机制造业的各式各样回转工件中，许多采用焊接结构，其中最典型的是水轮机转轮，它无论其尺寸之大、制造之复杂都具有代表性。图5-23是直径8m以上，由上冠1，叶片2和下环3所组成的辐轴流式水轮机转轮。上冠由2块500mm厚的20MnSi钢铸件毛坯焊接而成，叶片是由20MnSi钢一片片铸造而成，比整体铸造易于保证精确的外形。其下环

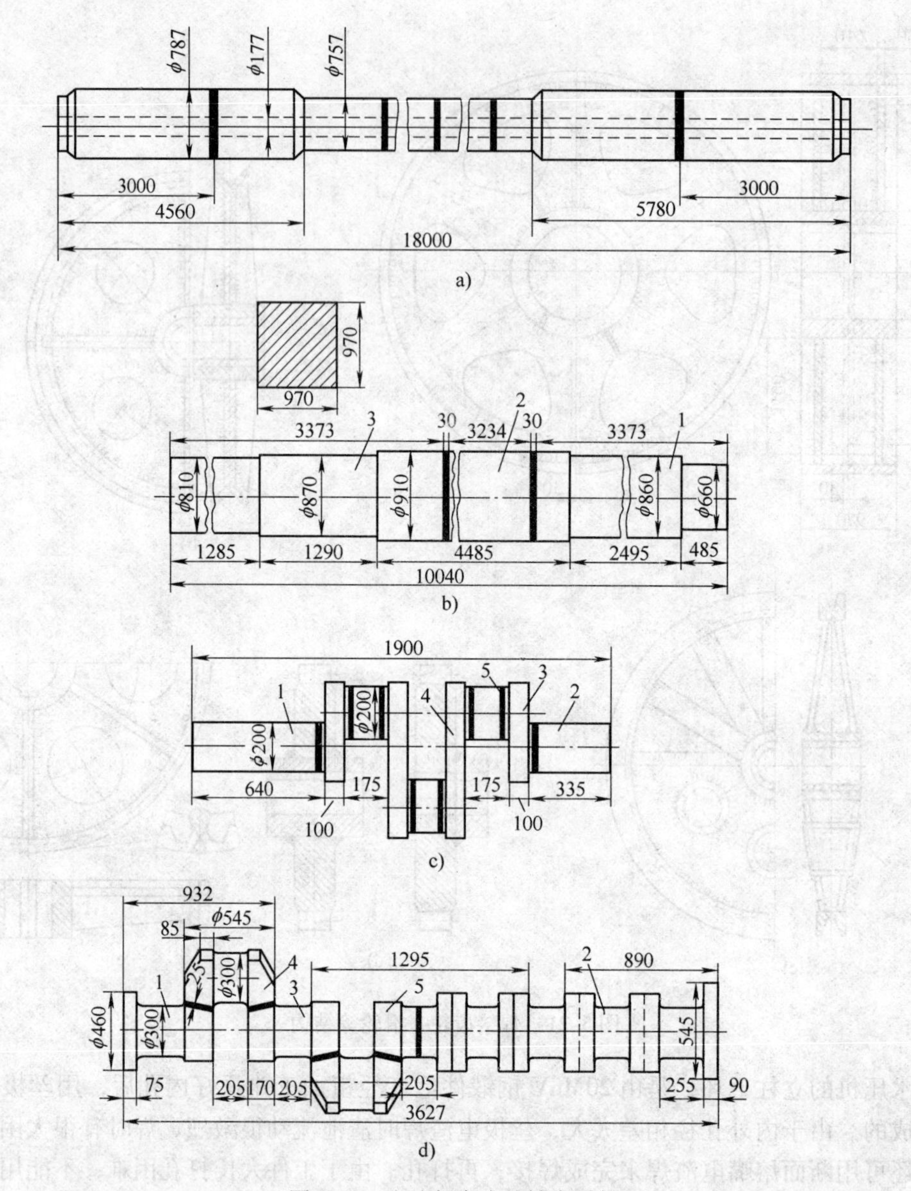

图 5-22　电渣焊完成的轴类零件

是由 4 片厚 190mm、高 1200mm 的 22k 钢板拼焊而成。叶片和上冠的焊缝采用电渣焊完成，叶片和下环焊缝是由 CO_2 气体保护焊完成。

与上述方案类似，还可以采用另一种水轮机焊接转轮的结构方案，如我国制造的 30 万 kW 辐轴流式水轮发电机转轮（直径6m 以上）焊接结构，考虑到运输界限，将水轮机的转轮分两瓣在工厂中制造，其上冠用螺栓连接，下环对接焊缝用焊条电弧焊在工地完成，采用预热多层焊施工方案。

焊接汽轮机叶轮工作条件也很恶劣，通常工作在 550℃的高温和蒸气压力达 24MPa 下。因此这类结构材料选择很重要，低碳钢件只能用于工作温度 $T_g \leqslant 400$℃条件下，$T_g > 400$℃时，则需采用铬钼钢、铬钒钢及奥氏体铬镍钢（12Cr18Ni10Ti），后者是一种热强钢，其焊

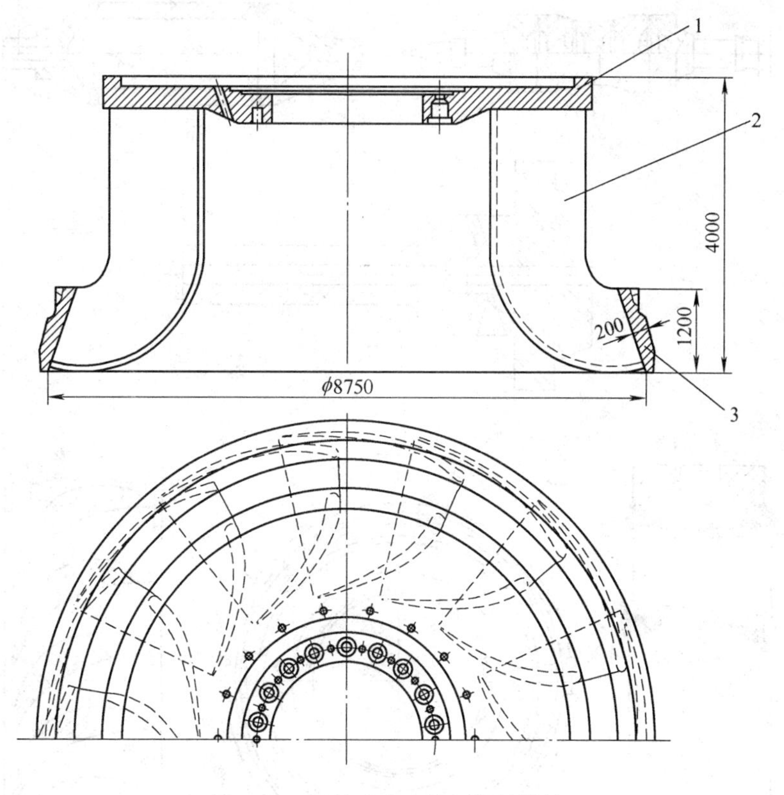

图5-23　辐轴流式水轮机转轮结构

1—上冠　2—叶片　3—下环

接性很好。燃气轮壳本体受热达800℃高温，燃烧室达到1000～1050℃，通常由20X23H18（相当于20Cr23Hi18）和XH78T（相当于CrMn78Ti）合金制造。为确保安全可靠，材料进行了重熔（如电渣重熔和真空电弧炉重熔）。电弧焊接，焊丝成分接近于基本金属。焊接结构由轧制材料，个别情况下由高温回火材料制成。采用铸造毛坯的焊接结构都要经过热处理。大多采用对接接头，只有载荷很小的情况下才允许采用搭接接头。

典型的焊接汽轮机件有本体、焊接叶片隔板及焊接转轮等。图5-24所示为圆盘类型、鼓筒类型和焊上半轴的焊接转轮；图5-24d为带叶片的隔板。焊接隔板由外缘1，上部和下部箍带2、4，隔板体5及导向叶片3所组成。其制造精度要求很高，叶片间距允差为±0.15mm。通常叶片安装在箍带上凹深2～3mm的槽中，用角焊缝将它们焊在一起，如图5-24e所示。

这类焊接结构的典型例子是减速机壳（齿轮箱）。这类箱体过去多采用铸造结构，铸造箱体比焊接箱体的金属用量几乎大两倍。在大型、单件生产条件下，采用焊接减速器箱体，更具有优越性。

焊接减速器箱体传递由传动轴通过轴承传来的支承力，该支承力大小可由减速器传递的功率计算出的齿轮切向力决定，在蜗轮减速器中还有轴向力。将减速箱壁作为简支梁，绘制其剪力和弯矩图，从而进行强度和刚度的计算。为了防止箱壁发生失稳破坏，可采取多种形式加强筋。为承受蜗轮减速器的轴向力，有的设计了双层壁。

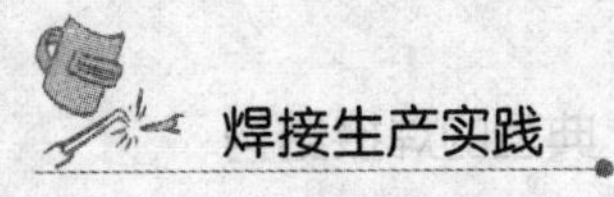

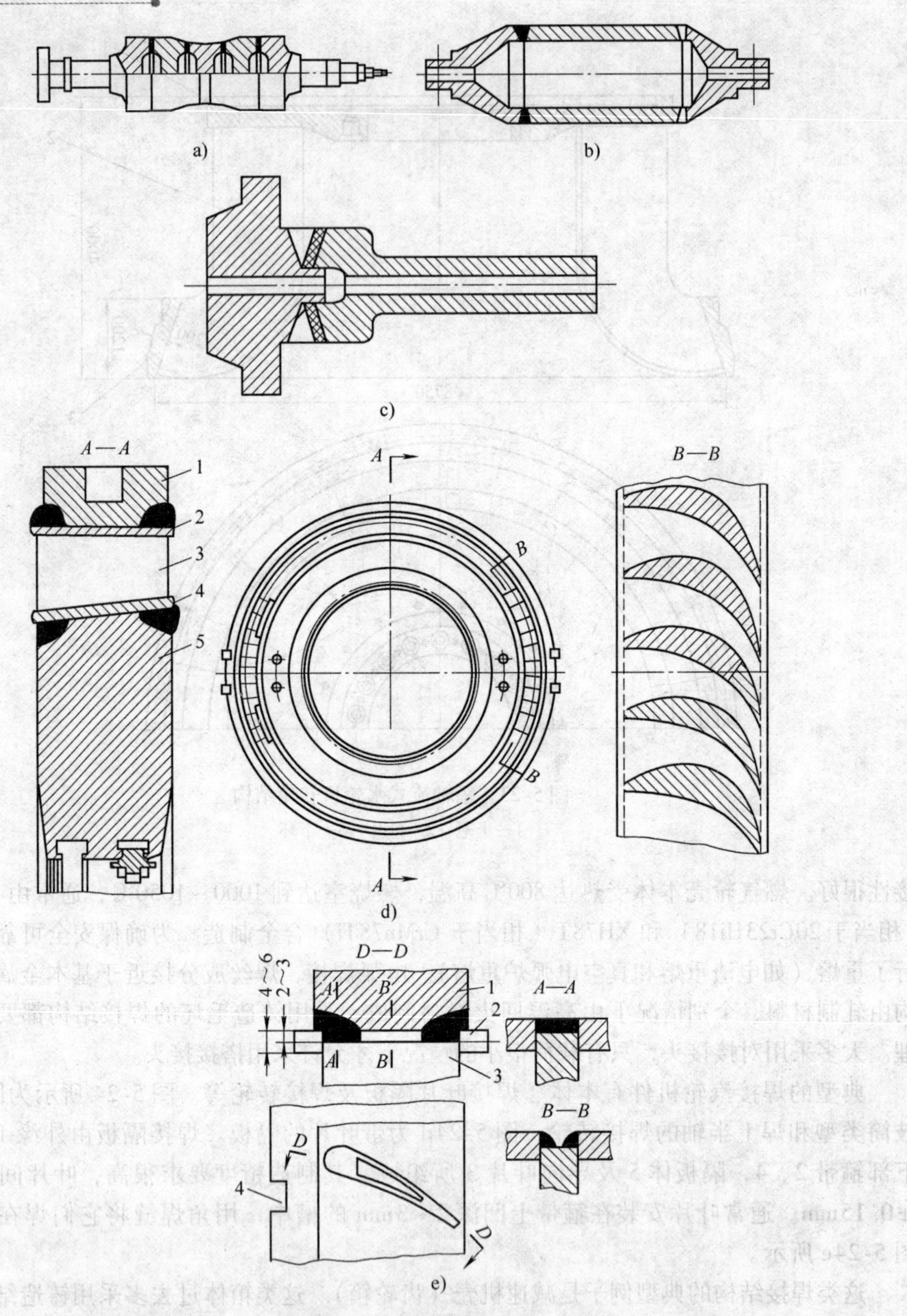

图 5-24 焊接汽轮机零件

5.3 焊接容器

焊接容器是利用焊接的密闭性制成的圆筒形、圆锥形、球形或椭球形的结构，用作锅炉及压力容器、管道及各种仓室和罐体。

它多由板材成形加工并焊接而成，承受内外压的结构，又称板（壳）结构。焊接容器是应用最广泛的焊接结构之一，最体现焊接结构的优点——连续和密闭。

5.3.1　焊接容器的用途

1. 贮罐类焊接容器

图5-25是部分贮罐结构示意图。立式圆柱形贮罐，如图5-25a所示，常用作储存石油及其制品，贮罐高一般不超过18m。分为贮罐底、壁和顶三部分，容器容积最大达200000m^3。贮罐承受液体静压力及挥发气体的分压，罐顶上部开孔安装安全阀，整个罐体建在砂质、沥青或水泥地基之上。由于体积庞大，超过运输界限，通常在工地建造，但也有在工厂制成部件，卷成筒卷状，运到工地安装，用这种方法建造的贮罐质量好而生产率高。

浮筒式气体贮罐分为两类，一类为湿式贮气罐，如图5-25b所示，供作易燃、易爆或有毒气体的储存，如城市煤制气柜。它由贮罐1和带有可伸缩的筒节2和不可与筒节2相对伸缩的钟形罩3组成。钟形罩和伸缩筒节沿导轨4移动是依靠滚轮5在导轨中滚转实现的。连结部用水实现密封。

另一类为干式贮气罐，如图5-25c所示，壳体3是不动的，与底板1、顶盖4密闭连接，壳内有可上下移动的活塞2。湿式贮气罐容积达50000m^3，而干式的还要大一些。

球罐如图5-25d所示，常用来储存液化石油气、液化天然气、乙烯、丙烯、氮、氧等气体及化工原料。国内目前储存介质的最高压力达2.94MPa（30kgf/cm^2）。这类容器都由加工成球瓣状的壳板采用对接装配焊接起来。由于体积庞大不便于焊后对整个结构进行热处理，壁厚一般不超过36mm，以此为限，选用强度达490MPa（50kgf/mm^2）级高强度钢，设计制造了直径为33m，容积为20000m^3，压力为0.49MPa（5kgf/cm^2）的巨型球罐。由于同样容积下球罐最节省材料，工作应力较小，虽然制造比较复杂，但目前仍获得广泛应用。

水珠状贮罐如图5-25e所示，也是作为储存石油及其制品用，压力可达0.04～0.06MPa。采用水珠状可减少材料消耗，减少石油制品储存期间的挥发损失。但加工曲率变化的壳板及其装配焊接十分复杂，这种贮罐在我国尚未见应用。

卧式圆形贮罐如图5-25f所示，其容积大小不一，封头形状各异，有平底封头（内压<0.039MPa）、锥形封头、圆柱面封头、椭圆封头及球形封头（图5-25f）等。图5-25中所示为直径3.25m气体贮罐，长度相当大，最大壁厚接近球罐最大壁厚（不大于40mm）。运送石油制品、酸和水、酒精等化学物品的罐车上的贮罐，其容积为50～60m^3，直径为2.6m和2.8m，国外有载重90t和120t，直径达3m的贮罐。制造酸罐车有时使用双层钢、铝合金并加保护层。为了储存和运输液化（石油、氮等）气体，制有双层壁卧式圆柱形容器，如图5-26所示。其内筒由铝锰合金制造，用链子固定在20号钢制外部容器上，在两层之间填满气凝胶并抽去空气。

家用液化石油气罐是小型的圆柱贮罐，如图5-27所示。与上面各类贮罐一样接缝也采用对接，需要单面焊双面成形，内部采用垫板。图示容器设计压力为1.57MPa（16kgf/cm^2），装存50kg液化石油气。乙炔气贮罐结构与其非常类似。

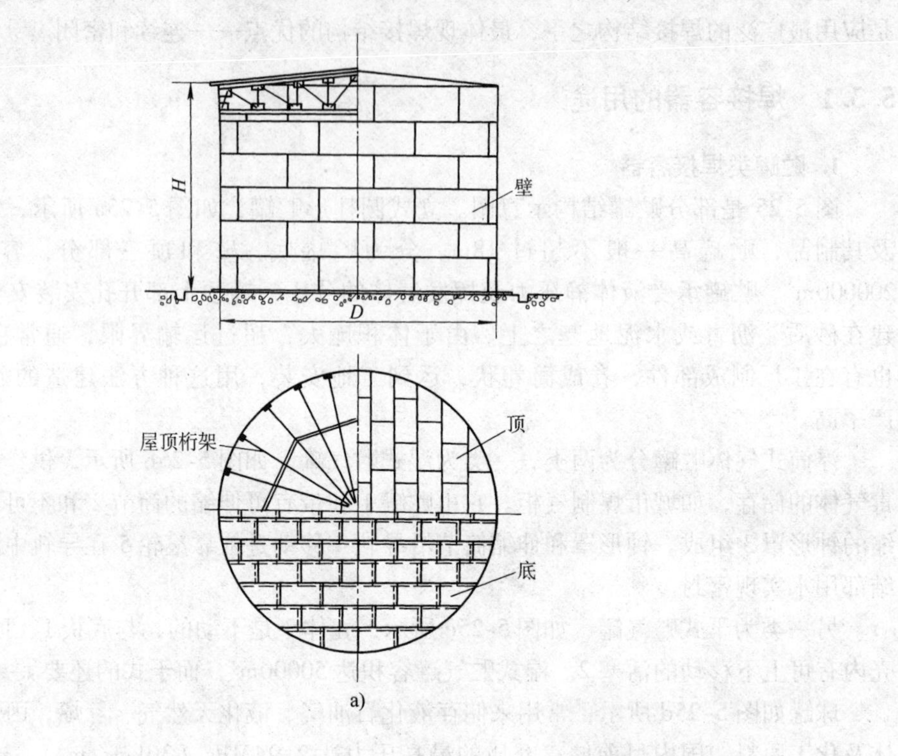

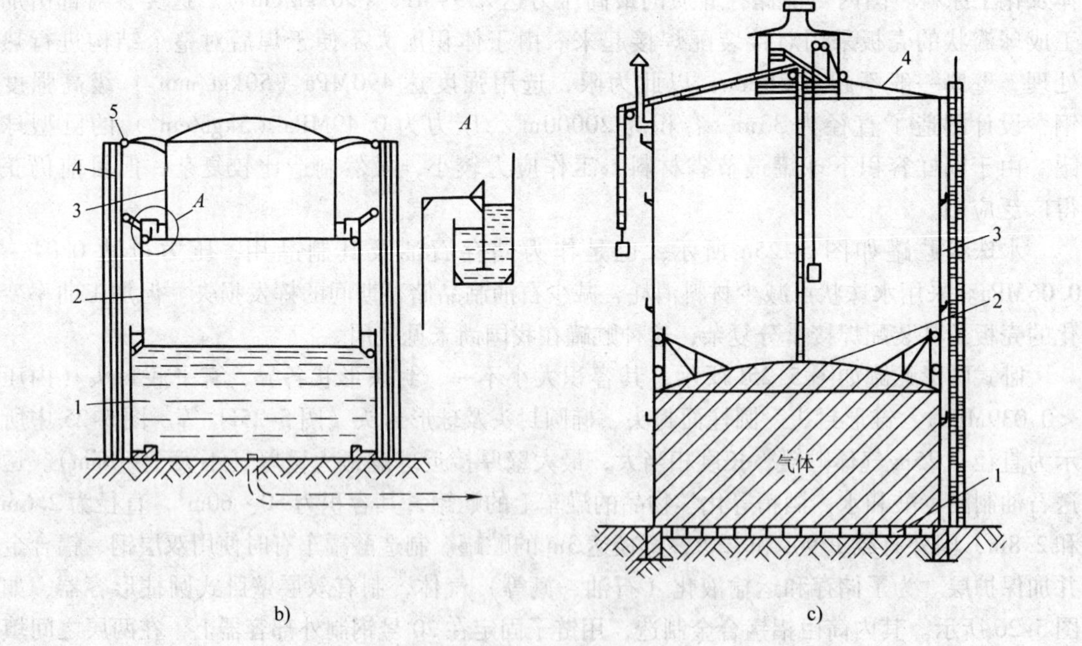

图 5-25　贮罐结构示意图

a）立式贮罐　b）湿式贮气罐　c）干式贮气罐

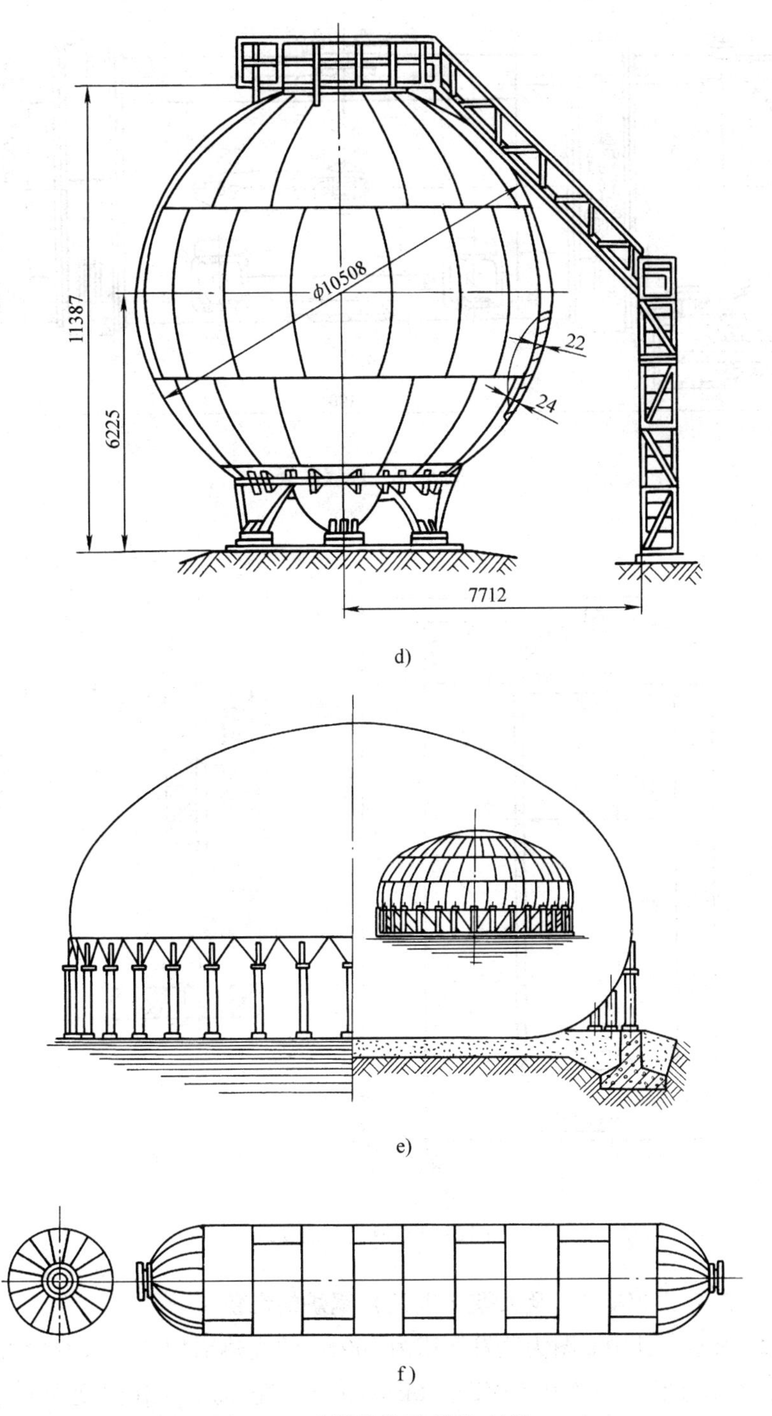

图5-25 贮罐结构示意图（续）

d）球罐 e）水珠状贮罐 f）卧式贮罐

另有一些卧式圆柱形贮罐，只存在液体静压，罐壁很薄，为装配方便采用部分搭接接头，如图5-28所示。图中贮罐用作加油站储存石油制品时，常常埋在地下。

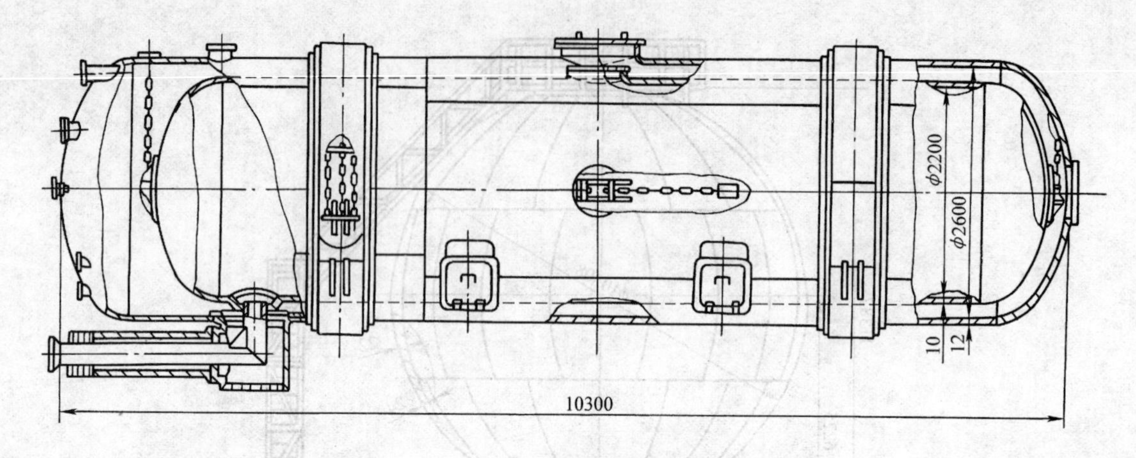

图 5-26　液氮贮罐

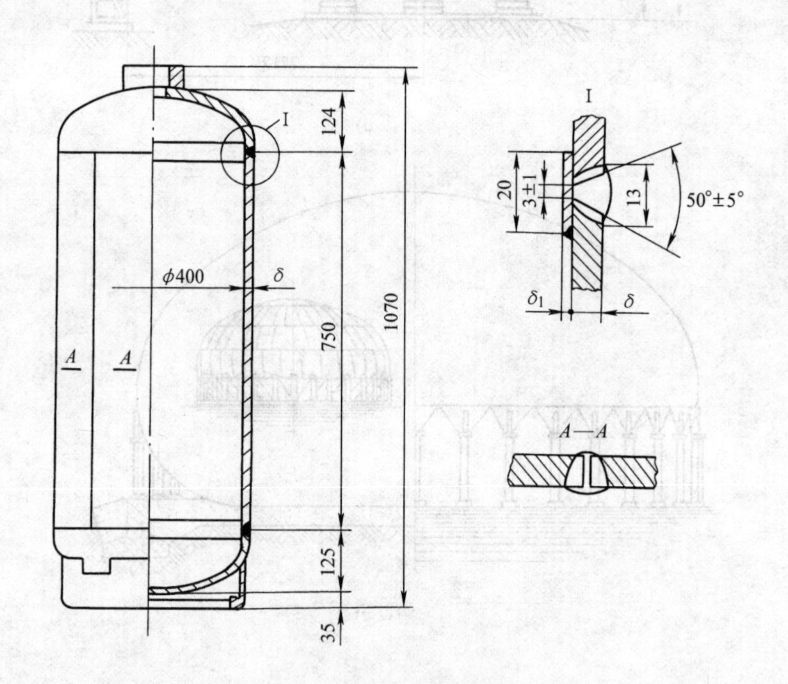

图 5-27　液化石油气罐

2. 小型锅炉（工业锅炉）及大型（电站）锅炉的汽包

如图 5-29 所示，其中 a 图为蒸发面积为 100m² 的废热锅炉的蒸汽发生器，类似于直接受火的火管锅炉，工作压力为 0.59MPa（6kgf/cm²）（壳程），工作温度为 164℃（设计温度为 166℃），水介质。火管温度达 200～600℃，但不直接受火，其介质为煤气。筒体壁厚为 10～14mm。由图 5-29 可以看到由于制造原因，有一条环缝是带垫板的。图 5-29b 为壁厚 90mm 的电站锅炉汽包。由直流式排管加热使水变为蒸汽，汇入汽包，工作压力达 10.79MPa（110kgf/cm²）。在汽包内使汽水分离，水由下降管（下部 4 根管）回到联箱中，下降管孔径为 480mm，采用插入式管接头。

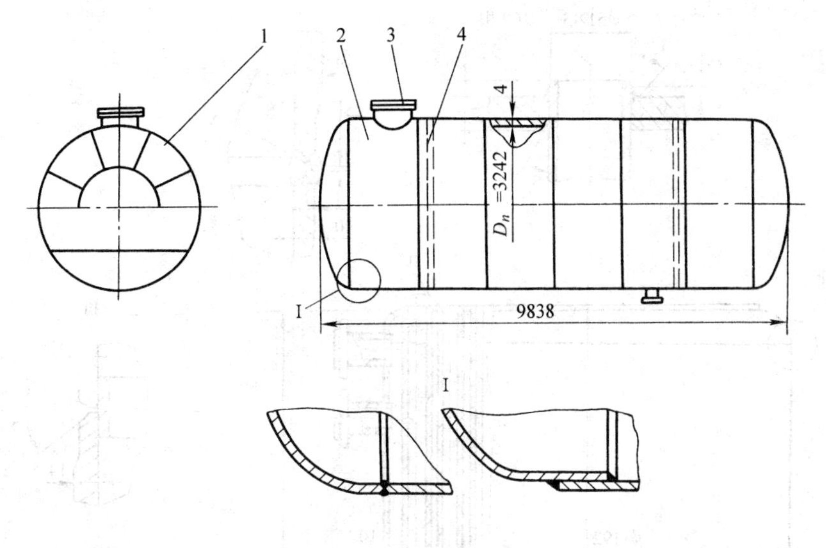

图5-28 卧式石油贮罐

1—封头 2—筒体 3—人孔 4—内部支撑

由图5-29可见锅炉或锅炉汽包都是一种承受内压的直接受火或非直接受火的容器，由于工作条件恶劣（常处于高温高压下），因此都装有球形或椭球形封头，只是安装排管时，才采取管板状，而且均匀过渡（图5-29a）。锅炉类容器的壁厚可以很大，而且不仅用锅炉钢，还采用低合金高强度结构钢制造；如图5-29b所示，筒体用19Mn5钢制造，接管用20号钢。因为焊接工作量大，且焊缝比较规则，故大量采用埋弧焊、电渣焊等高效焊接方法。

由于锅炉是否安全运行关系到经济发展和人身安全，故其设计制造及安装使用都要接受安全部门的监督，遵守国家颁布的锅炉安全监察规程的规定。

3. 化工石油设备中的反应釜、反应器（罐）、蒸煮球、合成塔等

图5-30a所示为套管式热交换器，其结构主要是壳体，为一圆柱形两端带椭圆封头的内压容器，内部有管板，上焊有圆截面的管子。

图5-30b为一加氢反应器。它是一个双层热套式圆柱形受压容器，由于强度的原因（环缝应力为纵缝应力的1/2），外层环缝大多不焊接，即轴向应力主要由内筒承担，环向应力由内外筒共同承担。故外筒好像是多个套箍，套合过盈量为（0.13%~0.22%）D（约3~5mm）套合面经机械加工，加工后外筒壁厚不小于75mm，内筒壁厚不小于85mm。该反应器工作介质为油、氢、硫化氢，故内层采用20CrMoq抗氢钢制造；外层不与介质接触，采用18MnMoNb普通低合金钢制造，因此节省了昂贵的抗氢钢。设计工作压力为20.6MPa（210kgf/cm^2），设计壁温为300℃，总容积为80m^3（有效容积50m^3）。

图5-30c为尿素合成塔壳体结构图。它是一层板包扎式高压容器。为抵抗介质的腐蚀，内部衬有超低碳不锈钢（00Cr18Ni12Mo2），承压力的筒体由13mm内筒包扎焊接13层6mm层板组成，材料为15MnV低合金钢。这是小型化肥厂用尿素合成塔，设计工作压力为21.57MPa（220kgf/cm^2），设计工作温度为180~190℃，有效容积为4.5m^3，工作介质为尿素、氨基甲酸铵溶液等。

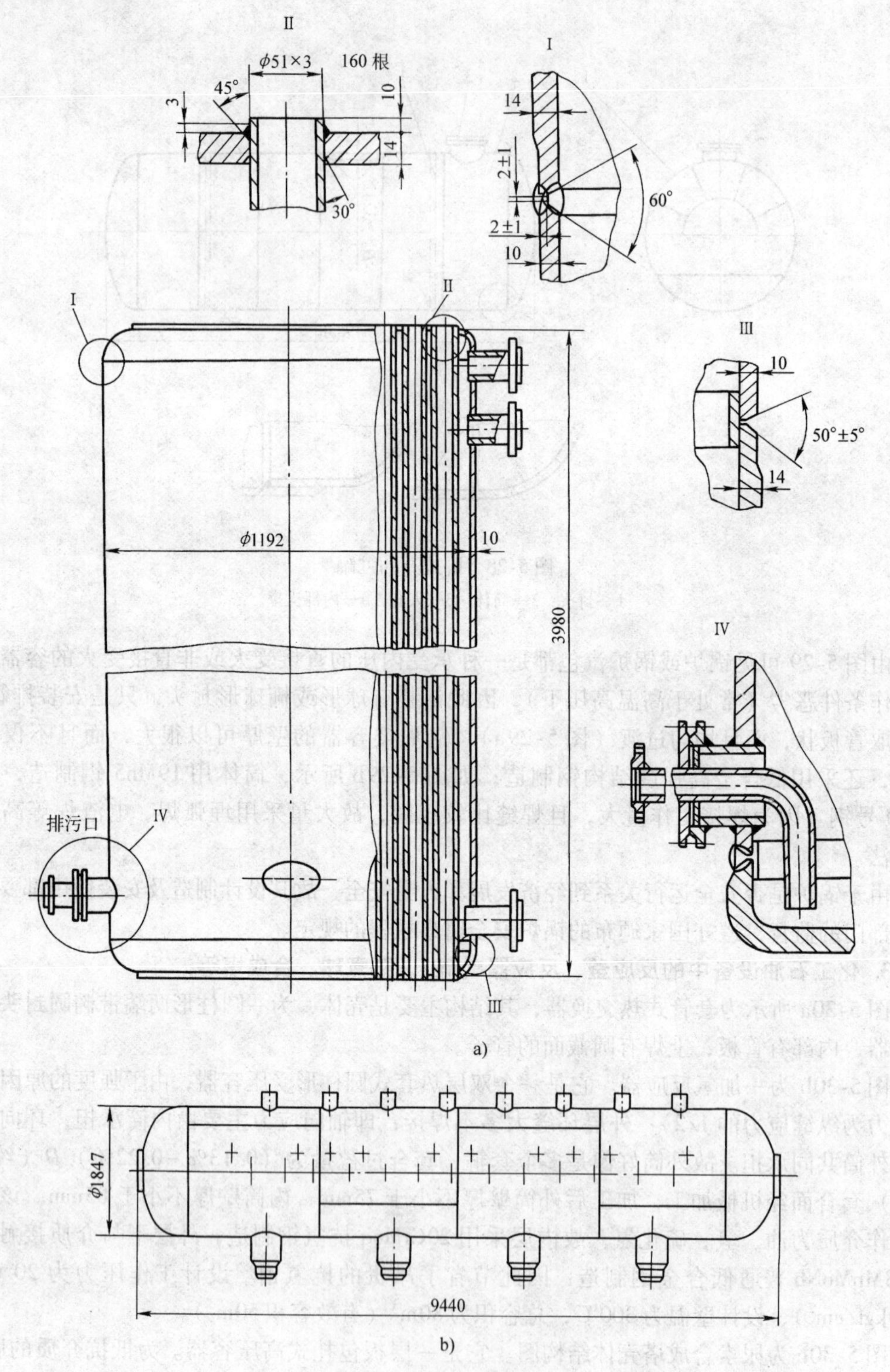

图 5-29　锅炉和电站锅炉汽包

a）工业废热锅炉蒸汽发生器　b）锅炉汽包

1—上管板　2—筒体　3—排污管　4—下管板　5—垫环　6—软水下降管　7—汽液出口接管

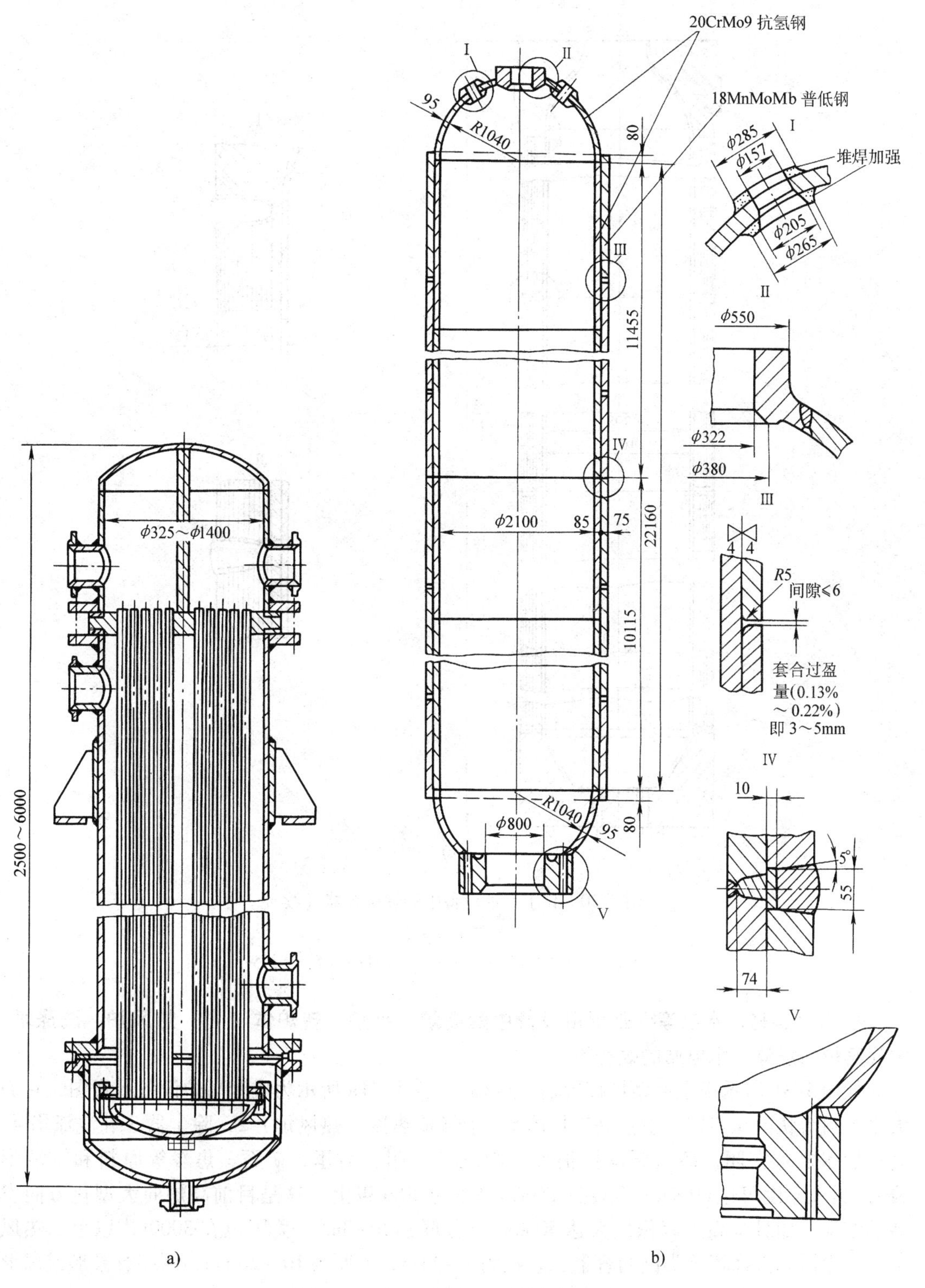

图5-30 化工石油设备中的焊接容器

a）套管式热交换器 b）加氢反应器

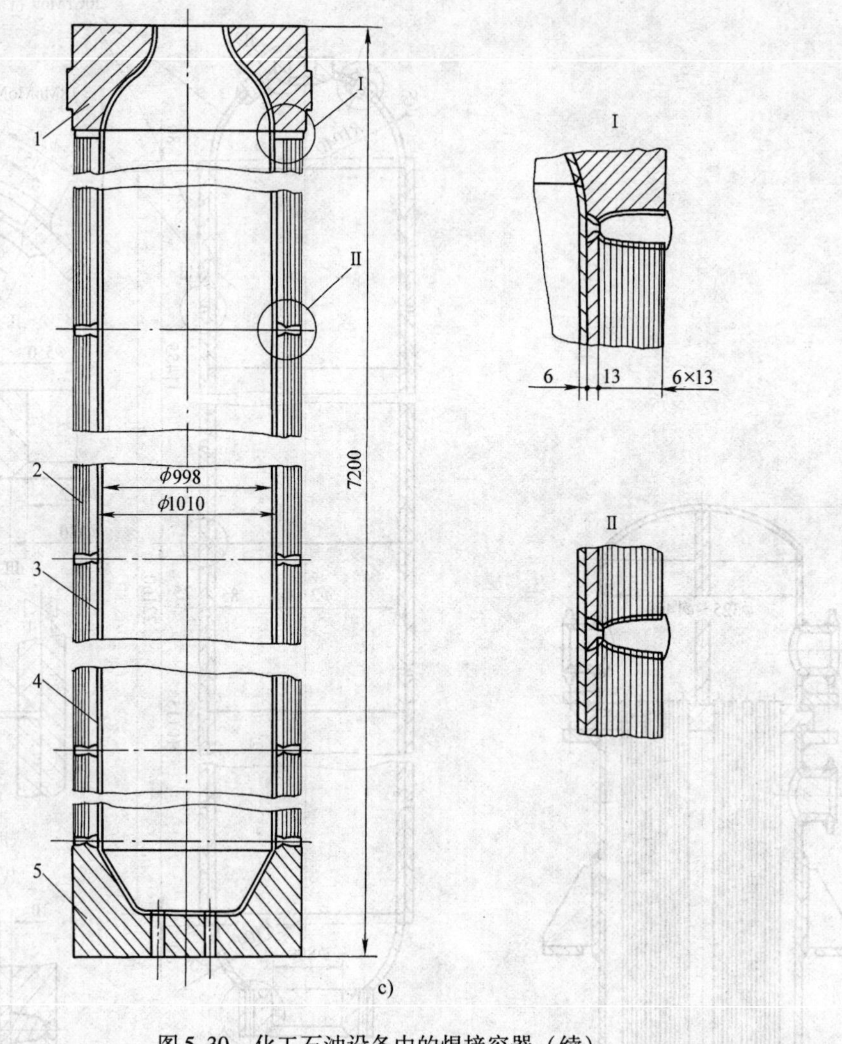

图 5-30　化工石油设备中的焊接容器（续）

c）尿素合成塔

1—上封头　2—层板　3—内筒　4—内衬筒　5—下封头

4. 冶金建材、水电等行业所用设备中的高炉、平炉、转炉体（壳）热风炉、洗涤塔，水泥窑炉的炉体、水电站的蜗壳等

如图 5-31 所示都是巨型焊接容器（壳体）。图 5-31a 所示为成套高炉设备示意图，它们大多为圆筒状内压容器。包括高炉炉体 1，空气预热器（热风炉）2，除尘器 3 和洗涤塔 4。高炉炉体要求密闭，还需要承担很大的内压（由耐火衬里、矿石、焦炭等原料和铁液形成）。最大厚度可达 60mm，直径达 15m，高度为 40m 以上。这是目前高炉向大型化方向发展的结果。如日本高炉容积最大达 $5000m^3$，苏联达 $5580m^3$，美国也在 $3000m^3$ 以上。热风炉、除尘器和洗涤塔等类圆筒容器，直径为 7 ~ 11m，壁厚为 10 ~ 20mm，两端有锥形或球形封头，它们承受内压，全部焊缝采用对接。

图 5-31b 是生产水泥的窑炉壳，为圆柱形，直径为 4.7 ~ 7m，长为 120 ~ 230m 筒体上焊有箍环，使整个结构支承在辊轮支柱上。

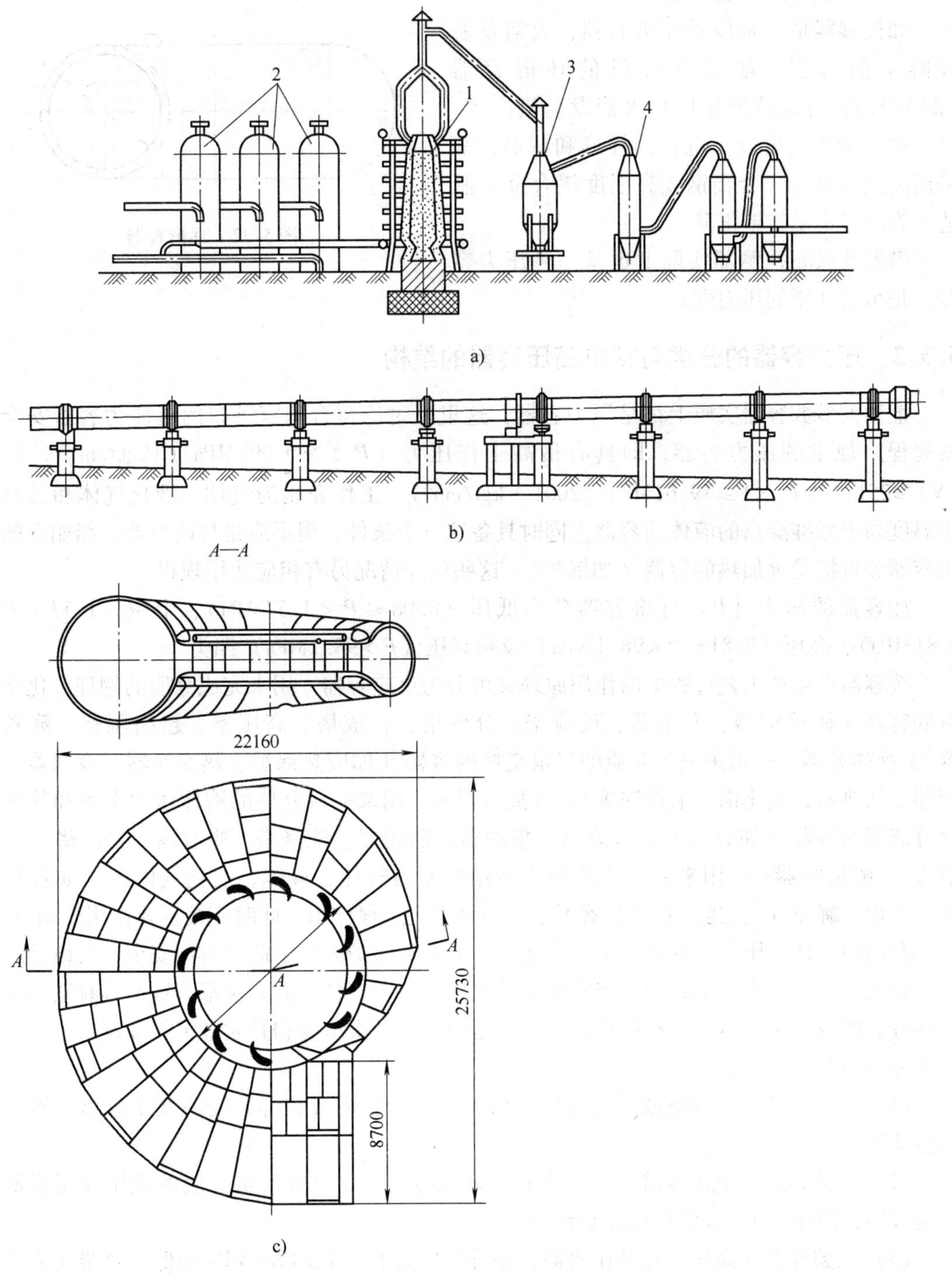

图5-31　成套高炉、水泥转窑及蜗壳结构图

a）高炉　b）水泥转窑　c）蜗壳结构

大功率水轮发电机的蜗壳是由空间渐变曲率的曲面对接而成的复杂结构，如图5-31c所示。由于尺寸大，通常在工地建造。壳板是在工厂预制好的，因为装配的困难，对备料精度要求极为严格。

5. 特殊用途的焊接容器

如核容器是一种厚壁压力容器，火箭及航天器上的容器，如储存燃料的环形容器（图5-32），可以绕液体燃料火箭发动机配置，是一种薄壁压力容器。也有圆柱形和球形，都采用高强度材料（合金钢或高强度铝合金）制造，为减轻重量，壁很薄。

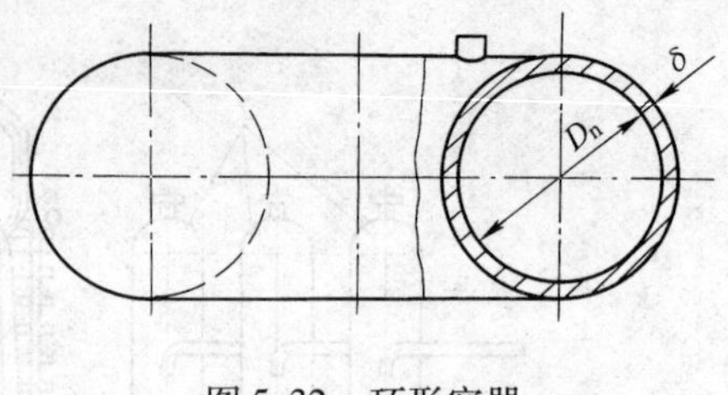

图5-32　环形容器

潜艇及深海探测器实际上也是一种压力容器，是承受外压的压力壳。

5.3.2　压力容器的分类与常见高压容器的结构

上述大多数容器实质上都是压力容器，这里仅讨论符合国家颁布的《压力容器安全监察规程》规定的压力容器，即具有最高工作压力（P_g）≥0.098MPa（$1kgf/cm^2$），容积（V）≥251，且 $P_g \cdot V \geq 19.61$MPa（$2001 \cdot kgf/cm^2$），工作介质为气体、液化气体和最高工作温度高于标准沸点的液体的容器。同时具备这三个条件，但不应是核能容器、船舶上的专用容器和直接受火加热的容器（如锅炉）。这些例外情况另有相应适用规程。

按容器的压力（P）可将容器分为低压（$0.08 \leq P < 1.57$MPa）、中压（$1.57 \leq P < 9.81$MPa）、高压（$9.81 \leq P < 98.1$MPa）及超高压（$P > 98.1$MPa）四类。

按容器在生产工艺过程中的作用原理又可分为反应容器—用来完成介质的物理、化学反应的容器（如反应器、发生器、反应釜、分解塔、合成塔、高压釜、超高压釜、蒸煮球等），换热容器——用来完成介质的热量交换的容器（如废热锅炉、热交换器、冷却器、冷凝器、加热器、硫化锅、消毒锅等），分离容器——用来完成介质的液体压力平衡和气体净化分离等的容器（如分离器、过滤器、集油器、贮能器、洗涤塔、吸收塔、铜洗塔、干燥塔等），贮运容器——用来盛装生产和生活用的原料气体、液体、液化气体等（如各种贮槽、贮罐、罐车等）。当然有些容器不是起一种工艺过程作用，此时应按主要作用来划分。

和锅炉一样，压力容器的安全经济运行，关系到保护人民生命、财产安全，其设计、制造、安装、使用和检修都必须遵守安全监督规程的规定。各工业国家都有这类具有法律效力的规程。按我国压力容器监察规程，根据容器的压力渐次增高和介质危害程度逐渐增大，将容器分为一、二、三类：

（1）一类容器　非易燃或无毒介质的低压容器、易燃或有毒介质的低压分离容器和换热容器等。

（2）二类容器　中压容器，剧毒介质的低压容器，易燃或有毒介质的低压反应容器和贮运容器，内径小于1m的低压废热锅炉。

（3）三类容器　高压、超高压容器，剧毒介质且 $P_g \cdot V \geq 1961$MPa的低压容器（表明容积较大）或剧毒介质的中压容器，易燃或有毒介质且 $P_g \cdot V \geq 490.31$MPa的中压反应容器，或 $P_g \cdot V \geq 49031$MPa的中压贮运容器，中压废热锅炉或内径大于1m的低压废热锅炉。

规程对于有毒、剧毒、易燃等都作出了规定。规程规定设计，制造一、二、三类压力容器都需要取得合格证，这保证了设计和制造的质量和将来容器安全经济地运行。

属于三类容器的高压容器，除以上介绍的层板包扎结构（尿素合成塔）和热套式容器

（加氢反应器）以外，还有多种结构形式。

1. 单层厚板卷板式高压容器

单层卷板式水压机蓄势罐如图 5-33 所示，它是高压容器的最简单形式。其壁厚达 150mm，使用 22 号锅炉钢板制造，全部壳体焊缝都采用电渣焊完成。除支座与底的焊缝、吊耳与封头的焊缝采用角焊缝外，其余都是对接焊缝。

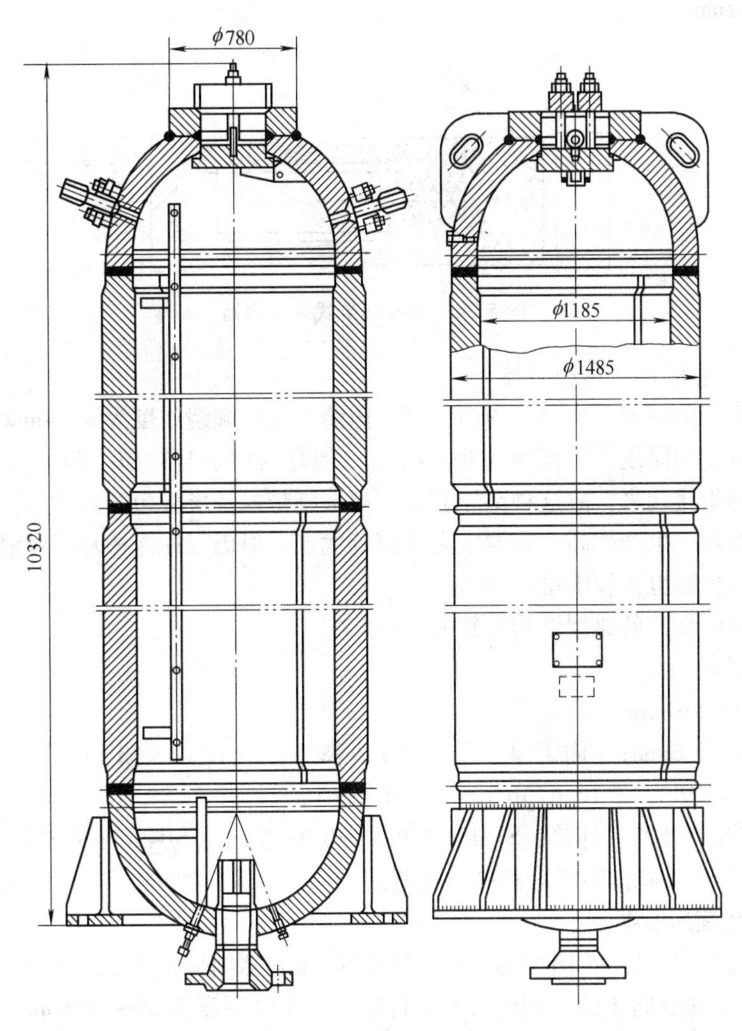

图 5-33　单层卷板式水压机蓄势罐

这种结构的高压容器构造简单，制造也不复杂，而且筒壁传热好，适用于化学工业要求筒壁传热的压力容器。

从这种容器的制造工艺可以看出，制造厂必须有大型设备——大型的压力机、弯板机和热处理设备，大吨位起重运输设备等。如图 5-29b 锅炉汽包、核容器、一些化工反应器实质都是单层厚板卷板式高压容器。

2. 扁平绕带式高压容器

这种高压容器通常是在卷焊好的内筒（厚 30mm，并带有焊好的封头）上以一定的预紧力缠绕截面 $4\times80\text{mm}^2$ 的扁平带钢，带钢以 $\pm25°\sim30°$ 的螺旋角交叉缠绕，两端部与封头

（底）用对接焊缝连接，带钢之间不设置焊缝，其结构如图 5-34 所示。焊缝短（80mm），焊接工作量小，且预紧力可以调节，有层板包扎式容器（焊缝收缩应力构成层板预紧力）的特点，而且生产周期短（比层板包扎便利），成本较低。常用于内径小于 500mm 的高压容器。图 5-34 所示容器为水压机蓄势器，工作压力 31.38MPa（320kgf/cm^2），水压试验压力为 41.2MPa（420kgf/cm^2），内筒及带钢材质皆为 16Mn 钢。带钢共绕 18 层，总壁厚为 $30+18\times4=102$mm。

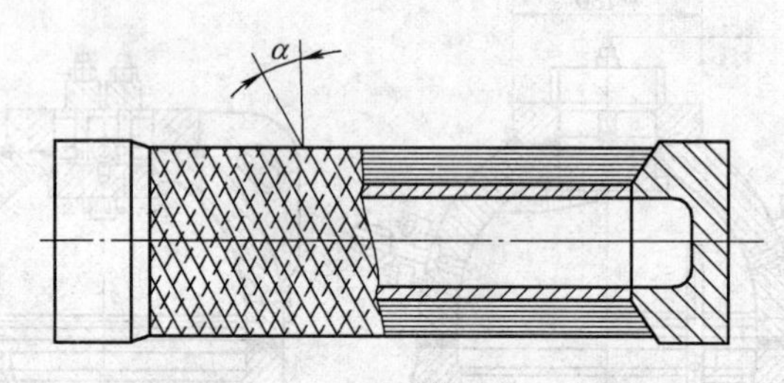

图 5-34　扁平绕带式高压容器

3. 绕板式（卷板式）**高压容器**

这种高压容器的筒节是先焊好内筒，再在内筒上一次缠绕厚度为 3～4mm 的卷绕层；重复卷绕至达到规定的厚度，外面再包裹一外筒；制好的筒节与筒节、筒节与封头（底）再用深槽环形焊缝焊接起来。故这种高压容器有扁平绕带式及层板包扎式的共同特点。即制造简化，生产周期短、生产率高，容器安全性高等优点；但仍存在深槽环形焊缝，施焊比较困难，质量检测和控制也比较困难。

国外用此方法生产的典型结构参数如下：

L（长）：1200mm；

D_n（内径）：610mm；

δ（壁厚）：57.6mm；（内筒厚 + 卷层厚 + 外筒厚 $=10+3.2\times13+6$）

P_g（设计工作压力）；16.67MPa（170kgf/cm^2）；

材质：内筒，SUS27；外筒，SS41；卷板，SPH3；封头，SB49 与 SUS27。

我国早在 1965 年就试制了这种高压容器。

4. 电渣熔成高压容器

这是国外最新的一种利用电渣熔炼方法制造高压容器筒体的工艺。图 5-35 所示是边焊接（电渣熔成），边旋转工件，同时进行工件加工。工件厚度为 30～300mm，电渣熔成厚度（长度方向）一次达 30～50mm。由图可见，这种方法制造的容器壳体成分可调，同时利用电渣重熔焊机比制造单层厚壁容器的其他方法所需的设备要简单和便宜，且不需要熟练的工人，工时消耗也低（如制造直径 1.2m，壁厚 50mm，长 3m 的筒体只需 2 名工人，80h 即可完成），生产自动化程度较高。其生产过程，包括电极（扁平板状）进给、转盘旋转，焊接电流、焊接电压进行自动控制，其筒身直径和壁厚可按精确确定的尺寸加工。综上特点，使整个制成品的造价低（相当于整体锻造高压容器成本的 50%，厚板单层卷板式高压容器成本的 64%，多层包扎式高压容器成本的 82%），而且质量高（沿厚度材质均匀，不存在夹渣与分层，爆破试验用这种方法制造的高压试验容器，发现容器发生相当大流动才破坏）。

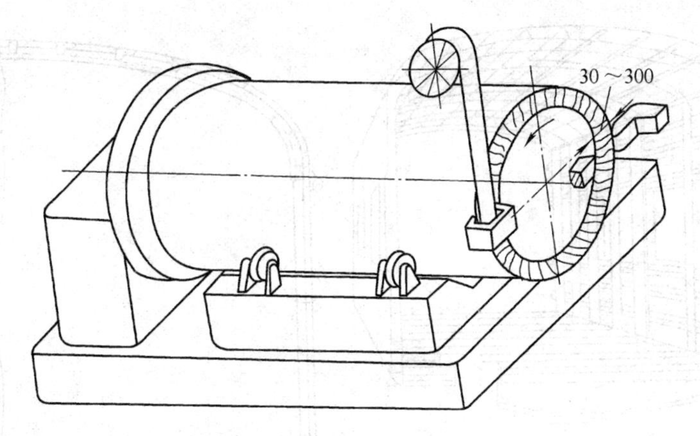

图5-35　电渣熔成高压容器示意图

5.4　铁路车辆、船舶等运输设备的焊接结构

铁路车辆分客车和货车，前者以运送旅客为主，后者则以运送货物为主。客车又分多种，按用途有硬座、硬卧、软座、软卧、餐车、行李车、邮政车和公务车等特殊客车。随着铁路提速，除上述普通客车外，又有了快速客车、动车车体、内燃机车等。货车又分通用货车、敞车、棚车、平车 、罐车和保温车、专用货车、集装箱车、漏斗车、自翻车、立罐车、家畜车和长大货物专用车等。无论哪种铁路车辆，通常分车体、行走部、制动装置、车钩缓冲装置和车辆内部设备等，而货车除保温车和特殊用途车辆外大多没有内部设备。

5.4.1　全焊结构的客车

所谓全焊结构的客车、货车（敞车）及槽车（罐车）指车体和底架是全焊结构的。其结构特点是：全焊的客车体是由顶盖、侧墙、端墙和门墙等预制好的大尺寸构件装配焊接而成；而车底架和钢地板焊接在一起，最后两者焊接成为一个封闭的整体承载车厢。顶盖、侧墙、端墙、门墙等大尺寸构件皆由格构骨架复盖外蒙皮而成，如图5-36a所示。格栅骨架由包括Z形、角形、槽形等冲压型材组成，外蒙皮是厚度为1.5～4mm的钢板（提速客车为2.5mm及以下薄钢板）。钢材已由普通碳素结构钢发展到耐候钢（09CuPCrNi-A、Q450NQR1），有些甚至采用不锈钢等。为增加外蒙皮的刚度，常将蒙皮板冲压起棱，如图5-36b所示。焊接引起波浪（翘曲）变形不仅破坏外形美观，而且降低其抗压稳定性，因此最佳的蒙皮和骨架连接是采用电阻点焊。但现代提速客车，特别侧墙是面积较大的平面板架钢结构，是组成车体封闭的整体承载的主要部件之一，除要求足够的强度、刚度、整体和局部稳定性外，车厢必须在侧墙上开窗，并且其外表应该平整和美观，不再用冲压起棱板，如图5-37所示，该框架式侧墙，其框架上的立柱、横梁都是冲压的Z形钢，有较大的强度和刚性，框架与墙板用塞焊和断续角焊连接，减小了焊接变形，并采用侧墙涨拉、电磁打平工艺，保证侧墙平整美观。

客车的底架结构如图5-38a所示，它由中梁、侧梁、主横梁、枕梁、小横梁、端梁、过台端梁、过台侧梁以及端梁对角撑等组成。底架上再蒙上钢地板或钉上木地板。其中梁由轧

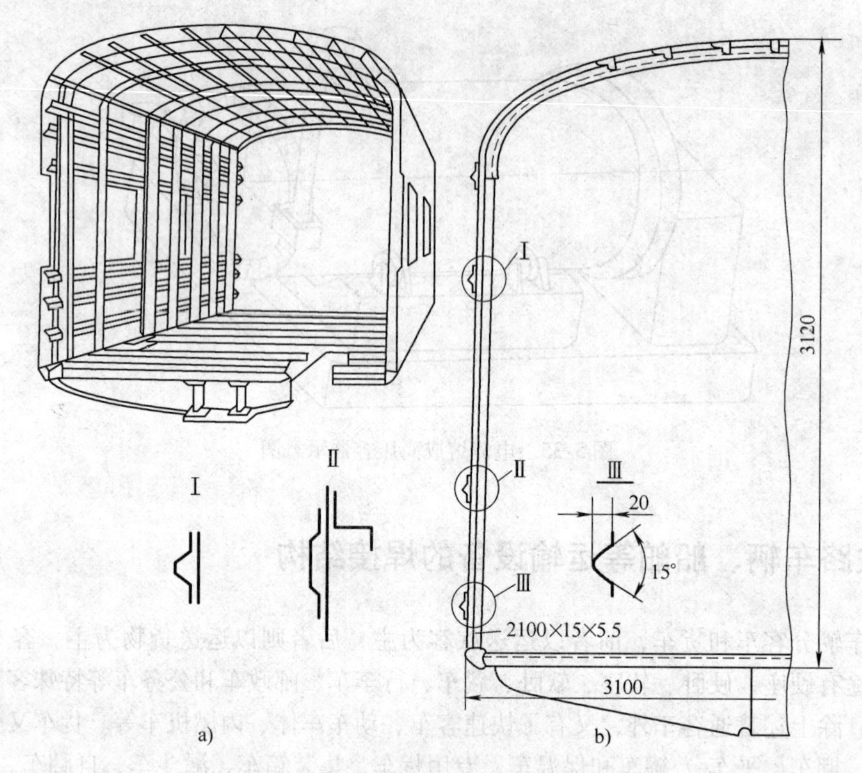

图 5-36　全焊客车箱结构示意图

制工字钢或乙型钢组成，主横梁、枕梁等常由 6 ~ 8mm 钢板拼接而成，而侧梁、小横梁等即由轧制槽钢制作。由图 5-38 可见，它们组成一个全焊框架结构。

5.4.2　全焊货车的焊接结构

全焊的货车有多种，以 C62A 型（现研发的 C70 型类似，C70 型敞车是未来铁路车辆的一种主型车辆）敞车和槽车（罐车）为例。敞车的全焊车体没有顶盖，侧墙和端墙由 5mm 以上钢板冲压成钢柱与冲压起棱的墙板组成框架施以焊接而成，图 5-39 所示是借鉴了 C62A 型敞车侧墙结构形式的 C70 型敞车侧墙结构形式，其框架侧墙由侧柱、侧板、上侧梁、斜撑、连铁、补强板、柱等组成。为方便卸货，除有中立门外，还开了每边 6 个下侧门。端墙承受运行时货物所给予的惯性力，采用了钢板冲压的角柱、横带、端板及上端缘组焊而成，使之有很强的强度和刚度。

其底架和客车的类似，如图 5-38b 所示，但比客车底架简单。该图中中梁、枕梁、端梁、横梁、侧梁等组焊而成，上面覆盖 8mm 厚的地板。

槽车（罐车）的车体是一卧式圆筒容器，在容器类型焊接生产中还要介绍除无中梁的罐车外，槽车的底架是单独制作的，它没有中部侧梁、小横梁等，所以最简单。

车辆底架是超静定结构，承受空间力系，许多情况下与车体共同承担载荷，所以十分复杂。为此其设计是参考原有车辆结构，选定形式和几何尺寸，再加以详细概算，计算时采用假定和简化方法进行。

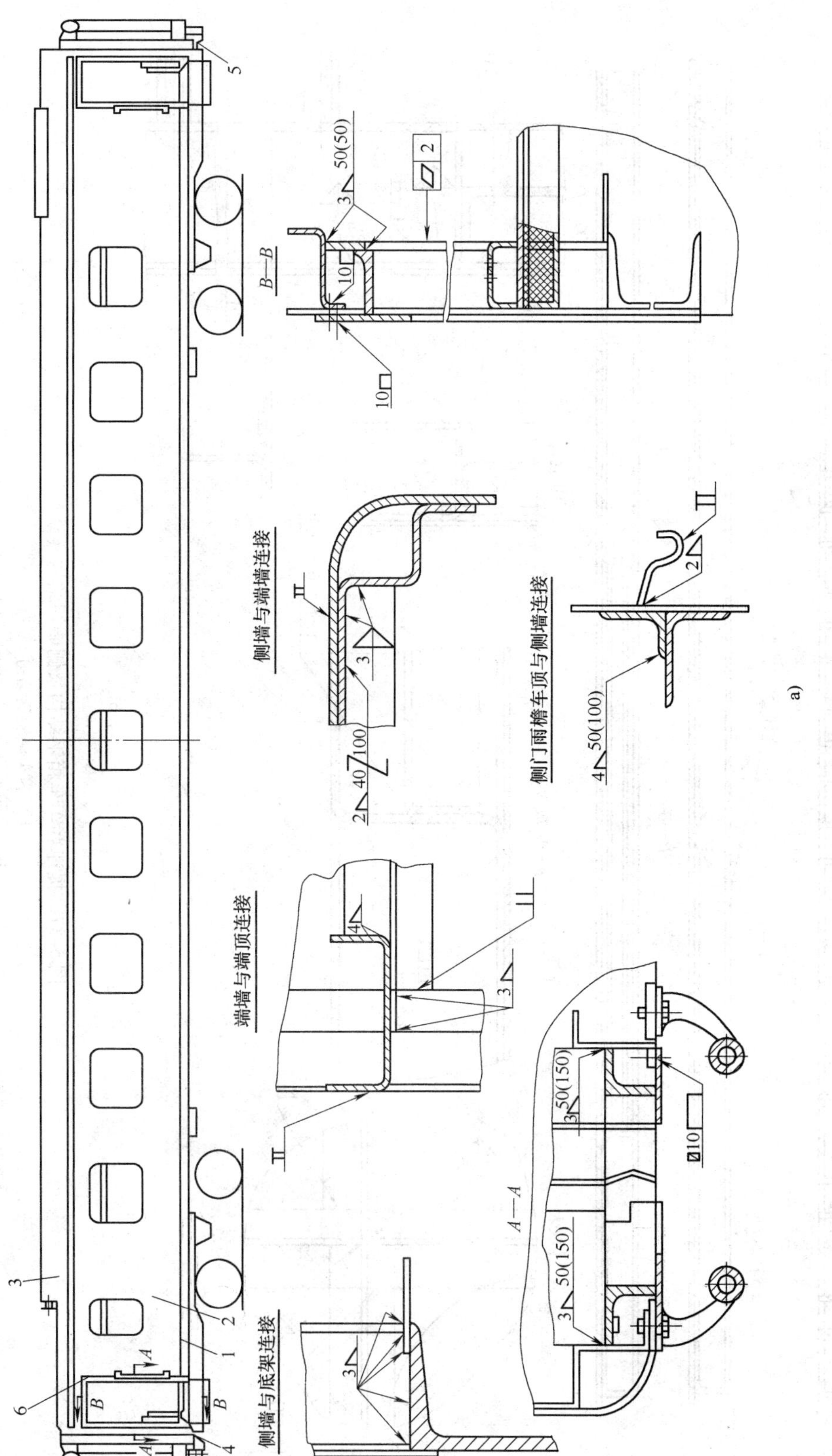

图 5-37　提速客车车箱钢结构及侧墙钢结构

a）提速客车车体钢结构

1—车底钢结构　2—侧墙钢结构　3—车顶钢结构　4—1 位外端钢结构　5—2 位外端钢结构　6—1、2 位内端钢结构

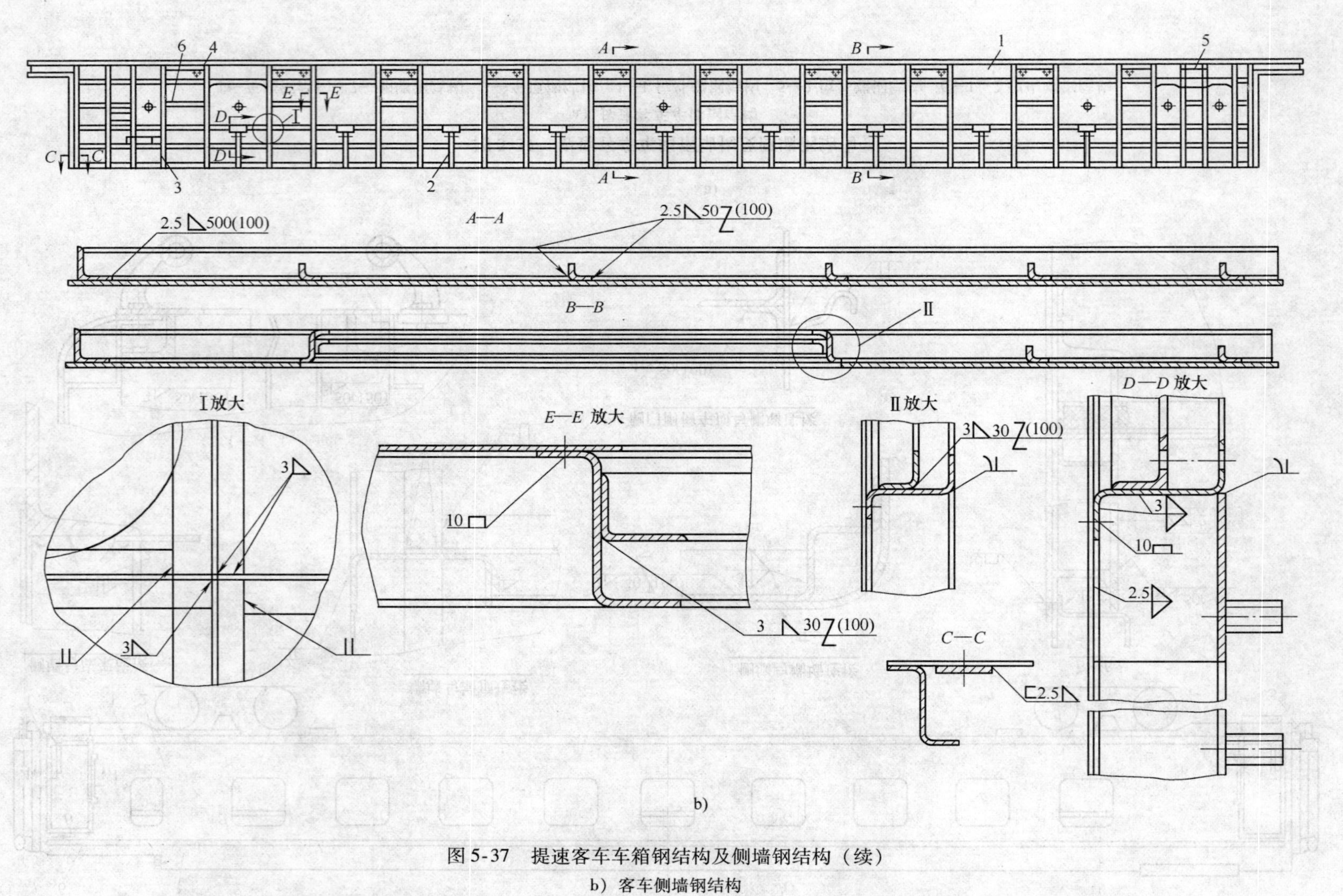

图 5-37 提速客车车箱钢结构及侧墙钢结构（续）

b）客车侧墙钢结构

1—墙板组成 2—立柱组成 3—坐椅安装座组成 4—行李架安装座组成 5—固定座组成 6—横梁

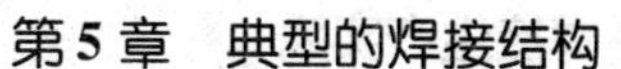

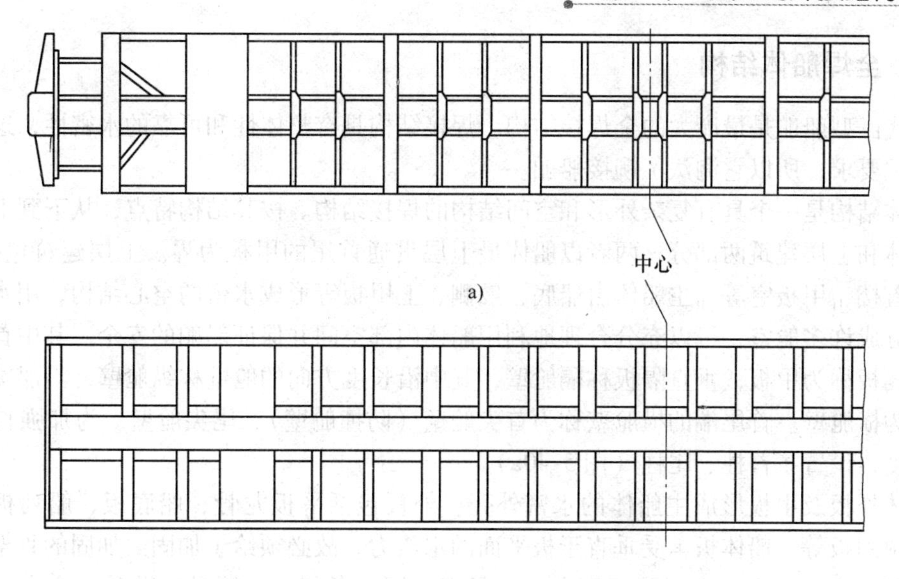

图 5-38 铁路车辆底架结构

a）客车 b）货车

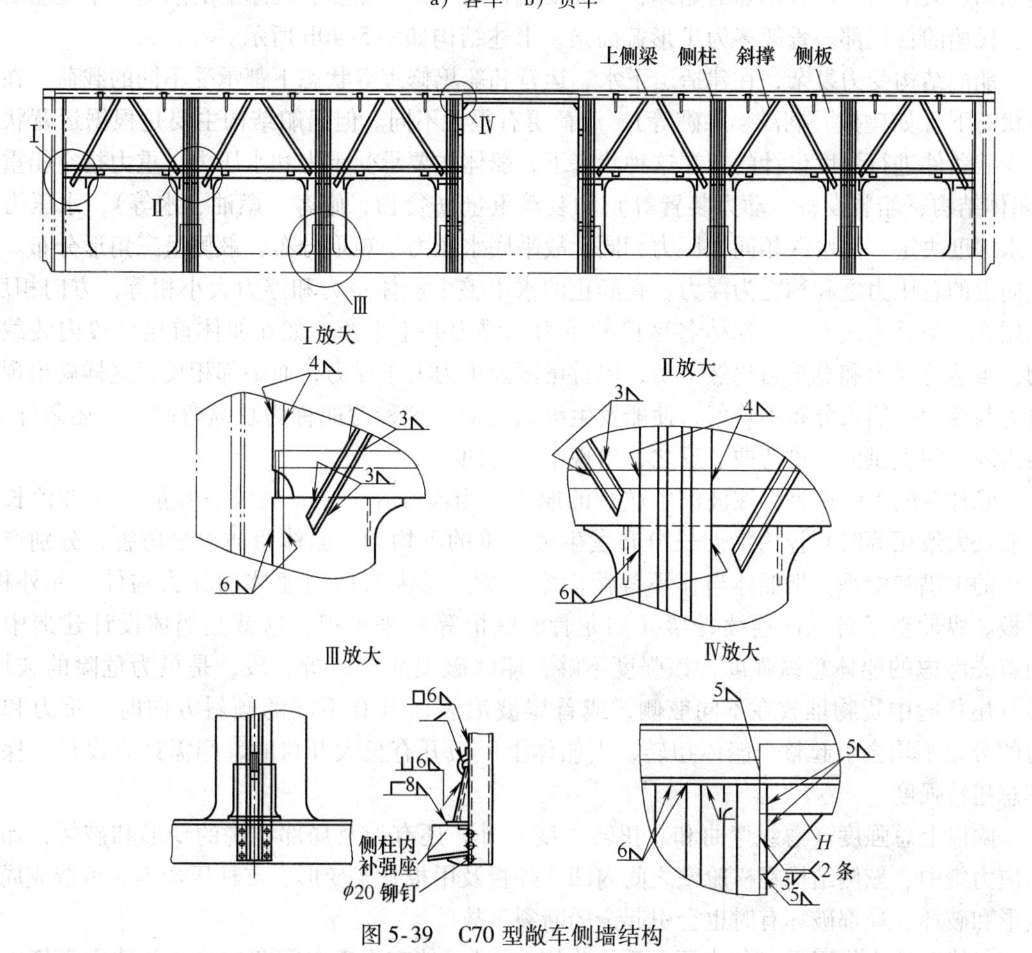

图 5-39 C70 型敞车侧墙结构

5.4.3 全焊船体结构

现代巨型船舶是最庞大的全焊接结构。焊接结构具有整体性和可靠的水密性，这正是船舶的必须要求，所以它淘汰了铆接船舶。

船体结构是一个具有复杂外形和空间结构的焊接结构。按其结构特点，从下到上可以分为主船体和上层建筑两部分，两者以船体最上层贯通首尾的甲板为界。上层建筑包括尾楼、桥楼、首楼、甲板室等。主船体由船底、舷侧、上甲板等形成水密的空心结构，用水平和垂直隔板分成许多舱室，可以充分合理地利用船体内部空间并保证船舶的安全。其中首尾贯通的水平隔板称为甲板，垂直隔板称隔舱壁，其中沿长度方向的舱壁称纵舱壁，沿船宽方向的舱壁称为横舱壁。首尾端的横舱壁称为首尖舱壁（防撞舱壁）、尾尖舱壁。为加强首尾端的结构强度，设置了首柱、尾柱（图5-40a）。

船体外板及甲板形成主船体的水密外壳。外板包括平板龙骨、船底板、船列板、舷侧板、舷顶列板等。船体板承受垂直于板平面的水压力，故必须给予加固。加固的骨架分为纵向（沿船长方向）和横向（沿船宽方向）骨架。同一条船，加固骨架总是一个方向密，另一个方向稀，同一方向上骨架间距相同。因而又分为纵骨架式（横向骨架较稀），多用于大型油船、大中型货船、军船的船体，横骨架式，用于小型船舶、破冰船的舷侧、中型船的甲板、民船的首尾部。骨架多为T形截面梁，上述结构如图5-40b所示。

船舶结构受力复杂，在建造、下水、运营和船坞修理等状态下都承受不同的载荷，在意外状态下（如碰撞、搁浅、触礁等），载荷更有很大不同。但船舶结构主要是根据运营状态下受载条件进行强度设计的。在这种状态下，船体主要承受重力和水压力，重力指空船重量（船体结构、船装设备、动力装置等）和装载重量（货物、旅客、燃油、水等），水压力由吃水深度决定，因水深相同处压力相同，故平底水压力呈矩形分布，舷侧呈三角形分布。垂直向上的总压力之和称之为浮力。在静止的水中整个船体重力和浮力大小相等，方向相反，作用在一条垂直线上。但船体各区段的重力和浮力并不平衡，如在船体首尾区段内装载货物，虽然总浮力和总重力仍然平衡，但首尾区段重力大于浮力，而中部相反，这样就出现了重力与浮力沿船长分布不均匀，使船发生纵向弯曲，这种弯曲称为总纵弯曲。上述条件下，会出现中间上拱的中拱弯曲。反之，出现中垂弯曲。

除加载的不平衡外，在波浪中航行的船舶，当波峰在船中，或波谷在船中（波浪长度与船长大致相等时）浮力沿船长分布发生最严重的不均匀，船体弯曲得最厉害，分别产生严重的中拱和中垂。把船体当作不等截面空心梁，总纵弯曲由船体的强力构件，如外板、甲板、纵舱壁及各纵向连续骨架（如龙骨、纵桁等）来承担，这就是船体设计建造中必须首先考虑的船体总纵强度，该强度不够，船体破损甚至一折二段，是最为危险的破坏。当首尾货舱中货物堆放在不同舷侧，或首尾波浪表面具有不同的倾斜方向时，重力和浮力的分布不均会引起整个船体扭转，当船体上甲板开有长大开口时，则需认真设计，保证其总扭转强度。

除以上总强度（总纵弯曲和总扭转强度）外，还有涉及局部结构的变形和破坏，如舱口应力集中、舷侧结构在横舱壁之间内凹、外板及甲板骨架变形、支柱压弯等，可造成局部变形和破坏。局部破坏有时也会引起全船断裂事故。

船体在外力作用下（如水压及重力作用），还可能产生横向弯曲变形。船体中心集中装

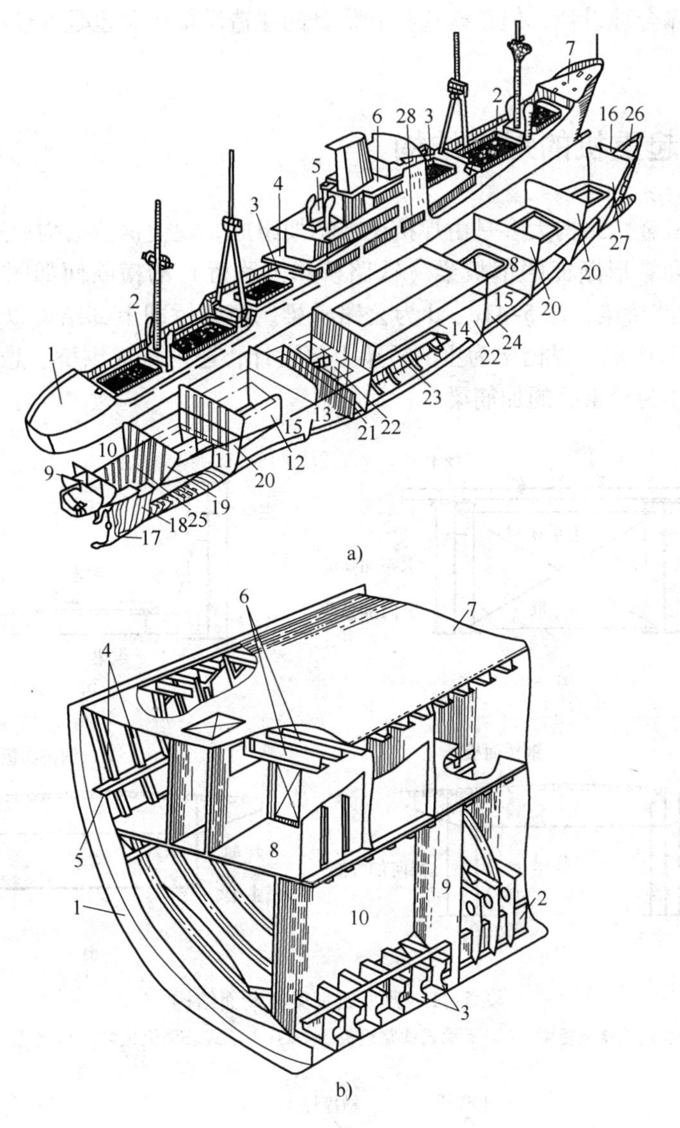

图5-40　船体结构

a）船体各部

1—尾楼甲板　2—上甲板　3—桥楼甲板　4—游步甲板　5—艇甲板　6—驾驶甲板　7—首楼甲板　8—下甲板　9—舵杆筒　10—船尾水舱　11—船侧水舱　12—轴隧　13—深舱　14—机舱　15—货舱　16—锚链舱　17—尾柱　18—升高肋板　19—尾尖舱舱壁　20—水密舱壁　21—槽形舱壁　22—舱壁龛　23—机座　24—双层底　25—纵中舱壁　26—甲板纵桁　27—首尖舱舱壁　28—上层建筑

b）船体局部

1—外板　2—中内龙骨　3—肋板　4—肋骨和强肋骨　5—舷侧纵桁　6—横梁　7—上甲板　8—下甲板　9—横隔壁　10—纵隔壁

载引起的横向变形，受横向波浪作用可能引起肋骨框架横向歪斜。船体必须有抵抗这类变形的能力——横向强度。保证船体横向强度的构件有肋骨、横舱壁、横梁、肋板以及与之相连的外板、甲板等。

船体强度要靠合理设计，但正确选材和优良的建造质量无疑也是保证船体结构强度的重要条件。

5.5 钢桥和起重机的焊接结构

钢桥和起重机金属结构大多是由焊接梁或桁架组成。现代钢桥结构形式多种多样，典型实腹工字、Π形和箱形断面的钢板梁（铁路桥和公路桥）的横断面如图 5-41 所示，其中图 5-41a、b 为铁路桥梁，图 5-41c、d 为公路桥梁。桁架桥即上部结构以桁架为主的桥梁，典型结构如图 5-42所示。以桁架为主的桥梁上部设计，还可作成拱桥、悬索桥、斜拉桥等，甚至钢箱梁也可作为悬索桥的加筋梁。

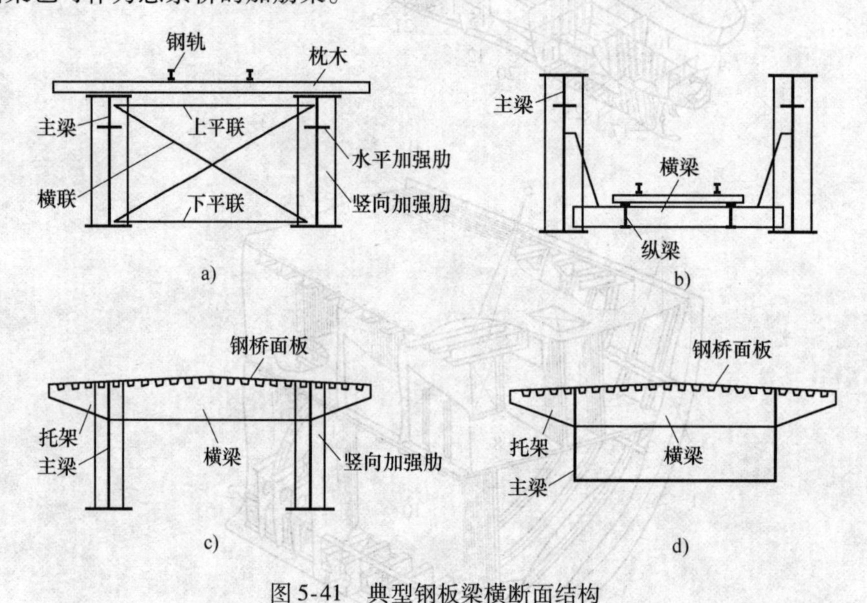

图 5-41　典型钢板梁横断面结构

a）上承式铁路钢板梁　b）下承式铁路钢板梁　c）上承式公路钢板梁　d）公路钢箱梁

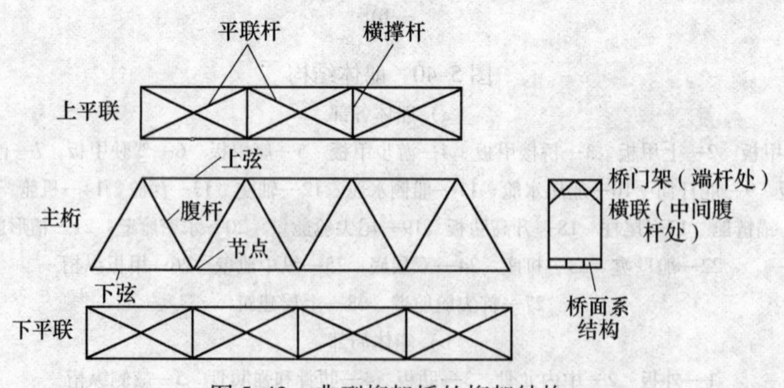

图 5-42　典型桁架桥的桁架结构

以焊接结构为基体的起重机金属结构主要是桥架，如桥式起重机，一般由主梁和端梁组成，图 5-43 是用得最多的双主梁桥式起重机的全图。而门式起重机和装卸桥的桥架则主要由主梁和支腿组成，见图 5-44 和图 5-45，后者主梁和支腿都采用桁架结构，桥式起重机的主梁有时也采用桁架。还有采用其他结构形式的主梁。

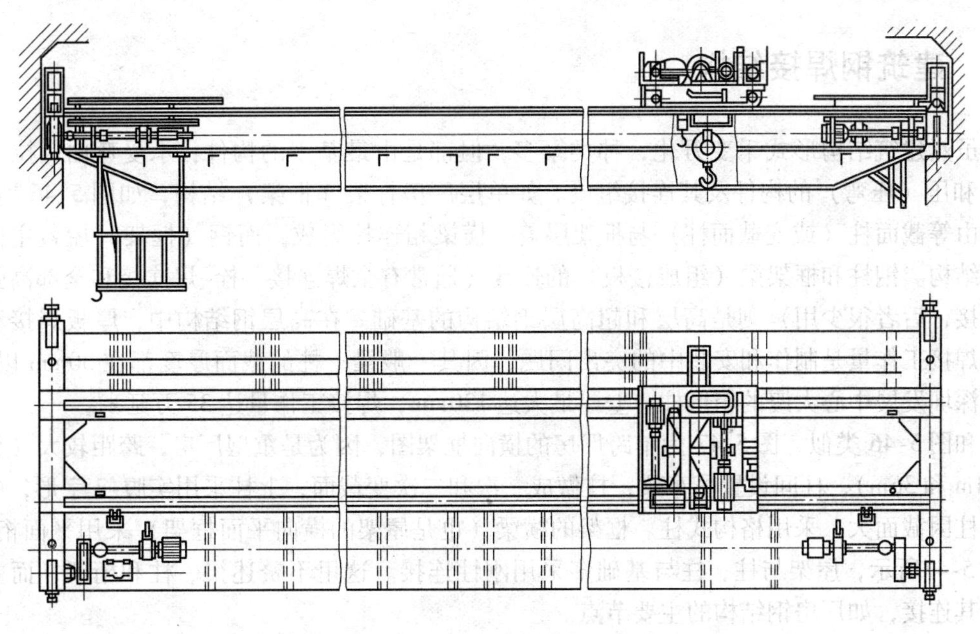

图 5-43　双主梁桥式起重机

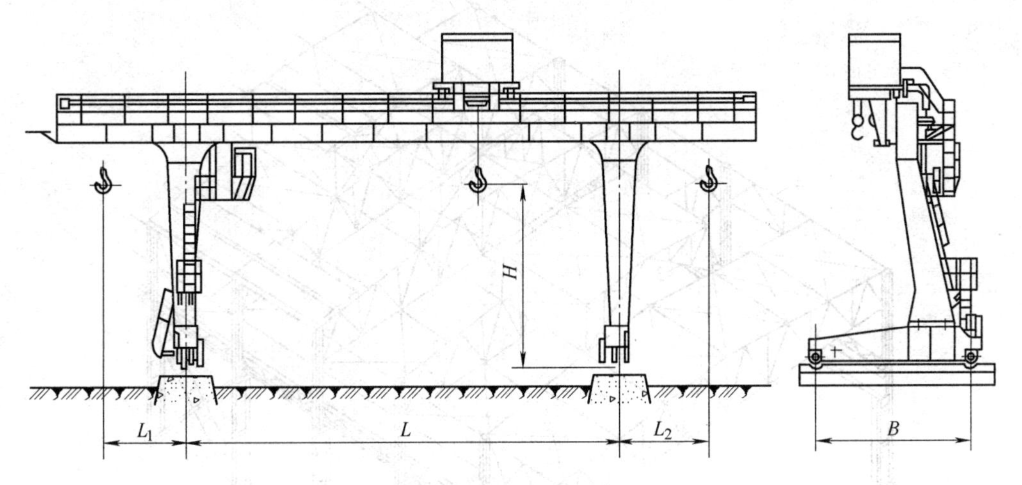

图 5-44　单主梁 L 形门式起重机

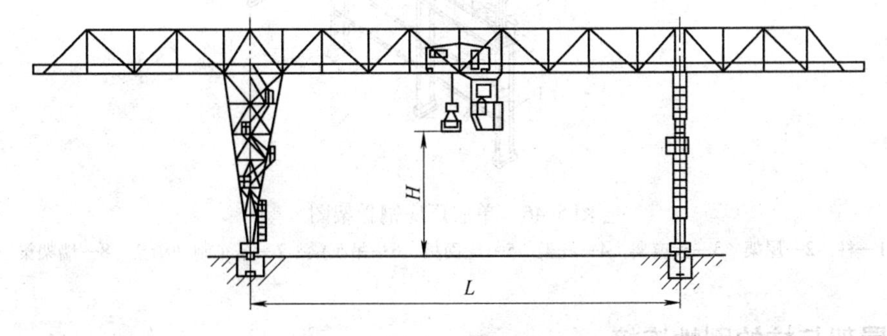

图 5-45　装卸桥

5.6 建筑钢焊接结构

虽然建筑结构形式千变万化，种类繁多，但都是由最基本的构件：承受弯曲、拉（拉弯）和压（压弯）的构件及其连接组成。如单层厂房骨架（框架）结构，如图 5-46 所示，它是由等截面柱（或变截面柱）与框架层盖的横梁相连接组成，而钢（框架）屋盖主体即桁架结构。钢柱和框架梁（组成楼板）的连接（通常有全焊连接、栓-焊连接和全部高强螺栓连接，后者很少用）则是高层和超高层钢结构的基础。在高层钢结构中，厚板焊接和超大的焊接工作量是制作和安装中的突出问题，因其一般梁、柱的截面厚度都在 30mm 以上，例如深圳发展中心大厦的箱形柱，壁厚最大达 130mm，焊接工作量达 35 万延米。

和图 5-46 类似，图 5-47 为单跨厂房的横向框架图，因为是重型厂房，跨距较大（分别为 34m 和 36m），柱间设置吊车梁，柱做成一次和二次变截面，上柱采用实腹-2 字形，中柱和下柱因截面大，采用格构式柱。框架的横梁（也是屋架的横向平面框架）采用平面桁架。如图 5-47所示，屋架与柱、柱与基础多采用刚性连接。这里不赘述梁、柱和桁架，而主要介绍其连接，如厂房钢结构的主要节点。

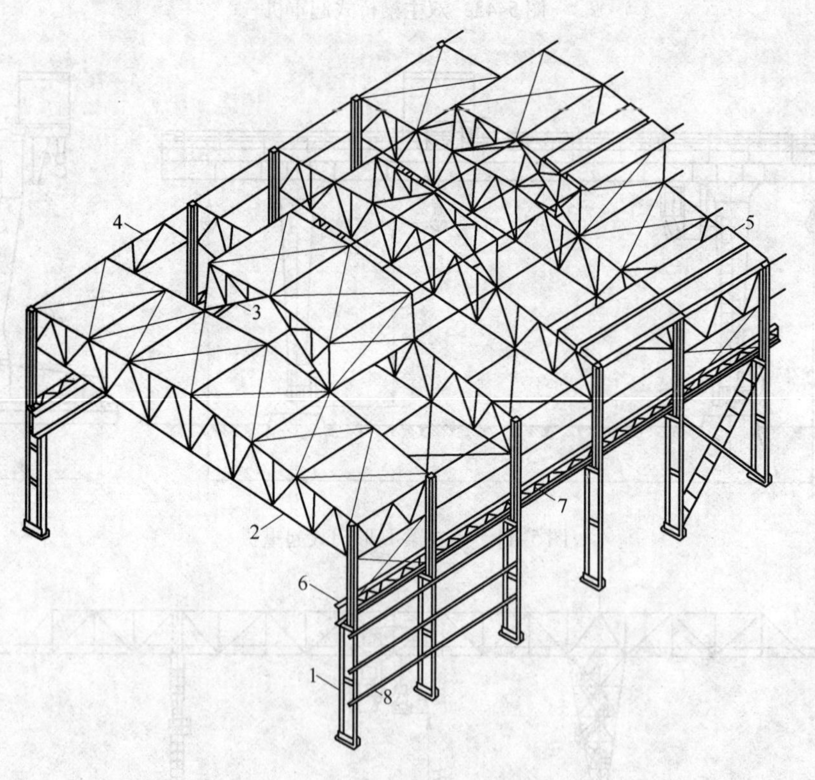

图 5-46　单层厂房钢骨架图

1—柱　2—屋架　3—天窗架　4—托架　5—屋面板　6—吊车梁　7—吊车制动桁架　8—墙架梁

5.6.1 屋架与柱的刚性连接

在图 5-10，桁架节点中的 n 图已经表示屋顶桁架的支承节点，它如果支承在柱顶，即

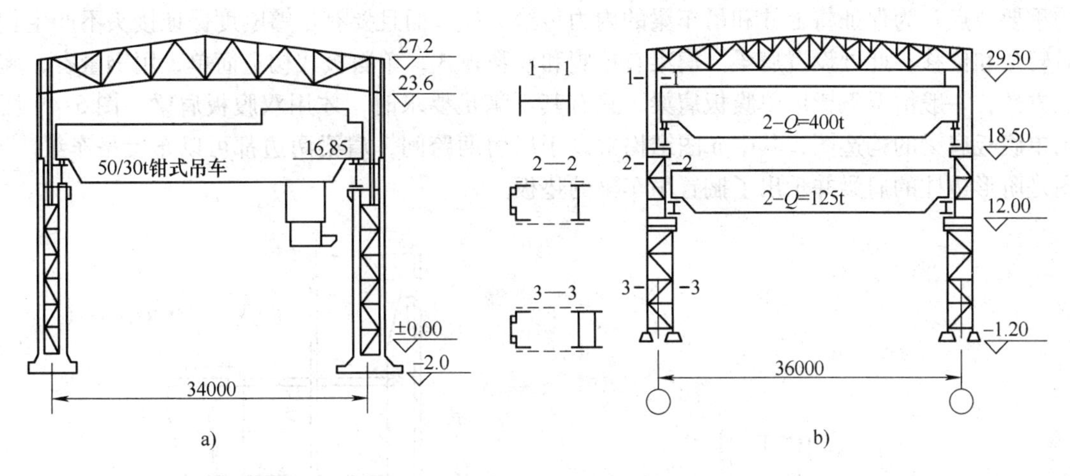

图5-47 重型厂房横向框架图

a）大型均热炉车间 b）大型电动机装配车间

如图5-48b上承式屋顶的刚性节点；而图5-48a是下承式屋架的刚性节点。这些节点除传递竖向支反力外，还传递横梁水平力和横梁端弯矩，如 H_1 是压力，由端板 a 直接传给柱，如果是拉力，则通过中螺栓传给柱，也可另设连接板 b。而下弦节点可设计或将腹杆（斜杆）和下弦杆（屋架端部）交汇于柱内边缘，以减小节点板，节点处有屋架端板 c，安装时，应使 c 底面顶紧在柱内侧承托板 d 之上，再用螺栓将 c 端板连接于柱，则竖向反力通过端板 c 传给 d，由 d 的焊缝传给柱，水平力 H_2 亦如 H_1 一样，压力时直接由 c 传给柱；拉力时由螺栓传给柱。

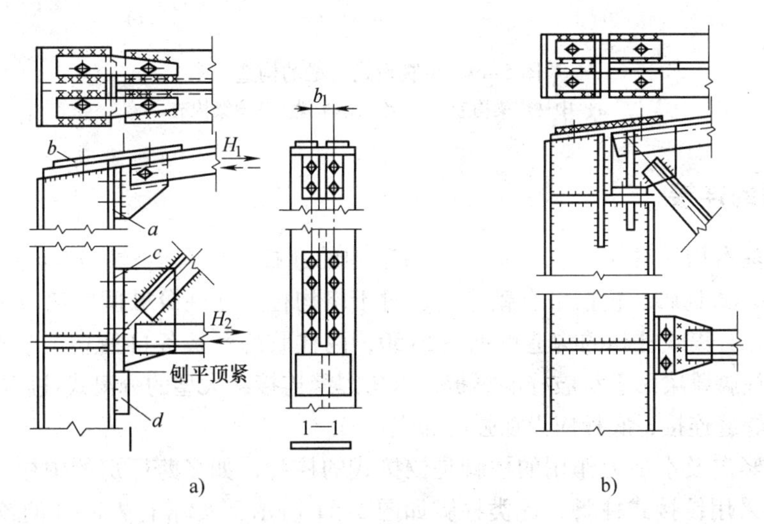

图5-48 屋架与柱的刚性连接

a）下承式屋架的刚性节点 b）上承式屋架的刚性节点

5.6.2 阶形柱变截面处的连接

如图5-47的重型厂房，其柱都是变截面的阶形柱，此处是上、下柱连接并搁置吊车梁的重要节点，为保证将上柱和吊车梁的内力传给下柱，而且要有足够刚度保证接头不产生相对转角和位移，此处设置肩梁。肩梁有单腹和双腹板式，单腹板式构造简单，用钢量省，施工方便，一般情况下皆用单腹板肩梁，只有其不满足要求时，才用双腹板肩梁。图5-49所示单腹板肩梁的构造图，其中a图结构常设于厂房两跨间，肩梁两边都可以布置吊车梁。b图是阶形边柱的肩梁并示出了搁置吊车梁的垫板。

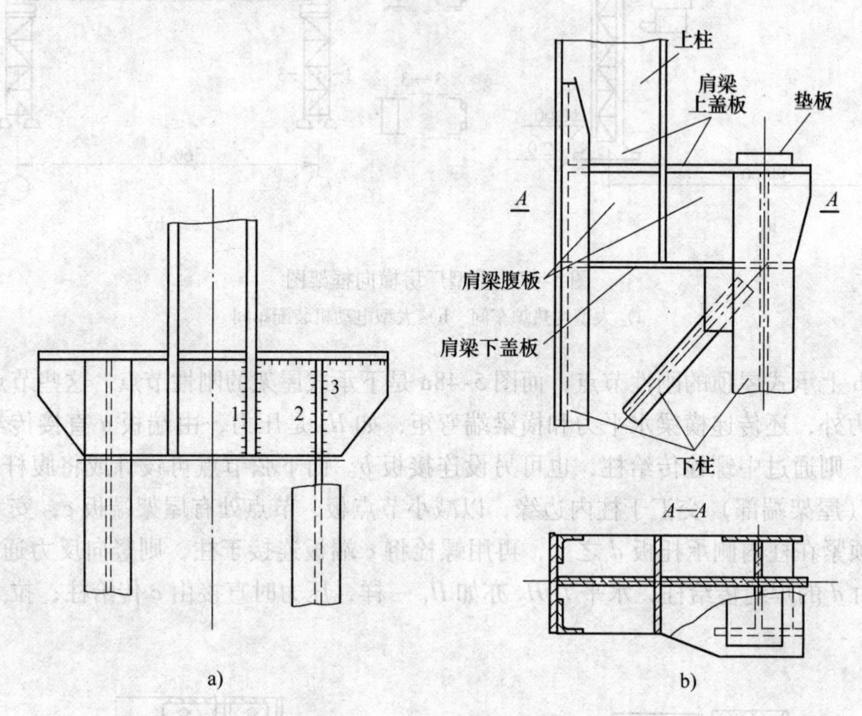

图5-49 单腹板式肩梁的构造
a）中柱肩梁构造 b）绘出吊车梁支座肩梁构造

5.6.3 柱脚的连接

前面介绍基本构件柱中，已讲述了柱与基础的连接，即有两种：铰接和刚接的柱脚，图5-12表示整体式柱脚，包括带有靴梁的，对于格构柱，并柱分肢间距离较大时，也可采用分离式柱脚，分离式柱脚的构造可见图5-50，两柱肢的底板各自独立，形成均受轴心力的独立柱脚，柱脚靴梁贴于每肢柱的翼板，以角焊缝连接，大型的分离式柱脚的靴梁和柱肢翼板宜用对接焊缝连接，底板应设加强肋加强。

只能传递竖向及水平力作用的柱脚是铰接式的柱脚，如多跨厂房的中柱，门式刚架及工作平台柱多采用铰接式柱脚，此类柱脚如图5-51所示，实际上从a～f的铰接式柱脚构造对柱的自由转动均有不同程度的约束，当有严格限制时，可采用g所示的完全铰接式柱脚。

5.6.4 梁、柱等的连接

以基本构件梁、柱、桁架等组成的建筑钢结构，除需要梁、柱、桁架及其杆件的连

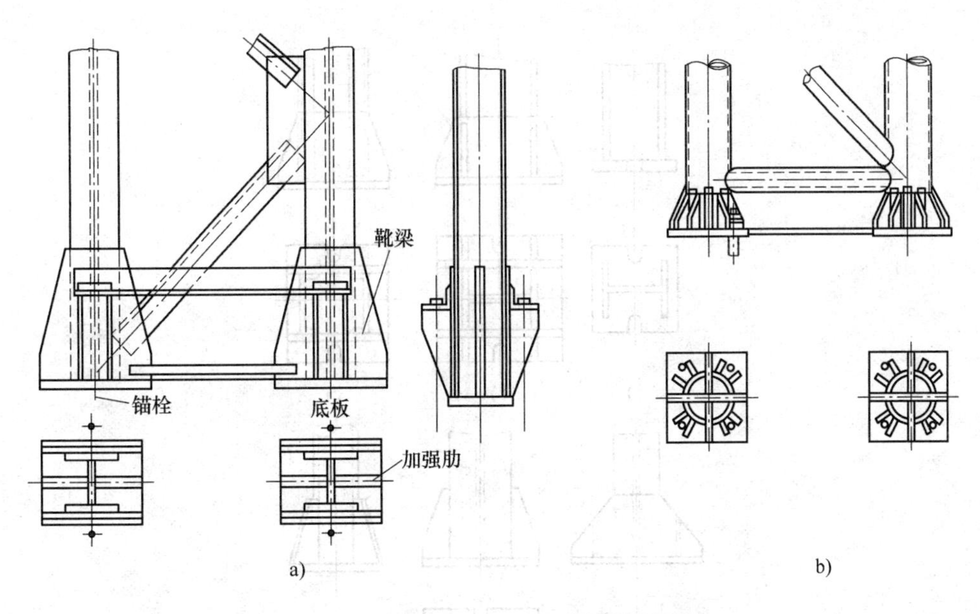

图5-50　分离式柱脚
a）柱肢为工字截面　b）柱肢为钢管截面

接、屋架和柱的连接、柱和基础的连接外，梁本身原材料的尺寸不够时，钢板需要进行拼接；由于运输限制，焊接梁常常要到工地进行拼接，在组建钢结构过程中，也不断要进行梁和柱、梁和梁、主梁和次梁的连接，在多层、高层和超高层房屋钢结构中，以上各种连接尤为重要。

生产厂进行钢材拼接形成工艺接头。工艺接头位置由钢材尺寸来定，但为避免焊缝密集梁的盖板和腹板的拼接焊缝，它与加强肋焊缝，与端梁、次梁连接处的焊缝都应错开。各厂都根据供料情况制定相应规范。这些工艺接头全部采用直缝对接。如图5-52a所示，个别情况也采用斜焊缝和加盖板的接头，如图5-52b所示，加盖板的接头应力集中严重，应优先考虑采用先进的焊接工艺和材料，提高接头的质量以便用直焊缝或斜焊缝（如焊缝设计强度有较大折减条件下，斜焊缝可补计算焊缝强度不足）来做拼接焊缝，避免采用加盖板的接头，为此要求采用引弧板焊透的对接焊缝，引弧板切去后应打磨平整。图5-52c、e、d是采用腹板上加盖板或局部加厚的办法来提高工艺接头的强度，据介绍，这种接头有较高的疲劳强度。图5-52f、g、h是梁在工地上拼接的接头，图5-52f为在同一截面断开，图5-52g、h为错开的情况，这种条件下，注意焊接顺序（如图中的数字）对焊缝质量有很大影响。

焊接接头除以上梁的接头和拼板的工艺接头外，梁的盖板与腹板、加强肋与盖板、腹板间的焊缝绝大多数采用连续角焊缝来完成。梁的盖板与腹板间的角焊缝是主要的工作焊缝之一。一般情况下采用不开坡口的角焊，当采用埋弧焊或CO_2气体保护焊，可获得较大的熔深。承受动载荷的重要结构要求开坡口，个别情况下要求焊透。除部分横向加强肋和纵向加强肋有时需采用断续角焊缝外，支承加强肋和大部分横向加强肋都采用连续角焊缝，施焊时，不宜在加强肋下端起落弧。重级工作制吊车梁的受拉盖板，应用精密切割加工边缘，如手工切割或剪切下料，则应用刨边机全长刨边。

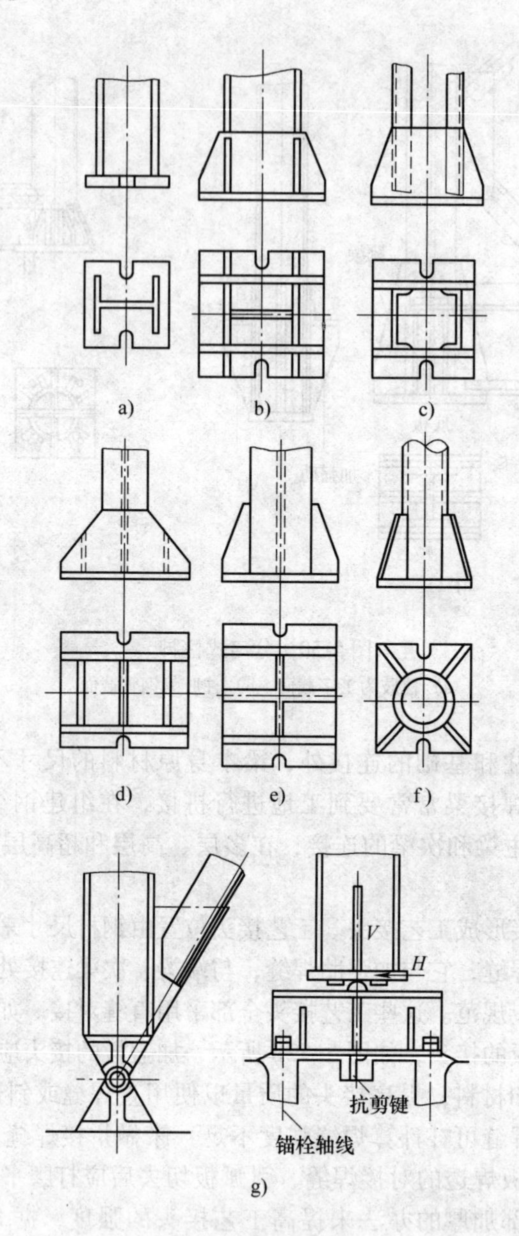

图 5-51　铰接式柱脚

a）~f）常用铰接柱脚　g）完全铰接式柱脚

若按次梁和主梁的连接位置，可分为侧接和叠接，将次梁直接搁置在主梁上，如图 5-53所示为叠接，可用压板螺栓、焊缝、连接角钢与主梁固定连接在一起，由图可见，叠接构造简单，但占用构造空间大，当次梁有较大集中力时，主梁腹板两侧应设置加强肋，此加强肋有助于主梁腹板局部稳定性，可以一并考虑。次梁和主梁的侧接如图 5-54 所示，其中 a 图是接于主梁的加强肋上，可与不同高的次梁连接；b 图是连接在工厂预先焊在主梁腹板上的连接角钢上，这里的螺栓起安装定位作用；c 图表示次梁简支于预先焊在主梁的托架上；d 图表示主梁腹板上预先焊好承托板，次梁焊好端部顶板，现场拼接时，用安装螺栓

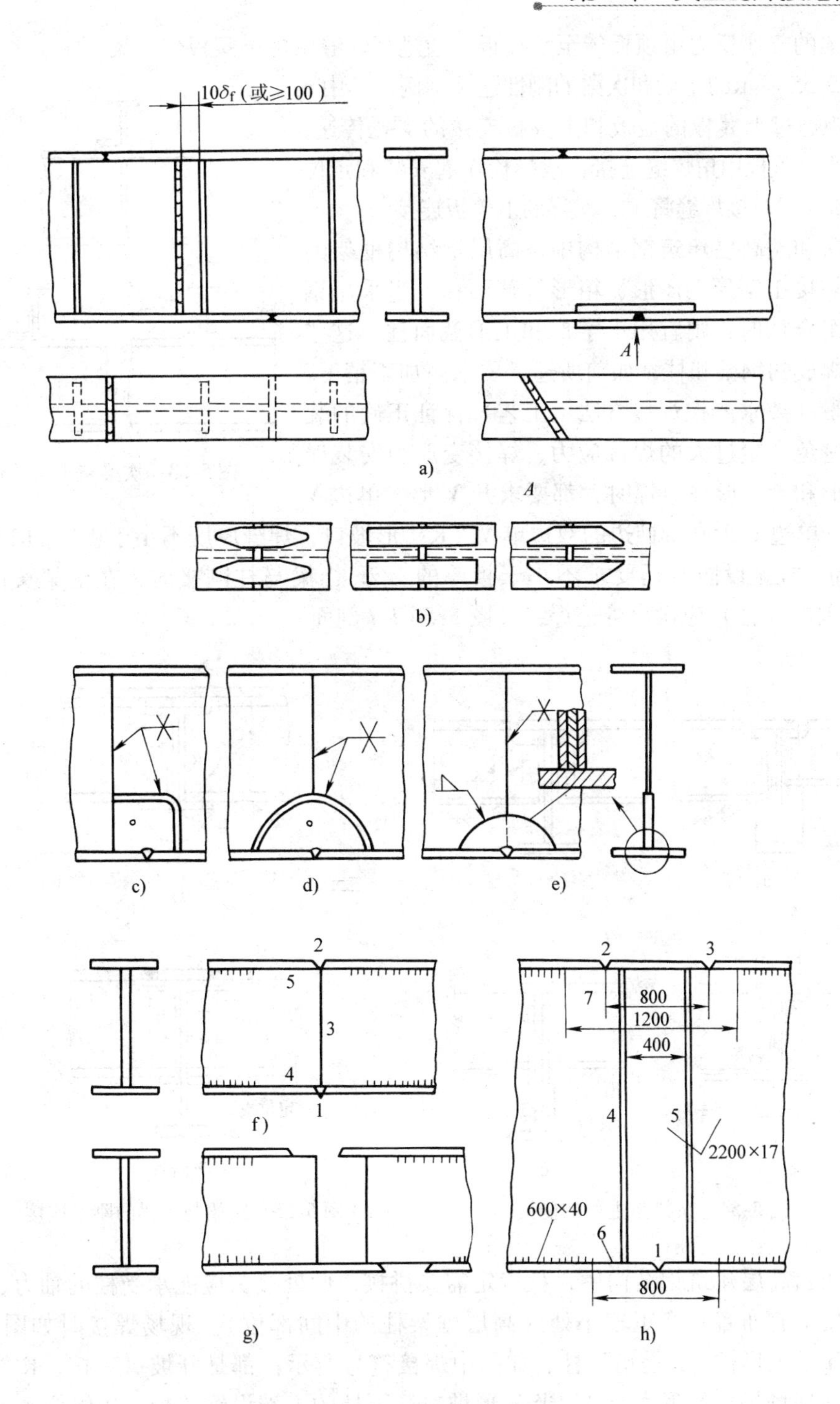

图5-52　焊接梁的接头

a）直缝对接接头　b）斜焊缝和盖板的接头（并非同时兼有）

c）~e）腹板加强的工艺接头　f）工地拼接的接头

g）、h）工地拼接接头焊接次序图

定位，次梁的支座反力由顶板传至承托板，通过其焊缝由主梁腹板传主梁。

如图 5-55 所示的主梁和次梁的刚性连接示例，其中 a 图表示弯矩通过上翼板的盖板和下翼板连接的支托传递，盖板和次梁上盖板用角焊缝连接，故螺栓仅起安装和定位作用。b 图则用对接焊缝将主、次梁的上盖板连接。

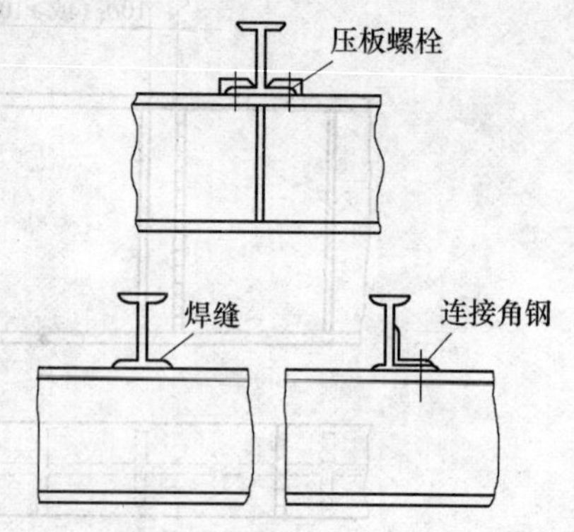

图 5-53 次梁与主梁的叠接

在高层和超高层建筑钢结构中，高层钢结构框架的柱常采用焊接工字形、H 形、箱形等截面柱。当采用钢与混凝土组合柱时，则宜用十字形和工形截面柱。这些由厚板组焊成的钢梁和柱，如前所述，要求高加工精度、高焊接质量（要求严控焊接方法、工艺）保证正确的装焊顺序，避免产生过大的焊接应力、焊接变形和安装误差。如方形和十字形柱组焊时，都要求开 V 形、单边 V 形、U 形、单边 U 形和带钝边的双边单 V（K）形坡口；焊缝厚度不小于板厚的 1/3，且不小于 14mm；抗振设防时还要求不小于板厚的 1/2. 当梁与柱刚接时，在框架梁的上、下 600mm 范围内（柱）应设全熔透焊缝（图 5-56 *I-I* 剖面）。

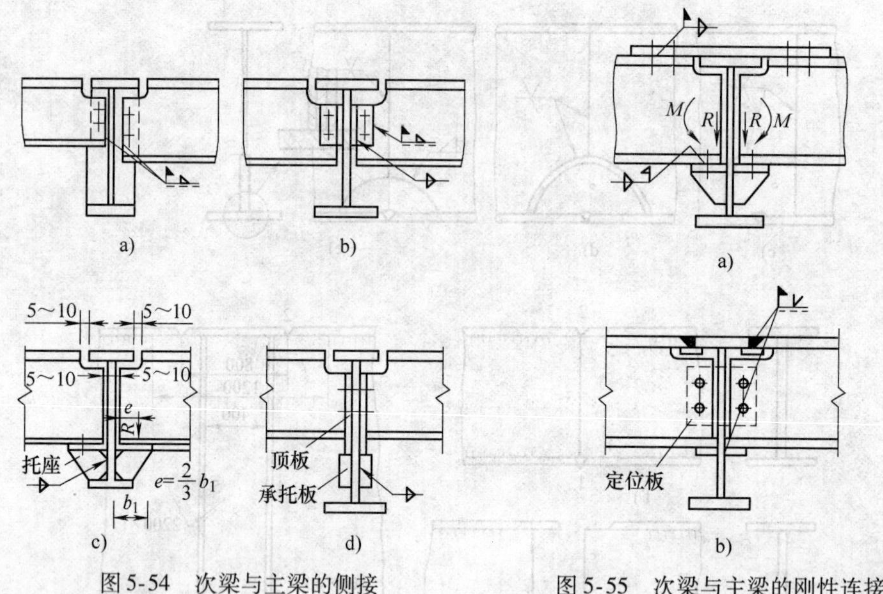

图 5-54 次梁与主梁的侧接

图 5-55 次梁与主梁的刚性连接

高层和超高层建筑钢结构中，柱肯定需要拼接，此处接头应能承受柱的轴力、弯矩和剪力，故接头宜布置在弯矩较小处（高层框架柱的中间部位）。现场焊接时如图 5-56 所示，其中 a 是工形柱，b 是箱形柱，如图中焊接符号所示：都是开坡口对接，K 放大图表示了箱形柱现场拼接情形，是 35°半 V 形坡口，下柱的上端设置盖板，边缘应和下柱口截面一起刨平，以保证焊透，上柱布置横隔板。图 5-57 表示柱变截面的情形，此时柱如和梁连接应如图 c 所示。此外，高层建筑钢结构还有大量的梁和柱的连接、梁和梁的连接，以便构成楼层框架，前面已经作了介绍，但高层建筑钢结构还有一些特殊要求，应参考有关标准和规范进行设计和加工。

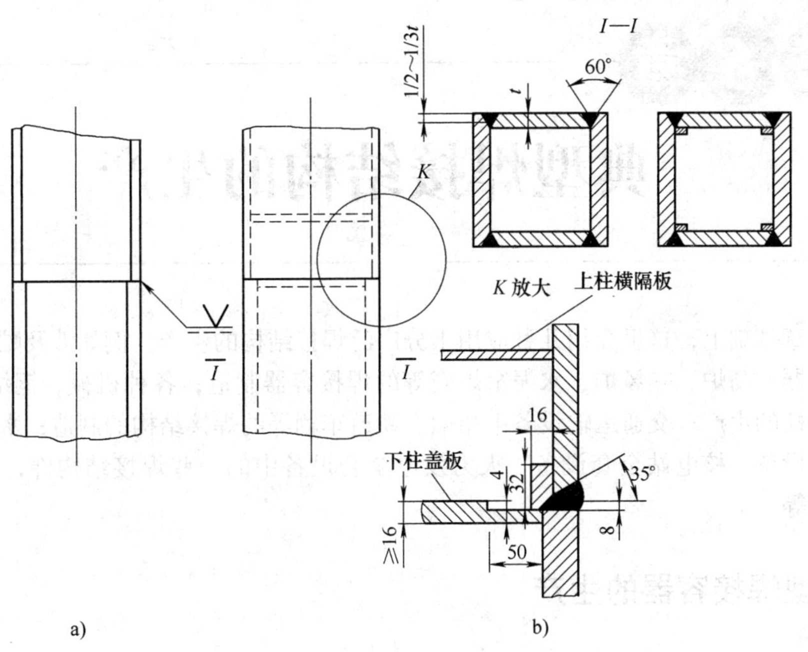

图 5-56　柱的组焊和拼接

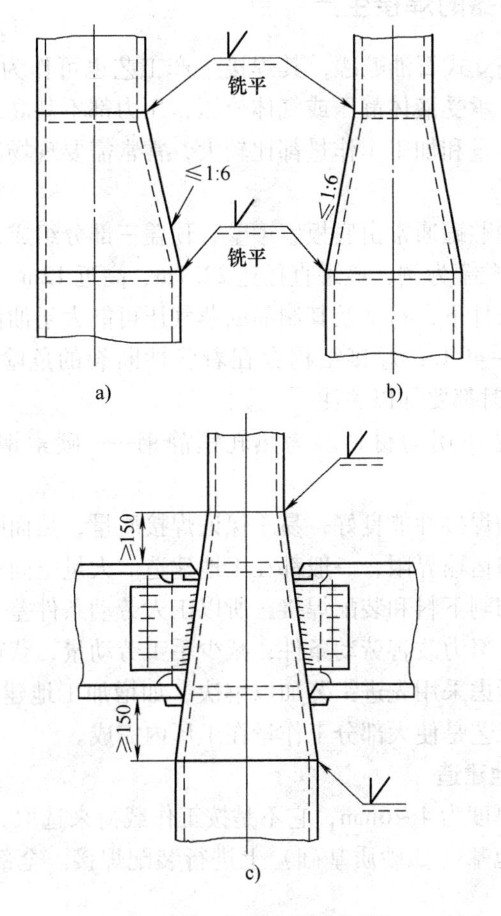

图 5-57　变截面柱的连接

第6章 典型焊接结构的生产

在前一章基础上，这里介绍几种应用十分广泛焊接结构的生产。例如涉及贮存设备、锅炉及压力容器、高炉、热风炉、水泥窑炉壳等的焊接容器制造；各种机械、钢结构的基础；梁、桁架和柱的生产；交通运输设备中船舶、铁道车辆等的焊接结构的制造；水力机械—水轮发电成套设备、核电站全套设备、火力发电全套设备中的一些焊接结构件，如水轮机转轮、核容器等。

6.1 典型焊接容器的生产

6.1.1 立式圆柱形容器的焊接生产

如图5-25a所示为一立式石油贮罐，其焊接生产工艺也可作为类似贮罐制造工艺参考。这类容器的共同特点是：承受液体静压或气体分压，压力都不甚高，因而板壳较薄，因为大多数是大容积，故材料用量和加工工作量都比较大，常常需要现场制作，机械化和自动化水平较低，劳动条件较差。

前已述及，立式石油贮罐通常由底板、罐壁、顶盖三部分组成，如图5-25a所示。以一个中型、容积为5000m^3贮罐为例，该罐直径达22.7m、高近12m，由于贮存石油及其制品，且露天存放，夏季高温条件下，石油及其制品的蒸气压可能大于油体的静压，而在冬季的低温下，如东北地区可达-40℃，焊接结构存在着脆性断裂的危险（甚至迎背风面都有差别）。这些在设计和制造时都要加以关注。

根据这种条件，贮罐所用的材料多为热轧镇静钢——碳素钢如Q235B，低合金钢如Q345（16Mn）等。

低碳钢及低合金钢的焊接性能良好，易于保证焊接质量，然而贮罐焊接工作量大，特别由于贮罐体大，超过铁路运输界限，一般都在工地建造。大量空间位置的焊缝，缺乏机械化装备，依靠手工成形、切割下料和装配焊接，所以工人劳动条件差、生产率低而且产品质量不稳定。工艺分析表明，努力改善劳动条件，减少手工劳动量，获得稳定的、最佳的装配焊接质量是首要问题。可考虑采用先进工艺加以解决，如增加工地建造贮罐的机械化作业量。但根本改进贮罐的制造工艺是使大部分工作量在工厂内完成。

1. 立式贮油罐的工地建造

立式贮油罐的底（厚度为4~6mm，它不是按工作载荷来选取，而是按工艺条件选定板厚）直接在已准备好的地基（如砂质基础）上进行装配焊接。全部焊缝采用搭接，而且仅焊接朝上的一面。

装配工作是从铺设中央板条开始，然后从中央向两边依次装配相邻的板条。装配的同时

进行焊接。由于只能从一面焊接，对焊接质量应有严格要求。为保证焊接质量，只允许具有熟练技术的焊工焊接底板，同时还要选择合适的焊缝质量检查方法（通常采用氨气检验法，也可用着色法）进行焊后检查。大部分焊缝焊两层，在双层搭接的地方要焊三层。在焊接第二层之前要仔细清除前一层的熔渣。

焊接次序是先焊中央板条各张板之间的搭接焊缝，然后焊接两边板条，再焊接两边板条和中央板条之间的搭接焊缝，由中央向两边对称施焊；逐渐往外装焊其余的板条，最后装配边板。边板与罐壁连接，厚度较大（常用8mm）。边板条之间采用对接，边板与底板之间焊缝在焊完第一节罐壁之后施焊。

罐底的大量搭接焊缝可以采用埋弧焊完成，此时要特别注意装配间隙。根据实际经验，如采用定位焊，板条之间装配间隙小于1mm可以保证获得满意质量。工地条件下，焊剂的烘干和焊丝除锈尤其要注意。对接焊缝如果采用垫板（如现广泛采用的焊接软垫）也可以采用埋弧焊。

贮罐罐壁的厚度是按照贮存液体的内压确定的。随液体深度不同，液体静压力变化，计算板厚亦改变。即板厚计算式（6-1）中Y改变；因每圈板厚是一样的，故规定Y值为这一筒节距下边缘300mm处至底的高度，即壁厚δ：

$$\delta = \frac{\nu(H-Y)r}{\phi[\sigma]} + C \tag{6-1}$$

式中　ϕ——焊缝折减系数；

ν——液体比重；

H——液体总深；

C——考虑腐蚀的裕度（壁厚附加量）；

Y——测点液深。

由式（6-1）计算所得的壁厚每一节都不一样，因此备料及生产管理都不方便。为减少板厚类型，有时上一节板厚取与下一节相同。图6-1为5000m^3油罐壁的实际板厚，其中两节板厚为4mm，两节板厚为5mm。

在工地安装的贮罐壁筒节板采用对接焊缝连接，节与节之间采用搭接角焊，并且两面焊，朝上的一面（在外面）是连续焊缝（俯焊位置），另一面是断续焊缝（仰焊位置）。

贮罐壁的工地装焊分正装和倒装两种。前者是从最下面的一节与底板的装焊开始，以后逐次向上一节节的装配焊接，像建造房屋墙壁一样。这种装焊方法需采用多种设备和装配夹具，如挺杆起重机、汽车起重机和专门为之设计的吊架，它可以贮罐中心为轴旋转。大多数装配焊接都需要搭脚手架，在采用专门吊架时，可以省去搭脚手架的麻烦。此时，装配工在吊架吊台上工作，而外部有沿装配好的罐板边缘上移动的小车作工作台。

目前，发展了一种灌水正装法，即装焊了若干节罐壁之后，焊缝检验完毕，罐内充水，此时继建施工的脚手架浮在罐内，工人安全感有了改善（变高空作业为水面作业）。还可以进一步检验焊缝密闭性。

倒装法也称为接高法或顶（吊）升法。按此法建造石油贮罐是在已装配焊接好的底板上进行。先安装罐顶桁架并铺设罐顶板，顶板最薄（≤3mm），顶板和罐顶为1∶20的斜度，全部采用搭接。然后由对称布置的若干个桅杆起重机将罐顶吊升，升到最上一节罐壁高度，再开始装配最上一节罐壁，并焊接角钢圈。罐体纵缝采用对接，先在外面连续焊，内部清根后再封底焊。然后装配焊接下一节罐壁，罐壁之间用搭接焊缝连接。重复这一操作直至完成全部罐体的装配焊接。这种施工方法不用搭脚手架，并且操作工人总是在地面工作，完全感增加，有利于提高工程质量。

无论倒装和正装，顶板与底板的施焊次序皆相同。有时将顶板分成若干“组片”，预先在下面装焊好，再上桁架组装。罐顶桁架也是先成片装焊好再往上吊装。

2. 立式贮油罐的工厂建造

工地建造贮油罐的方法，虽然已有了很大改进，取得了许多经验，生产效率和产品质量都有了提高，但其根本缺点如空间位置施焊，在工地条件下施工是无法改变的。20 世纪 50 年代初，苏联研制出在工厂拼焊完成罐体的底、壁并卷成圆筒形，运至工地建造贮油罐的方法，与此同时还进行了一系列应用研究工作，如卷曲或筒产生的塑性变形是否对材料韧性发生不良影响，焊缝是否弯曲不均匀等，这些问题后来都获得解决。此法已扩大应用到其他薄壁圆筒贮罐上，如煤气罐及卧式石油贮罐等。

工厂建造贮油罐也是将油罐分成几个部分，每部分装配焊接完后卷成卷，其大小应能适应火车运输（其重量一般不超过 40～65t，长同罐壁高度相当，约 12～18m）。图 6-1 所示为 5000m³ 油罐壳壁的拼焊布置图。由于在工厂装配焊接，可以大量采用对接。图 6-1a 中表示下部对接板的纵缝不错开，而图 6-1b 则表示下部和上部纵接缝都是错开的。在板厚≥7mm 时采用对接接头，而小于 7mm 时采用搭接接头。板的装配和焊接在专门的双层台架上进行，台架示意于图 6-2。在一层上装配焊接板的一面，经卷筒 3 将板改变 180°，完成另一面的焊接。检验并修复缺陷的工作在两层上都可同时进行。合格的板在卷筒 4 上卷成可发往工地。板在装配前进行规定的备料，如矫形、刨边，圆盘剪下料。装配完后进行埋弧焊。采用分开电极（双弧）埋弧焊，在局部间隙为 2～3mm 时，仍可获得合格的接头。为保证焊缝始末端质量，要在接口两端装引弧板和引出板。

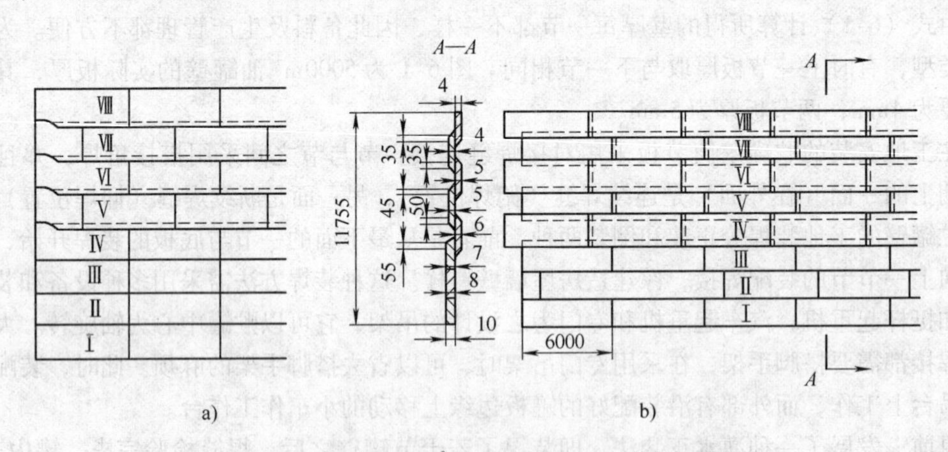

图 6-1 容积为 5000m³ 贮油罐壁的工厂拼接布置图

当应用这种方法制造更大尺寸的板幅时，需用改进的双层台架，使其有更高的机械化水平，板的装配更加方便。全部焊缝采用对接。为此装置了自动焊的压紧对齐装具和垫板。

焊好的板幅卷在中心钢骨架上。中心钢骨架常常是贮罐的工作梯、支撑柱和安装桅杆等。

板卷在工地的安装按以下次序进行。先将底板卷安放在预先准备好的地基上，展开并滚

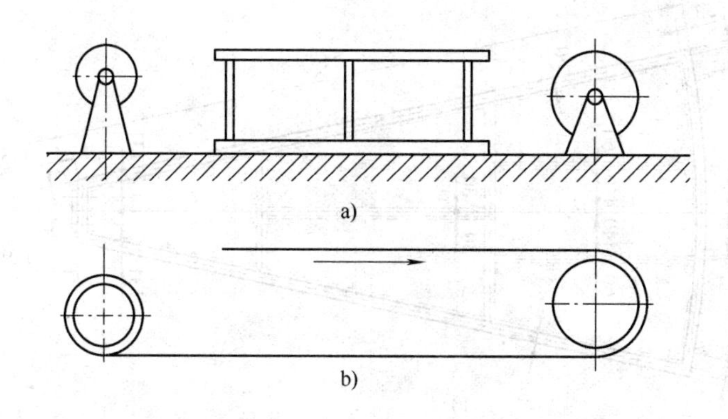

图6-2　双层台架示意图

a）双层台架　b）板幅运动路线

平，将几个底板幅对好，焊接组成底板的各卷幅之间的搭接焊缝。可采用埋弧焊。在底板上立起侧壁卷，用卷扬机或拖拉机靠钢缆牵引将其展开，如图6-3所示。罐壁卷逐渐展开，其下部由定位焊在罐底上的挡块定位，并进行定位焊。罐壁卷的上部展开后与罐顶的元件固定，此后焊接侧壁对接焊缝。底和罐壁之间的环状角焊缝在完全焊好底板之后焊接，则可能因收缩变形而使底板鼓胀发生失稳。正确做法是在侧壁和边板角缝完成之后，再焊接边板同底板的焊缝。

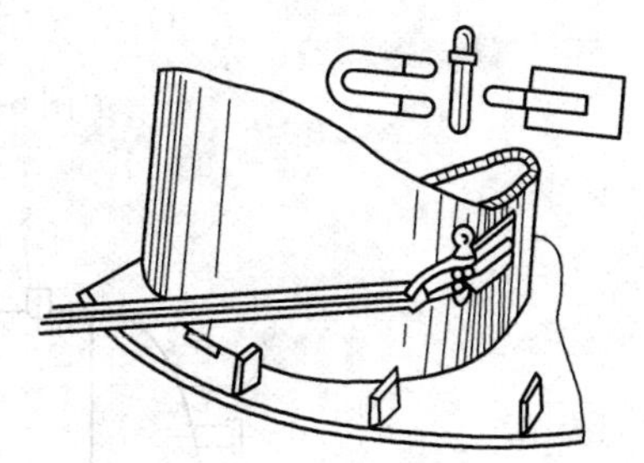

图6-3　用钢缆将罐壁卷展开

贮油罐的顶厚度较薄，有时和罐顶上的部分骨架组成火车运输界限所允许的构件，如图6-4所示。

采用这种预制成卷以便在工厂制造较薄的大型贮罐的方法，在苏联获得了广泛的应用。这种方法不仅用来制造贮油罐，还用于制造高炉系统的空气加热器、煤气贮罐和洗涤塔等。实践表明，在一些没有铁路支线的地方，采用这种方法制造容器也是有可能的。

6.1.2　卧式圆柱形容器的焊接生产

薄板制的圆柱容器有：①各类罐车的贮液罐、圆柱形贮罐等；②工业废热锅炉及其汽包，如图6-5所示；③一部分化工石油设备、套管式热交换器等；④工业锅炉的炉体。这类圆筒容器的共同特点是体积适合在工厂里制造（比立式贮罐小得多）。其制造分两部分：封头和筒体，然后合拢。如有焊接排管则还有管板的加工。

封头大多采用球形和椭球形（少数为圆柱形、锥形和平底），利用半自动或手工热焰切割下料，一般碳钢或低合金结构钢用氧-乙炔焰气割；铜、铝、不锈钢等采用等离子弧切割，很少采用全自动切割。封头下料后进行拼焊，然后用冲压水压机成形（常是加热冲压成形），检验合格后，才切割边缘并加工坡口。边缘切割常常利用类似于焊接回转台的装置，割矩不动，工件在回转台上水平放置并以切割速度回转，完成切割和坡口加工。精确下料和冲压成形后，可在端面车床上切削加工坡口，现在也广泛采用旋压技术加工

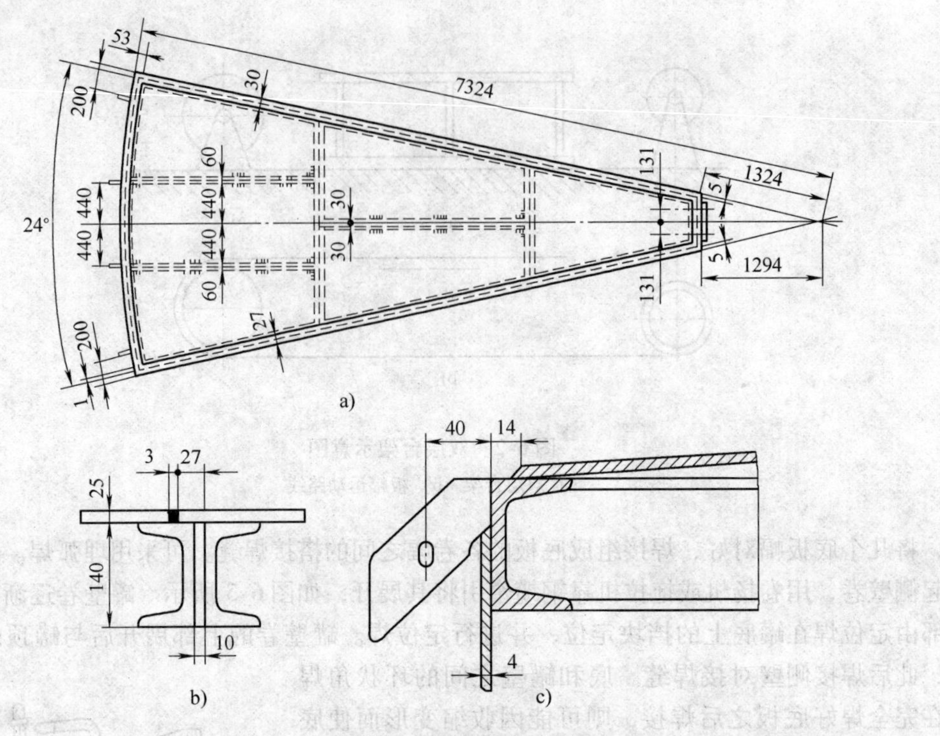

图 6-4　罐顶标准构件及其安装接头

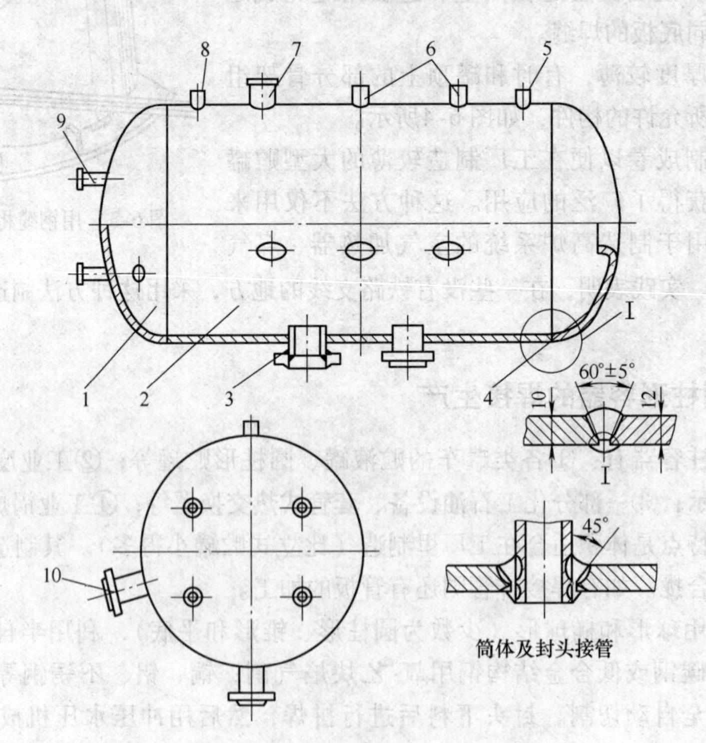

图 6-5　工业废热锅炉汽包示意图

1—左封头　2—筒体　3—下水管口　4—右封头　5～8—阀座　9—水位表座　10—进口座

封头。

筒体材料划线多利用剪床下料（这里所讨论的容器的板厚，大多在剪床下料的工作范围之内），坡口加工使用刨边机，也广泛采用热切割下料，连坡口也加工出来。随后在三辊或四辊弯板机上滚圆成形。如用三辊弯板机滚圆，通常有直边，还需在拼焊好纵焊缝之后，再用弯板机校圆。筒体的周向一般取为钢板轧制方向，这是因为筒体周向应力较大，而材料轧制方向的性能较为优越之故。因板宽常不能满足筒体长度要求，需要由数节组成。可以采取两种装配焊接工艺工序：①先拼焊好各个筒节，再组装焊接各筒节的环焊缝。此时焊缝处在空间位置，为实现自动焊必须有滚轮架、焊接操作机等工艺装备。②在平台上装配筒体板，在俯焊位置焊接全部焊缝，一次滚圆，焊接总纵缝。该方案有较高的生产率，焊接质量优良，但必须有相适应设计制造的超长辊子弯板机。

1. 废热锅炉的制造

图 5-29a 所示是这种锅炉蒸汽发生器的结构。全部锅炉还有图 6-5 的汽包、进气室和出气室等。蒸汽发生器和汽包为例简述焊接生产过程如下：

蒸汽发生器的筒体和汽包的筒体都由常规的装焊工艺过程来完成，包括材料检验、切割下料、刨边机加工坡口或热切割出坡口、弯板机滚圆、装配焊接纵缝、校圆、X 光检验、装配另一筒节、焊接筒体环缝等。汽包筒体较短，无最后两道工序。全部焊缝都采用对接埋弧焊。先在焊剂垫上焊接内缝，外部清根后使用悬臂式焊接操作机焊接外缝。

蒸汽发生器的管板和汽包封头的制造工艺过程与筒体类似，都需经材料检验，划线、气割下料、热压成形、划线、切割直边缘、修磨坡口、摇臂钻打孔、检验等工序才可完成。当然汽包封头没有打孔的工序，但有与封头成形同时冲压出人孔座。

准备好接管、加热管之后即可进行蒸汽发生器和汽包的总装配焊接，其工艺路线如图 6-6所示。图中所示蒸汽发生器上管板与筒体环缝是内部开坡口，焊条电弧焊，外部清根后埋弧焊；下管板采用内部设置垫板，外部埋弧焊的工艺。这两条环缝的施焊工艺都值得改进，如采用可伸悬臂焊接操作机，则筒体与上管板环缝内部也可采用不开坡口的埋弧焊。筒体与下管板的环缝如采用单面焊双面成形工艺，则可取消内部垫板。目前已获得成功的焊剂软垫是用作环缝自动焊、单面焊双面成形的好装置。同样，汽包封头环缝如果采用焊剂软垫，亦可实现单面焊双面成形，可以大大提高生产率。类似的，一些工业锅炉，如带有内炉胆的火管锅炉，其炉胆和管板封头的环焊缝，因为炉胆不与炉筒同心，难于采用埋弧焊，过去都采用双面焊条电弧焊。内焊缝中有一段因炉胆靠近炉筒，工作位置太窄，焊条电弧焊也很困难。目前有的工厂已采用焊剂软垫上的 CO_2 气体保护焊，以实现单面焊双面成形。

蒸汽发生器加热管的焊接多采用焊条电弧焊，目前已有工厂用半自动 CO_2 气体保护焊焊接这类管板焊缝。

上述生产工艺是中厚板容器常用的，代表了我国目前这类容器生产的现状。除废热锅炉、工业锅炉、大多数单层石油化工容器外，图 5-28 所示的卧式石油贮罐也基本上是这样制造的。

2. 油罐车罐体的焊接生产

油罐车底架是由中梁、端梁、枕梁等组成的一个框架结构，由于其载荷由卧在枕梁木槽托上的油罐传来，传给枕梁下的心盘、转向架，故油罐车的底架比一般铁路车辆简单得多，

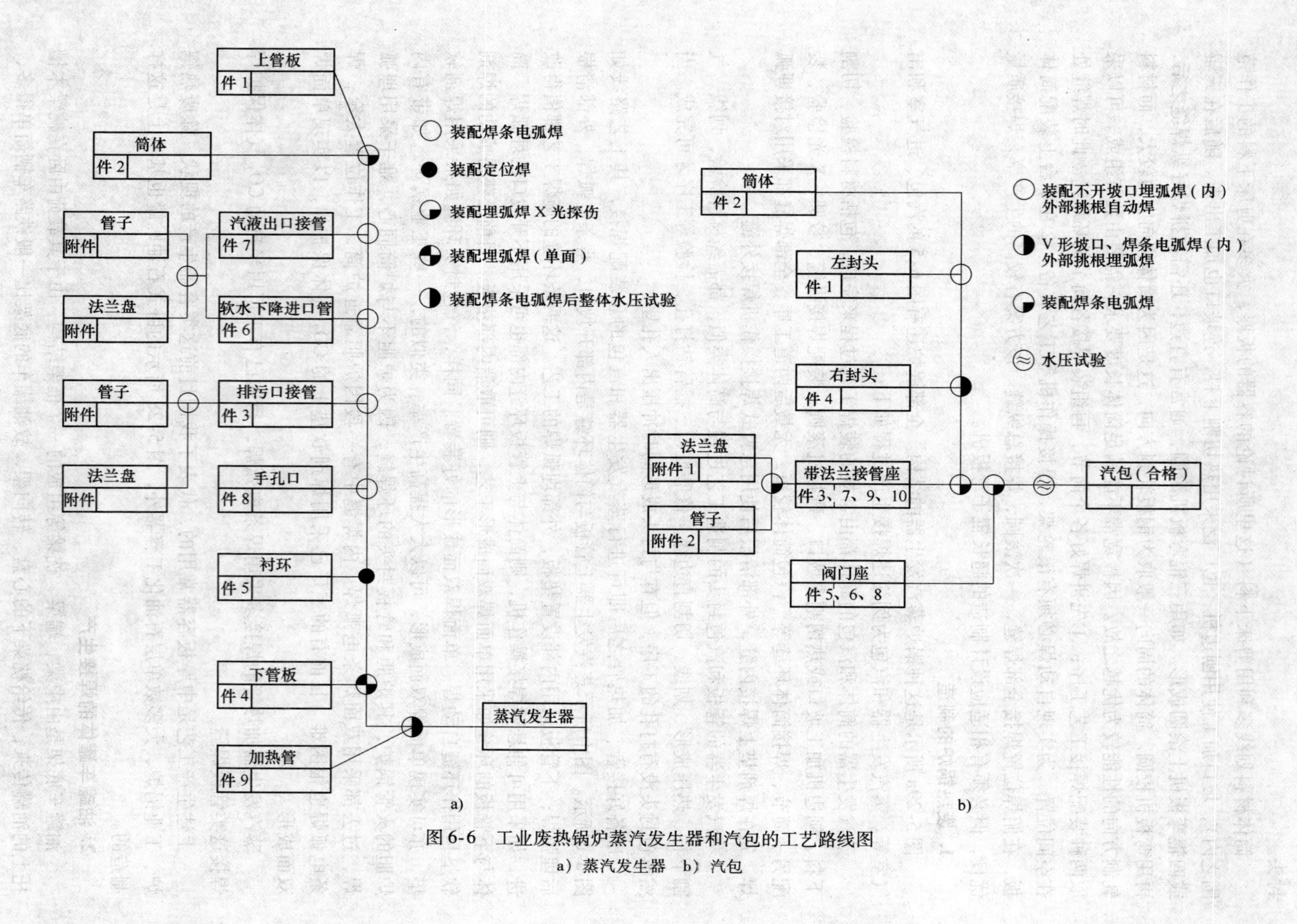

图6-6 工业废热锅炉蒸汽发生器和汽包的工艺路线图

a）蒸汽发生器 b）汽包

它取消了横梁和中侧梁。由于油罐的刚性很大，可以把车钩及缓冲装置焊在罐体上，形成无中梁罐车。油罐车的罐体为一卧式圆筒容器，如图6-7所示。当运输原油时，容积为50m^3的油罐，内径为2.6m，总长10余米。如内径为2.8m，长度一样，则成为60m^3罐体。有的原油因含蜡高，如大庆原油，在气温低时呈胶状，为便利排放，油罐外侧还焊有加温套。美国和苏联采用90m^3（t）和100m^3（t）罐车。

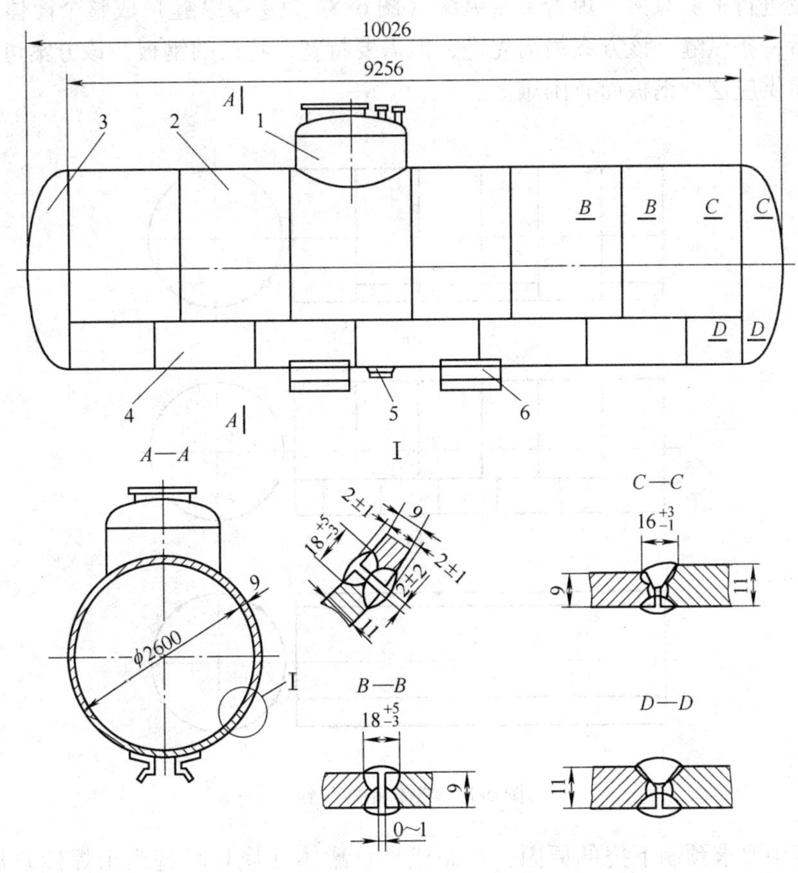

图6-7 油罐车罐体结构示意图

1—空气包 2—上板 3—端板 4—底板 5—聚油窝-排油阀 6—罐体托板

我国在20世纪60年代就已形成比较先进的油罐车按部件装配焊接生产。它分成罐体和底架两大部件。底架比一般铁路车辆（如敞车和客车）简单，后面还要介绍敞车的生产。这里主要介绍罐体的制造工艺。

油罐车运行时如果漏油，可能造成列车起火，故焊接质量可靠是罐体生产的首要条件。其次为排油方便，油罐应略有下挠（7～－10mm），对罐体椭圆度、周长及凹凸不均度等几何尺寸也都作了相应的规定。

如图6-7所示，罐体的装焊工艺过程可以采用以下三种方案：①由相同宽度的上板和底板拼接成筒节板，焊接纵缝、滚圆成形、装配时将各纵缝错开（图6-8a），装配定位焊后，采用焊条电弧焊或埋弧焊焊接环缝。该方案中全部环缝皆为空间焊缝，且由于椭圆及直径的差异都给装配带来困难。这是常见的圆筒容器装配焊接工艺，不是最佳方案。②将上板和底板平板对接，拼焊全部焊缝，形成整个筒体板幅，然后滚圆并焊接最后一条纵缝。为保证罐筒下挠，有两种办法。第一是将底板零件预先滚圆，在专用的留有挠度的胎具（图6-9）上装配瓦片状底板零件，使底板有预留下挠，然后与拼成板幅并滚圆后的上板部件装配，焊接底板环缝，再焊接两条纵缝。另一办法是在预先拼接并滚圆的上板与底板装配时，在罐体内部用液压千斤顶强制造成下挠。这两种方法都可行，也已分别被采用。③由数块纵向上板与一块纵向底板进行平板对接，焊若干条纵缝（图6-8c为4条纵缝）成整个筒体板幅，再滚圆，焊接最后一条纵缝。该方案最为先进，但需要特宽、特长的钢板。该方案可减少约70m焊缝。但目前供应这种钢板尚有困难。

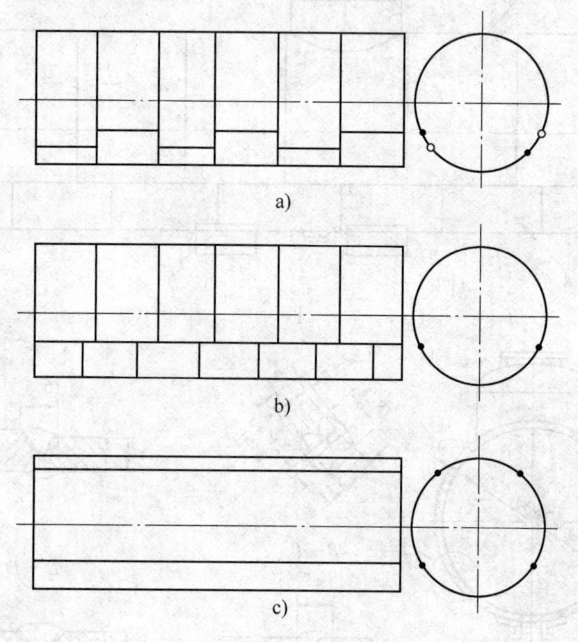

图6-8　罐体装配方案

上述方案中要求预制下挠的原因：当制成平直罐体（底板环缝尚未焊接）后，焊接环缝、纵缝及零部件（大多在罐体下部）等都会造成上挠，不预制下挠则难于保证技术条件。

根据上面的分析及现有条件，宜采用第二种方案，该方案的装配焊接过程如下：

上板拼接工艺（包括小张板装配焊接），上板拼接装配，在焊剂垫上埋弧焊正面，然后在大型双柱式翻转机上翻转工件并焊接另一面，最后在大型弯板机上滚圆。

底板装配工艺：将下料并刨边的底板条滚圆，在如图6-9所示的装配胎具上进行装配并定位焊。

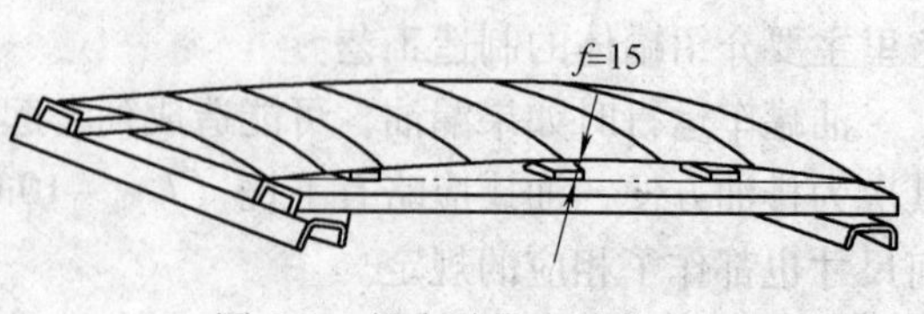

图6-9　板在胎具上的装配

罐筒的装配焊接：将滚圆合格的上板和装配好的底板部件装配成罐筒，清理坡口，在焊剂垫上埋弧焊底板内环缝，然后焊外环缝；在纵向焊剂垫上埋弧焊罐筒内纵缝，然后焊外纵缝；装配焊接大小筋板，气切罐筒上各孔（如排油孔、空气包处人孔等），并进行质量检验。装配端板（封头），在焊剂垫上埋弧焊内环缝；装配另一端板，焊条电弧焊端板内环缝，外部清根；埋弧焊两条外环缝。

空气包的装配焊接：冲压成形的包盖（封头）与拼焊滚圆合格的包体装配，焊条电弧焊环焊缝；用样板机割空气包上的孔、包体曲线；然后装配、焊条电弧焊零部件（如人孔座、安全阀座、进空气孔座等）。

焊成罐体：将装配焊接好且检验合格的罐筒装配焊接罐体托、排油阀和空气包以及内外梯、走台架，经水压试验，合格的罐体进行加温套的装配焊接（粘油罐车）。

现行罐车罐体的工艺路线如图6-10所示。按此工艺制造，可保证达到技术条件要求并能提高生产率。采取的主要措施如下：①底板在图6-9的胎具上装配，保证有要求的下挠。②装配筒体时利用工艺板卡兰保证周长在8220～8230mm之间，全长凹凸不大于15mm，300mm长度之内凹凸不大于2mm。③在筒内设内圆支撑后焊接，保证下挠。④焊缝全部为双面焊，其中大部分采用埋弧焊在熔剂垫上施焊，少部分采用焊条电弧焊（端板内环缝）。⑤焊接环缝时采用滚轮支座焊件变位机械；焊接外环缝及外纵缝时采用悬臂式焊机变位机械。⑥拼接上板时，采用回转架可取下的双柱式焊接翻转机翻转工作。翻转过程是：用起重机将回转架吊到在焊剂垫上已焊完正面焊缝的上板幅上方，用四周的夹具将两者夹固，吊运到有地坑的翻转机支座上，翻转机翻转，使焊件反面向上，埋弧焊后，运往大型弯板机滚圆成形。⑦为上板滚圆设计了10m宽大型弯板机。⑧装配端板使用压紧钢箍，保证接口平齐、错牙在规定范围之内。⑨罐体托板、聚油窝、排油阀等零件使用专门的定位器装配，效率高

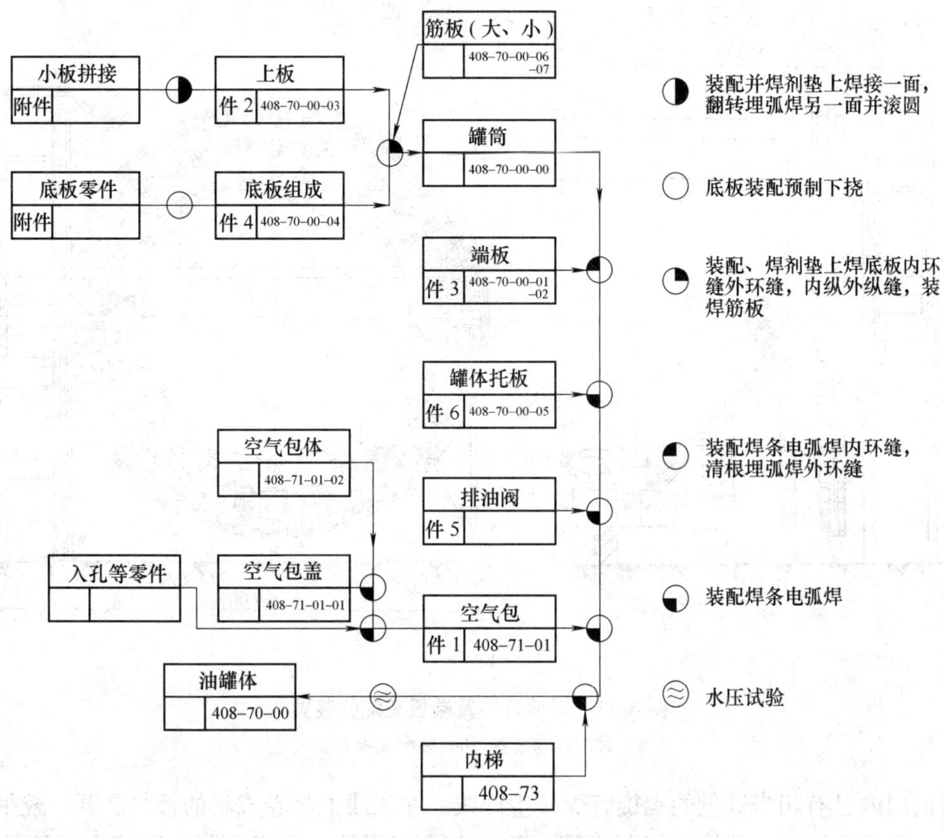

图6-10　罐体工艺路线图

而且能保证几何位置及尺寸准确。

还应指出，罐筒环缝及端板与罐筒之间焊缝的装配效率较低。如采用图 6-11 所示的装置，可提高生产效率、改善装配质量，对采用图 6-8a 所示方案进行圆筒容器生产时，多用图 6-11a 所示装置装配环缝。待装配筒节（最大宽度达 3.5m）支承在滚轮支座上，装置小车沿滚道送进。弓形臂上有两个支点，液压缸与支点夹紧第一筒节，液压缸与支点对平焊缝。液压缸使待装筒节靠近第一筒节。推杆确定弓形臂在垂直平面内位置，弓形臂还可绕轴转动，调整间隙合适后进行点定。图 6-11b 由辐射分布的 26 个气动缸对平焊缝，筒体由滚轮送进，而端板另有专门的夹具固定定位。这种装置对于装配油罐体及图 5-28 的卧式石油贮罐等中小壁厚圆筒容器是很有效的。

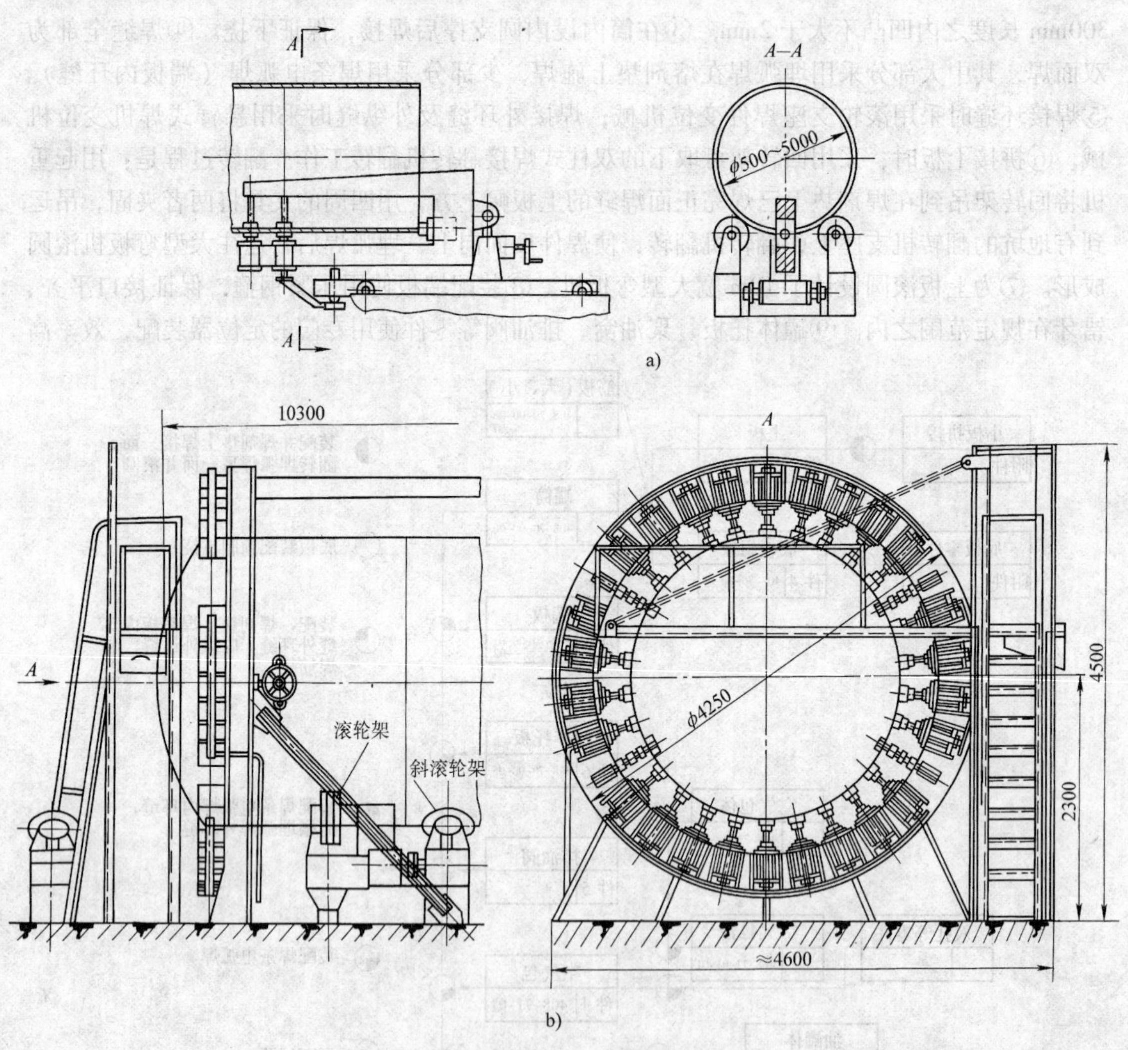

图 6-11　罐筒环缝及端板装配的装置

a）装配环缝装置　b）装配端板装置

目前国内已有相当数量的螺旋管焊接生产线。在该线上将卷成卷的板料展开、校平、两边切边、呈螺旋送进、焊接、切断成管。与该方式相同的，专用于制造圆筒容器筒体的螺旋焊接生产线在国内一些厂家也已建立起来。贮罐壁就有专门的螺旋焊接生产线，其机

械化程度较高，质量较好。其工艺过程示意于图6-12，采用高效的CO_2气体保护焊，旋转筒体并送进而焊接机头固定不动，可实现连续焊接。达到规定长度之后，随动气切工具切断筒体。检验合格的筒体送至下一工位装配焊接封头、人孔及阀座，最后进行整体密闭性试验。

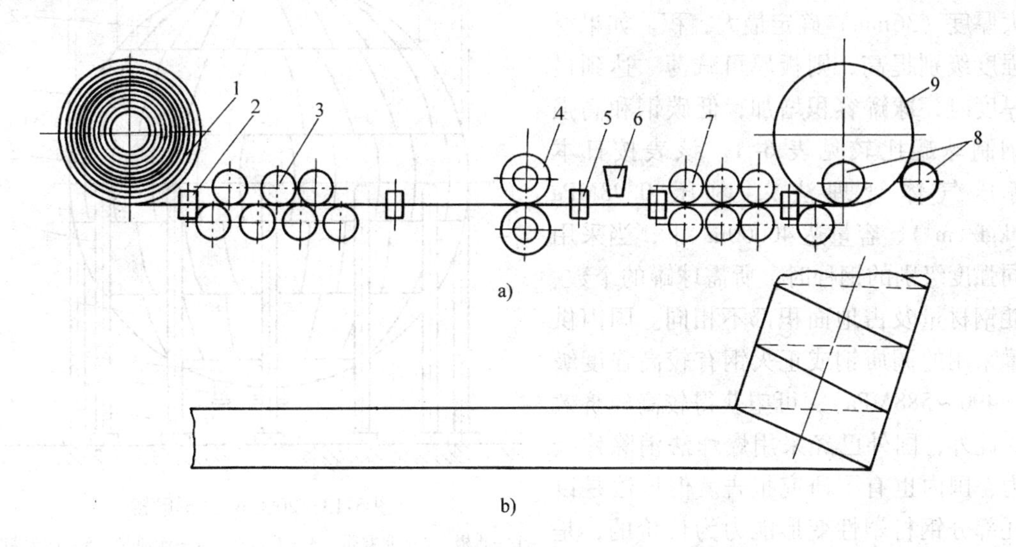

图6-12　圆筒容器螺旋焊接生产示意图

1—材料卷　2—定位送进轮　3—矫平机　4—纵向剪边圆盘剪　5—铣边
6—喷气嘴　7—压紧送进轮　8—成形装置　9—焊好圆筒

6.1.3　球形容器的焊接生产

球形容器是一种优良的压力贮罐，在具有同样贮存体积时，球表面积最小，因而节省材料。同样压力、同样直径条件下，球壳应力较小，为圆筒容器周向应力的1/2。壁厚按标准提供公式计算。

随着装配焊接技术的提高，球罐的制造变得容易了，加上以上优点，所以它获得了广泛应用。它是使用低温钢材最多的一种压力容器，例如在露天盛装危险介质的容器，钢材要承受冬天低气温和介质的低温，如盛装乙烯等需耐－35℃的低温，所以需用低温钢。下面讲述大型球形贮罐的制造工艺。

1. 球形贮罐的结构特点

大容量的球形容器多用作贮罐。如前所述，球形贮罐系由钢板压成球瓣拼焊而成。球壳分成若干个环带，球壳体积越大，分成的环带越多。图6-13所示为容积$2000m^3$球形贮罐，它分为南北极（片）、南北寒带、南北温带和赤道带。球罐顶部设有安全阀，顶部和底部还设有人孔及各种阀座。

球壳有多种固定方式，图6-13为最常见的一种支柱支撑形式，图中所示12根支柱支撑在球壳的赤道带上，有些大型球罐支柱间还有斜撑，并在赤道带有环架，对球壳进行补强，防止支撑的集中力使球壳变形。除图6-13的赤道正切式支撑外，还有裙式支座、半埋式支座及V形支座等。

为了维护和检查，球罐上装有梯子和步廊。为了安全，球罐顶部设有避雷针。

采用大容量球罐可以减少球罐个数，节省占地。而容量加大，罐壁厚度增加。厚度达到一定数值必须退火以消除焊接应力。如前所述，以不用热处理方法处理的最大厚度（36mm）确定最大容积。如果材料强度级别提高，则板厚可减薄。达到最大厚度时，球罐容积增加，低碳钢和高强度钢制球罐比较见表6-1。该表按日本《高压气体管理法》，内压 0.98MPa（10kgf/cm²）、容量达 40000m³ 下，当采用不同强度级别的钢种时，所需球罐的个数、消耗钢材量及占地面积都不相同。国内供球罐采用的调质钢或正火钢有较高强度级别（490~588MPa），可望获得较高经济效益。此外，国外已经采用爆炸法消除残余应力，国内也有了研究报告。但该法是以消耗部分钢材塑性变形能力为代价的，是否可用于提高球罐安全壁厚，仍值得进一步研究。从表6-1的比较看出，采用大球罐比较经济，但随着球罐体积增大，在工厂建造的可能性减小。目前国内球罐容积在 200m³ 以下的在工厂建造，大于这个容积的球罐都在工地建造。

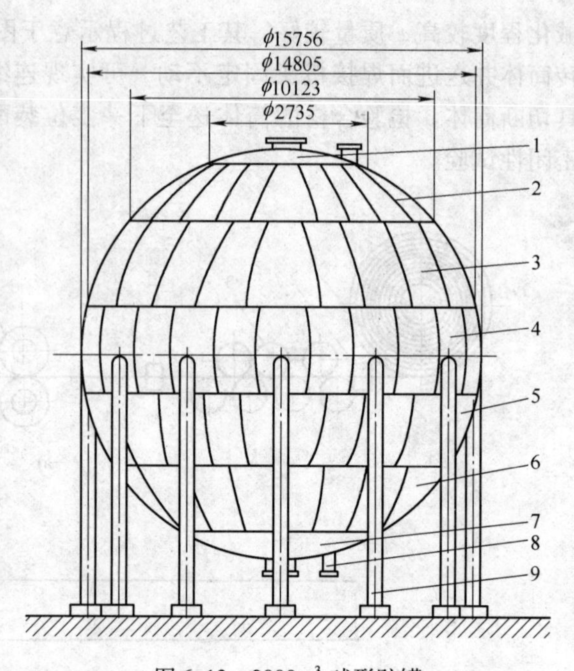

图6-13　2000m³ 球形贮罐

1—北极　2—北寒带　3—北温带　4—赤道带　5—南温带　6—南寒带　7—南极　8—人孔及接管　9—支柱

表6-1　低碳钢和高强度钢制球罐比较

比较参数 \ 钢材	低碳钢 SM41B	高强度钢 HW50 588MPa 级（60 公斤级）	高强度钢 HW70 785MPa 级（80 公斤级）
必需球罐数（达 40000m³）	16	3	1
每个罐几何容积/m³	2500	13333	40000
球罐直径/mm	16840	29430	42440
球板厚度/mm	37	34	38
钢板总重/t	4140	2180	1690
投影总面积/m²	3560	2040	1410
钢材重与总面积比	3.45/2.52	1.29/1.45	1/1

2. 2000m³ 球形贮罐的工地建造

该球罐已示于图6-13，是目前国内自行设计建造的较大型球罐。它由南北极各一块、南北寒带各16块、南北温带及赤道带各24块，总计106块球瓣所组成，支承在12根外径529mm、壁厚8mm的钢管柱脚上。焊缝总长为650m。除南北极外，每两块板在工厂预先拼焊好，以减少工地焊接工作量。工地总焊接量约占全部焊接量的2/3。该容器的主要技术参数如下：

内径 $D_n=15.7\text{m}$；

板厚 $\delta=25\text{mm}$、28mm（赤道带）两种；

体积 $V=2000\text{m}^3$；

设计压力 $P=0.69\text{MPa}$（7kgf/cm^2）；

工作压力 $P_g=0.64\text{MPa}$（6.5kgf/cm^2）；

水压试验压力 $P_{sh}=1.03\text{MPa}$（10.5kgf/cm^2）；

水密试验压力 $P_q=0.72\text{MPa}$（7.35kgf/cm^2）；

介质：丁烯、丁二烯；

立柱数：12；

自重：162t；

水压总重：2200t；

设计温度：常温。

钢制球罐按 JB 1127 制造。该技术条件对制造球壳钢板的检查做了较为严格的规定；对球壳瓣片的成形要求，如曲率允差、几何尺寸允差、球壳组装及焊后允差等都做了严格的规定（如装配间隙、错边量、角变形、直径允差等）；特别对于焊接质量有严格的要求，如双面焊的对接焊缝需经100%射线或超声波检测，全部焊缝进行表面裂纹检查等。

根据上述要求，为保证产品质量采取以下措施：

1）原材料需进行逐张逐块板复验。超声波检测要符合压力容器用钢板超声波检测标准 JB 1150，合于Ⅲ级者才可使用 JB 741《钢制焊接压力容器技术条件》；钢材机械性能及化学成分要符合有关标准或规定。上述标准有的已经更新了，但当时是按这些标准制造的。

2）防止球瓣片的加工脆化。在冷压成形之前，钢板需进行低温（550～580℃）回火，且一次下料切割出坡口。

3）冲压好的球瓣要逐块进行坡口磁粉检查，以便及时发现切割、冲压产生的微裂纹。

4）为减少焊接应力与变形，除球瓣加工形状需经严格检查合乎要求外，还需将球瓣整圈在工厂进行预装配，留好间隙，以防止工地装配时间隙不合要求而采用强制装配。

5）为减少工地焊接工作量，每两块板先行焊接。焊接在球形焊接夹具上进行。夹具分凹凸两种，前者焊内焊缝，后者焊外焊缝。用装配马和圆弧形加强板定位焊，减小焊接变形。焊后检查，有超过规定之变形，可用水压机进行矫正。

6）工地装配各球带后开始焊接。装配时，除使用上述装配马和圆弧形加强板外，球内安装中心轴并连接各片的拉杆，用螺栓调整使球板固定在中心轴四周。

7）为保证不会因应力过大产生裂纹，需采用预热及后热措施，并在第一层或第一、二层采用逆向分段焊。为防止氢裂，焊条应严格烘干。

8）为使变形均匀，应力较小，每条纵缝由两名焊工施焊，每球带上全部纵缝同时施焊。如赤道带、南北温带，由24名焊工同时焊接。全部环缝也分段同时施焊。

9）工序间质量检验需在焊完一面，反面拆除装配马、圆弧形加强板、清除焊根、排除未焊透等缺陷、砂轮磨光后进行。用磁粉检查有无裂纹。焊缝质量合格后才可继续施焊。

全部焊完，后热结束后24h以上，进行超声波和X光检测。以防漏检延迟裂纹。

水压试验前后，都需进行焊缝表面的磁粉检测。

球形贮罐的其他焊缝，例如支柱与赤道带连接的焊缝也采用同样的工艺措施。

10）由于工地建造易受自然条件如风、雨的影响，加之高温高空作业，工人的劳动安全必须切实加以保障，使工人操作时有安全感，这也是提高焊接质量的重要措施。

球罐的装配焊接工艺路线如图6-14a所示，罐体对接焊缝为不对称 X 坡口，如图6-14b所示。按此工艺路线，焊接次序为：赤道外纵缝、南北温带外纵缝、赤道带上下外环缝、北寒带内纵缝、南北寒带外纵缝、南北寒带和温带之间外环缝、赤道带内纵缝、南北温带内纵缝、赤道带上下内环缝、南寒带内纵缝、南北寒带内环缝、南北极外环缝、南北极内环缝。

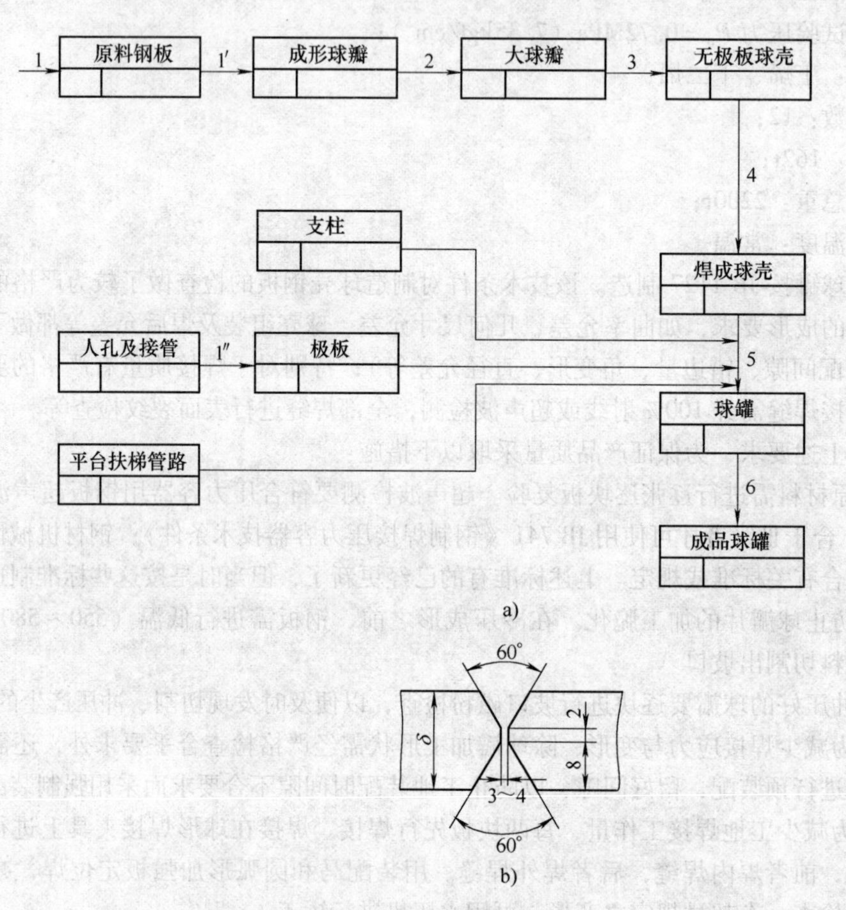

图6-14 球罐焊接工艺路线及焊缝坡口

a）焊接工艺路线

1—原料板超声检测、力学性能、化学成分复验 1′—回火后下料，冷压成形、坡口磁粉检测

1″—往极板上装配及焊接 2—工厂内试装台上两两拼焊 3—矫正后工地装配（由下往上）并安装脚手架 4—焊接（由中间向南北寒带，先纵后环，先内后外）

5—检测后装焊各件 6—水压试验及验收

b）焊缝坡口

施焊前用丙烷喷管预热，火焰对准焊缝中心，从施焊反面加热，待坡口两侧50mm内温度高于100℃时，才可开始焊接。注意清渣，及时检查有无缺陷，并控制层间温度在100℃左右。焊接完毕，用火焰继续加热半小时后缓冷，冷至常温24h后做全焊缝超声波检测。控制施焊热输入在10～50kJ/cm之内。立、仰、平焊采用多道摆动多层焊，而横焊则采用多道

不摆动多层焊。

3. 球形贮罐的工厂整体建造

大型球罐的工地建造是国内外石化工程、乙烯工程、化肥工程、冶建工程大批球形容器的主要建造方法，采用上述方法进行工地建造可以满足球罐的质量要求。但该法的一个主要缺点是自动化、机械化程度低，球罐质量及生产率都受自然条件影响。而在工厂建造则可避免这一影响，进一步采用自动焊，有利于生产率和质量的提高。我国目前已成功地在工厂内制造了容积为200m^3的球罐，其内径为7100mm，壁厚为34mm，材料为16MnR，由16块球瓣（10块赤道带，南北极各3块）组成。

该球罐制造也应符合JB 1127技术条件的要求，原材料的检验、下料、成形、拼接等都和工地建造球罐相同，球罐的焊接采用先焊内，后焊外的次序。三个球带（北南极和赤道带）中以赤道带为基准。三球带之间的接口依据赤道带周长修正两极，然后切割人孔，打磨坡口，开始装配。装配时将北极固定，使接口处于水平位置，再装赤道带、南极带。手工焊内环缝，从外部清根并且预热后进行自动焊。球壳自动焊在滚轮支座上用焊接变位机进行，先焊纵缝、后焊环缝。

球体焊完检验合格后，从水路运至工地安装并焊接附件。

6.1.4　高压容器的焊接生产

由前述各类高压容器的结构特点和用途可见，这类容器多是石化工业的关键装置，是电站和其他使用这类容器部门的核心部件，因而质量要求极严格，一旦出现事故后果极为严重。另一方面这类容器制造的劳动量，如焊接工作量（单层厚板卷板式高压容器等）极大，或装配工作量大，需要特殊的专门装置来进行制造。下面以几种主要高压容器的焊接生产特点为例，介绍如何高效优质地生产高压容器。

1. 单层厚板卷板式高压容器

这类容器壁很厚，因而焊接量很大，如何高效、优质地完成焊接工作，是这类容器工艺分析提出的主要问题之一。壁厚50mm以上被认为采用电渣焊是合理的，因此这类容器在许多工厂采用电渣焊完成。图5-29b所示的电站锅炉汽包，壁厚达90mm，其筒体纵缝没有采用电渣焊时，制造工艺相当复杂，需经过两次滚圆成形，第一次加热（1000～1050℃），在巨型弯板机上，弯曲基本成圆（留有300～350mm间隙）后，进行坡口加工，然后再次加热滚圆；进行表面清理并装配焊接定位板（装配马）、引弧板和引出板。用焊条电弧焊在内部进行底焊，底焊时工件要进行预热，底焊完毕，外部切除定位板，用刨床清根（采用成形刀），然后外部进行多层埋弧焊（约18～20层）。为确保质量，不出现裂纹，仍要预热，并且每道焊后必须清渣，并马上进行回火处理。切除内部定位板，完成内部焊缝，机加工和铲切去余高。至此完成筒节纵缝，它经过14个工序，并经5～6次加热。可见工艺复杂，劳动条件差。

采用电渣焊工艺后，锅筒板一次滚圆，清理氧化皮后即可装配焊接装配马，其坡口是用半自动切割完成的（直坡口），间隙为26～28mm，并装焊电渣引弧造渣板和引出板。为了电渣焊滑块严密贴合，工件滚圆后要留有直边，如图6-15所示。工件在垂直位置电渣焊，一次焊完后，切除装配马，立即入炉进行正火，之后在弯板机上进行校圆，后回火处理，清除氧化皮。采用此工艺可省去约一半加工工序。据有关厂家统计，劳动生产率提高一倍，质量大为提高（返修率由自动焊的15%～20%降至5%），成本降低了25%左右。

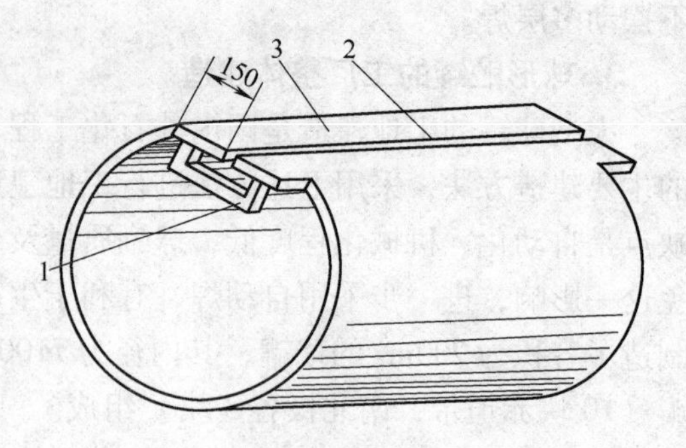

图6-15　电渣焊卷板筒体纵缝装配图
1—装配马　2—焊缝间隙　3—直边

单层厚板容器的环缝可采用埋弧自动焊和电渣焊以及窄间隙焊来完成。工厂能否采用效率很高的电渣焊，往往取决于工厂能否进行随后的正火回火热处理，并且不产生超过规定的热处理后变形。或者是焊接了封头环缝不能再进行滚圆矫形，或者是筒节之间环缝焊完后筒节接长，进行滚圆困难。这就要求工厂有巨大的井式热处理炉。当然如果工件焊完后再精加工则不受此限。

单层厚板容器环缝电渣焊可以6000t锻造水压机工作缸的环缝为例。该水压机工作缸如图6-16所示，其工作压力为31.4MPa（$320kgf/cm^2$），采用20MnV合金钢锻件拼焊而成。全部环缝采用电渣焊完成。

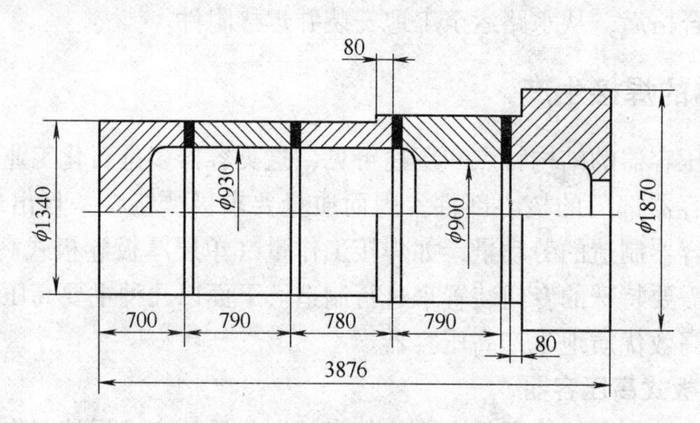

图6-16　水压机工作缸锻焊件

工作缸套净重25t，由5节锻造毛坯拼焊成。毛坯经初加工，内径为900mm和930mm两种尺寸，外径有三种尺寸，如图6-16所示。焊口两侧必须有宽70～100mm以上的相同直径段，以便电渣焊冷却铜滑块很好地贴合。工作缸一次装配4节毛坯，焊接3道环缝之后，再装配第5节（外径最大的）。工作缸毛坯在平台上立式装配点焊，用32～36mm厚垫块保证焊缝间隙，然后用装配马，焊接固定好。吊往工作地的焊接滚轮架上，如图6-17a所示。然后切去起焊处垫块及上方装配马、装配引弧板和缸内固定冷却滑块三脚架，见图6-17b和c。待安装好内冷却滑块后即可开始引弧造渣，形成稳定电渣过程，逐渐旋转工件并装置外部冷却铜滑块，待焊完1/4以上，可以切去引弧板，修理间隙，以便完成焊接时引出渣池用。切割时应彻底清除未焊透，以免造成电渣焊缺陷，切割过程和切割完毕如图6-17d和e。如判断引出面和内圆相切有困难，可以制造切割样板。待焊接进行到将装配马和垫块全部切除以后，装配引出钢模。待工件转至引出面切向线为垂直位置后，停止转动工件，进入电渣焊引出阶段，如图6-17e。随着渣池上升，焊机由原来位置提升，待引出部分焊约1/3以后可减小焊接参数为收尾焊接参数。采用较小电流以防止产生收尾裂缝（收尾时渣池散热不良，温度升高，杂质多可能导致产生裂纹），焊接结束后立即切去引出模。

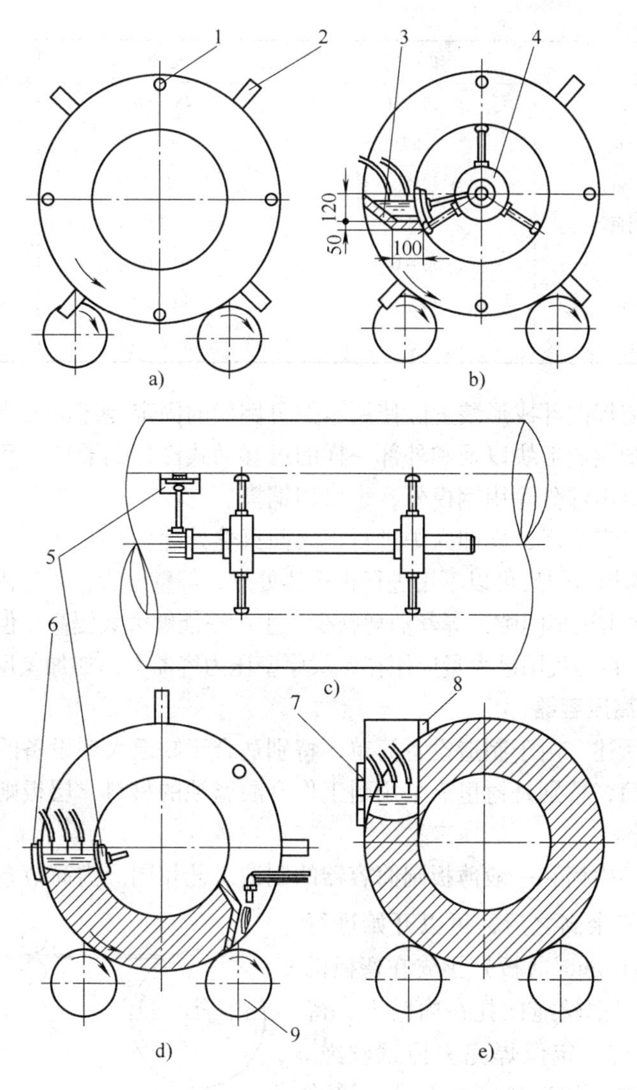

图6-17 工作缸环缝电渣焊过程图

1—垫块 2—装配马 3—引弧模板 4—冷却滑块三角架
5—内冷铜滑块 6—外冷铜滑块 7—引出挡铁 8—引出钢模 9—滚轮架

为提高生产率，可以随板厚增加采用多丝电渣焊。工作缸的电渣焊采用3丝。在电渣焊开始引弧形成电渣、正常焊接及收尾3个阶段的焊接参数都不相同，工作缸的焊接参数见表6-2。

表6-2 工作缸环缝电渣焊接参数

焊接参数	引弧	正常焊接	收尾
焊接方式	1~3丝	3丝摆动	3丝摆动
焊接电流/A	300~400	450~480	400~400
焊接电压/V	50~52	46~48	46~48
3焊丝间距/mm	65~75	65~75	65~75

（续）

焊接参数	引　弧	正常焊接	收　尾
焊丝摆动距离/mm	45~50	45~50	45~50
焊丝摆动速度/(m/h)	57	57	57
焊丝与滑块距离/mm	15	15	15
焊丝在滑块边停留时间/s	3	3	3
渣池深度/mm	50~60	50~60	50~60
焊丝伸出长度/mm	60~70	60~70	60~70
焊丝直径/mm	3	3	3

应当指出，电渣焊内部成形装置除使用本例可倒换的固定冷却铜滑块外，还可以采用整圈环缝内部固定冷却铜成形块以及和外部一样的可移动式冷却铜滑块。环缝外部则多采用滑动式冷却铜滑块。引出部分除用钢模外，也可用铜模。

工作缸4条环缝完成后，立即入炉进行正火回火热处理。

如环缝采用埋弧焊，焊后可以不用进行正火热处理，但壁厚大，清渣困难。采用窄间隙焊没有清渣问题，而且由于窄间隙，焊丝消耗减少，生产率能够大大提高。但该工艺对设备及操作都有更高的要求，目前我国已大量应用在单层厚壁压力容器上，如加氢反应器和核容器上。

2. 层板包扎式高压容器

这类容器如前所述，由于制造设备简单，特别适合于缺乏大型设备的容器制造厂家。为充分利用材料，内筒，特别是衬里需采用耐工作介质腐蚀的材料，层板则用强度较高并且焊接性良好的钢材。

层板高压容器的内筒和一般薄板圆筒容器的制造工艺相同。内筒节卷焊完成，经去应力热处理并刨去纵焊缝余高之后，可以开始进行层板包扎。层板（如6mm薄板）预先在弯板机上滚圆呈瓦片状，用钢丝绳捆扎在内筒上，待间隙合适进行定位焊，定位焊完去掉钢丝绳。焊条电弧焊层板纵缝，用砂轮磨去余高，接着包扎第二层。包扎时应使各层纵缝错开，直至达到规定厚度为止。

圆筒节完成之后，焊接筒节之间、筒节和封头之间的环缝，此焊缝只能采用焊条电弧焊、埋弧焊或窄间隙焊，因为焊后不能再进行热处理，否则层板之间的预紧力将被消除。环缝完成后装焊衬板，衬板与内筒采用塞焊连接。最近也有采用爆炸焊或爆炸胀紧装置内衬板。

3. 扁平绕带式高压容器

如图5-34所示的扁平绕带式高压容器是在内筒上缠绕4×80（mm^2）的扁平钢带。钢带由特制的绕制机缠绕在内筒上，如图6-18所

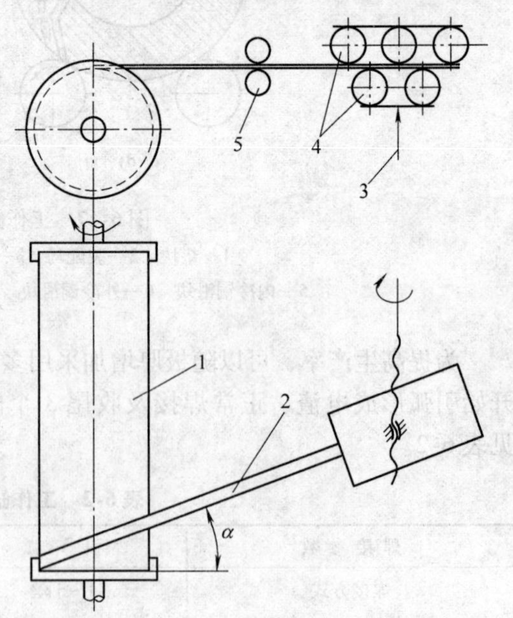

图6-18　绕制扁平绕带式高压容器示意图

1—内筒　2—钢带　3—千斤顶

4—压紧滚轮　5—前导轮

示。钢带一端焊在内筒上，另一端由千斤顶压在两排压紧滚轮之间，内筒在专用机床上转动时，钢带即绕在内筒之上。图中示出钢带按螺旋角缠绕，即扁平钢带的轴线与内筒横截面的夹角 α 为 ±25°～30°，使各层钢带呈交叉状，即左右螺旋状，偶数层与奇数层相反。从图中可看出钢带具有预紧力。它比层板包扎容器生产周期短，因而成本较低。由于钢带预紧力可以调节，可作到内外筒受力均匀。目前内径为500mm以下的这类容器已经获得应用。

4. 绕板式（卷板式）高压容器

绕板式高压容器具有层板式高压容器和扁平绕带式高压容器两者的优点。国外于20世纪60年代开始研制，我国从1965年开始试制。试制的绕板式高压容器内筒厚为10mm，绕板厚为4mm。制好的内筒刨去余高之后包绕卷板，该过程示意于图6-19，绕制过程是连续进行的。为消除开始绕制时的间隙，开始缠绕处加一楔形板头，如图6-19b所示。楔形板头焊在内筒上，卷板与楔形板头焊在一起。

绕板式高压容器对卷板的轧制质量要求较高，以保证间隙均匀。

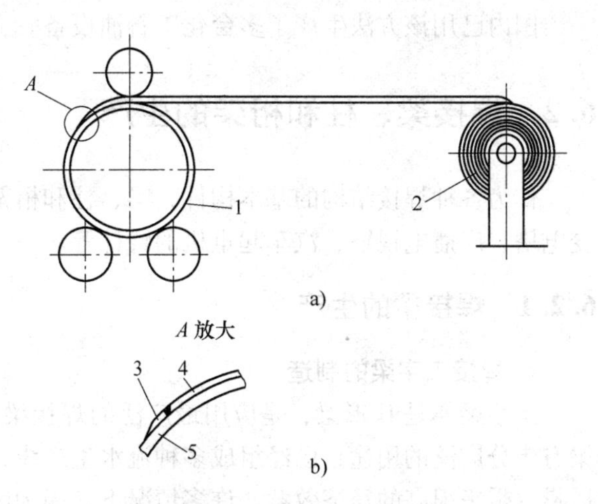

图6-19　绕板式高压容器生产过程示意图
a）绕制过程　b）楔形板头安装示意
1—绕板式高压容器　2—钢板卷
3—楔形垫　4—卷板　5—内筒

5. 热套式高压容器

热套式高压容器在国外制造与使用已有几十年的历史，如20世纪60年代美海军舰艇研究中心（NSRDC）在深海探测模拟装置上采用了内径3m，长8.2m，工作压力为68.64MPa（700kgf/cm^2），按疲劳寿命（$N=2\times10^6$）设计的锻焊热套式套箍容器。法国某公司用液压使内筒产生有限的塑性膨胀，使与外箍紧密贴合，以提高强度。外箍是滚轧圆环，或是用特制的各种截面钢丝缠绕而成。而20世纪50年代末，英国制成直径15m，重千吨以上的原子能工业用大型套箍式容器，套箍是由钢板包扎而成的。

图5-30b所示热套式加氢反应器是分两段制造的。整个制造过程包括：钢板逐张进行化学成分检验，部分做力学性能试验，对力学性能强度指标偏低的（外筒套箍用18MnMoNb钢）要进行正火回火热处理，全部钢板逐张进行超声波检测，合格后才准投入生产；下料成形包括封头下料（边缘削薄加工）和冲压成形，筒体下料和滚圆成形，内外筒分别为12节和16节，焊纵缝后，需经校圆和热处理（回火）再经检测合格后，加工外圆（内筒）和内圆（外筒）；内筒环缝焊接，内筒6节和封头环缝焊接，进行退火、检测和打磨余高。由于内筒外表套进外筒，故环缝不允许有余高，也不允许筒体中心发生歪斜，即保证母线平直度。工艺分析表明必须控制环缝错边量和弯曲度，进而需控制内筒环缝坡口精度，保证两端面的平行度和外圆对坡口的垂直度，控制装配焊接时错边量和坡口间隙的均匀性。实际上总是存在一定错边量，故打磨时要磨去错边量使其平缓过渡。打磨采用打磨机，筒体在滚轮架上旋转，磨头旋转并沿筒体轴线左右移动。

筒体的焊接分别采用电渣焊（纵缝）、埋弧焊（内筒环缝）。由于筒体壁厚较大（85～

95mm）采用加热后在弯板机上滚圆的工艺，电渣焊后校圆也是加热后进行，故将电渣焊的正火处理和校圆合并进行。故校圆后只需进行回火处理。

焊好的两段内筒经检验合格即可进行外筒套合。采用卧式套合，每段内筒上套 8 节外筒，套合有 4mm ± 1mm 的过盈量，相当于（0.13% ~ 0.22%）D_W。将外筒加热至 500℃ 在专门的套具上进行热套。

两段套合了外筒的筒体进行总装，焊接总装的环缝，该环缝如图 5-30b 所示。内筒焊好后，加 10mm 厚的垫板再焊外筒的环焊缝。加垫板的目的是使内外筒环缝不会熔合在一起。其他外筒环缝紧密贴合并不焊接。焊完后局部退火并进行水压试验，最后进行涂饰。

国内已用该方法生产了多台化工石油设备。

6.2 焊接梁、柱和桁架的生产

作为各种焊接结构的基本构件，梁、柱和桁架有时是单独的结构制品。例如吊车梁、输变电塔、广播电视塔、汽车起重机的臂杆等。

6.2.1 焊接梁的生产

1. 焊接工字梁的制造

工字梁亦是 H 形梁，是应用最广泛的焊接梁，这种由两块盖板，一块腹板组成的焊接梁有十分广泛的用途，已经组成多种流水生产线，实行专业化生产，有很高的生产率和制造质量，带来很高的经济效益。许多情况下，因为结构和受力需要，安置了加强肋（筋），如果把中间的腹板分成两块，则组成箱形梁。

最常见的最简单的工字梁，是在不同的工作地进行材料的准备，然后由通用或专用设备进行装配和焊接，例如采用埋弧焊制造不同断面的工字梁的生产线就是这样组织的。首先是钢材库接受运入的钢材，分门别类并按炉号进行堆放。接着进行钢材的成分和性能分析，进行质量验收。还要根据用户的要求，逐张或抽样进行无损检测，如果钢板尺寸不够，则在专门的工位进行钢板拼接。由火焰自动切割机进行自动切割成需要的宽度、长度后，送往清理工位进行喷丸处理，有的要进行酸洗、烘干和喷涂底漆，这些过程可以组成自动化流水生产线。

经上述处理的半成品钢板，可用磁盘起重机或其他运输工具运到工字梁的装焊生产线。先到工字梁的组装机组，进行工字梁的装配。工字梁的装配需要保证盖板中心线和腹板中心线的相对位置，大多数工字梁的盖板中心线和腹板中心线重合。盖板和腹板相互垂直，图 6-20 所示为工字梁装配公差。工字梁的装配机组应能满足这一要求。图 6-21a 所示是这类装配机组的示意图。它可用液压千斤顶调整盖板的位置，故也可以生产上下盖板错开的、上下盖板不一样断面的非对称工字梁和变断面工字梁。定位焊时顶紧力可达数十吨。装配机组配备两台自动定位焊专用 MIG 焊机，定位焊可连续进行或间断进行。

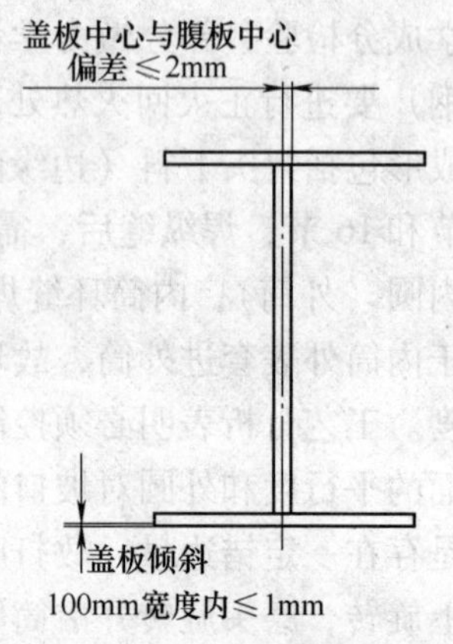

图 6-20　工字梁装配公差

定位焊好的工字梁运到焊接平台，由专门焊机进行上下盖板与腹板角焊缝的连续埋弧焊。其中一种是龙门式焊机进行全平焊位置焊接，焊机不动，而梁在工作地的辊道上拖动，此时通常是双丝埋弧焊，两个机头同时焊两条角焊缝，如图6-21b所示，每个机头有前后两焊丝，以达高的生产效率。焊完一面之后，梁自动翻身，由另一台门式焊机进行反面焊缝的焊接。另外一种也是平焊位置，但同时焊接一块盖板和腹板的两条角缝，这种专用焊机如图6-21e所示（此时正在焊接T形梁）。当然如能进行如图6-21d所示的船形位置焊接，则可获得最佳的焊缝，但效率较低。非流水线上焊接大型工字梁常用这种位置焊接，并使用链式焊接变位机。

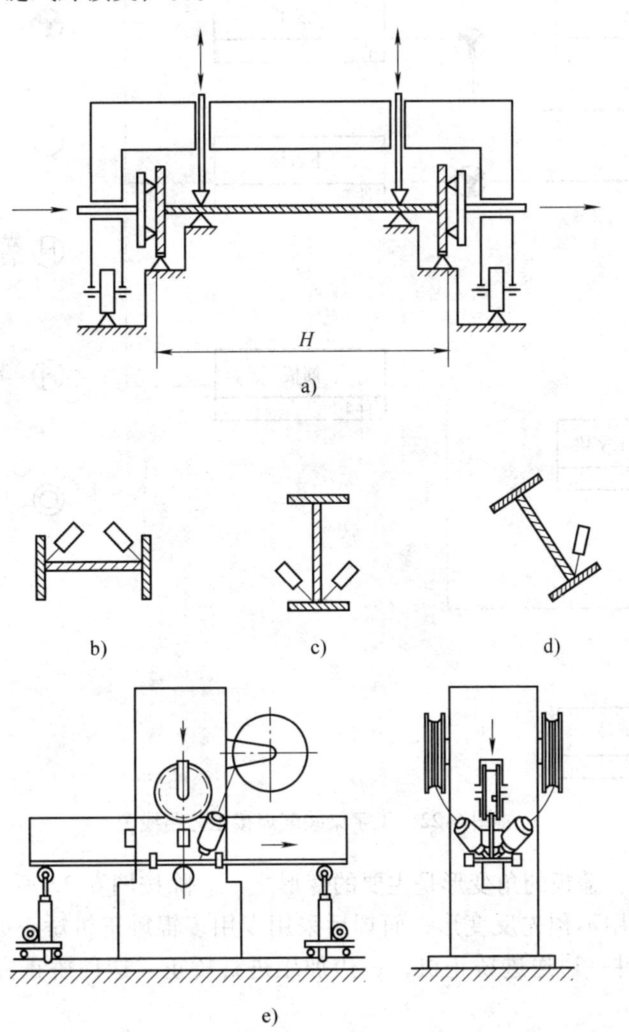

图6-21　工字梁装配机及焊接示意图
a）工字梁装配机　b）~d）角焊缝焊施三种次序　e）专用焊机

焊完的工字梁送到另一工作地，自动装配筋板并焊接。

焊接工字梁的工艺路线如图6-22所示。该图特别注明了各零件加工工艺方法和次序。按图所示工艺路线，零件经过喷丸，而焊后不再进行喷丸处理即进行涂饰，其防腐效果不如成品整体喷丸效果好。如采用后者，必须在盖板和腹板焊接区进行局部清理（局部喷丸）后再进行装配焊接，但局部喷丸装置成本高。

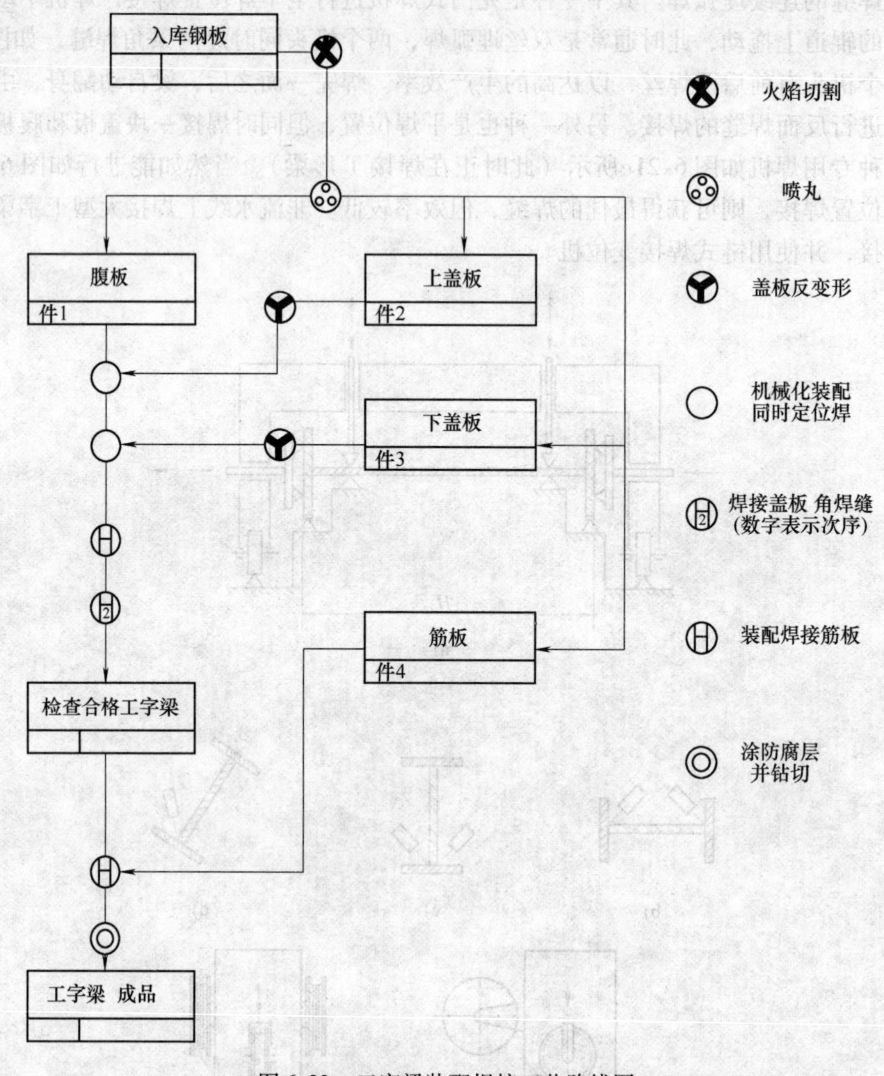

图 6-22　工字梁装配焊接工艺路线图

工字梁焊接时，盖板的角变形是主要的变形之一。除按图 6-22 所示工艺路线实行反变形之外，目前也采用不预先反变形，而焊后采用专用多辊矫正机矫正的办法。矫正原理如图 6-23a所示。工件一边送进矫正机，一边加压进行矫正，这种矫正方法效率高且质量好(与加热矫相比)。

美国 Thermattool 公司组成高频电阻焊生产不同断面轻型工字梁的生产线，可生产梁高 100～610mm、盖板宽 38～305mm，厚 2.4～19mm、腹板厚 1.6～12.7mm 的对称截面、非对称截面、高强度钢和普通碳钢制成的工字梁。焊机频率为 960Hz、3000Hz 及 10000Hz，焊接高 350mm 的梁时功率为 280kW，焊接高 533mm 的工字梁时功率为 560kW。它可以采用成卷带钢产生工字梁。在这种条件下，生产线有三个（一个腹板和两个盖板）钢板开卷机和矫正机、板件输送装置，腹板边缘（冷）镦粗机、盖板校直装置、高频焊机，精整焊缝后纵向校直及盖板矫正机、锯切机及成品输出装置，盖板和腹板进入焊机时，盖板与腹板边缘呈 4°～7°角，并利用接触子 1、2 导电，如图 6-24 所示。电阻焊工字梁焊前准备有如图 6-25

所示的三个方案：a）方案只能保证焊合板厚的85%；c）方案难于生产中实现，采用腹板镦粗的b）方案较好，焊后在坡口尚处于高热状态时，及时用刮刀清除毛刺，完成焊缝精整，矫正后，通过定尺装置把工字梁切断成要求长度，再进行最后的涂饰加工出厂。

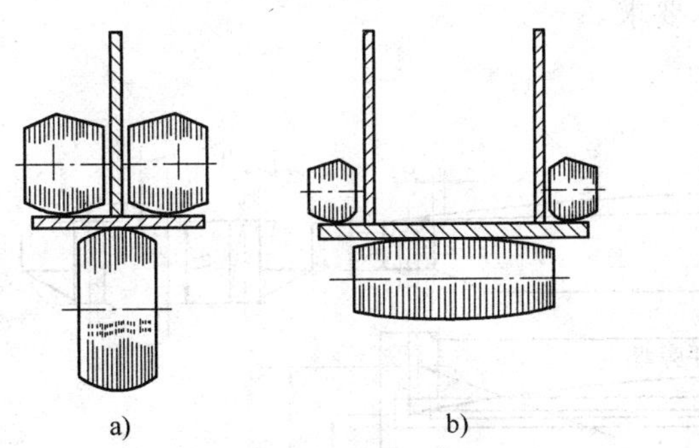

图6-23 焊接梁角变形矫正机

a）工字梁矫正机 b）箱形梁矫正机

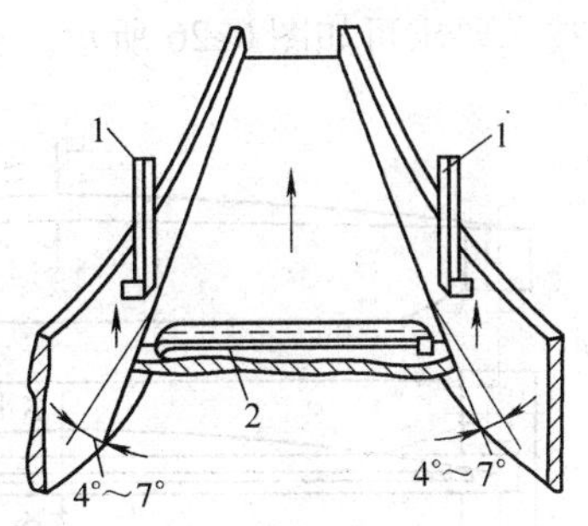

图6-24 高频焊机电流导流图

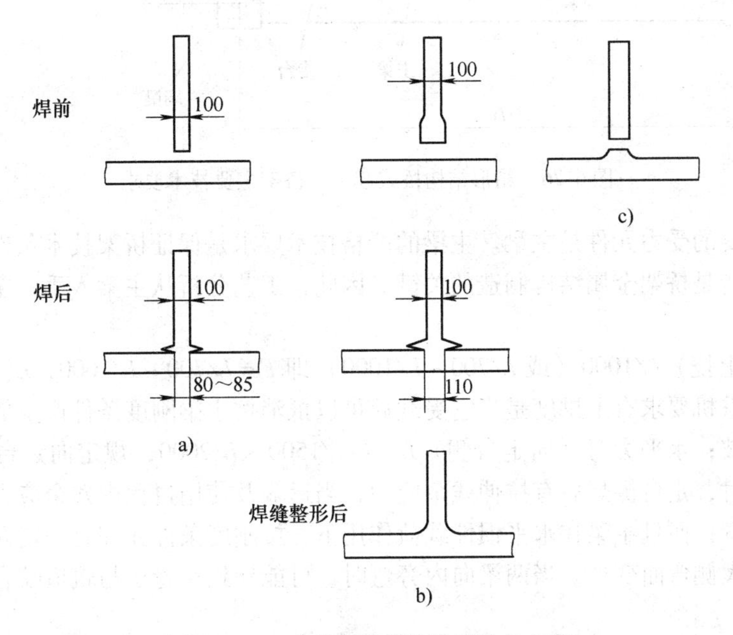

图6-25 工字梁焊前焊接边缘准备方案

2. 箱形结构桥式起重机的生产

图5-5h所示截面箱形结构主梁的桥式起重机，其端梁也是箱形结构。下面主要介绍这类起重机主梁及端梁的焊接生产，包括其工艺分析和装配焊接工艺。

（1）箱形结构桥架主要技术要求 桥架装配焊接的主要技术要求有：

上挠 $F=(L(l)/1000)^{+0.3F}_{-0.1F}$；

跨度偏差 $\Delta L=\pm 8(\mathrm{mm})$（对 $L>19.5\mathrm{m}$）；

对角线偏差 $\Delta D=D_1-D_2=\pm 5(\mathrm{mm})$；

主梁腹板倾斜度 $a_1<H/200$；

小车轨道（主梁上）高低差 $d<2(\mathrm{mm})$；

小车轨距偏差 $\Delta B_g=5\sim7(\mathrm{mm})$（中心部分）；

端梁倾斜（向内）$a_2<H_d/200$，$H_d(h_d)$ 为端梁高；

腹板波浪变形的限制同于主梁技术要求。

以上技术要求可如图 6-26 所示。

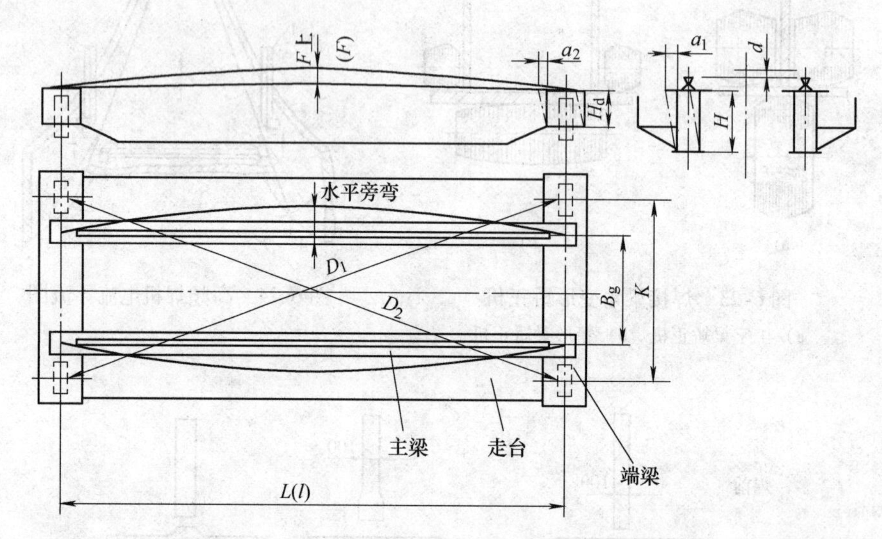

图 6-26 箱形结构桥式起重机桥架主要技术要求

桥架最主要的受力元件是主梁。主梁的严格技术要求是保证桥架技术条件得到满足的前提，主梁的制造是桥架金属结构制造的关键。因此，工艺分析从主梁入手。主梁的主要技术要求有：

上拱度（上挠）$L/1000$（或 $L/700\sim L/1000$）即 $F=L/700\sim L/1000$，$L(l)$ 为起重机主梁的跨度。起重机要求有上拱度是当它受载后可以抵消按主梁刚度条件产生的下挠变形，避免承载小车爬坡；水平旁弯（向走台侧）$L(l)/1500\sim L/2000$，规定向走台侧旁弯的原因是在制造桥架时，走台侧焊后有拉伸残余应力，当运输及使用过程中残余应力释放后，导致两主梁向内旁弯；而且主梁在水平惯性载荷作用下，按刚度条件允许有一定侧向弯曲，两者叠加会造成过大侧弯曲变形。当两梁向内旁弯时，可能导致车轮子与轨道咬合，使起重机不能正常工作。

腹板波浪变形，受压区 $<0.7\delta_f$，受拉区 $<1.2\delta_f$。规定较低的波浪变形有利于提高起重机的稳定性和寿命。

上盖板水平度 $\leqslant B_{ga}/250$，腹板垂直度 $\leqslant H(h)/200$，B_{ga} 为盖板宽度，$H(h)$ 为梁高。

（2）工艺分析　焊接生产工艺分析要从保证上述技术条件入手。采取适当装焊工艺，上述桥架的主要技术条件是可以满足的，但主梁外形尺寸要求最难。主梁结构详图如图 5-4 所示。由于主梁内部有大量加筋板，加筋板的焊缝分布上下不均，横向大筋板与下盖板不焊接，而小加筋全部连续角焊缝都在水平中心线以上，中心线以上焊缝数量多于中心线以下，这样极易造成主梁下挠。由于主梁在未焊走台件以前焊缝对垂直中心线（y 轴）左右对称，产生旁弯的可能性较小。故主梁上挠的要求是个关键。分析并保证如何使下挠最小，并且能预制上挠和造成一定旁弯（在焊接走台件之前）是制定工艺的依据。

（3）箱形结构桥架的装焊工艺　桥架主梁是由钢板拼焊而成的。下料通常采用龙门剪床。较薄的板和以卷状供应的薄板要经过矫平机矫平后再剪切下料。腹板下料时，预制 $L/300 \sim L/500$ 上挠，因为采用剪切，腹板上挠呈折线。由于火焰切割技术的进步，现在也广泛采用全自动数控火焰切割。

将剪切下料并且拼接好的上盖板置于平台上，加压板固定，然后装配横加强筋和短加强筋，如图6-27所示。随后焊接这些筋板，焊接时都是由一侧向另一侧施焊，以便形成所需要的旁弯。这种装焊方式使可能形成最严重下挠的大小筋板和上盖板的焊缝先进施焊，焊接变形只有盖板的收缩而不会产生挠曲。

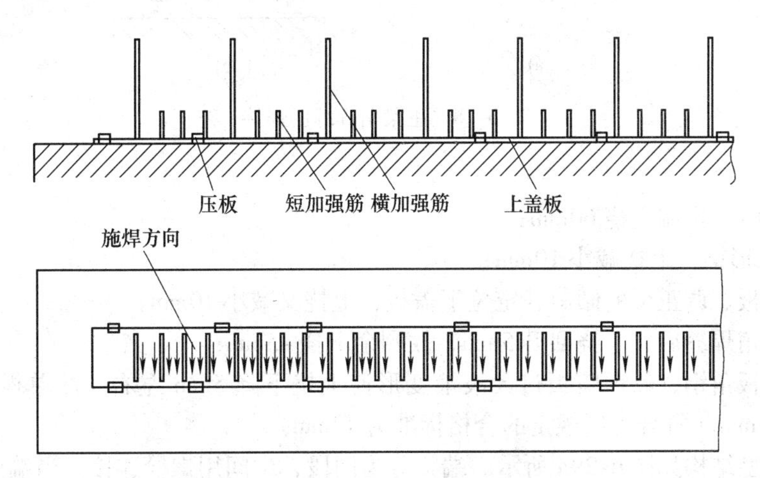

图6-27　横加强筋和短加强筋的装配

随后装配腹板，因为腹板有预制上挠，装配时需使盖板与之贴合严密后，定位焊，形成没有下盖板的Ⅱ形梁，侧放躺下，焊接腹板与筋板之间的焊缝，先集中焊接一侧，以形成向另一侧的有利旁弯。

装配下盖板。在装配压紧力作用下预弯成所需形状（当预制挠度 >14mm 时，用油压机加载），由于加强筋板规定了矩形形状公差，较容易控制盖板的倾斜度和腹板的垂直度，然后定位焊。控制上挠度要考虑到卸载后的回弹变形。由于腹板预制了较大的上挠，定位下盖板的压紧力使主梁上挠度减小，从而在腹板中形成拉应力，有利于防止波浪变形。

最后焊接四条长角焊缝。采用埋弧焊或二氧化碳气体保护焊，这些焊缝一般不要求焊透，但图5-5i、j等偏轨箱形梁的这类焊缝常常要求焊透。图6-28为角焊缝的两种焊接方式：船形焊（图6-28a），主梁不动，靠焊接小车移动完成焊接工作。根据经验，主梁支点距离约等于0.586L时，上挠最小。平焊位置焊接（图6-28b），主梁随小车移动，而焊头不动，该方式采用 CO_2 气体保护焊，目前一些工厂已采用了该方案。焊接这四条角焊缝时，利用梁的自重还可作挠度的适当调节。

主梁制成后，如有超出规定的挠曲变形，需进行修理。较原始的办法是锤击和重压，通常在加热后进行。但应用最多的是火焰矫形。火焰矫形加热温度一般不大于800℃。据一些用户反映，火焰矫形造成的上挠，在起重机运行过程中将逐渐消失，因此有些技术条件规定不允许火焰矫正。

以目前我国生产的起重量为5t，跨度为19.5m的主梁为例，采用上述工艺，外形控制

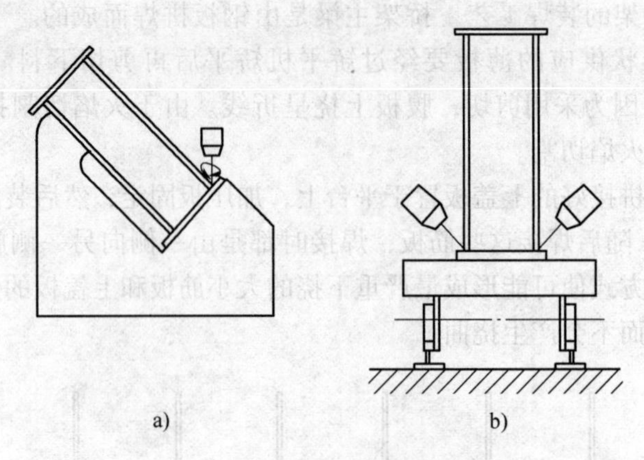

图 6-28　主梁角焊缝的焊接

情形如下：

腹板下料时，预制上挠 60mm；

装焊成 Π 形梁，上挠减小 10mm；

装配下盖板、调正梁的倾斜，定位下盖板，上挠又减小 10mm；

焊接四条角焊缝后，上挠回升 5mm，故剩余上挠 45mm；

焊接走台板角钢，修理腹板过大波浪变形使上挠下降 5mm 左右。故单根主梁交验时，有上挠 40 ~ 45mm（符合工厂规定的合格标准为 42mm）。

端梁的典型结构如图 6-29a 所示。端梁分为两段，中间用螺栓连接。当端梁较长超过运

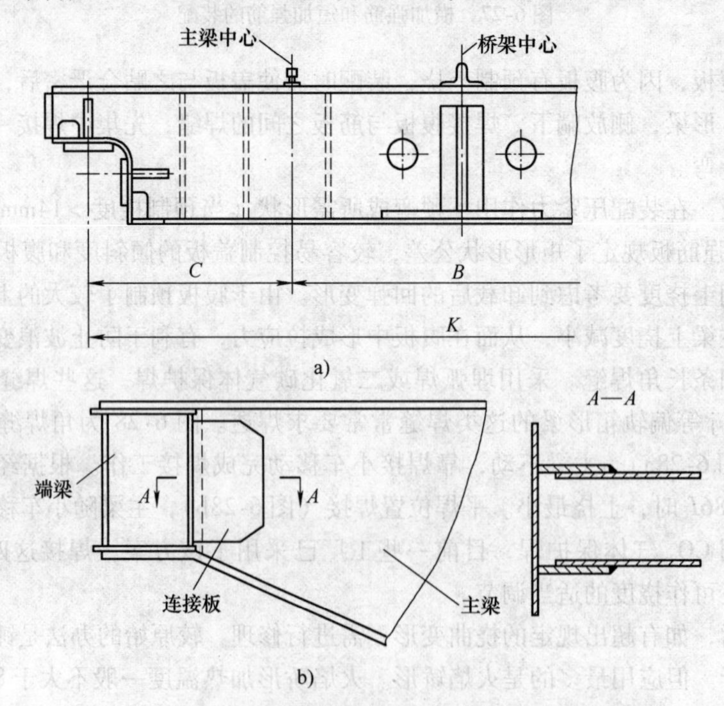

图 6-29　端梁结构及主梁和端梁的连接

a）端梁结构　b）主梁与端梁的连接

输界限时也可将端梁分为三段，中间段不与主梁连接。满足端梁技术要求不十分困难，故工艺过程从略。

合格的主梁和端梁装配成桥架，一般的装配次序如下：摆放主梁，调整水平、划线；端梁划线；往主梁上装配端梁，按划线划正，定位焊；焊接主、端梁焊缝及连接板焊缝，如图6-29b所示；装配焊接走台件；装配小车轨道；检查并修理。

3. 门式起重机金属结构的焊接生产

当门式起重机由使用单位自行设计和制造时，常常用外购的电动葫芦作运行小车，所以整个门式起重机的制造变为仅有门架运行机构及金属结构的设计制造，因而比较简单。下面介绍载重量为5t，支腿间跨距为18m，两悬臂各5m的门式起重机的结构特点，该设计受到一些单位的欢迎。

（1）管形主梁L形门式起重机的结构及其主要技术要求　这种门式起重机结构简图如图6-30所示。它主要由主梁、支腿、横梁及电动葫芦组成。横梁上装有大车运行机构，在地面的轨道上实现桥架的纵向运动。除主梁外，支腿和横梁都是箱形结构，技术要求不难满足。比较复杂的管形主梁的结构如图6-31所示，主梁由直径为630mm，壁厚为7mm的焊接管、厚10mm的连接板及工字钢所组成。其主要技术条件是：在18m跨度L内应有$L/1000$的上挠，即有18mm上挠；两悬臂处上挠度为$l/500$，此处l为悬臂长，故悬臂上挠10～11mm，旁弯不得大于$L/2000$。

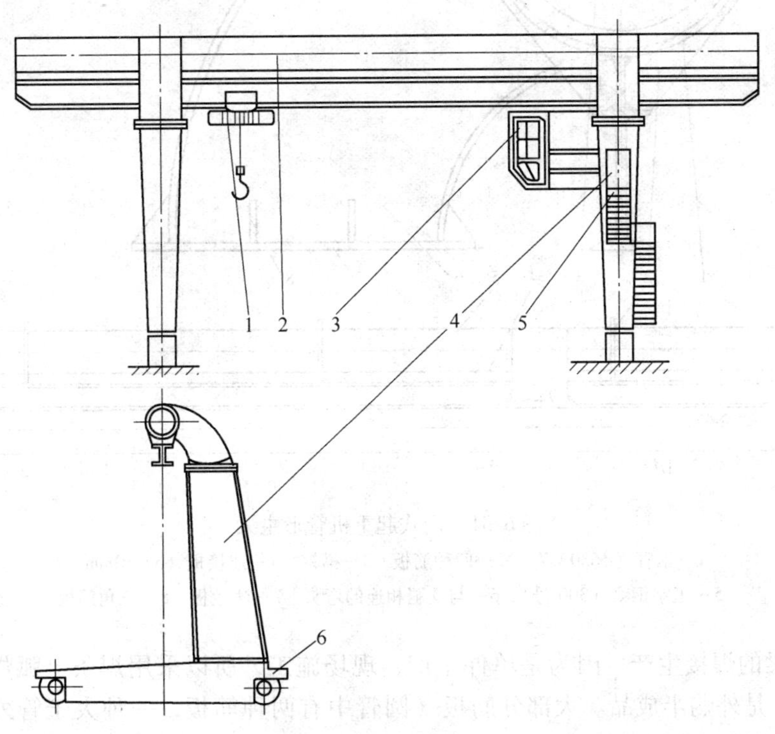

图6-30　门式起重机简图

1—电动葫芦　2—主梁　3—驾驶室　4—走梯　5—支腿　6—横梁

（2）主梁的工艺分析　由于支腿和横梁易于满足技术条件，故工艺分析集中在保证主梁外形尺寸的要求上。从图6-31可见，主梁截面左右对称，因此旁弯要求不难满足。这种主梁有三种施焊次序：①卷焊好的钢管（采用通用焊接煤气钢管）和连接板、工字梁一道装配定位焊后，进行焊接；②先将工字钢用火焰预制上挠，然后装配焊接连接板，最后装配定位焊钢管，焊接钢管与连接板的焊缝；③先焊接钢管与连接板焊缝，再将其装配到已用火焰加工预制好上挠的工字钢上，再焊接连接板与工字钢之间的焊缝。采用方案①很难预制上挠，而更困难的是需要大吨位起重机翻转工件，否则连接板与钢管和工字钢的四条角焊缝必须有两条需要仰焊，这在起重设备不足的现场（如仓库）很困难。方案②在装配连接板之后，焊接连接板和工字钢之间的角焊缝将使预制上挠有所减小。方案③焊接钢管与连接板焊缝，可使钢管连接板部件产生所希望的上挠，而且焊缝可在船形位置施焊。将一段段的分部件往工字钢上装配，工件重量较轻，施工较易。工字钢与连接板的焊缝可在平焊位置施焊，不用搬动工件，而且该焊缝已在梁的总形心之下，只能造成上挠。故最后决定采用方案③。

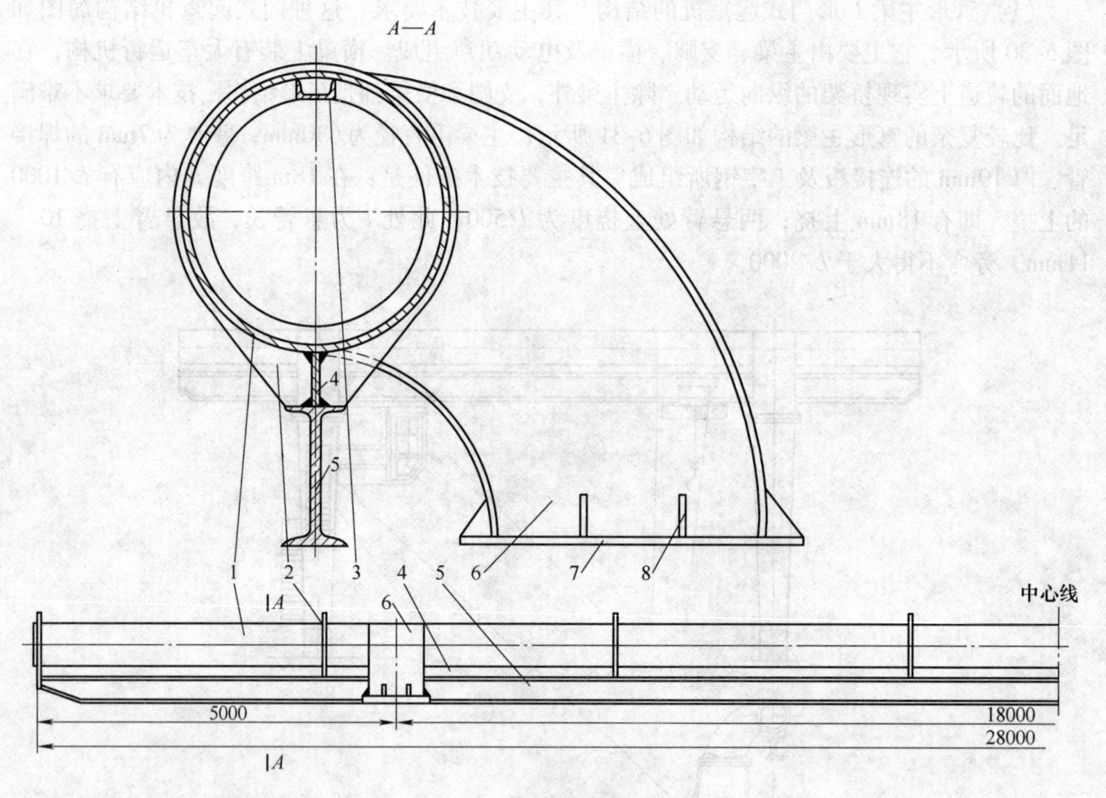

图 6-31　门式起重机管形主梁

1—钢管（ϕ630×7）　2—四种筋板　3—槽钢　4—连接板（δ=10mm）

5—工字钢梁（300 号）　6—与支腿相连的弯头　7—法兰板　8—三角筋板

（3）主梁的焊接生产　因为是单件生产，现场施工，所以采用焊条电弧焊。钢管采用焊接煤气管，是外购半成品。大部分筋板（圆管中有两种筋板，一种大于管外径，外部角焊缝连接，一种等于管内径，与管壁用断续角焊缝连接）是气切下料的。箱形截面两弯头的双腹板（扇形）也是气切下料的，盖板下料后滚圆，然后装配定位，焊接全部角焊缝。矩形法兰盘（板）应与支腿法兰盘（板）一起下料并打孔。

用氧乙炔焰将工字钢预制出 22.5mm 上挠，悬臂预制 10mm 上挠。

在分段钢管上装配定位连接板，在船形位置施焊（按大于圆管直径的大筋板分段——约4m长）。将预制出上挠度的工字梁平放于地面（中部及两悬臂的上挠度要垫好），往其上吊装带有连接板的钢管分部件，同时定位焊大圆筋板（两悬臂内部的加强槽钢及各分段内与圆管内径相同的小圆筋板已在分段施工时焊好），手工对称施焊，最后装配焊接弯头。

6.2.2　焊接柱和桁架的生产

实腹焊接柱的制造和梁的生产没有太大的区别，如H形梁也是H形柱。关于梁的生产前面已作了介绍，实腹柱的制造与之类似。格构柱的制造则与桁架类的结构制造类似，故这里主要介绍桁架的生产。

在某些金属结构工厂中，桁架有时要占产品的25%。由于桁架产品的焊缝多为短的角焊缝，实行焊接自动化比较困难，故目前国内主要采用焊条电弧焊及CO_2气体保护焊，后者有较高的生产率，已经得到推广。

桁架结构的焊接一般都是在结构装配完成之后进行的。由于桁架装配焊接后需保证杆件轴线与几何图形线重合，在节点处交于一点，以免产生设计载荷之外的偏心矩，故装配要有较高的准确度。桁架装配比较费工，提高桁架装配速度是提高整个桁架生产率的重要途径。

在单件小批量生产桁架条件下，产品尺寸规格经常变动，采用专门胎具生产不经济，而多采用划线和仿形装配方法。划线装配法是按照桁架的施工图，将切割下料好的角钢（或其他类型型钢杆件）置于装配平台上；然后在角钢上沿轴线划线，在上下弦杆上除绘制轴线外，还要绘出腹杆轴线（竖直准线）位置，并在水平和竖直线交点处打上样冲眼，再用白漆圈上（作标记），然后在节点板上划线，将划好线的弦杆与之按线装配，然后将两端划好中心线的腹杆与带有节点板的弦杆装配，装配时使用万能夹具（如螺旋压紧器等），全部位置合适后进行定位焊；接着将已完成装配定位焊好的半片桁架吊起，翻转放置在平台上（图6-32a），再以这半片桁架作为仿模，在对应位置放置对应的节点板和各种杆件，用万能夹具夹紧后（图6-32b），定位焊；已完成的新的半片桁架，吊下翻转180°，放置在平台上，则可布置垫板，装配另外一半桁架各杆件（图6-32c），定位焊完成之后，即可到焊接工作地，进行全部焊缝的焊接。

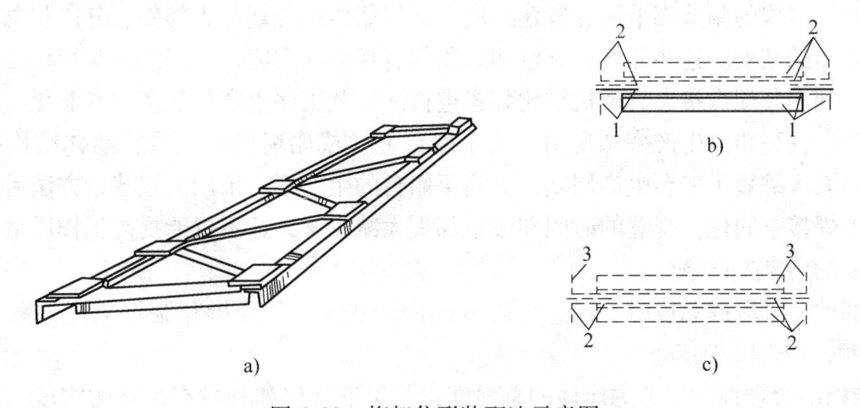

图6-32　桁架仿形装配法示意图

除采用角钢、槽钢等杆件轴心划线法之外，也有在平台上先划几何图形线，依据几何图形线绘制型钢杆件轮廓线，按此线装配的。

在上述装配方法中，局部尺寸要求严格的部位，例如屋顶桁架和柱相交接处采用了定位器。装配半片桁架的靠模定位器如图6-33所示。图中Ⅰ为底座，Ⅱ是固定靠模Ⅲ的定位器，Ⅳ是定位器立柱。图6-33b是正在装配新桁架情况。桁架支承垫板装配在立柱定位器上，位置被螺栓准确固定。当这种定位器布置较多，就组成了装配桁架的模架，形成所谓桁架结构模架装配法。这种模架除了做成平面的，适于平面桁架之外，也常制成空间的，如装配起重机的桁架（空间桁架）。这种模架是由槽钢拼成的，模架上带有定位器和夹紧器，当桁架生产批量小时，制造模架的经济效益较差。

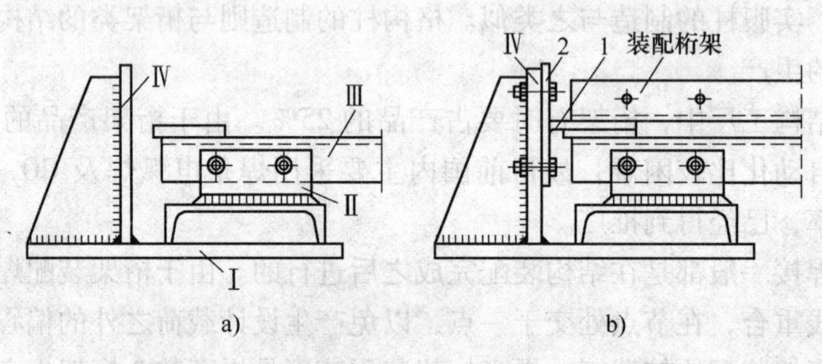

图6-33　固定桁架端部（支承部）的定位器

综上所述，焊接桁架的工艺分析首先考虑保证产品几何形状（装配位置正确），然后希望提高生产率，首要的是装配效率，焊接工艺要采用半自动的、灵活的熔焊工艺，如CO_2气体保护焊等。

6.3　船体结构的焊接生产

6.3.1　船体结构的分段建造法

为提高船体结构生产率和质量，如保证船体复杂外壳的精确性，将许多空间位置的焊缝转成俯焊位，并且大量采用埋弧焊、气体保护焊等先进焊接方法，以提高施焊质量和生产率等，现代船体结构的制造都采用分段建造法，即将船体结构划分为部件、分段和总段，它们是平面和立体的结构。这些部件、分段和总段都有足够的刚度，它们的装配焊接工作可在车间条件下，利用装配焊接夹具及机械化装置进行。工艺工序生产易于实现专业化，且便于组织流水生产，提高船舶生产率和质量。由于船台上（或船坞里）只进行船体结构的总装配焊接，因而大大缩短了船台生产周期，提高了船台的生产率。采用上述建造方法后，工人在露天环境下焊接空间位置焊缝的时间和数量都大大减少了，这不仅能提高工作质量，也大大改善了工人的劳动生产条件。

划分部件、分段或总段时，即进行初步设计、进行工艺分析和制定工艺方案（船体建造方案）时，应着眼于：

1）结构的合理性。应考虑船体的总强度，并保证部件和分段有足够的刚度，还要保持结构连续性和船体的线型。因此要避免在最大应力截面划分部件和分段；通常可按横舱壁、机舱壁等划分，而首尾部分常以整个立体分段形式划分。

2）船厂的设备和厂房条件。如起重机和运输工具的能力，船台造船下水方式、装配焊

接设备和施焊条件等。

3）制造的经济性。如要节省钢板、减少焊缝长度；又如施工方便和劳动负荷均衡；尽可能减少装焊夹具及机械化装置，节约劳动力、动力的消耗等。

4）船舶的型式、吨位、生产的批量、交船期等。

按照现代船舶的分段建造方法，船体结构装配和焊接分为下列几个阶段：

1）部件（组件）的装配和焊接。

2）分段和总段（平面和立体分段）的装配和焊接包括分段和总段的预装配，分段和总段的涂装。

3）船台和船坞的装配和焊接，包括船体总装。

6.3.2　船体结构分段建造法的装配和焊接工艺

1. 部件（组件）**的装配和焊接**

多数部件由简单的板状零件、轧制材料、组合梁或桁架组成，其中大批是T形截面梁。T形截面梁中有的是直梁（如中内龙骨、旁内龙骨、各种纵桁、横纵舱壁的加强板、部分肋骨等），还有一些是曲梁（如甲板横梁、肋骨与加强肋骨、肋板等），船舶结构的T形截面梁如图6-34所示。

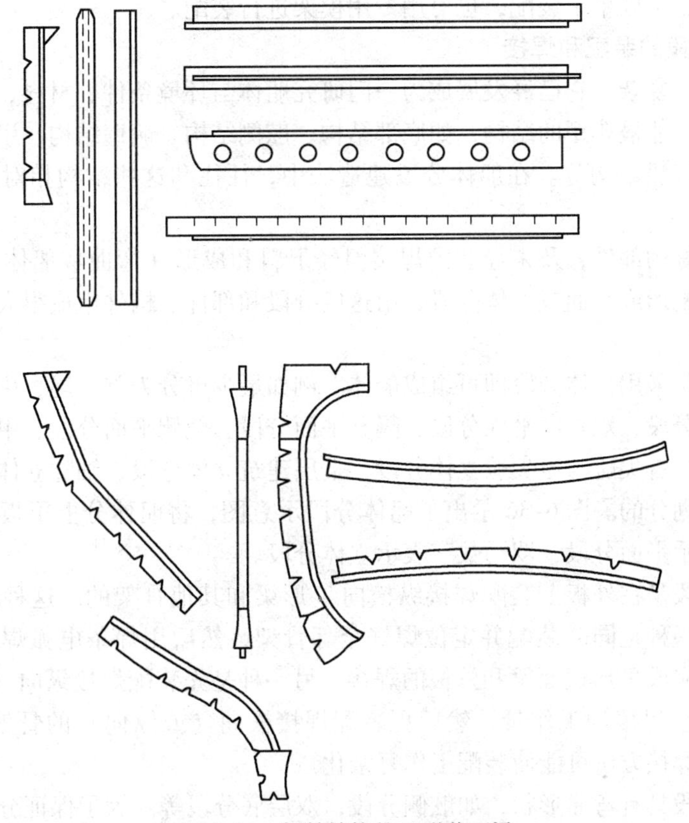

图6-34　船舶结构的T形截面梁

在部件装配阶段要进行钢板的拼接，特别是甲板与外板，要用1800mm×6000mm钢板拼接成分段（例如12000mm×12000mm）。有的造船厂采用电磁平台，有的厂采用焊剂软垫工艺以实现单面焊双面成形。还有的厂应用带铜垫板的焊接小车实现拼板单面焊双面成形（图6-35）。所焊钢板厚度为10mm，装配时留有2～3mm间隙，用装配定位器（装配马）3固定钢板边缘，由悬挂装置，通过连接板，将铜垫板压紧在焊接坡口背面。在施焊过程中，随时敲掉装配马，以便焊机通过。

大多数T形梁的装配焊接可以实现机械化和自动化。本章焊接工字梁的装配焊接机械同样适用于船舶T形梁的装配焊接。有些T形构件的角焊缝采用交错断续焊缝，常用焊条电弧焊和埋弧焊焊接，现已广泛推广CO_2气体保护焊。当T形截面构件有工艺接头时，应留接头处一段焊缝暂时不焊，待最后焊完工艺接头后再施焊。

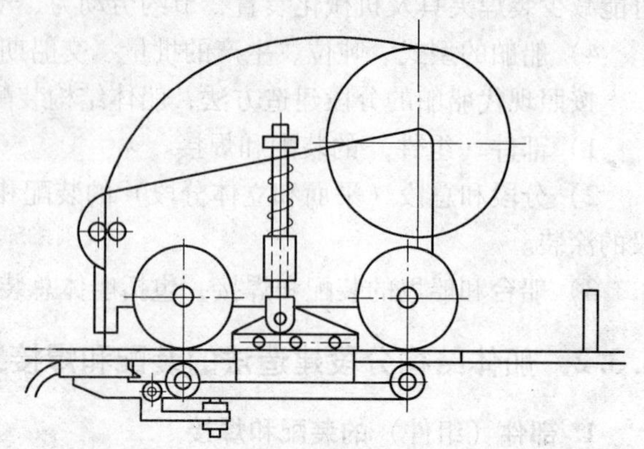

图6-35　带垫板的自动焊机示意图

有些船舶将肋骨、肋板、梁肘板、横梁等组成肋骨框架，这类框架的装配焊接和桁架的装配焊接相类似，可以单个装配，也可用专用模架进行装配。

2. 分段和总段的装配和焊接

船体结构十分复杂，它已经发展成为一门研究船体与环境条件、材料、建造工艺、设计等相联系的学科。船最典型的结构，如底部结构、舷侧结构、舱壁结构、甲板结构、艏部及艉部结构、液化气船结构等。在船体分段建造法中，往往和这些结构相对应，建造对应的分段。

由装配焊接好的部件，及未经装配焊接但经下料和成形（弯曲成船体外廓形状）的型材、钢板，经装配形成平面或立体分段，由这些分段和部件、构件组成很大的立体分段即称为总段。

小型船舶通常采用立体分段即可组成船体。例如最少可分为首、尾、中段。大型船舶则可分为底板平面分段、双重底平面分段、隔壁平面分段、舷侧平面分段、甲板平面分段、主辅机座立体分段、首尖舱与尾尖舱立体分段、上层建筑立体分段、轴隧立体分段等。这些分段是按前述原则划分的。图6-36示出了船体分段示意图，将船体分上甲板部、舷侧部和船底部，用数字表示平面分段，罗马数字表示立体分段。

一些平面分段是在外板上装配焊接纵横向T形梁和其他骨架的。这种纵横向骨架的装配有两种方式，一种是同时装配并定位焊好全部骨架，然后用焊条电弧焊及埋弧焊或CO_2气体保护焊工艺完成T形截面梁和外板的焊接。另一种是先装配焊接纵向（或横向）骨架，这样可以扩大自动焊接的工作量，然后再装配焊接横向（或纵向）的骨架，如图6-37所示。但这种装配焊接方法可能使装配工作复杂化。

许多平面分段具有弯曲形状，如舷侧分段，双层底分段等。为了保证分段有准确的外形轮廓，常利用装配台架。如图6-38所示的固定装配胎架，它在刚性基础上装配焊接了一系列形状与装配工件外廓形状相同的模板，在有焊缝的地方模板开出缺口。由图可见这类固定装配台架只适合一种曲率的分段装配焊接，因而使整个生产成本提高。故在船体分段的建造

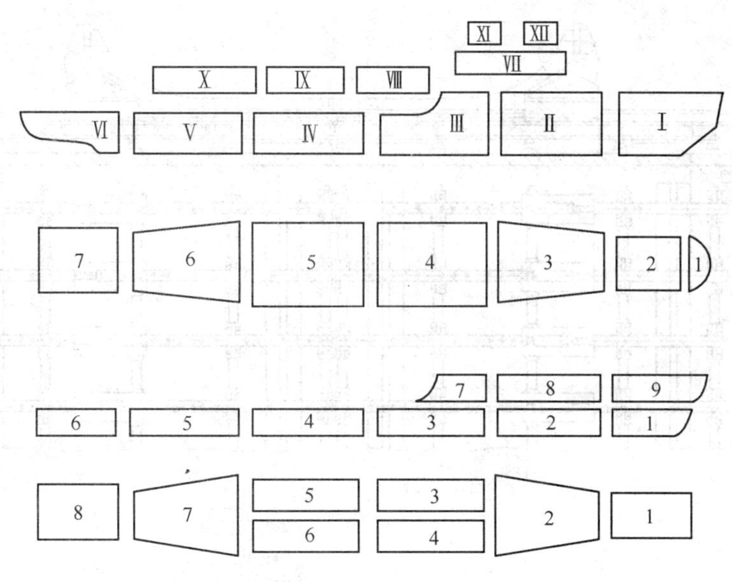

图6-36 船体分段示意图

中又设计了多种万能（可调）的装配胎架。一类可供装配船体中部船底、舷侧板、甲板分段的胎架，这类分段弯曲不大，基本上是平的。一类是船体首尾端的立体分段，有相当大的曲率。还有供装配小曲率的分段的胎架，如全部甲板分段的加工都可在这个胎架上进行而不必更换模板。在这种胎架上利用套筒式调节支柱组成高度可调节的模板。图6-39所示即是这类万能的可装配焊接不同尺寸和不同曲率船体双层底分段的胎架。万能胎架由可动的模板、轨道和使它们沿船体纵轴移动的移动系统（系统由传动装置驱动）等所组成。按制造的船体双层底的曲率配置两侧模板架，并调节（回转）单元至所需角度，最后调整支承。

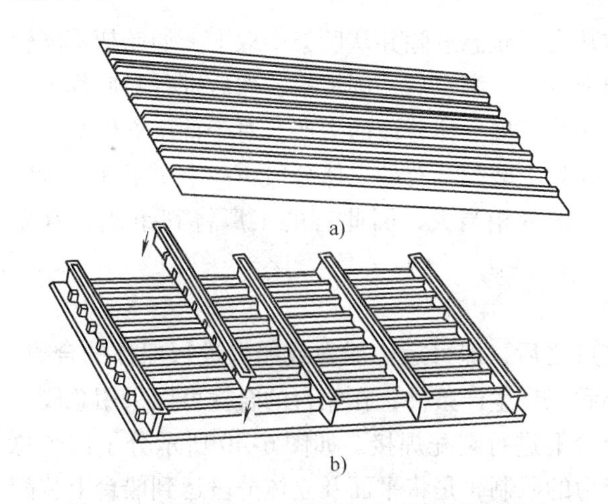

图6-37 带纵横向T形梁的平面分段装焊次序

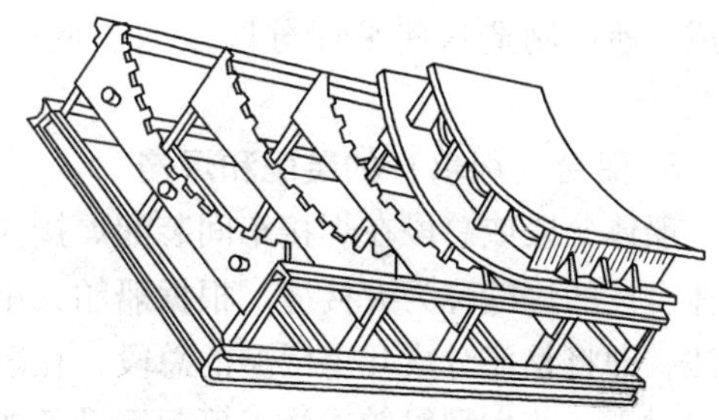

图6-38 装配平面分段的固定胎架

在这类胎架上装配焊接带曲率的分段，例如船底分段，过程概述如下：首先将外板以最小间隙装配并定位焊，将其固定在胎架模板上，然后利用埋弧焊完成全部对接焊缝；装配并焊接全部骨架；铺放内底板，再单独进行焊接。为便于进行埋弧焊，胎架有时带有熔剂垫，

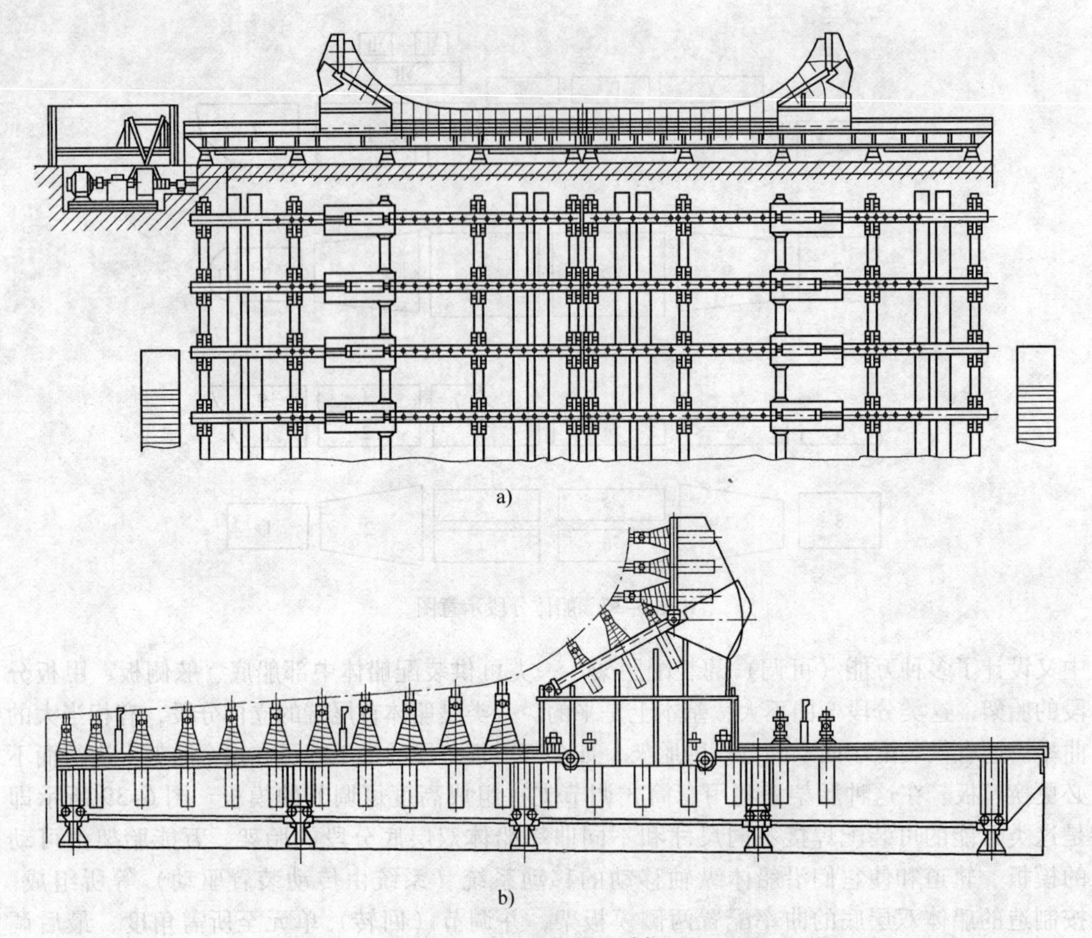

图 6-39　万能装配胎架

且胎架可倾斜或转动。焊接结束之后，壳体从夹固状态解除并从胎架中取下。如胎架不能转动，则只进行一侧焊接，而后将分段从胎架上取下，翻身后，刨焊根，然后进行封底焊。

为了提高船舶的生产率和整船质量，要大力发展立体分段的生产。对于首尾立体分段采用刚性固定模架，分段由下到上，按全高在模架上装配。有的立体分段由一个个平面分段所组成，所以制造这些平面分段及双层底的工作量相当大，因此有的工厂将其组成流水生产线。

3. 船台（船坞）的装配和焊接

船体分段或总段在焊接车间装配焊接完成之后，即可运往船台或船坞进行船体的合拢，船体合拢的焊缝称为大接缝。根据船舶大小和工厂生产条件，在船台的合拢可以采用总段建造法，即将整船分成几个巨型的总段，在船台上进行装配焊接。如图 6-40 所示分了四个总段。对于一些大型船舶或受工厂起重设备能力的限制，是将平面及立体分段运到船台上装配焊接成整船。此时又可以采用所谓塔式和岛式建造法。塔式装配法是将各船体分段从下到上由中间向首尾进行装配焊接，岛式装配方法是将船体沿船长选定几个基准段，后分别由下到上，由中到首尾装配焊接，形成几个总段再合拢。

采用总段建造法进行船体大接缝的装配时，需将总段放在起重运输小车上，切齐接口、

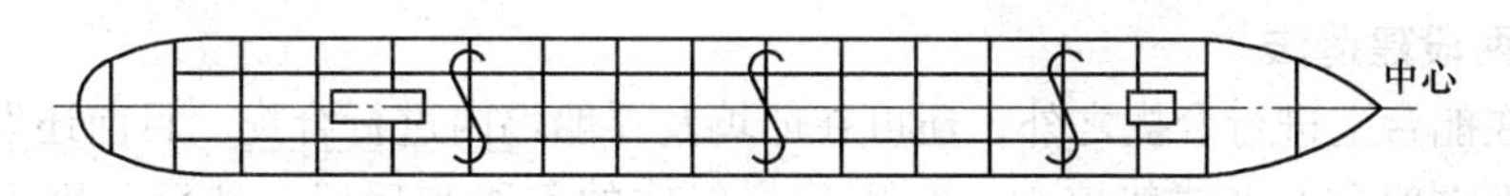

图6-40　接总段法在船台上进行船体大合拢

开好坡口并留有恰当间隙后定位焊。提高装配质量是采用先进焊接工艺方法的前提，因此接口最好采用全位置半自动切割，并且要仔细清理切口的油锈等污物。

大接缝的焊接目前采用了全位置自动焊和垂直气电焊等先进的焊接方法。国外资料介绍，当板厚大于14mm时，可采用电渣焊方法进行立焊缝的焊接。当采用焊条电弧焊大合拢焊缝时，采用如图6-41所示焊接次序。为使整个接缝收缩均匀，通常采用成对的焊工（如Ⅰ~Ⅴ对焊工），每对焊工先后焊接1~3条焊缝。施焊对称地按如下次序进行：①先同时焊接内部各对接安装焊缝1；②外面清理焊根之后进行封底焊；③进行纵向及横向骨架（T形梁）和纵隔壁各对接焊缝2的焊接；④完成这些骨架和外板的接缝3（分段焊接时预留的未焊段）的焊接。

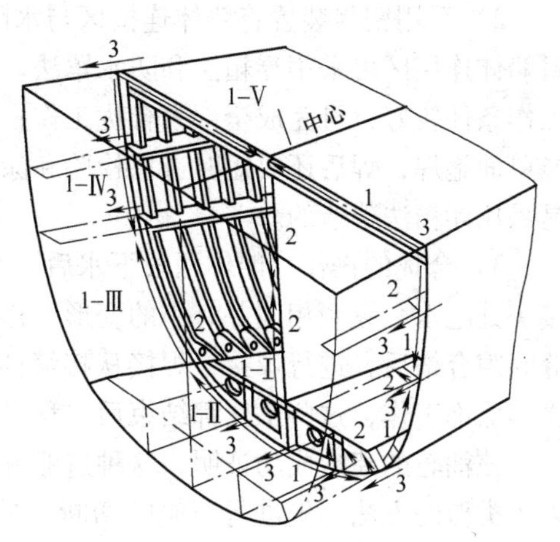

图6-41　船体大合拢焊缝焊接的次序
1、2、3—焊缝

船体焊接变形的控制是船体结构质量的重要保证。船体主尺寸在规定公差范围之内是船体完工精度的要求之一。船体主尺寸包括总长、水线长、型宽、型深等。船体结构变形主要有首尾端高、船体龙骨挠度、船体中心线的偏移等。船体主尺寸一般都有缩小趋势。如由于大接缝的横向收缩、众多内部纵向骨架和构件对接缝的收缩等，使总长缩短，宽度减小。由于焊缝相对于形心不对称，因而船体结构挠曲变形不可避免。常见的是龙骨基线下挠。如果船台墩木垫得不平，或发生不均匀的下沉，也会引起船体挠曲变形。

控制主尺寸和变形除在部件、分段和总段装配焊接中要严格控制尺寸精度外，在船台装配焊接阶段还需采取如下工艺措施：

1）尽量减少船台工作量。例如，扩大分段和总段的划分尺寸，加大中合拢阶段的装焊工作量，减少船台装焊工作量；保证每个总段精度都在规定范围之内，减少船台切割与修理工作量；上层建筑采用整体建造而后吊装的方法等。

2）提高分段精度。可采用前述装配焊接胎架、加放反变形等措施，要使接缝处线型光顺、坡口磨光等。

3）为补偿总长方向焊接收缩，制造分段时，每理论肋距加放0.5~1mm收缩余量；分段大接缝处加放5~10mm的收缩余量；在大合拢最后装配首尾段时，按实际船长加以调整，使总长符合要求；船宽方向加放收缩余量。对小型船舶加放 3～5mm，中大型船舶加5～10mm 余量；首尾段余量略小。

4）船台装配时，各总段装配定位要正确。为减少首尾上翘，需留反变形。如按总段法建造时，每米反变形为 -0.8～-1.0mm；塔式建造法时，每米反变形为 -0.5～-0.9mm。还要选择正确的施焊次序。

4. 船体两段建造法

船体除在船台上进行合拢之外，还可在船坞及浮船坞内进行合拢。目前还发展了一种两段造船法，即在船台上（或船坞内）分别建好船体的前段和后段，然后分别下水，最后在水上把两段船体连接起来。这是一种先进的造船技术，可以提高造船能力，用小船台造大船，缩短造船周期，改建船舶（如接长船体）。

如荷兰一家船厂利用总长 205.45m 的船台，在 1968 年建成一艘 21 万载重吨的巨型油轮。该油轮长为325.319m，型宽为47.168m，型深为24.5m，吃水为18.981m，就是在船台上分两段建造后下水合拢建成的。进行船体两段水中合拢需解决：

1）大合拢时两段配合良好。包括两段对接口位于垂直船体纵轴线平面内、两船段的接头间隙和夹角相等。为达到这些要求，必须采用精密的测量技术。该船建造中采用了五角棱镜和激光束光源、经纬仪等，并用复滑车、液压缸、铰车和制动器等设备对装配间隙进行校正。

2）采用密封装置将船体连接区与水隔开，以保证焊接、检验、油漆等工作的进行，密封船体连接区可采用浮箱法和防水罩法。前者结构庞大、制作复杂，只能在深水区使用，但工作条件较好，可完成全部大合拢工作；后者简单，可在浅水区施工，但工人不能进入，只能单面施焊，焊后还要短时进坞检验和涂饰（有的还要进行外面焊缝的焊接）。荷兰的油轮是采用浮箱法建造的。

3）合拢的操作。船体两段下水后，在码头进行舾装；移进浮箱并进行船体压载，保证接头处吃水，纵倾相同并有小的变形；移近两段船体合拢后，浮箱排水，调整压载；检查焊缝间隙合格后，进行焊接，焊接从接缝四周同时进行；焊后 X 光检验，清理焊缝并进行油漆等涂饰工作，这些工作都结束后，移去浮箱。

该油轮的建造成功证明，这种造船方法十分有效。对于一些旧船的加长、加深改造也可采用类似的方法。先进行旧船的切断，是通过在割区外部（临水面）设置防水罩，工人进入和在陆上一样进行切割；然后加入中间一段，在水上进行大合拢。此法在1966 年已经有成功应用的例子。

6.4 铁路车辆的焊接生产

如前一章介绍的，目前都广泛采用全焊结构的客车、货车。这里介绍货车中的敞车和运输液体，如原油及其制品、食用油、酒精、各种酸液等的罐车的焊接生产；介绍全焊客车体的制造特点。

6.4.1 敞车和罐车的焊接生产

1. 底架结构及其装配焊接工艺

C62A（C70）敞车如第 5 章介绍，它由底架、侧墙和端墙组成，没有顶盖。其底架结

构如图5-38b所示，是一带蒙皮即地板的框架（图中未示出地板）。由中梁1、端梁3、小横梁6、枕梁2、横梁4、侧梁5、前后从板座、上心盘等以及冲击座、上旁承、脚蹬、绳拴、左右侧门搭扣、副风缸与降压气室吊架等底架零附件（图中未表示出）装配焊接而成，装配焊接好的底架框架上铺设地板。

中梁是底架的脊柱，传递全部牵引力，冲击力和将底架上承受的全部垂直载荷通过上心盘传给转向架。底架中梁结构如图6-42所示，由图可见，中梁由两根Z型钢和隔板、下盖板和中间垫板等连接而成。中梁以中心线对称，全长为12486mm，两心盘中心距为8700mm ±7mm技术条件规定了前后从板座距离差，不平行度（这是安装挂钩及缓冲装置所必需的）及其对下平面的不垂直度（两者都不大于1mm），特别要求中梁有25~30mm的上挠，全长旁弯不大于6mm，每米不大于2mm等。

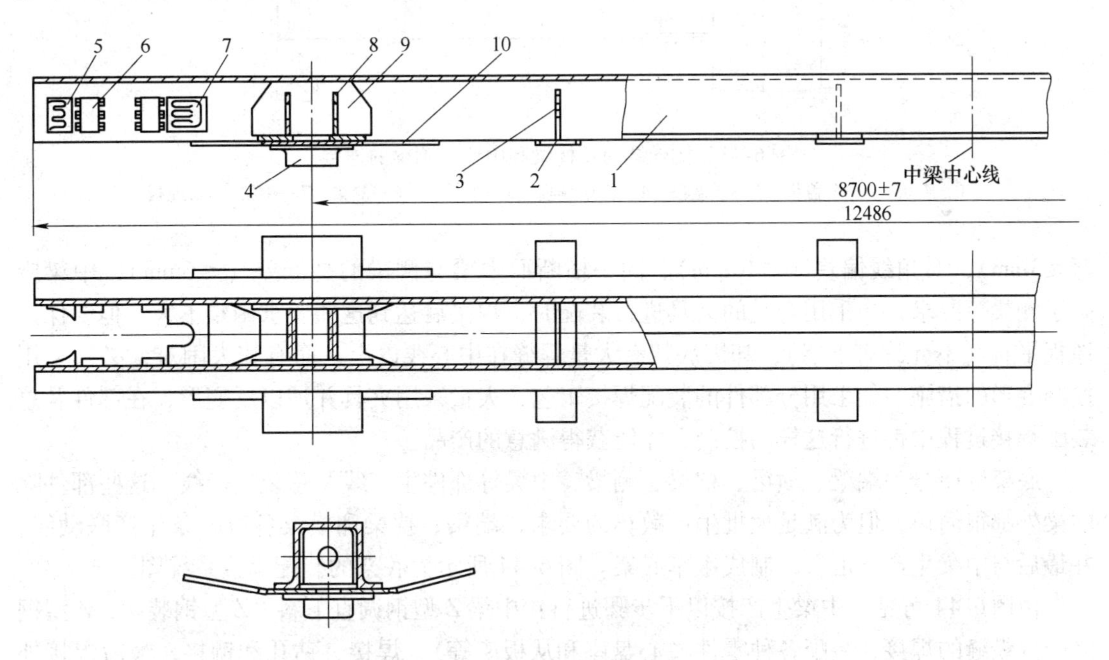

图6-42　底架中梁结构示意图

1—中梁Z形钢　2—横梁下盖板（中）　3—（横梁处）隔板　4—上心盘　5—前从板座　6—中间垫板　7—后从板座　8—（枕梁处）隔板　9—补强板　10—（枕梁处）下盖板

枕梁结构如图6-43所示，它由两腹板和枕梁隔板组成，共有四件，左右对称。图6-43还示出了枕梁和中梁、侧梁的连接及小筋板的位置，图中中梁和侧梁用点画线表示。

横梁和枕梁结构类似，但为单腹板梁。

端梁由钢板冲压成「形，再焊上盖板，形成F截面而成。

其他零件由槽钢、钢板冲压件和铸钢件组成。

最后组装成底架框架，上面装配焊接地板。焊完地板后，底架应有适当上挠，至少应为平面。此外，还有长度、对角线、旁弯等偏差要求。

地板及钢板冲压件采用耐候钢09MnCuPTi，其他型材为Q235钢，少量零件采用铸钢ZG15、ZG25制造。

工艺分析表明：由于底架左右对称，可以预计为保证侧梁旁弯（全长≤6mm，每米旁

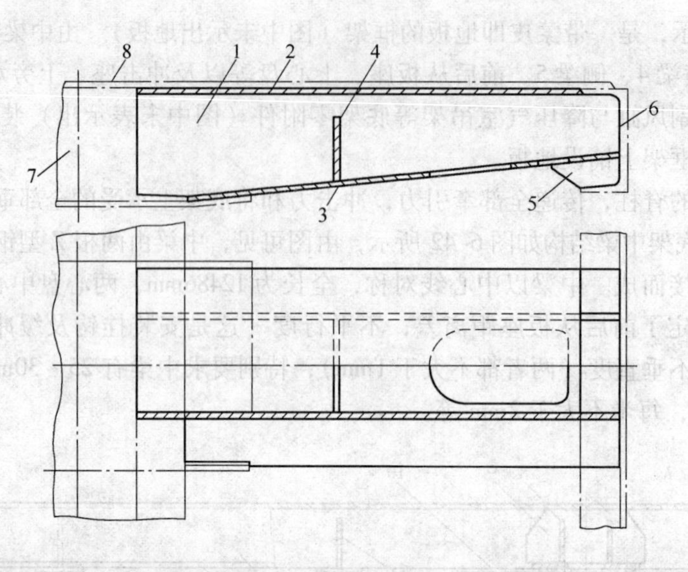

图6-43　枕梁结构及枕梁和中梁、侧梁的连接

1—腹板　2—上盖板　3—下盖板　4—枕梁隔板　5—小筋板　6—侧梁　7—中梁　8—地板

弯≤3mm），对角线偏差（≤10mm）、同一横断面中梁与侧梁的高低差（≤6mm），中梁应高于侧梁等要求，当采用合适的夹具进行装配时，焊接后达到这些要求困难不大。但要保证地板平直（不允许有下挠），却因底架有大量焊缝在中心线以上，而有较大困难，必须采用控制变形的措施。如采用分部件的装配焊接工艺，大量采用夹具并加以反变形，在部件及总装配焊接过程中都进行这样的控制，才能获得满意的产品。

底架生产分为端梁、横梁、枕梁、侧梁、中梁等部件生产线及总装生产线。这些部件除中梁外都很简单，但为满足大批生产敞车的要求，端梁、枕梁和横梁各有一条生产联动线，并最后与中梁生产线汇合，制成敞车底架。图6-44 所示为底架的装配焊接系统图。

由图6-44 可见，中梁生产按以下步骤进行：中梁Z 型钢调直下料，Z 型钢装配，Z 型钢之间内纵缝的焊接、装配各种零件（心盘座和从板座等），焊接、钻孔和铆接，最后焊接外纵缝、隔板和其他先行工序未能完成的焊缝。上述有关中梁的形状尺寸要求，特别是上挠的要求应特别注意。由于在中梁部件生产时，Z 型钢对接纵缝处于中梁的上部，焊接变形将造成中梁下挠。故需在装焊夹具及机械装置帮助下才能达到上挠的要求。

中梁的装配在专用的装配夹具上进行。夹具可保证两Z 型钢的距离、对口处的间隙、错边，以及两Z 型钢翼板的水平度。内纵缝的焊接在另一个焊接夹具中进行。焊接夹具中的液压装置使中梁在施行埋弧焊前有60 ~70mm 上挠反变形。装配枕梁下盖板、心盘座、隔板等零件也是在专用夹具上进行的，以保证各零件间的位置准确。两上心盘的位置公差（中心距为8700mm ±7mm）及平行度要求是比较严格的，故采用液压升降装配夹具装配上心盘。为提高钻孔效率，采用14 台单机组成的多头钻，加工出116 个孔。采用油压铆接心盘座和从板座，使有较高效率和较低噪声。焊接隔板等零件是在双柱式焊接翻转机上进行的，将各焊缝转到方便位置施焊，并由夹具保证中梁有20 ~25mm 反变形。底架生产线共采用了外纵缝焊接、隔板焊接、上心盘装配、心盘座焊接、零件装配、内纵缝焊接、Z 型钢装配等近10 个翻转机和带有装配夹具的固定装置。

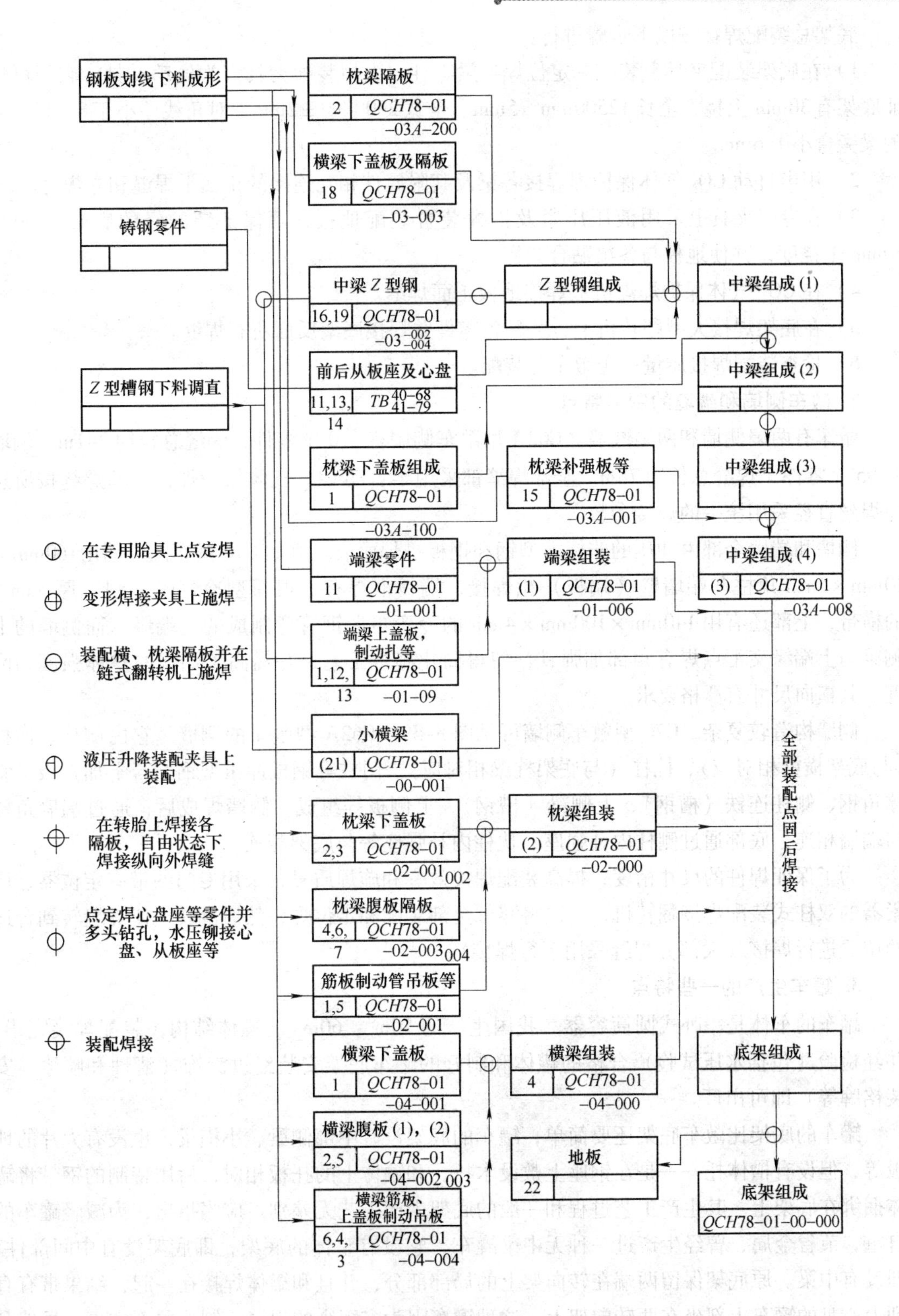

图6-44 底架装配-焊接系统图

底架总装配焊接按以下步骤进行：

1）在底架装配夹具上装配并定位焊各梁零件。大型装配夹具多为气动夹具，它们可保证底架有30mm上挠、全长12500mm±5mm、全宽2900mm±2mm，对角线差小于8~12mm，侧梁旁弯小于6mm。

2）用半自动CO_2气体保护焊焊接各梁及其附属件相互连接的正面平焊缝和立焊缝。

3）在专门夹具上采用液压压紧及推撑装置装配地板，可保证装配好的底架有50~60mm上挠度，并使地板与各梁贴合紧密。

4）在CO_2气体保护焊焊机上焊接地板正面焊缝。

5）在底架焊接大型翻转机上，装配各零件并焊接底架反面所有焊缝。

6）检查装配焊接质量，送敞车总装配。

2. 敞车侧墙和端墙的制造特点

敞车有两扇侧墙和两扇端墙。C62A型敞车侧墙有310个零件，焊缝总长约241m，端墙有95个零件，焊缝总长约78m。全部焊缝都采用半自动CO_2气体保护焊，全部焊缝按所选择焊丝直径采用统一的焊接参数。

侧墙和端墙全部由冲压的非标准型钢和钢板拼焊而成。例如C70敞车的端墙由160mm×10mm×5mm角柱和端墙壁（端板）相焊接，端板上焊有三根新型冷弯帽型钢（厚5mm）的横带，上部还有用140mm×100mm×4mm的冷弯矩形钢管弯制成的上端缘，而侧墙的上侧梁与上端缘交汇点焊有角部加强铁，使得简化施焊工艺，并提高了端墙的整体强度和刚度。其横向尺寸有严格要求。

侧墙构造较复杂，C70型敞车侧墙可见图5-39。C62A型敞车的侧墙，它由侧柱、横柱（与底架横梁相对应）、枕柱（与底架枕梁相对应）、门柱等钢板冲压型钢、若干加强板、斜撑角钢、侧柱连铁（槽钢）、上侧梁（槽钢）、上侧板等组成。侧墙焊成后，通过端墙角柱与端墙相连，底部通过侧柱内补强座、枕柱内补强座等与底架相连。

为了保证焊件的尺寸精度，提高装配焊接效率和施焊质量，采用专门的带有定位器、压紧器的双柱式装配焊接翻转机，一次将零件全部装配和定位焊，然后翻转，使焊缝转到合适的位置进行焊接（大部分焊缝采用下行焊接）。

3. 罐车生产的一些特点

罐车的车体是一卧式圆筒容器。我国生产的$50m^3$、$60m^3$的罐体结构，装配焊接完毕，并经检验（包括水压试验）合格的罐体和制好的罐车底架安装经过涂饰（清理和喷漆、安装铭牌等）即可出厂。

罐车的底架比敞车底架还要简单，罐车的底架没有中部侧梁、小横梁，也没有大片的地板等，但设有槽体托——是在钢座上敷设木托，和罐体上的托板相对，后用特制的钢带将罐体捆绑在底架上。其生产工艺过程和一般的底架生产工艺无差别。应当指出，为减轻罐车的自重，节省金属，曾经生产过一种无中梁罐车，它没有整体的底架，即底架没有中间部件，即没有中梁。原底架保留两端在转向架上的局部部分，并且和罐体焊接在一起，结果带有直到上心盘的罐车上部坐在两转向架上。这种罐车因为多短小的焊缝，制造并不省事，虽然利用了罐体的大刚度，在强度、刚度上计算没问题，但由于严重的应力集中，力线歪扭，并不安全，后来停止了生产。

6.4.2 客车车体的制造特点

目前我国客车（包括地铁）车体（车厢）的格栅骨架广泛采用粗丝半自动 CO_2 气体保护焊焊接，这与该产品为成批生产，产品多为短焊缝相适应。

客车车体（车厢）是分成平面部件装配焊接的。通常分为顶盖、侧墙、端墙和门墙等部件，这些平面部件最好是采用点焊和缝焊连接。与其成批（小批）生产的特点相适应，平面部件生产的个别工位采用局部机械化装置，大量采用车间的起重运输设备，而不像大量生产（如汽车驾驶室生产线）那样采用专用机械化装备和运输工具。这些平面部件装配焊接在专用的胎架上进行（图6-45），以保证装配质量和便于焊接。专用胎架由装配平台2、两个装配门架4 和焊机1 等组成（图6-45a）。

焊机从一个平台到另一个平台进行装配后的焊接工作。装配作业按下述方式进行：先按照定位器铺设外蒙皮板，然后放置增加刚性的元件，压紧外蒙皮并使其预弯，此项工作由门架1（图6-45b）的支架6 上所安装的一系列装配压紧器来完成。门架可以沿装配平台纵向移动，移到设计规定的位置将其固定。固定门架时用定位气缸装置2，它将带销子的机构7 插入轨道下面的工字钢中的定位装置8 中。门架固定之后，顺序动作气动杠杆压紧器3、5（图6-45bA-A 及 B-B）将元件与蒙皮压紧，并用气动压紧器9 造成预弯，然后进行定位焊。定位焊完毕，各压紧器回复原位，门架移动到下一个装配位置。

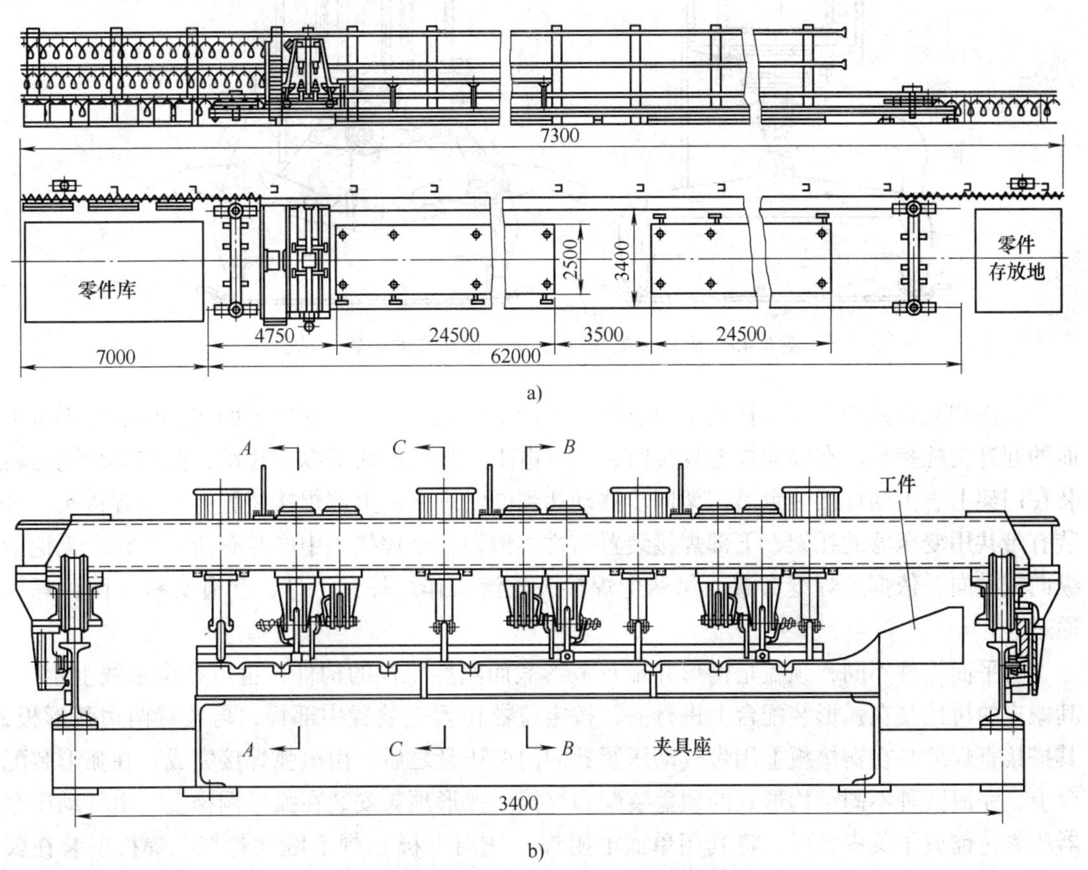

图6-45 机械装配-焊接客车平面构件的装置

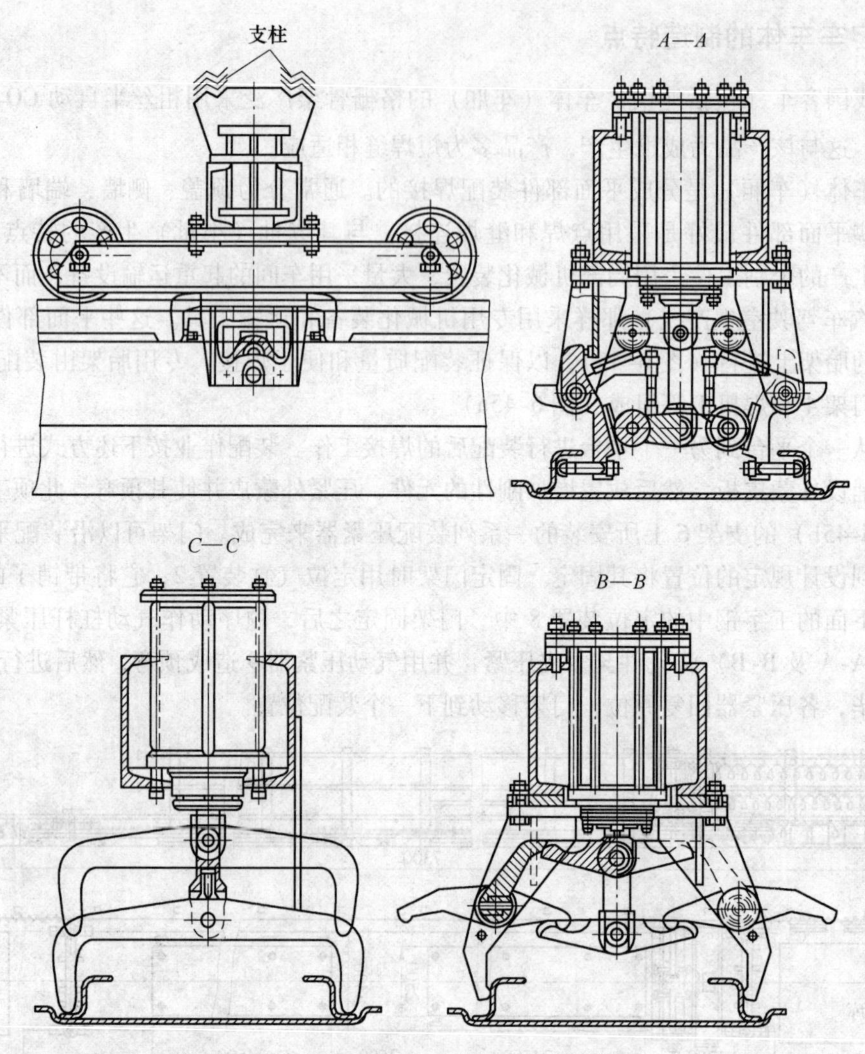

图 6-45　机械装配-焊接客车平面构件的装置（续）

蒙皮和刚性元件利用双柱式电阻点焊机双面电阻点焊接，焊好的平面构件由装配平台下面的起升支柱抬高。在纵向焊缝焊接时，三点电阻点焊机沿轨道纵向移动；横向焊缝则是将装在门架上、下的焊接装置沿门架同步移动达到同时焊接。上部焊接装置有三个焊接头，并装有带共用变压器的托架，下部焊接装置与之类似，三个焊接头中同时有两个工作。无论沿纵向或横向，依据点焊缝布置，每两个焊接头轮流工作。焊完工件，起升支柱下降，焊机通过。

与平面构件不同，顶盖是槽形并带有 Z 形截面刚性元件的构件，也可在流水线上生产。其蒙皮的拼接是在弧形装配台上进行的，按定位器位置先放置中部板，再放置两边弧形板，其搭接直焊缝是在铜垫板上用带气动压紧器的门架压紧之后，由电弧焊接完成。在弧形装配台上，完成四种不同结构形式的顶盖装配和焊接。弧形顶盖安装在弧形铜排上，由气动压紧器压紧，铺放了蒙皮之后，将其用单面电阻焊（成对电极）焊上刚性骨架。焊机安装在弧形门架上，按定位销确定门架的位置之后，顺序焊接。顶盖部件的装配焊接可互不干扰同时进行。

6.5　复合结构及焊接机器件的焊接生产

许多复合结构和焊接机器零件都是单件或小批量生产的（如锻压机床的横梁、床身、水轮机的转轮、汽轮机的零件等），但为了获得好的质量和高的生产率，仍然大量采用电渣焊、埋弧焊，CO_2 气体保护焊等先进的工艺方法。另外一些焊接机器零件，如汽车零件：传动（万向）轴、桥壳体、拖拉机的焊接滚筒（轮），内燃机车柴油机的焊接机体等则是大量或大批生产的，由于流水生产的需要，还设计了专用机床进行自动化的装配和焊接。

6.5.1　水轮机转轮的制造

图5-23所示辐轴流式水轮机转轮的焊接如图6-46所示。两片上冠经加工后，进行电渣焊，只要能将上冠转至使焊缝处在垂直位置，焊接是没有任何困难的。水轮机叶片是流线形截面，各处厚度不等，它和上冠、下环的焊接都是这种变化曲线和不等厚截面的焊接，因此工艺分析认为主要困难是叶片焊缝的焊接。解决不等厚截面的焊接最适宜的方法是熔嘴电渣焊。为保证该工艺的正确实施，并有优良焊接质量，必须采取以下措施：①设计并制造能使装配定位焊好的转轮（一百几十吨）回转的双柱式翻转机，以便将欲焊的焊缝转到垂直位置施焊（图6-46c和d）；②熔嘴的宽度应大于工件宽，以保证边缘熔透，成形良好（图6-46d的C-C视图）；③施焊时，适当提高焊接工作电压；④采用圆弧形滑块以保证成形有圆滑过渡，并选用合适的焊接材料；⑤为减小焊接应力使收缩均匀，应采用对称跳焊施焊次序；⑥焊后进行整体正火-回火热处理。上述装配焊接工艺过程如图6-46所示。上冠铸造毛坯经加工后（外圈未加工）装配，并使之处于垂直位置以便施焊。为补偿上下收缩不均匀，对接装配时上部间隙为50~54mm，而下部为25~27mm。焊后经过高温回火处理，并继而进行机加工，内表面进行最终的加工，其余仍留有余量。

转轮的叶片也是用20MnSi铸钢制成。为了提高叶片抗气蚀破坏的稳定性，在叶片凸面上堆焊一薄层不锈钢。为保证叶片的尺寸准确，依靠堆焊、切削并用空间成形样板进行检查。表面磨光的叶片装配并定位焊于上冠之上（图6-46a），然后定位装配马、各拉杆、定位器（图6-46b），装上翻转架，即可开始焊接。熔嘴电渣焊工艺措施如前述。为补偿变形，下部装配间隙为37mm，上部间隙为47mm。转轮叶片焊完经高温回火后，在大型立式车床上加工叶片的端面（与下环接合部），并加工出K形坡口。

下环由四片装配组成并用电渣焊连接起来，如图6-46e所示。焊后进行高温回火、表面加工，然后如图6-46f所示利用千斤顶将下环装配（套）在转轮叶片上并进行 CO_2 气体保护焊，焊后进行最后的正火-回火处理，然后进行机加工。

我国东方电机厂制造的30万千瓦水轮机转轮全部采用电渣焊，即不仅上冠与叶片的焊缝，叶片与下环的焊缝也都是电渣焊完成的。

6.5.2　60000kN自由锻造水压机下横梁的焊接生产

图5-17b和图5-18b所示的水压机下横梁是该水压机最大的工件，重215t，材料为Q235轧板和15号铸钢（ZG15）。工艺分析表明焊接工作量极大。采取高生产率的电渣焊方

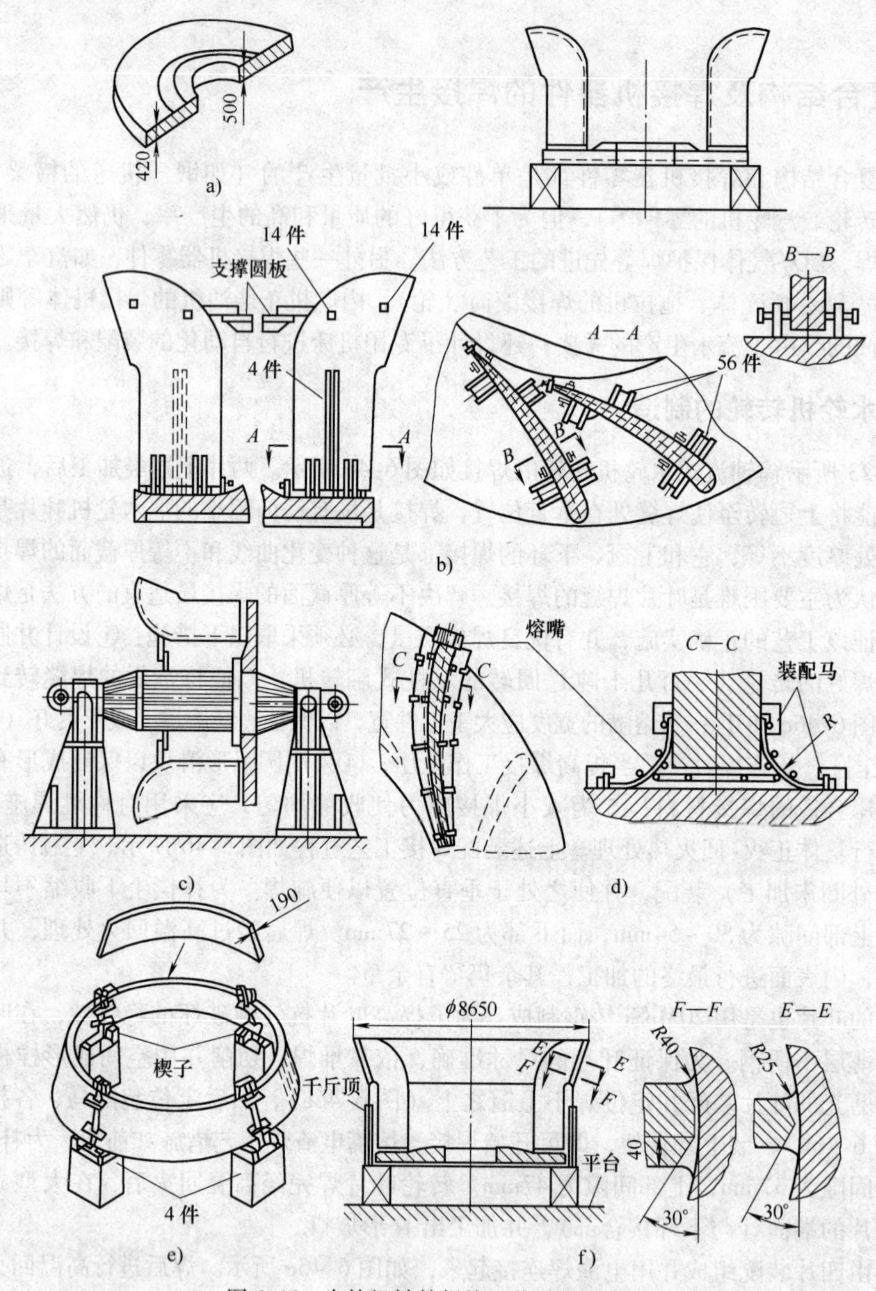

图6-46　水轮机转轮焊接工艺过程示意图

法是正确的手段，所有立板焊缝采用电渣焊困难不大，而面板1和底板5与各立板之间的T形焊缝工作量很大，采用电渣焊的困难是如何使这些焊缝转到垂直位置施焊；另一困难是在立板十字交叉处，如何保持渣池不泄漏，维持电渣过程稳定。通过在工件上焊接回转轴，在专门制造的下横梁回转架上，将工件转至焊缝处于垂直位置，并将与待焊焊缝相垂直的焊缝之间隙中加上与立板厚度相同的钢垫块，以防渣池泄漏，用这种方法成功地解决了上面板1、底板5与各立板之间T形焊缝的电渣焊困难。由于4个柱套及2个提升缸套均为铸钢毛坯，经过粗加工后，进行装配焊接，虽然有精加工的裕量，但必须控制中心距的误差，故控

制电渣焊变形及采用反变形方法是获得一定误差尺寸的下横梁的重要条件。经过试验，电渣焊的收缩变形及反变形量见表6-3，由表中可以查得应留出的收缩裕量。例如柱套中心距纵向要求尺寸为5200mm，柱套凸台和立板对接各2个接头，立板有4个T形接头，查表可得收缩量 $\varepsilon = 2\varepsilon_2 + 8\varepsilon_4 = 2\times4 + 8\times1.5 = 20\text{mm}$，装配时留出28mm收缩裕量，焊后还剩7mm收缩裕量，即实际收缩了21mm。表中所给出的角变形是因为用丝极电渣焊时，冷却滑块需沿工作滑动，焊机一面不能布置装配定位块，收缩阻力在两面不同，因而发生了角变形。

表6-3　水压机横梁电渣焊变形类别及反变形量

收缩变形种类	接头形式	收缩变形示意图	反变形示意图	反变形量
电渣焊缝始末端不同收缩量	各种接头		H、h	$H-h=1.5\sim2(\text{mm/m})$
横向收缩	对接接头		ε_1	$\varepsilon_1=2\sim4\text{mm}$
	T形接头		ε_2	$\varepsilon_2=2\sim3\text{mm}$
			ε_3	$\varepsilon_3=1\sim1.5\text{mm}$
纵向收缩	各种接头		ε_4	$\varepsilon_4=0.5\sim1(\text{mm/m})$

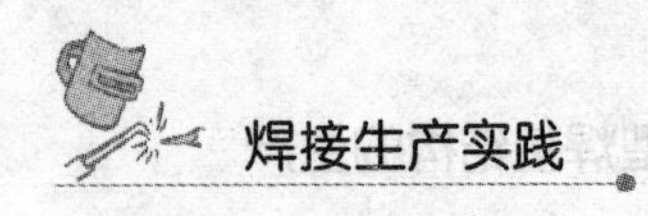

（续）

收缩变形种类	接头形式	收缩变形示意图	反变形示意图	反 变 形 量
	对接接头			$\varepsilon_5=1\sim1.5$(mm/m)
角变形	角接头			$\varepsilon_6=3\sim4$(mm/m)

下横梁的装配焊接过程系统如图 6-47 所示，板材的拼接包括中央构架（图 6-47e）的横向立板 6，上下盖板 1、5（图 5-18b）及一切需拼接的板拼板时，焊缝不得在同一平面上，拼接焊缝和构架焊缝不得重合。下料时板材按表 6-3 留出收缩裕量。如中央构架的纵向立板 9（图 5-18b）高度方向需留 30mm 裕量，而横向按尺寸下料；翅架（图 6-47d）纵向立板 7（图 5-18b）高度方向留出 40mm 裕量，长度方向留出 50mm 裕量，并且斜角先不切割；中央构架横向立板高度方向留出 30mm 裕量，长度方向留出 50mm 裕量等。

铸件准备指铸钢毛坯焊前的粗加工。

柱套合件（图 6-47a）是由粗加工的柱套毛坯与外侧纵向立板 10 用电渣焊接而成。为保证柱套中心距符合技术条件关于尺寸公差的要求，装配时中心距比要求尺寸大 10mm，焊后经消除应力热处理，中心距比要求尺寸小了 6～7mm，即实际焊两条电渣焊缝，共收缩（横向）16mm 左右，即比表 6-3 值大，亦即预留反变形不足。原因是焊缝间隙较大，且工件处于自由状态（只在柱套铸造凸台之间加弹性支承，以防止柱套回转），故收缩量超过预计值。

两侧立板构件（图 6-47h）的装配焊接过程，是将横向立板和纵向立板二次装配定位焊，然后同时焊接每块纵向立板两端的电渣焊缝。

将焊好的中央立板与顶出器构架（图 6-47b）同两侧立板构件装配在一起，采用对称跳焊的办法完成 8 条电渣焊缝，得到中央构架。再与经消除应力热处理的柱套合件整体合拢，此时要注意保证两柱套合件间的中心距。预留的反变形量如前所述。

将焊好柱套的中央构架和焊后经消除应力热处理的两翅构架（图 6-47d）合拢，然后焊接它们之间的立板电渣焊缝，获得下梁构架。下梁构架同时装配上、下盖板，并在中央构件的外侧纵向立板上焊上直径 400mm 的回转轴，如图 6-47f 所示。采取加垫块等措施后，用熔嘴电渣焊完成 4 条 10m 长的电渣焊缝。由于顶出器左右空间窄小，无法布置水冷铜滑块，因而此处设置了垫铁。与此类似，焊接下盖板与立板的焊缝。

随后焊接上、下盖板与横向立板的焊缝，此时回转轴处于两翅构架端部，如图 6-47g，用气割将十字立板处纵向立板与盖板的焊缝（已焊好）割穿，以便实现盖板与横向立板焊

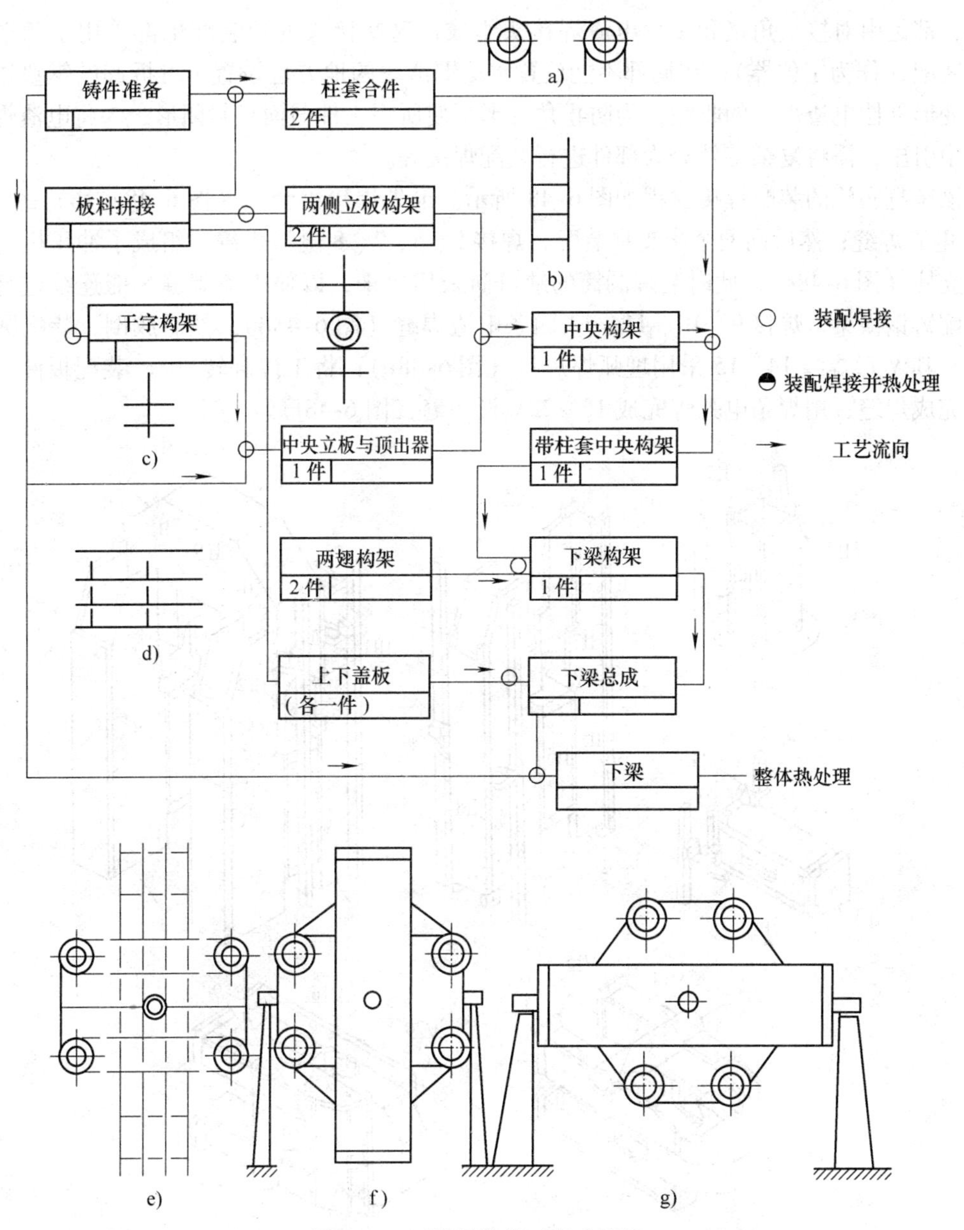

图6-47　下横梁装焊过程系统图

缝的连续焊接。

下梁转平后，于工作位置装配提升缸套2（图5-18b），焊接缸套2与柱套3之间的电渣焊缝。此焊缝甚宽（200mm），因此采用两个熔嘴。分阶段引弧造渣的办法完成。装配焊接其他零件，如侧立板11（图5-18b）与柱套的焊缝；铰链座12，横向端板13、下斜筋板之间的焊缝（自动焊）；侧盖板15与制动装置座16之开坡口的角焊缝（熔嘴电渣焊）。最后，进行下横梁的整体热处理（910℃退火）。

6.5.3　40000kN冲压机床身的装配焊接

图5-17a、图5-18a所示巨型冲压机床身的装配焊接过程与上例类似，因为其接头类型

相似，都是由对接、角接和T形电渣焊接头组成；这些接头的预装配也都采用了角形、桥形等装配（作为定位器）；在局部不能放置水冷铜滑块的地方也设置不可拆卸的钢垫块；通过反变形补偿电渣焊缝的收缩；为防止角变形都使所焊工件截面呈封闭形；为将电渣焊缝从工件中引出，需将复杂工件分为部件进行装配焊接等。

该床身实施的装配焊接过程如图6-48所示。最先焊接小台柱（图6-48a、b）的1、2、3、4电渣焊缝；然后同两个半支柱装配，焊接5、6、7、8电渣焊缝，组成了冲压机床身的两个立柱（图6-48c），此时装焊圆筒的缺口尚未切出来，以便电渣焊缝8能连续进行。然后装配铸钢横梁，焊接9、10、11、12四条电渣焊缝（图6-48d）。然后放倒，装配圆筒及底板，其V形焊缝14、15采用埋弧焊焊接（图6-48e）；将工件翻转90°，装配板件，用电渣焊完成焊缝，用焊条电弧焊完成16～22V形焊缝（图6-48f）。

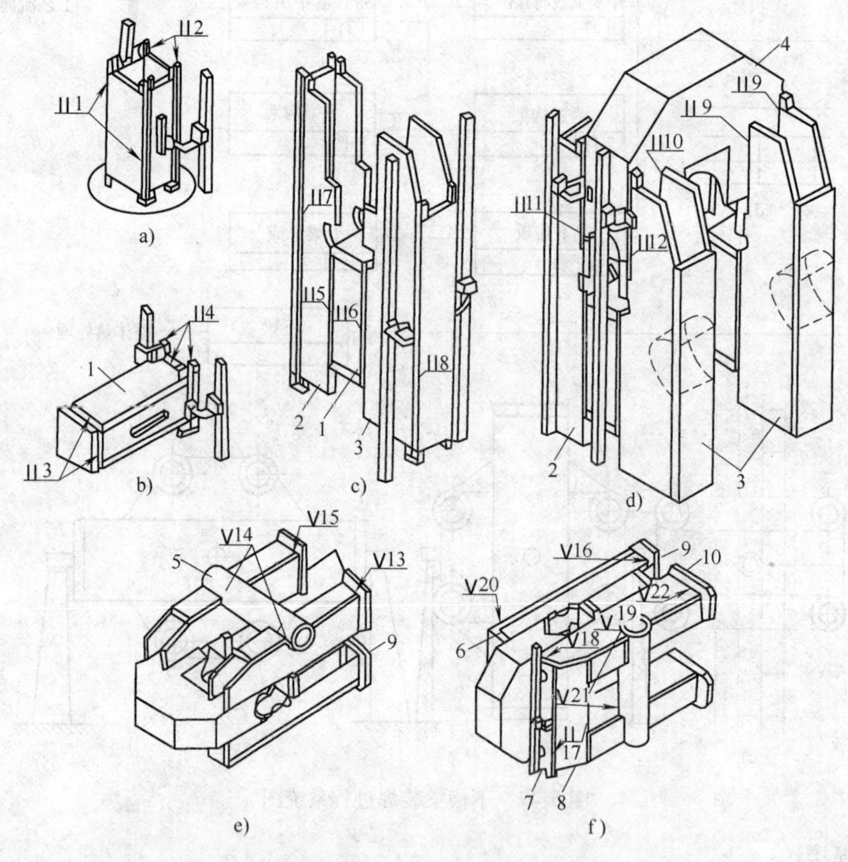

图6-48　冲压机床身装配焊接示意图

6.5.4　焊接汽轮机（燃气轮机）零件的制造

图5-24和图6-49示出的汽轮机和燃气轮机零件在很苛刻的条件下工作，故对其制造要求很严格，接触高温部分都是由耐热钢（热强钢）制造的。由于尺寸巨大，很难通过铸造或锻造单一工艺方法获得毛坯。所以需由锻造制成相对尺寸不太大的零件，而后组装焊接成所需尺寸的零件，这是汽轮机（燃气轮机）的主要生产方式。图6-49所示即是由若干圆盘4和轴3、5焊接而成的燃气轮机转轮。

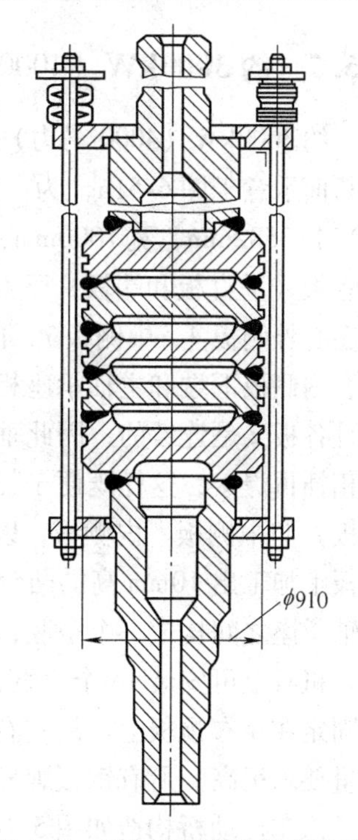

图6-49　燃气轮机转轮装配焊接

在制定产品结构细节和焊接工艺时，通过工艺分析，首先注意到转轮内部有许多空腔，无法机加工，也无法反面施焊。因此能否单面焊透，是保证产品质量的重要条件之一。这类零件是高速旋转的，其轴向弯曲有极严格的公差要求，否则封闭空腔相对轴向的偏心将引起轴旋转的动不平衡。这种不平衡在高速转动的轮机中引起损坏是不许可的，故必须严格控制焊接转轮的轴向弯曲。由于不可能在焊后利用机加工消除轴向弯曲，所以必须采用精确的装配工艺及合理的焊接工艺。

锻造毛坯，经精加工后，将其精确对中。圆盘间依靠装配凸台对中，用图6-49所示的拉杆1装配。拉杆上有补偿收缩的弹簧2，以便在发生焊接收缩时仍有适当的装配夹紧力。

单道焊不可能保证整圈焊缝均匀收缩，所以焊缝都是多层焊的。为保证焊缝根部熔透，设计了专门的坡口形式。单面焊使根部熔透的办法很多，例如可采用加垫，但不如图6-50a左所示的结构形式，上海汽轮机厂在国产300MW汽轮机转子采用的坡口形式要简单一些（图6-50a右图）。这种精确加工的接头坡口形式，由于具有凸台而装配准确；设置的嵌环（厚2mm）利于减小收缩阻力，这对防止根部裂纹是很重要的。接口下面加工出斜沟槽有利于减小收缩阻力，也有利于防裂，并且可保证超声波检验根部焊缝的有效性。

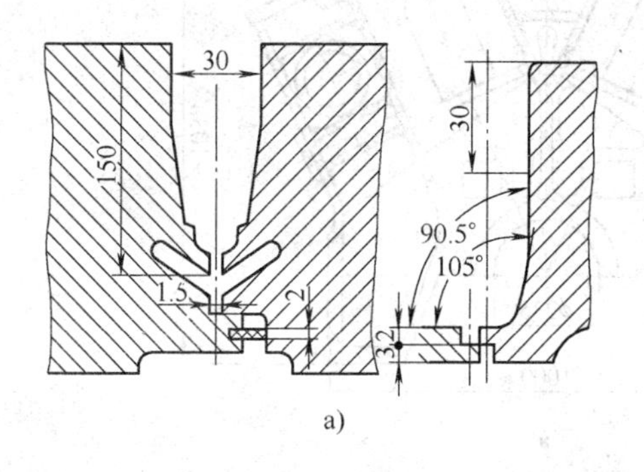

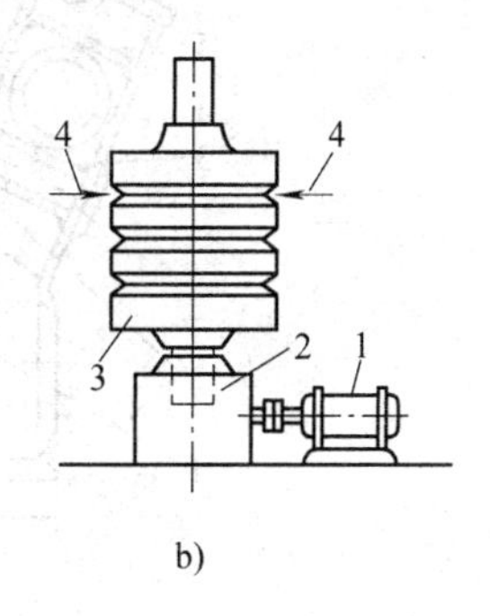

图6-50　转轮焊接示意图

a）转轮轴环缝结构　b）焊接示意图

转轮的第一层焊缝是在工件处于垂直位置施焊的（图6-50b）。工件在焊接回转台2上旋转，同时由2~3把焊枪对称施焊（图6-50b中4）。打底用钨极氩弧焊。工件处于垂直位置施焊，是为免受重力的影响；对称施焊使变形也对称。打底焊后，用CO_2气体保护焊在同样位置进行以后焊层的填充焊。精确加工的坡口被填充到一定厚度，转轮有了一度刚度后，再将其放至水平位置。坡口的主要部分是在该位置下，工件绕水平轴旋转过程中，利用埋弧焊填满的。该工艺使焊成的转轮弯曲变形在要求范围内（在5m长度内，径向跳动不超过0.5mm），所以转子焊接分为垂直位置焊接、水平位置焊接、垂直整体热处理和焊后检验过程。

6.5.5 约3000kW（4000马力）柴油机机体和汽车传动桥的焊接生产

约3000kW（4000马力）柴油机用作铁路干线动力机车（内燃机车）的主机。其结构的断面示意于图6-51a，为一铸焊复合结构。其下半部1（主轴承座）是铸钢件（25号铸钢）长3582mm，宽1000mm，高698mm。上半部分有左右对称的14块垂直板11和两端板，这些板（垂直板和端板）下部与铸钢件1焊接，上部与厚73mm左右顶板6相连接。此外纵向还有外侧板4，中侧板7，内侧板10，顶板8，隔板9，水平板，支承板5。由图可见外、中、内侧板下端和主轴承座相连，上部和顶板焊在一起。纵向的各板和垂直板都是正交的，而且各板又是连续的，因此垂直板11、水平板2、中侧板7都开有槽口，（图b），正交板彼此相插再焊接，这样既便于装配、焊接，结构强度也比较高。最重要的焊缝是顶板（左右顶板）与中侧板、内侧板，以及各板与主轴承座之间的焊缝，都是对接的，前者还在左右顶板上加工出10mm高的凸台。垂直板和顶板之间为角焊缝。此外，左右内侧板和中顶板、主轴承座之间构成一个空腔，并被隔板9分成两部分，上腔为增压空气稳压腔，下腔为主油道。机身上可安装16个汽缸，分为两排并呈V形布置，安装在顶板和水平板的圆孔中，并被固定在左右顶板上。故左右顶板及主轴承座（9个主轴承）承受主要的冲击载荷，对焊缝质量要求很高。所有钢板牌号皆为16MnR，它有好的焊接性。

汽车传动桥构造如图5-16所示，比较简单。

以上两个产品可以作为成批（机身）和大量生产的典型示例。

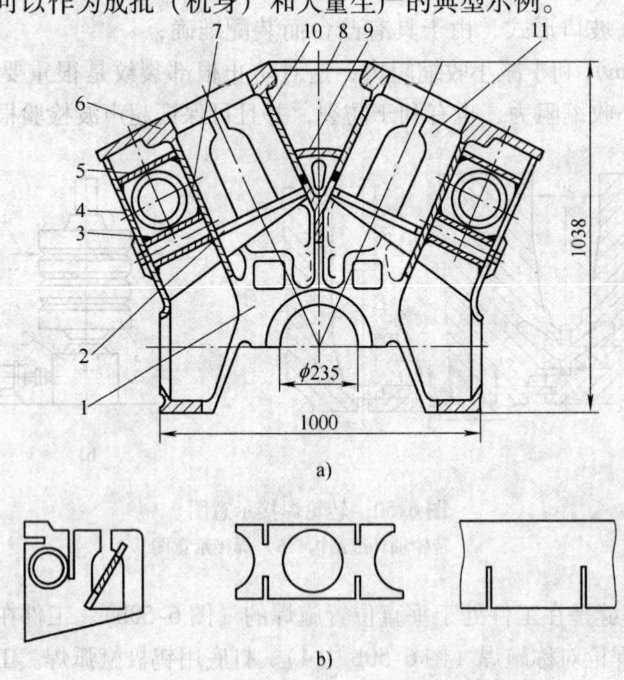

图6-51 约3000kW（4000马力）柴油机机体图

a）断面图

1—主轴承座 2、3—水平板 4—外侧板 5—支承板 6—左顶板 7—中侧板 8—中顶板 9—隔板 10—内侧板 11—垂直板

b）垂直板（左）、水平板（中）、中侧板（右）

大型柴油机机身焊接结构具有刚度大、重量轻、承受交变载荷性能好、工艺性好等优点，总重 4.5t，焊缝总长约 334m。对于这种铸-焊框格式箱形复合结构（图 6-51）的工艺分析表明，铸造的主轴承座系探伤合格并经过粗加工的，又是最重的零件，因此可以以它作为基准，以垂直板为支架，从内向外进行装配；所有焊缝中很少规则的长焊缝，而且各种位置都有，为获得高质量高生产率焊缝，应采用先进的焊接工艺方法。本结构是应用 CO_2 气体保护焊解决的。由于被焊的板件厚度为 8 ~ 73mm，焊缝截面变化也很大，故采用了短路过渡、颗粒状过渡以及颗粒加潜弧过渡等形式。表 6-4 是已经用到生产柴油机机身复合结构的 CO_2 焊接参数表。为进行全位置焊缝焊接，且考虑到本结构是成批生产，因而采用了专门的装配台和双向焊接翻转机。

表 6-4　柴油机机身 CO_2 气体保护焊焊接参数

过渡方式	焊丝直径/mm	I_h/A	U_h/V	U_h/(mm/min)	Q/(dm^3/min)	伸出长度	极性
短路过渡	1.2	150 ~ 200	20 ~ 24	500 ~ 800	10 ~ 25	10d	反极性
颗粒过渡	1.6	350 ~ 400	36 ~ 38	400 ~ 500	15 ~ 25		
颗粒十三管弧过渡	5	750 ~ 850	40 ~ 42	300 ~ 400	30 ~ 40		

机身的装配是在专门装配台车上进行的。以主轴承座为基础，装配滑油支管、放水管、左右中侧板、左右顶板和端板等。装配完毕，有一部分就在装配台车上施焊，大部分送到焊接翻转机上，将焊缝转到合适位置施焊。焊完后清理渣壳，检查后进行水压试验，然后再装配左右外侧板、中顶板等，第二次上焊接翻转机，焊接外侧板与垂直板、端板，外侧板与轴承座等焊缝。焊接翻转机是双向的，可以把焊缝转平或转到船形位置施焊。还有一部分焊缝是从翻转机上卸下后施焊的。装配完毕，进行第二次水压试验、煤油检验等。合格后，进行整体热处理（600 ~ 650℃）和喷丸处理，最后进行精加工。

由于批量生产，所有装配、焊接水压试验台等的位置都是固定的、专用的。

图 5-16 所示的汽车传动桥是在按节拍组织的流水线上生产的。其装配焊接过程是：在自动化装配台架上装配两个 17MnSi 板热冲压的传动桥盒 3，下一个自动化装置上装配楔形插入板 2，焊缝都是用 CO_2 气体保护焊完成的。然后自动装配法兰盘 1（35 号钢）和桥盖 6（20 号钢），焊接完毕，装焊轴套法兰 4，最后摩擦焊接轴套 5。吉尔（ЗИЛ）汽车传动桥的流水线共有 8 个工作段、30 个工作位置。

焊接结构车间的工艺平面布置

7.1 概述

7.1.1 焊接结构车间工艺平面布置的意义和内容

焊接结构车间是组织焊接结构生产的部门，是机械工厂（或针对产品的工厂，如铁路车辆厂、汽车厂、造船厂、工程机械厂、起重机械厂、锅炉厂、化工石油设备厂、压力容器制造厂等）的重要组成部分，故焊接车间设计亦是上述工厂设计的重要组成部分，是一项技术和经济相结合的综合性、系统性的工程，实施起来相当复杂，而焊接结构车间工艺平面布置是进行焊接车间设计的基础，关系到车间设计的正确与否，关系到车间建成后组织生产及车间基建等后续工程的进行。

由典型结构生产可知，焊接生产工艺过程的设计详细规定了焊接结构如何生产出来，即工艺方法、各工艺工序所用工艺参数、材料和动力消耗及设备的需要量、工人数量、工种及技术等级等，这些都由劳动量给予规定，并记载到工艺文件中。但这些对已建成工厂的组织生产和新建工厂的基建来说还是远不够的，此时需要做以下装配焊接车间的工艺平面布置设计工作，具体如下：

1）通过计算确定车间所需生产工人、辅助工人的工种、等级和数量，进而确定行政管理人员和工程技术人员的职别和数量；确定所需各种主要生产设备、辅助设备、装配焊接机械化装置和胎夹具的规格、型号及数量；计算制造产品所需基本材料、辅助材料、各种动力（即能源——电力、压缩空气、煤气、氧气和乙炔气等）的消耗量等。总之即是在质量和数量上确定所设计的生产组成部分。

2）进行车间平面布置，即按照确定的生产组成部分、产品结构、生产量（生产纲领）和工艺（生产）要求将其绘制成平面图，以便调整设备和人员（对于老厂），组织生产，并据此确定车间的剖面、确定建筑物的基本尺寸（对于新厂设计）。

3）根据产品结构、生产工艺要求及车间平面布置图确定车间内部、车间与车间之间的运输方式及所用起重运输设备的种类、数量等。

7.1.2 装配焊接车间工艺平面布置设计的步骤

装配焊接车间的设计按以下步骤进行：

1. 确定所设计的生产组成部分

根据工艺文件（工艺规程）、工艺卡片，每件产品每个工序所需劳动量、原材料及能源消耗，以及产品的年生产量（由年生产纲领所规定），计算出一年所需劳动量，将相同设

备、同工种同级别工人所需年劳动量相合并，进一步计算出各种设备、各种工人需要量。提出设备（包括胎夹具）和原材料及能源需要清单，各种工人数量明细表，以便进行生产的准备工作（老厂）和为下一步设计（新厂）做准备。

2. 进行车间平面布置

根据确定的生产组成部分，按车间、工段或生产组画平面图。在车间建筑完成后，根据平面布置结果，安装设备组织生产；对于老厂，则可据此调整车间、设备和工作地布置，进行生产前的准备。另外根据平面布置才能确定车间的基本尺寸，如有几个跨度（几个开间），车间需要多长、多宽、多高，为以后的建筑设计提供依据。

进行车间平面布置时通常先选择总体车间生产布置方案。下面将提供一些生产实践中采用的生产线布置方案，在设计中可根据生产工艺的要求套用或修改后采用。

方案选定后则按先装配焊接部分、后装配材料加工及准备部分的顺序进行平面布置。通常要提出数个平面布置方案，进行比较后，找出最经济、最合理的一个，绘成平面布置图。

上述主要工部的平面布置图完成之后，再进行车间辅助部分和非生产部分的计算和平面布置，非生产部分包括产品检查和试验工段、修整工段、油漆涂饰工段、仓库（包括金属材料仓库、中间半成品库、胎夹具库、模具库、成品库等）和生活间（指服务和生活部分，如车间办公室，党、团、工会办公室，计划、调度财会、工艺技术、资料档案、安保等办公室和生活设施，如卫生间、休息室等）等。这些辅助和非生产部分是为前述装配、焊接、材料准备等生产部分服务的，它们应当互相协调和适应。

在平面布置基础上，确定车间横剖面图，以便确定车间各跨厂房的高度。

根据比较几个方案后确定的最佳方案绘制平面图和剖面图，通常还要综合考虑其他方案的长处，对最佳方案进行一些修改，最后确定最佳平面图和剖面图。

3. 计算经济效益

进行技术经济指标计算，这是衡量设计优劣的指标。好的设计，产品质量高、性能好、各项技术指标先进，设计工厂或车间投资额低并且能较快收回投资，工厂有经济效益。通常可以和国内外现有先进工厂进行比较，没有特殊理由，经济效益和技术指标低的则需对设计进行修改或重新设计。

7.1.3　对焊接车间设计的总的要求

1）要充分实现工艺设计的要求。即所设计的焊接车间组织生产时，能满足生产工艺的要求，且方便合理。

2）使在所设计车间中从事生产的工人有较好的劳动条件，有足够的劳动防护，能够安全生产。这和实现高的劳动生产率有密切的联系，同时也是党和国家对劳动者关怀的具体体现。

3）充分节约。在满足以上两点要求的前提下，精打细算，点滴节约，尽量提高设备的负荷率，减少设备投资，缩小车间面积，节约土建投资，从而使设计有较高经济效益。

7.2 各种生产规模下焊接生产组成部分的确定

焊接生产组成部分要在进行焊接车间设计及平面布置之前确定。

7.2.1 工作制度与年时基数

为了确定所需工人的等级和数量、设备的规格和数量，除了根据工艺设计确定的总劳动量外，必须知道工人及设备一年的可能工作量，即一年内工人、设备和工作场所工作小时数，这就是年时基数。年时基数是根据一年的总天数减去休假天数，以及每天工作班数和每班工作小时数来计算的，是由国家规定的，称为“工作制度”。各国工作制度不同，我国规定除节假日和星期六日外，其他均为工作日。我国机械制造厂中焊接车间一般采用两班工作制，每班工作 8h，第三班可用来做准备工作，如设备维修、机床（压力机）调整等。但有个别的工段也采用三班工作制，如大型关键贵重设备、大型热处理炉，由于断续工作热处理炉能源浪费太大，并且影响设备寿命，故宜连续按三班生产，有时节假日也不间断。由于第三班工作条件较差，工作小时数常低于 8h。这样按全年工作日数乘以工作班数和每班工作小时数，就可计算出日历年时基数。可是设备有停修损失，工人有请假、社会活动及其他缺勤而引起工时的损失，故实际年时基数比日历年时基数低。通常将上述损失扣除，制成实际有效工作时间——即实际年时基数，供设计时选取。

7.2.2 劳动量的确定

根据完成规定生产任务需要的全部劳动量及年时基数即可确定生产的各个组成部分。该全部劳动量指全年劳动量。即为工艺文件所记载的在各个工序上，单件产品劳动量（某工序上生产一件零、部件或产品所花费的时间）乘以全年的产量而得到的。工艺文件中某工序上单件生产时间又是如何规定的呢？这是计算劳动量的基础，是在编制生产工艺过程时制定出来的时间定额，也称为劳动定额，它反映了工艺过程消耗劳动量的大小，反映企业生产率、企业的管理水平。时间定额（以及产量定额）应能促进和推动生产力的发展。随着生产发展、企业技术装备日益现代化和工人技术水平不断提高，原有的时间定额会落后于生产力的发展，因而要不时修订。时间定额的制定有两种方法，一是经验统计法：它是由有经验的老工人、技术人员和定额员，按经验，结合对产品图样和工艺的分析，并考虑设备、材料、工艺装备和其他生产技术、组织管理条件来估计工时，或利用过去积累的实际消耗工时的统计资料和同类企业的定额资料，经分析比较后制定的。二是技术定额法，这是一种通过技术测定、总结先进经验、观察记录合理的生产和工艺操作方法、积累完整可靠的时间计算资料计算出的时间定额。

1. 劳动定额的经验统计法

经常采用的经验统计法，所使用的统计资料可见于一般机械工厂焊接车间设计资料。表 7-1为制定备料时间定额可采用的剪板机平均生产率资料，适于大量生产。表 7-2 是一些焊接工艺劳动量统计指标，比较粗略，详细设计时要用更准确、更详细的时间定额数据，见表 7-3 ~ 表 7-10。

表7-1 剪板机平均生产率 (单位：t/h)

剪切长度/mm	板厚/mm	条料宽度/mm					
		≤100	≤200	≤400	≤600	≤800	≤1000
≤1000	0.5	0.15	0.30	0.55	0.80	—	—
	1.0	0.30	0.50	1.00	1.50	—	—
	2.0	0.50	1.00	1.75	2.50	—	—
≤2000	1.0	0.45	0.80	1.20	1.80	2.30	—
	2.0	0.65	1.20	2.20	3.00	4.00	—
	3.0	0.90	1.65	3.00	4.40	5.50	—
	4.0	1.20	2.00	3.80	5.60	7.00	—
	6.0	1.50	2.80	5.00	7.00	9.40	—
	8.0	2.00	3.70	6.70	9.70	12.00	—
	10.0	2.20	3.90	7.20	10.00	13.00	—
≤3150	4.0	2.30	4.00	7.00	11.20	14.00	16.00
	6.0	3.00	5.60	10.00	14.80	18.00	22.00
	8.0	4.00	7.40	13.00	19.00	22.00	26.00
	10.0	4.40	7.80	14.40	20.00	26.00	31.00
≤4000	4.0	3.40	6.00	11.00	16.00	20.00	24.00
	6.0	4.50	8.00	14.00	20.00	26.00	30.00
	8.0	5.50	10.00	18.00	25.00	32.00	40.00
	10.0	6.50	12.00	22.00	32.00	40.00	48.00
	12.0	7.00	13.00	26.00	38.00	50.00	55.00

注：用于批量生产时，乘以系数：大批0.8~0.9，中批0.7~0.8，小批0.6~0.7。

表7-2 焊接车间一些工艺工序劳动量指标

工序及设备		工作密度	设备或场地	指标及单位	备注
焊条电弧焊		1	场地	10~13min/m	
半自动埋弧焊		1	场地	7~9min/m	
自动埋弧焊		1	设备	5~6min/m	
CO_2 气体保护焊		1	场地	6~8min/m	
自动 CO_2 气体保护焊		1	设备	4~5min/m	
电铆焊		1	场地	120~150点/h	
固定点焊机		1	设备	500~600点/h	
悬挂点焊机		2	设备	300~400点/h	
缝焊机		1	设备	40~50m/h	
对焊机		1	设备	80~100头/h	
摩擦焊机		1	设备	100~120头/h	
气焊	钢板	1	场地	13~15m/h	
	钢板	1	场地	15~18m/h	$\phi<25$mm
	管接头	1	场地	60头/h	

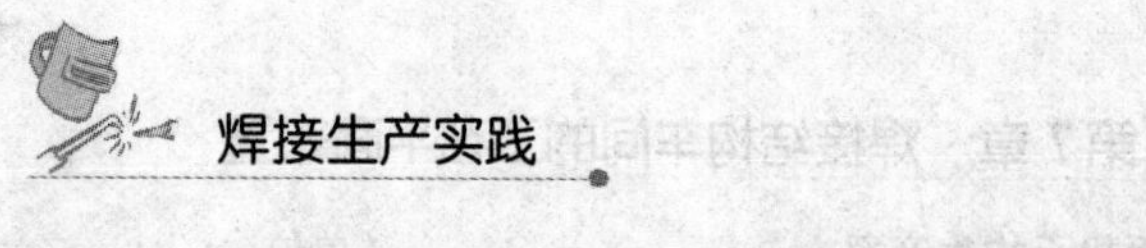

（续）

工序及设备		工作密度	设备或场地	指标及单位	备　注
钎焊	铜焊	1	场地	15min/m	
	管接头	1		60 头/h	$\phi<25$mm
	锡焊	1		7～8m/h	
手工铆接		1	场地	60 只/h	
螺钉装配		1		80～100 只/h	
焊缝磨平		1		20min/m	

表 7-3　固定点焊机时间定额

零件焊点数	零件（合）质量/kg					
	1	3	6	8	10	15
	单件时间定额/min					
1	0.25	0.30	0.36	0.44	0.50	0.65
3	0.28	0.34	0.40	0.53	0.60	0.76
5	0.31	0.38	0.48	0.63	0.70	0.86
7	0.35	0.46	0.56	0.72	0.78	0.96
9	0.41	0.54	0.65	0.81	0.88	1.07
12	0.52	0.65	0.78	0.95	1.04	1.22
15	0.62	0.77	0.90	1.09	1.18	1.37
20	0.79	0.96	1.11	1.32	1.42	1.61
25	0.98	1.15	1.32	1.55	1.66	1.89
30	1.15	1.34	1.54	1.78	1.90	2.15
35	1.29	1.54	1.75	2.02	2.14	2.39
40	1.48	1.75	1.96	2.26	2.37	2.65
45	1.65	1.97	2.17	2.49	2.62	2.90
50	1.82	2.19	2.38	2.72	2.90	3.18

表 7-4　悬挂点焊时间定额

零件焊点数	零件（合）质量/kg					
	5	10	15	25	35	50
	单件时间定额/min					
5	0.72	0.84	0.95	1.05	1.28	1.58
10	1.03	1.16	1.25	1.35	1.58	1.88
15	1.36	1.45	1.54	1.65	1.88	2.05
20	1.67	1.75	1.84	1.95	2.17	2.48
25	1.88	2.06	2.15	2.26	2.48	2.77
30	2.27	2.36	2.44	2.55	2.78	3.08
35	2.56	2.66	2.75	2.86	3.08	3.38

（续）

零件焊点数	零件（合）质量/kg					
	5	10	15	25	35	50
	单件时间定额/min					
40	2.86	2.97	3.04	3.15	3.38	3.68
50	3.46	3.56	3.64	3.76	3.97	4.28
60	4.06	4.16	4.25	4.36	4.58	4.87
70	4.66	4.76	4.84	4.96	5.18	5.48
80	5.27	5.36	5.44	5.55	5.78	6.08
100	6.48	6.56	6.64	6.76	6.88	7.28
120	7.68	7.76	7.85	7.96	8.18	8.48

注：以上二表以两个零件组合为准；当为 n 件组合时，以焊点数（$n-1$）查表得单件定额，再乘以（$n-1$）作为其定额，悬挂点焊标准以一地一机一钳为基础。

表 7-5 缝焊时间定额（以 m/min 速度计，如改变焊接速度，相应调整）

焊缝长度/m	零件（合）质量/kg			
	5	10	25	35
	单件时间定额/min			
0.5	0.76	0.86	1.00	1.24
1.0	1.28	1.38	1.52	1.78
1.5	1.82	1.92	2.06	2.32
2.0	2.36	2.46	2.60	2.84
2.5	2.88	2.98	3.14	3.38
3.0	3.42	3.52	3.63	3.92
3.5	3.95	4.05	4.30	4.46
4.0	4.50	4.68	4.72	5.00
5.0	5.66	5.98	6.10	6.41
6.0	6.82	7.06	7.18	7.46

表 7-6 焊条电弧焊时间定额

焊缝长度/mm	零件（合）质量/kg							
	1	3	5	10	15	25	35	35 以上
	单件时间定额/min							
50	0.97	1.11	1.21	1.35	1.68	1.76	2.02	2.33
80	1.20	1.33	1.46	1.57	1.82	1.98	2.24	2.54
120	1.50	1.64	1.74	1.87	2.12	2.27	2.54	2.98
160	1.85	2.00	2.10	2.23	2.46	2.60	2.85	3.28
200	2.10	2.24	2.34	2.48	2.73	2.88	3.14	3.44

（续）

焊缝长度/mm	零件（合）质量/kg							
	1	3	5	10	15	25	35	35 以上
	单件时间定额/min							
250	2.47	2.61	2.72	2.86	3.09	3.25	3.51	3.84
300	2.91	3.03	3.15	3.28	3.53	3.68	3.95	4.23
350	3.34	3.47	3.59	3.72	3.94	4.12	4.37	4.66
400	3.72	3.58	3.96	4.08	4.33	4.50	4.75	5.03
450	4.08	4.23	4.34	4.46	4.72	4.88	5.13	5.42
500	4.46	4.61	4.70	4.84	5.09	5.25	5.50	5.82
550	4.91	5.03	5.15	5.29	5.52	5.70	5.90	6.25
600	5.29	5.42	5.52	5.67	5.90	6.04	6.32	6.48
700	6.09	6.22	6.32	6.48	6.70	6.89	7.13	7.42
1000	8.41	8.53	8.66	8.82	8.94	9.21	9.45	9.78
1250	10.40	10.50	10.62	10.82	11.00	11.24	11.53	11.80
1500	12.35	12.42	12.58	12.75	12.95	13.08	13.35	13.65

表 7-7　自动 CO_2 气体保护焊时间定额

焊缝长度/mm	零件（合）质量/kg							
	手工上下料						吊车上下料	
	3	5	8	12	20	30	50	100
	单件时间定额/min							
300	1.40	1.44	1.48	1.52	1.57	1.69	2.29	2.59
400	1.70	1.74	1.78	1.82	1.87	1.94	2.59	2.89
500	2.00	2.04	2.08	2.14	2.19	2.24	2.89	3.19
650	2.45	2.49	2.53	2.57	2.62	2.69	3.34	3.64
800	2.90	2.94	2.97	3.02	3.07	3.14	3.79	4.09
1000	3.50	3.54	3.58	3.62	3.67	3.74	4.39	4.69
1250	4.25	4.29	4.33	4.36	4.41	4.49	5.14	5.44
1500	5.00	5.04	5.08	5.12	5.17	5.24	5.89	6.19
1750	5.75	5.79	5.83	5.87	5.92	5.99	6.04	6.94
2000	6.50	6.54	6.58	6.62	6.67	6.74	7.39	7.69
2500	8.00	8.04	8.08	8.12	8.17	8.24	8.89	9.19
3000	9.50	9.54	9.58	9.62	9.67	9.74	10.39	10.69

注：本表以 V_h = 20m/h 计算。对于 CO_2 气体保护焊，表中值乘系数 0.7（CO_2 气体保护焊 V_h = 30m/h，焊接速度改变，系数值改变）。

表7-8　半自动CO_2气体保护焊时间定额

焊缝长度/mm	零件（合）质量/kg							
	1	3	5	10	15	25	35	35以上
	单件时间定额/min							
50	1.00	1.20	1.40	1.60	1.80	2.00	2.20	2.40
80	1.15	1.38	1.57	1.75	1.95	2.18	2.40	2.64
120	1.38	1.60	1.80	1.98	2.18	2.40	2.62	2.90
160	1.60	1.80	2.00	2.20	2.40	2.60	2.82	3.12
200	1.80	2.02	2.24	2.41	2.60	2.81	3.05	3.32
250	2.10	2.30	2.53	2.70	2.90	3.10	3.32	3.60
300	2.35	2.58	2.80	2.98	3.17	3.40	3.60	3.90
350	2.62	3.35	3.08	3.25	3.44	3.66	3.90	4.18
400	2.90	3.12	3.35	3.52	3.71	3.92	4.15	4.45
450	3.18	3.40	3.61	3.80	4.00	4.20	4.41	4.73
500	3.46	3.68	3.90	4.08	4.28	4.50	4.70	5.04
550	3.75	3.96	4.20	4.36	4.56	4.79	5.00	5.30
600	4.00	4.22	4.50	4.63	4.85	5.05	5.30	5.60
700	4.56	4.80	5.05	5.20	5.42	5.60	5.82	6.18
800	5.10	5.35	5.60	5.71	5.95	6.18	6.40	6.72
1000	6.25	6.50	6.72	6.85	7.10	7.30	7.00	7.90

表7-9　闪光对焊和摩擦焊时间定额

焊接表面尺寸		对焊机名义功率/kW	零件（合）质量/kg						
直径/mm	断面积/mm^2		1	3	5	8	12	15	>15
			单件时间定额/min						
6	30	10	0.31	0.33	0.37	0.41	0.46	0.52	0.59
8	50	10	0.33	0.35	0.39	0.43	0.48	0.54	0.61
10	80	10	0.35	0.37	0.41	0.45	0.50	0.56	0.63
12	120	30	0.37	0.39	0.43	0.47	0.52	0.58	0.65
14	150	30	0.40	0.42	0.46	0.50	0.55	0.61	0.68
16	200	30	0.42	0.44	0.48	0.52	0.57	0.63	0.70
18	250	60	0.45	0.47	0.51	0.55	0.60	0.66	0.73
20	300	60	0.48	0.50	0.54	0.58	0.63	0.69	0.76
22	400	60	0.51	0.53	0.57	0.61	0.66	0.72	0.79
25	500	100	0.57	0.59	0.63	0.67	0.72	0.78	0.85
28	600	100	0.64	0.66	0.70	0.74	0.79	0.85	0.92
30	700	100	0.70	0.72	0.76	0.80	0.85	0.91	0.98
32	800	100	0.76	0.78	0.82	0.86	0.91	0.97	1.04

（续）

焊接表面尺寸		对焊机名义功率/kW	零件（合）质量/kg						
直径/mm	断面积/mm²		1	3	5	8	12	15	>15
			单件时间定额/min						
36	1000	250	0.90	0.92	0.96	1.00	1.05	1.11	1.18
40	1200	250	0.95	0.97	1.00	1.04	1.09	1.15	1.22
50	2000	350			1.06	1.10	1.15	1.21	1.27
60	2800	400			1.10	1.16	1.21	1.27	1.34
70	3800	450					1.29	1.35	1.42
80	5000	450							1.64
100	7850	500							2.24

表7-10　气割时间定额

切割方法	切割厚度/mm	时间定额/(m/h)
手工	4~8	19~15
半自动	10~30	20~15
自动	5~30	22~13

2. 劳动定额的技术定额制定法

按技术定额法，将工人在生产活动中的工时消耗分为定额时间和非定额时间。前者是完成生产所必需的时间消耗，由作业时间（基础作业时间和辅助时间）、照料和布置维护工作地时间、工人休息和生理自然需要时间、以及准备和结束时间四部分组成。而非定额时间是指与完成生产任务无关的时间消耗或停工损失，这类时间不计入时间定额之内。单件工序的时间定额用 T_{da} 表示，则

$$T_{da}=t_{zo}+t_{bu}+t_{zi} \tag{7-1}$$

式中　T_{da}——单件工序时间；

t_{zo}——作业时间，又分两项，t_j 是用于实际工序过程的时间，称基本时间；t_f 是用于为完成工艺过程创造条件的辅助时间；

t_{bu}——布置和照料工作地的时间；

t_{zi}——工人休息和生理自然需要时间。后两个时间（t_{bu} 和 t_{zi}）常用作业时间的百分数来表示，于是有

$$T_{da}=t_{zo}\left(1+\frac{a_1+a_2}{100}\right)$$

或

$$T_{da}=(t_j+t_f)\left(1+\frac{a_1+a_2}{100}\right) \tag{7-2}$$

式中　a_1，a_2——布置、照料工作地和休息、生理自然需要时间占作业时间系数。

通过调查积累大量可靠时间消耗资料之后，制定了按式（7-2）计算时间定额所需要的 t_j 和 t_f 以及 a_1，a_2 系数表。对于焊条电弧焊、埋弧焊和气体保护焊时间定额制定也有完全

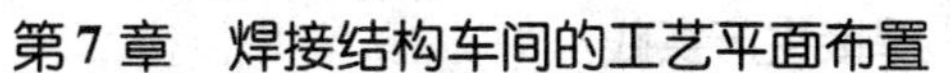

类似的技术定额制定方法。

（1）焊条电弧焊时间定额制定　认为焊接基本时间由需要的焊缝填充金属质量 G 和熔化焊条速度 v 决定，即

$$t_j = \frac{G}{v} = \frac{FL\gamma}{\alpha I}$$

式中　t_j——焊接基本时间（min）；

G——需要的焊缝填充金属质量（g）；

v——熔化焊条速度（g/min）；

F——焊缝横截面积（mm^2），与坡口形状和焊件厚度有关，可按图样所注尺寸算出；

L——焊缝长度（m）；

I——焊接电流，可查表7-11，或按工艺文件确定；

γ——焊条金属密度（g/cm^3），有药皮的钢焊条，取 $\gamma = 7.6$；

α——焊条熔化系数［g/(A·h)］与焊条类型、电流种类、焊缝位置等有关，见表7-12。

表7-11　焊接电流数值

焊缝特征	焊件的厚度/mm	焊接层的号码	焊条的直径/mm	焊条型号					
				E4301			E4320		
				空间位置					
				平焊	横焊立焊和环形焊	仰焊	平焊	横焊立焊和环形焊	仰焊
				电流/A					
不开坡口的双面对接焊缝	6	Ⅰ Ⅱ	5	230	200	—	230	200	—
	8	Ⅰ Ⅱ	5	260	220	—	260	220	—
	8	Ⅰ Ⅱ	6	260	220	—	280	220	—
	10	Ⅰ Ⅱ	6	320	240	—	320	240	—
两面开坡口的加强对接焊缝	12~14	Ⅰ Ⅱ	5~6	420	200	170	450	200	180
	16~18	Ⅰ Ⅱ	5	220	180	170	220	200	180
	20~26	Ⅰ Ⅱ	5	220	180	170	220	200	180
一面开坡口的加强对接焊缝	6	Ⅰ	5	220	180	170	220	200	180
	7	Ⅰ	5	300	180	170	300	200	180
	10	Ⅰ	5	220	180	170	220	200	180
	12	Ⅰ	5	220	180	170	220	200	180
加强的T形接缝、搭接缝、角接缝	6	Ⅰ	5	300	180	170	320	200	180
	8	Ⅰ	6	360	180	170	380	200	180
	10	Ⅰ Ⅱ	6	420	180	170	450	200	180
	12	Ⅰ Ⅱ	6~7	500	180	170	530	200	180

表 7-12　熔化系数 α 的数值

焊条型号	焊接时焊缝的位置	电流种类	熔化系数 α/[g/(A·h)]
E4301	横焊、仰焊	直流	5.6
	横焊、仰焊	交流	6.2
	平焊、环焊缝	直流	7.25
	平焊、环焊缝	交流	7.25
E4320	平焊	交流	11.0
	T形焊	交流	12.0

在焊接工件厚度较大时，焊缝是分层完成的。通常第一层采用较细焊条和较小焊接电流；以后各层则用较粗焊条和较大焊接电流，其中的工艺原因不用赘述。此时应按层分别计算焊接基本时间：

$$t_{j} = \frac{1}{\alpha}\left(\frac{G_1}{I_1} + \frac{G_2}{I_2}\right)$$

按每米计算焊接基本时间（即 $L=1\text{m}$），则有

$$t_{jm} = \frac{F\gamma}{\alpha I}$$

以上计算出的焊接基本时间是理论数据，实际上由于焊缝表面凹凸不平，施焊时熔化金属飞溅和其他流失，实际填充金属质量要比理论数据大，则焊接基本时间比理论数据要大。此时采用修正系数 K 来修正焊缝横截面积，即实际焊缝横截面积为

$$F = F_{理论}K$$

式中修正系数 K 可查表 7-13。

表 7-13　断面增大系数

焊件的厚度/mm	K	
	两个边缘都开有坡口的对焊	搭接口T形焊接
4~6	1.15	1.25
8~10	1.10	1.25
12~20	1.10	1.15

用于完成施焊工艺过程的辅助时间 t_f 有两部分：一是与焊缝有关的辅助时间，如更换焊条、检查与测量焊缝、清理焊缝和边缘的时间；二是与工件有关的辅助时间。前者可以这样计算：实测每换一次焊条的消耗时间（平、立、横焊 0.18min/次，仰焊 0.25min/次），再与更换焊条次数相乘；而熔化每单位（mm^3）金属量的平均更换焊条时间可用下式计算：

$$t_{f换} = \frac{0.18 \sim 0.25}{0.00067(L-60)d^2}$$

式中　L——焊条全长（mm）；

　　　d——焊条直径（mm）。

为使用方便，将不同直径的焊条熔化每单位（mm^3）金属量的平均更换焊条时间制成表 7-14，以便计算选用。

表7-14　熔化每单位（mm^3）金属量平均更换焊条时间　（单位：min）

焊件厚度/mm	焊条长度/mm	焊缝的空间位置	
		平焊、立焊、横焊	仰　焊
3	350	0.098	0.141
4	450	0.040	0.059
5	450	0.026	0.038
6	450	0.018	0.026
8	450	0.010	0.015

实测的检查和测量焊缝时间与焊缝空间位置有关，以检测每米焊缝为单位，见表7-15。

图7-15　检查和测量焊缝时间 $t_{f检测}$　（单位：min）

焊缝的空间位置	一般连接性焊接	密封性焊接
平焊、立焊、横焊	0.35	1
仰焊	0.50	2

清理焊缝和边缘的时间与焊缝空间位置、焊条种类、焊缝层数和焊缝截面积有关，有以下经验公式：

$$t_{f清} = L[0.6 + 1.2(n-1)]$$

式中　L——焊缝长度（mm）；

n——施焊层数。

与工件有关的辅助时间，包括焊件装、卸时间，焊接时焊件翻转时间，焊接时行走时间和在焊件上打钢印时间。这些都可以通过实测确定，见表7-16和表7-17。由表可见，焊件装、卸和焊接时焊件翻转时间与焊件质量和起重方法有关，行走时间是操作工人变动工作位置所消耗的时间，与工件大小、形状、工作条件有关，表中所测数据仅作为参考。打钢印时间一处为0.25min，只有重要焊缝才有此要求。

表7-16　焊件的装卸和翻转时间　（单位：min）

	工作方法	手动					起重机		
焊件装卸	焊件质量/kg	5	10	20	30	50	100	500	1000
	时间/min	0.20	0.30	0.50	0.70	2.50	3.00	3.80	4.60
焊件翻转	工作方法	手动					起重机		
	焊件质量/kg	5	10	20	30	50	100	500	1000
	时间/min	0.10	0.20	0.30	0.40	0.60	1.50	2.50	3.50

表7-17　行走时间　（单位：min）

工步间行走	在平面及不须登高的垂直面内	在需要登高的垂直面内	在高空
	$T=0.11n$	$T=0.14n$	$T=0.25n$
工序间行走	已知距离 s 的		不知距离的
	$T=0.5s$		实报实销

注：n—移动次数；s—移动距离（m）。

布置、照料工作地及工人休息和自然需要时间都是按作业时间的百分比确定。前者相当于 $a_1=3\%$（室内）和 5%（室外），后者可查表 7-18 来确定。

表 7-18　休息与生理需要时间

环境和条件	在方便位置	在不方便位置	在紧张的条件下	在密封容器内
占作业时间（%）	5	7	10	17～20

最后是准备与结束时间，它与焊接工作的复杂程度有关，亦可通过实测方法确定，表 7-19为单件、小批焊接工作的准备与结束时间（min）。

表 7-19　单件、小批焊接工作准备与结束时间

工作内容	时间/min		
	单件工作	中等复杂工作	复杂工作
1. 接受生产任务	5	5	5
2. 熟悉工艺和图样	5	10	15
3. 准备工夹具领焊条	3	5	15
4. 交检	3	3	3

注：1. 简单工作：外形简单、焊接处不超过 10 处。
2. 中等复杂工作：焊接处不超过 20 处，焊件厚度不超过 15mm。
3. 复杂工作：焊接处超过 20 处，焊件厚度超过 15mm。

参照式（7-1）可以得出焊条电弧焊单件作业时间（不包括工人休息和自然需要、布置和照料工作地时间）T_{do} 为

$$T_{do}=t_{jm}L+t_{f换}FL+t_{f清}+t_{f检测}L+t_{f装翻}+t_{f行走}+t_{f钢印} \tag{7-3}$$

式中　t_{jm}——焊接每米焊缝的焊接基本时间（min/m）；

$t_{f换}$——熔化单位体积金属的更换焊条时间（min/mm^3）；

$t_{f清}$——清理焊缝和边缘的时间（min）；

$t_{f检测}$——检查与测量每米焊缝的时间（min/m）；

$t_{f装翻}$——焊件装、卸和翻转时间（min）；

$t_{f行走}$——焊接时行走时间（min）；

$t_{f钢印}$——打钢印时间（min）

F——焊缝横截面积（mm^2）；

L——单件产品焊缝总长度（m）。注意，代入计算时单位的统一。

如考虑布置、照料工作地及工人休息和自然需要时间，则按照式（7-2）计算单件作业时间，再考虑准备与结束时间，则定额时间 $T_{定额}$ 为

$$T_{定额}=T_{do}\left(1+\frac{a_1+a_2}{100}\right)+T_{准备\text{-}结束} \tag{7-4}$$

式中符号意义同前。

（2）埋弧焊和气体保护焊时间定额的制定　和焊条电弧焊时间定额制定相类似，也是实时进行技术测定，在此基础上制定的时间定额。表 7-20 即是埋弧焊和气体保护焊实际施

焊，并进行技术测定，获取资料编制成的时间定额。应指出，其辅助时间有安装-卸下工作、调速和操作焊机、清理焊缝边缘和回收焊剂等，需实测确定，布置、照料工作地及工人休息和自然需要时间同样按作业时间的百分比来确定。

表7-20 几种典型埋弧焊及气体保护焊焊缝的时间定额

不开坡口对接焊缝双面自动焊

1. 焊缝形式及尺寸：

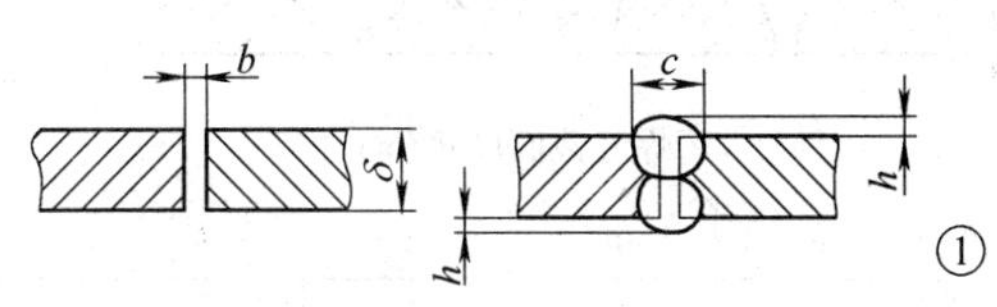

焊缝截面尺寸/mm			
δ	b	c	h
4	1	10	2
5	1.5	10	2.5
6~8	2	12~14	2.5
10~12	2.5~3	16	2.5

2. 焊缝截面面积计算公式　$F=\delta b+1.333ch$

3. 数学模型　$T_{米}=0.938-\delta^{-0.2}$

板材厚度 δ/mm	焊丝层次 n	焊丝直径 ϕ/mm	平均电流 I/A	焊缝截面面积 F/mm^2	1m焊缝综合时间 $T_{米}$/(h/m)				
					作业时间			行走时间	合计
					基本	辅助	小计		
4	2	4	400	30.7 (36.8)	0.072	0.072	0.144	0.036	0.18
5	2	4	420	40.8 (46.9)	0.088	0.080	0.168	0.042	0.21
6	2	4	440	52 (59.8)	0.11	0.088	0.198	0.045	0.24
8	2	4	460	62.7 (70) 0.12	0.12	0.10	0.22	0.055	0.28
10	2	5	500	78.3 (82.2) 0.12	0.12	0.12	0.24	0.065	0.31
12	2	5	500	89	0.13	0.13	0.26	0.070	0.33

（续）

不封底双边 V 形坡口对接焊缝单面半自动 CO_2 气体保护焊

1. 焊缝形式及尺寸

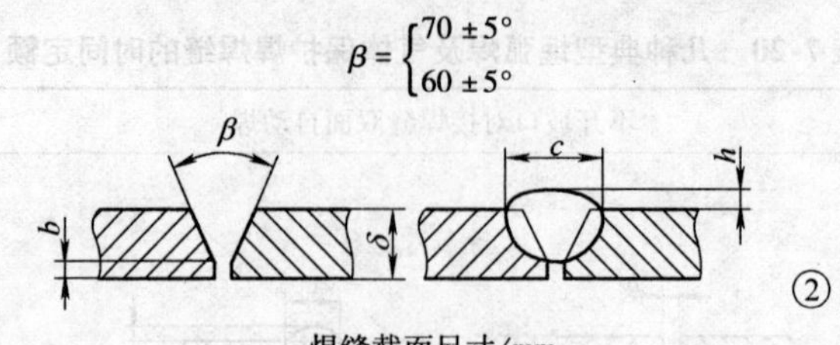

焊缝截面尺寸/mm

δ	b	p	c	h	β
6 ~ 8	1	1	12 ~ 14	1 ~ 1.5	70°
10 ~ 14	2	2	16 ~ 20	1.5	60°
16 ~ 18	2	2	22 ~ 26	2	60°
20 ~ 30	2	2	28 ~ 40	2	60°
32 ~ 40	2	2	42 ~ 50	2	60°

2. 焊缝截面面积计算公式

$$F = \delta b + (\delta - p)^2 \tan \frac{\beta}{2} + 0.667ch$$

3. 数学模型

$$T_{米} = 2.47E - 0.3\delta^{1.19} + 0.164$$

板材厚度 δ/mm	焊丝层次 n	焊丝直径 ϕ/mm	平均电流 I/A	焊缝截面面积 F/mm²	1m 焊缝综合时间 $T_{米}$/(h/m)				
					作业时间			行走时间	合计
					基本	辅助	小计		
6	1	1.2	160	31.5 (36.2)	0.14	0.06	0.20	0.04	0.24
8	2	1.2	190	56.9 (61.9)	0.20	0.06	0.26	0.04	0.30
10	2	1.2	200	72 (75.6)	0.23	0.08	0.31	0.05	0.36
12	2	1.2	220	101	0.28	0.10	0.10	0.07	0.45
14	3	1.2	240	133	0.33	0.13	0.46	0.09	0.55
16	3	1.2	260	174	0.40	0.16	0.56	0.10	0.66
18	3	1.2	280	216	0.46	0.20	0.66	0.12	0.78
20	4	1.2	300	265	0.53	0.24	0.77	0.15	0.92
22	4	1.2	300	317	0.63	0.27	0.90	0.17	1.07
24	4	1.2	300	370	0.74	0.30	1.04	0.19	1.23
26	5	1.2	300	430	0.86	0.34	1.20	0.21	1.41

（续）

板材厚度 δ/mm	焊丝层次 n	焊丝直径 φ/mm	平均电流 I/A	焊缝截面面积 F/mm^2	1m焊缝综合时间 $T_{米}$/(h/m)				
					作业时间			行走时间	合计
					基本	辅助	小计		
28	5	1.2	300	495	0.99	0.38	1.37	0.23	1.60
30	5	1.2	300	565	1.13	0.42	1.55	0.25	1.80
32	6	1.2	300	640	1.28	0.46	1.74	0.28	2.02
34	6	1.2	300	718	1.44	0.50	1.94	0.30	2.24
36	6	1.2	300	801	1.60	0.55	2.15	0.33	2.48
38	7	1.2	300	888	1.78	0.59	2.37	0.36	2.73
40	7	1.2	300	980	1.96	0.65	2.61	0.39	3.00

注：基本时间按括号内面积计算。

如上所述，得到单件产品劳动量（或称之为定额时间）再乘以全年产量，就可得到全年劳动量。这种计算应将可能在不同工作地由各种设备和工人完成的各工序中采用相同的设备和工作地，同工种和同等级工人所完成的各工序劳动量相加。这样就得到一种设备、一个工作地和某工种及等级的工人制造一台产品时的劳动量。

进行相同设备、工作地、工人的相加时应考虑工艺上是合理的，生产组织上是可能的。例如备料工段，多按加工特点组织生产，如门剪机可剪8～16mm厚钢板，则将一台产品需剪切的各零件工序剪切工时总和起来，从而计算出该门剪机的全年劳动量。这样做工艺上是合理的，组织生产上是可行的。但对装配焊接工段，在按产品组织生产时，有些相同设备、工作地和工人完成的工序相距甚远，或其他原因不一定能合并，则应单独计算。

工人劳动量的单位是工时（工分），设备劳动量的单位是台时（台分），工作地则以位置一时（位置一分）表示。

上述确定劳动量的工作，不论是概略的（如在单件小批量生产条件下），还是详细的（如在大批大量生产条件下），都是在工艺设计、编制工艺文件及随后的车间平面布置时进行的。在拟定可行性报告、进行项目的技术论证时，只能更加粗略地计算。此时可以参见表7-21～表7-23计算。这些表给出了大批大量生产时，一台（套、吨）产品的劳动量和单件小批生产重型焊接件的劳动量，也可作为设计后进行比较的参照，但要注意这些表的不完整性和非先进性。

表7-21 国内几个主要汽车厂的劳动量

厂　名	生产产品	生产纲领	劳动量（每车）	
			台时	工时
第一汽车厂车身分厂	驾驶室总成及分总成、车前板各总成、油箱、油底壳、消声器、贮气筒各总成、车架总成及分总成	30000辆	14.10	7.94
第二汽车厂车身分厂	驾驶室总成及分总成、车前板各总成及分总成（附件及底架除外）	25000辆 20000辆 55000辆	5.20	2.69

（续）

厂　名	生产产品	生产纲领	劳动量（每车）	
			台时	工时
北京二里沟汽车厂	驾驶室总成及分总成，车架、车厢总成及分总成（除油箱、消声器之外的杂品）	6000 辆（包括备品）	65.5	24.3

表 7-22　大批大量生产时几种焊接部件的劳动量

产品类型	一台产品焊接部件的质量/kg	年生产量为下列值（千台套）①时的劳动量（一台产品劳动量/一吨焊接部件的劳动量）（工时）										
		2.5	5	10	15	25	50	100	150	200	300	400
小轿车	250	—	—	—	—	13.6/54.5	11.2/45.0	10.3/41.1	9.4/37.5	8.9/35.6	8.4/33.4	
	400	—	—	—	—	21/52.5	17/42.5	15/37.2	14.5/36.0	13.4/33.6	13.0/32.5	
	630	—	—	—	48.8/77.5	37.0/59.0	30.0/47.8	27.6/44.0	25.2/40.0	—	—	
载重汽车	500	—	—	—	—	10.2/20.4	7.4/14.7	6.5/13.0	5.8/11.5	5.7/11.2	—	—
	800	—	—	—	—	13.0/16.0	10.0/12.5	8.0/10.0	7.2/8.8	7.0/8.5	—	—
	1250	—	—	—	19.6/15.5	15.7/12.5	12.9/10.3	11.1/8.8	10.5/8.3	—	—	—
	1600	—	—	—	23.2/14.5	19.6/12.2	15.3/9.4	13.1/8.1	12.4/7.7	—	—	—
公共汽车、大型带篷汽车	1000	—	—	—	51.2/51.2	45.1/45.1	34.7/34.7	27.8/27.8	—	—	—	—
	1600	103/65	80/50	66/41	57.5/36	54/34	—	—	—	—	—	—
	2500	160/64	135/54	120/43	119/46	111/44.5	—	—	—	—	—	—
挂车和半挂车	1000	—	—	—	12.9/12.9	11.9/11.9	10.8/10.8	—	—	—	—	—
	1600	—	—	—	15.2/9.5	14.1/8.8	12.7/8.0	—	—	—	—	—
	2500	—	—	23/9.2	21.8/8.7	20.2/8.1	—	—	—	—	—	—
	4000	—	—	32.8/8.2	31.4/7.9	28.8/7.2	—	—	—	—	—	—
载重量为 40 ~60t 的大型自卸汽车	8000	80/10	70/8.7	65/8.1	61.1/7.6	57.8/7.2	—	—	—	—	—	—

① 一台小轿车的焊接部件包括：框架、车厢（驾驶室）、尾翼、底盘（油箱、压缩空气罐、消声器及其他），不包括散热器，缓冲器、后桥箱壳体、发动机和传动系统（传动轴及其他部件）的焊接部件

表7-23　单件、小批和成批生产的重型焊接部件的劳动量

焊接部件的最大质量/t	当年产量为下列值（千吨）时一吨部件的劳动量							
	5	10	15	20~25	30~35	40~50	70~80	100
1.6						—		11.2[11]
2.5		14.9[12]			—	13.1[11]	—	
4		20.2[12]	—	—		9.4[17]	9.1[17]	
6	—	—						
10		13.3[13]			11.6[17]			
16		19.6[14]			—			
25		17.5[17]	24.3[15]	16.8[17]	15.9[15]	—	—	—
40	26.3[*9]	—	23.0[19]	—	17.0[18]			
60			12.8[17]					
100	—	10.1[16]		18.4[18]	—			
160		33.0[19]	—	17.6[16]		15.0[18]	9.8[18]	
250		—		30.3[19]	28.3[19]	—	—	
焊接部件种类①	**最大焊接部件外形尺寸/m**							
[11]车辆制造中框架-车厢部件		—				25×3.15×0.4		13.8×3×0.4
锅炉制造部件：								
[12]气室		8.1×3.1×0.32		—				
[13]管形省煤器		4.9×3.4×1.5	—		—	—	—	
[14]金属结构	—	12×4×0.5						
[15]焊接的机体		3×12×2		3×12×2				—
[16]焊接的气包		ϕ1.8×22.7		ϕ1.8×22.7				
[17]起重运输设备		60×4.5×4.5	33×3.5×1.8		23×1×1.6	29×1.6×0.7		
[18]冶金设备		—		3×12×2		ϕ3.5×15		
[19]透平机和内燃机	11.3×2×5.2	12×10×5	11.3×4.2×5.2	8.6×8.6×4		—		

① 下注数字与劳动量指标的脚注相对应。

7.2.3　设备及工作地的确定

设备的选择包括确定设备的种类、型号和计算设备的数量两个方面。前都根据拟定的工艺过程来选择，后者则根据生产任务计算确定。有了设备的实际年时基数（h）、此种设备全年的劳动量（台时），则该种设备的台数 n_{sh} 可按下式确定：

$$n_{sh} = \frac{T_{sh}}{\phi_{sh}} \tag{7-5}$$

式中　T_{sh}——该种设备全年劳动量（台时）；

ϕ_{sh}——设备实际年时基数。

用式（7-5）计算的结果，大多数情况下不是一个整数，通常向上圆整成整数。如 n_{sh} = 4.83 台，则可取 5 台。当小数部分很小时，也可考虑向下圆整。如 n_{sh} = 2.21 台，取为 2 台。但此时必须在修改工艺、缩短该设备台时方面采取措施，否则正式投产后将会给生产带来困难。在大批量专业化流水生产条件下，产品明确，设备也是很明确的，如汽车制造厂车体车间。但对于单件、小批量生产，产品种类较多，而且不时更换，则不仅要考虑现时生产任务规定的产品，还要考虑今后可能遇到的其他类型产品，则宜选用通用性强的设备，如一般金属结构工厂的焊接车间。

设备的选用还要考虑先进性和经济性。如交流焊机能满足要求，则不必选择投资和维修都要贵得多的直流焊机。对于待割零件形状复杂而且变化很多的船厂、采油平台制造厂等的金属备料车间，采用价格贵重的、电子计算机控制的自动切割机、数控管子自动切割机则是合理的，因为这种设备投产后，有较高的生产率，产品质量好，为后继工序准备了良好条件，从而可以提高产品的质量，带来巨大的经济效益。

工作地包括工件或装夹工件的胎具及操作工人工作位置所占有的面积。工作地的计算与设备数量的计算类似，

$$n_{gz} = \frac{T_{gz}}{\phi_{gz}} = \frac{T_g}{n_m \phi_g} \tag{7-6}$$

式中 T_{gz}——工作地全年劳动量；

T_g——该工作地上工人全年劳动量；

ϕ_{gz}——工作地实际年时基数；

ϕ_g——工作地上工人实际年时基数；

n_m——工作地工人密度，通常由工艺卡片规定，推荐的工作密度见表 7-24 及表 7-25。

表 7-24 工作密度

按设备的平均工作密度			
设备名称	平均密度	设备名称	平均密度
3mm 以下剪板机	1~3	1600~3500t 双点压力机	5~7
6~13mm 剪板机	3~5	折弯压力机	2~3
20mm 剪板机	4~6	3mm 以下折边机	1~2
冲剪机、双盘剪切机联合冲剪机	1~2	精压机摩擦压力机	1~2
63t 以下压力机	1	液压打包机	2~3
80~100t 压力机	1~2	缝、点、对焊机	1~2
160~400t 单点压力机	2	摩擦焊机	1
500~800t 单点压力机	2~4	清洗机	2~4
160~400t 双点压力机		半自动切割机	1
1000t 以上单点压力机	3~5	电弧焊机	1
630~1000t 双点压力机	4~6	埋弧焊机	2
		半自动 CO_2 气体保护焊机	1

（续）

<table>
<tr><th colspan="6">按工种的工作密度（成批和小批生产）</th></tr>
<tr><th rowspan="3">焊接部件的平面尺寸/m</th><th colspan="5">按工种的工作密度</th></tr>
<tr><th rowspan="2">装配</th><th colspan="4">焊接</th></tr>
<tr><th>非机械化和半自动化焊接</th><th>自动焊</th><th>电渣焊</th><th>接触焊</th></tr>
<tr><td>小型的 1×1.5 以下</td><td>1</td><td>1</td><td rowspan="2">1</td><td rowspan="2">1</td><td rowspan="4">—</td></tr>
<tr><td>中等的 2×3.5 以下</td><td>1~2</td><td>1~2</td></tr>
<tr><td>大型的 3×6 以下</td><td colspan="2">2</td><td rowspan="2">1~2</td><td>2~3</td></tr>
<tr><td>特大的 3×6 以上</td><td>3</td><td>2~3</td><td>3~4</td></tr>
</table>

表 7-25　推荐的工作密度

<table>
<tr><th colspan="3">产品特点</th><th rowspan="3">工作位置上的设备和装备名称</th><th rowspan="3">工作密度 n_m</th></tr>
<tr><th rowspan="2">质量/kg</th><th colspan="2">外形尺寸/m（不大于）</th></tr>
<tr><th>宽</th><th>长</th></tr>
<tr><td colspan="5">设备</td></tr>
<tr><td colspan="5">电弧焊设备</td></tr>
<tr><td colspan="3">和质量及尺寸无关</td><td>软管半自动焊机</td><td>1</td></tr>
<tr><td>≤15
>15</td><td colspan="2">—</td><td>自动机：
手工装卸
机械装卸部件
自动装卸部件</td><td>1
1~2
0.5~1</td></tr>
<tr><td colspan="5">电阻焊设备</td></tr>
<tr><td>≤15
>15</td><td colspan="2">—</td><td>没有自动夹具的固定式设备</td><td>1
1~2</td></tr>
<tr><td colspan="3">和质量及尺寸无关</td><td>悬挂设备</td><td>1</td></tr>
<tr><td colspan="5">多点焊机</td></tr>
<tr><td>≤15
>15
≤15
>15</td><td>—</td><td>—</td><td rowspan="2">从设备的正面装卸
从设备的正面装上，从背面卸下
自动装卸部件</td><td rowspan="2">1~2
2~3
2~3
3~4
0.5~1</td></tr>
<tr><td colspan="3">和质量及尺寸无关</td></tr>
<tr><td colspan="5">工作位置和装备</td></tr>
<tr><td colspan="5">固定式的（不动的）</td></tr>
<tr><td rowspan="2">—</td><td>≤0.6</td><td>1
2
4
8</td><td>部件装配和定位焊夹具</td><td>1
1~2
≤4
≤6</td></tr>
<tr><td>>0.6</td><td>1
2
4
8</td><td>部件装配和定位焊接台</td><td>1
≤3
≤6
≤8</td></tr>
</table>

（续）

产品特点			工作位置上的设备和装备名称	工作密度 n_m
质量/kg	外形尺寸/m（不大于）			
	宽	长		
—	≤0.6	2 4 8	部件终焊焊接架	1 1~2 ≤4
	>0.6	2 4 8	部件终焊的主焊架与焊台	1~2 ≤4 ≤6
旋转式的				
—	≤0.6	2 4 8	夹具、变位器和翻转装置	1 1~2 ≤4
	>0.6	2 4 8	大型多工位夹具和有水平转轴的翻转装置	1 1~2 ≤4
	≤2.5	4 8 12	输送装置（与回转的和成椭圆形水平封闭生产线的随动机构）的工作位置不停地移动	1.5~1.8 ≤4 ≤6

注：1. 在旋转夹具上装配一焊接宽度为0.6m以下的部件时从一面（长的一面）进行工作，宽度0.6m以上的部件从两面工作。

2. 一般应采用大的 n_m 数值，当工作位置的负荷不满时（即负荷小于60%）则采用小的数值。

对于专业化大批量流水生产，加工的前一道工序和紧接的下一道工序间不停顿，或很少停顿，应按产品加工过程排列加工设备及工作地，各工作地和设备实行专业化，按产品组成车间；产品在各工序之间、各车间之间实行有节奏的流动。由于这样组织生产，可使工序加工单一（专业化）、生产率高而质量好，并且提高了设备的负荷率，减少在制品数量，增加产品产量、节约生产面积（厂房面积），从而降低成本。同时在技术上和企业管理上（如加强了产品工艺管理和监督，提高了产品的互换性，降低了废品率；生产组织和计划工作简单，劳动纪律加强等）的一系列优点使其具有很高的经济效益。

对于专业化流水生产，在保证产品节奏条件下确定设备数量，总生产节奏（或生产周期）τ_z 可由下式确定：

$$\tau_z = \frac{\phi_{sh}}{N_{gan}} \text{或} \tau_z = \frac{\phi_{sh}}{N_{gan}}\eta \qquad (7\text{-}7)$$

式中 ϕ_{sh}——设备实际年时基数；

N_{gan}——年生产纲领、年产量（件）；

η——在连续流水生产线上由于设备意外故障造成实际年时基数的损失所致的利用系数，η=0.7~0.8。

每种设备上加工一件产品的工序延续时间为 T_{da}，则设备数量可用下式确定：

$$n_{sh} = \frac{T_{da}}{\tau_z - t_{yun}} \tag{7-8}$$

式中　t_{yun}——运输占用的与生产节奏不重合时间。

若计算出 n_{sh}正好为整数，则该工序延续时间 T_{da}除以设备数 n_{sh}，称为工作节奏 τ_g。此

$$\tau_g = \frac{T_{da}}{n_{sh}}$$

时正好等于总节奏减去运输占用与生产节奏不重合时间。通常计算出 n_{sh}不为整数。可采用上述方法予以圆整，则此时 $\tau_g \neq \tau_z - t_{yun}$，即不能满足流水生产的要求，需要进行同步化调速。一般情况下 $\tau_g < \tau_z - t_{yun}$，若此时 $n_{sh}=1$，可考虑进行工序合并，增加在这台设备上加工的工序，使 τ_g 增加，接近 $\tau_z - t_{yun}$，而使 $\tau_g = \tau_z - t_{yun}$。若此时 $n_{sh}>1$，则可考虑减少设备数量，但必然使 $\tau_g > \tau_z - t_{yun}$，此时可进行工艺改进或工种兼合，调整一些工序到别种设备上，使此种设备上加工一件产品工序延续时间降低，达到使 $\tau_g = \tau_z - t_{yun}$的目的。

经同步化后，允许 τ_g 比 τ_z 大10%～15%和小5%～10%，这个差别要待投产后，以更精确的同步化（如改变工艺条件、改进夹具、改进工作位置的布置等）方法调整流水线，以期实现完全同步。平衡只是暂时的，因此要经常进行这种调整工作。

设备及工作地确定之后，通常要进行负荷系数（设备计算数量和选取数量之比值）的计算。好的设计应有较高的负荷系数。可以采用合并工作量，如取消某些设备而移一部分工作量到其他设备上去完成等办法提高设备负荷率。由于生产中发生意外事故、产生废品、停工待料、工人缺勤而引起设备不能开动等，所以负荷率不可能达到百分之百。如焊接设备负荷达到60%以上就可以，个别可以高一些或低一些。为评定设备工作地是否合理，要绘制设备及工作地负荷图表，如图7-1及表7-26，并计算平均负荷系数 η_p，

$$\eta_p = \frac{\sum \eta_{sh}}{\sum \eta_{xu}} \tag{7-9}$$

式中　η_{xu}——选取的设备数量。

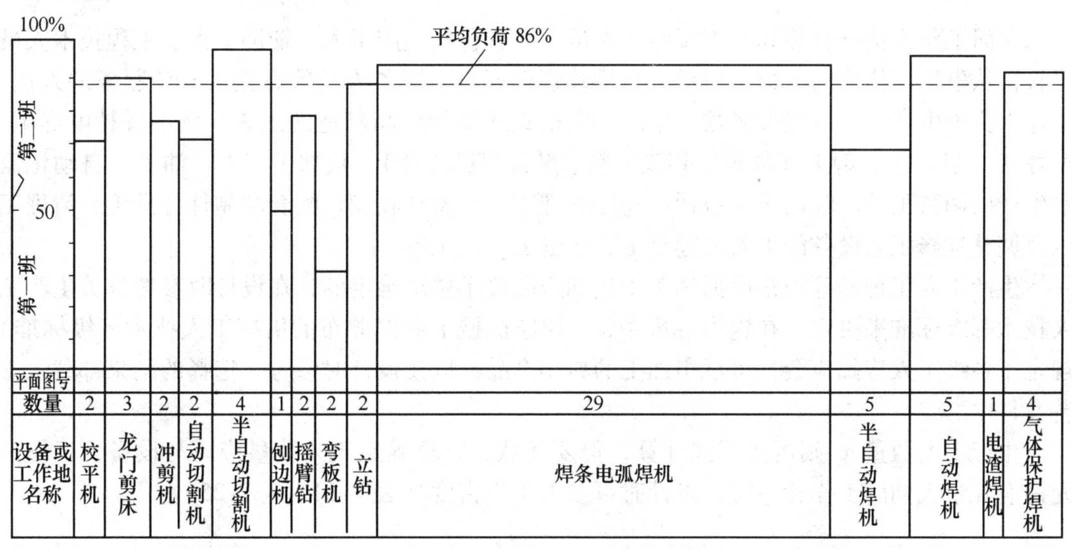

图7-1　车间设备及工作地负荷

表 7-26 国内汽车厂焊接车间生产设备数量及负荷率

工厂车间	部门工作内容	年纲领/(辆/年)	设备									
			总数	弧焊机	缝焊机	固定焊机	悬挂焊机	自动焊机	铆接机	多点焊机	其他	负荷率(%)
一汽冲压车间施工设计	驾驶室、车架、汽油箱、储气筒、油底壳、消声器、车前板	30000	175	12	2	25	42	1	20	8	65	48
二汽车身厂焊接车间扩初设计	驾驶室、车前板、EQ-240，250（不包括车架）	100000	119	6	—	25	48	—	—	13	—	86.9
北汽2万辆扩初设计	BJ-212车身总成、车架总成及八大件总成	24000	163	80	—	28	30	4	1	9	11	68
长沙汽车厂焊接车间5千辆扩初设计	BJ-130汽车车身、车架、车厢、桥壳总成	6000	113	50	—	12	19	—	—	—	32	40
北京二里沟汽车厂5千辆扩初设计	BJ-130车身、车架、车厢总成	6000	86	47	—	11	14	—	—	—	9	—
南京汽车厂25000辆改造扩初设计	“跃进”车车身、车架总成	25000	123	11	—	32	27	—	14	5	34	—
济南汽车厂扩初设计	车身装焊	6000	48	9	—	8	19	—	3	9	—	—

7.2.4 车间工作人员的确定

车间工作人员分直接和非直接生产人员。前者包括生产工人、辅助工人、工程技术人员等直接从事生产活动的人员。后者包括行政管理人员、服务人员等直接为生产服务的人员。工作人员中生产工人占绝大多数。生产工人指直接参加产品制造的工人，例如各种电焊工、气焊（气割）工、铆工（放样、划线下料、装配等的总称）、机加工工人、油工、自动化流水生产的调整工等。辅助工人包括：仓库管理工、工夹具收发、配套与制件分送工、清理工以及调整维修工艺设备的工人、起重工、运输工、电工等。

生产工人工种和等级是根据加工工艺和产品技术要求确定的，在设计时参考有关生产工人技术等级标准来决定。在这类标准中，（如原机械工业部颁布的机械工人技术等级标准）规定了各级工人应知应会，可承担加工的典型产品，以便设计时参考。选择的结果都载入工艺文件中。

生产工人数量 n_g 则可按下式计算，但要注意，计算确定工人数量应该与设备、工作地允许有几个人同时工作相适应，设计时可参考工作密度（表 7-24、表 7-25）。

$$n_g = \frac{T_g}{\phi_g} \tag{7-10}$$

式中 T_g——某工序工种工人全年劳动量（工时）；

ϕ_g——工人实际年时基数。

n_g 的计算结果也常常不是整数，必须圆整成整数，为使生产工人的工时利用率达到规定高度，可以采用工种兼职和多机床管理的办法。焊接车间主要是采用工种兼职。非流水生产情况下，按生产小组计算工人数量，实质也是按工种兼职办法提高工时利用。中小批生产时，工时利用率可按0.8~0.9考虑，大批大量生产时，工时利用率可按0.7~0.8考虑。

其他人员基本上都依据生产工人数决定，例如辅助工人约占生产工人的25%~30%，具体数可参照表7-27确定。其他工作人员参照表7-28决定。需要注意此两表只作参考，因为工程技术人员数目目前在上升，应依据当时有关规定进行。

表7-27 辅助工人工种及数量表

工种		数量							
		生产工人数							
		≤50	75	150	250	350	450	550	650
搬运工		4	6	12	15	18	20	22	24
电保养工		2	4	6	10	14	18	22	26
仓库管理员	中间库	—	2	4	6	7	8	10	14
	成品库	1	2	4	4	6	8	10	12
	原材料库	1	2	3	6	7	8	10	12
	辅助材料库	1	2	3	4	5	6	8	10
样板工人		—	—	1	2	3	4	6	8
工具管理员		1	2	3	4	5	6	8	10
吊车司机		按吊车配——每台吊车配2人							
起重工		每台吊车配2人							

表7-28 其他人员数量表

人员类别	指标
辅助工人	占生产工人数25%~30%（焊接） 30%~40%（冲压）
工程技术人员	占全部工人数（生产和辅助工人）8%
行政管理干部	占全部工人数 3%
服务人员	占全部工人数 2%
质量监督人员	占全部工人数 1%

注：在车间还有直接属技术检查部门领导的车间检查人员以及用户代表，他们负责产品的质量检查、鉴定、废品的分析及处理、协助车间贯彻执行工艺文件等。这类检查人员不汇总在车间人员总数内。

7.2.5 材料及动力需要量的确定

为了完成规定的生产任务，必须在产品正式投产之前，提出材料及能源（动力）需要量的清单，以便进行生产准备工作，调整变电站、空压机站、制氧站和乙炔房、供水站的负荷，有的可能要增容。对于新厂设计，上述清单是计算产品成本的原始资料之一，也是计算车间材料仓库、中间品仓库、储存室面积的依据。

材料分为主要材料和辅助材料。主要材料包含在产品组成中的材料，如各种金属轧制材料，铸、锻件等其他车间所制造的毛坯和零件，外购半成品和金属非金属制品，电焊条，焊丝等。辅助材料是制造产品必备，但不包括在产品组成中，如各种焊剂，保护气体，气焊、切割的气体，燃料，润滑材料，涂拭材料等。

通常，焊接结构的图样中提供了零件明细表，提出有关重量，但这是净重，可作为计算制造焊接结构所需轧制材料的基础。按生产任务和明细表中零件重量，计算出各种轧制材料总净重。如某一种轧材的这种总净重为$\sum g$，则该种材料的需要量 G 为

$$G = \frac{\sum g}{1 - 0.01p_f} \tag{7-11}$$

式中　G——某种轧材需要量；

$\sum g$——某种轧材按图样计算总净重；

p_f(%)——该种轧制材料的废料率，根据下料工艺文件和图样是不难确定的。新厂概略设计时，可根据表7-29选择平均废料量进行计算。当然，从节约金属材料出发，切割后所剩下脚料（边角“废料”）应尽可能地加以利用，应使实际投产后平均废料量小于表7-29的值。

表7-29　焊接结构产品平均废料量

轧材品种	平均废料 p_f(%)
板材	4~8
宽带材、带材和角钢	4~6
管子、圆材和方材	2~4
槽钢、丁字钢和工字钢	3~5
其他钢种	2~3

焊条需要量的计算可依据工艺卡片进行。各厂因为工艺不同，有时出入相当大。根据工艺卡片中一件产品（部件、零件）的焊着金属量 G_h，乘以生产任务（生产纲领）数 N_{gan}，就得到一年所需净焊条数，再考虑飞溅及焊条头损失 k_h，此时获得不包括涂料的焊条重。考虑焊条药皮重量系数 k_{dh}，则焊条总量为

$$G_{dh} = \sum \frac{G_h \cdot N_{gan}}{k_h}(1 + k_{dh}) \tag{7-12}$$

式中　G_h——一件产品焊着金属质量；

N_{gan}——生产纲领规定产量总数；

k_h——飞溅损失系数（表7-30）；

k_{dh}——焊条药皮重量系数。

药皮重量系数（对焊条）可取为 $k_{dh}=0.4$，对埋弧焊、气体保护焊 $k_{dh}=0$。

为了快速估计焊着金属质量以便进行上述计算，可利用表7-31，也可以按年生产纲领百分比直接估计焊条质量，或按每米焊缝消耗焊条0.3~0.5kg计算。

表7-30　飞溅损失系数 k_h

焊条　　厚药皮	0.65～0.75（烧损、飞溅和焊条头损失）
自动埋弧焊焊丝	0.92～0.99
平均值	0.96
简化值	1.00
气体保护焊填充焊丝 （CO_2 气体保护焊、Ar弧焊）	0.95～0.98

焊剂的需要量可按焊丝需要量和使用条件估算，若焊剂需要量为 G_f，则 G_f/G_{dh} 可查表7-32确定。

表7-31　焊着金属重量占焊件质量百分比

焊件名称	%
板结构	1.0～1.5
油槽车、底开货车、敞车	1.1～1.2
固定式薄壁容器	0.6～1.5
固定锅炉	1.2～1.7
带薄板包皮的格状结构	1.7～2.1
梁、柱	0.6～1.8
钢架结构	1.5～4.0
机器结构及机床	2.0～5.0

表7-32　焊剂需要量估算表

生产条件	G_J/G_{dh}
一般生产条件	1.1～1.8
同上，平均值	1.4
带仔细收集焊剂装置并且加以利用：埋弧焊	1.0～1.1
手工埋弧焊	1.2～1.4
手工螺柱（电铆）焊	2.7～3.0
电渣焊	0.05～0.10

气电焊的辅助材料估算如下：

不熔化极氩弧焊，ϕ2～4mm钨电极消耗（在焊接电流接近50A）为0.04g/m焊缝。

氩气消耗量为0.03～0.05dm^3/s，CO_2 气体消耗量为0.03dm^3/s。

电阻焊时，需按表7-33估计电极消耗量，电极的消耗与接头形式和尺寸有关。

电力的消耗是最主要的能量消耗，电力的消耗可按表7-34进行估算。除表中所列外，电阻焊电能消耗也很大，估算方法不同，列于表7-35。表7-36是按每吨产品焊接车间动力消耗量的估算值，可作为设计时参考。

表 7-33 仔细清理的低碳钢电阻焊时冷变形铜电极的单位消耗量

焊接方法	焊接零件尺寸	计量单位	消耗量
对焊	横截面/mm^2 250 700 2000	每1000个接头消耗电极/g	24 ~ 30 56 ~ 67 140 ~ 170
点焊	叠板总和厚度/mm 小于3 大于3	每1000个焊点消耗电极/g	10 ~ 27 15 ~ 35
缝焊	叠板总和厚度/mm 到4	每1000m焊缝消耗电极/g	7 ~ 9

注：采用专门铜电极时，电极消耗量大大降低。

表 7-34 电弧焊焊接钢时的电能消耗

焊接方法	电极	电能单位消耗		注
		计量单位	数值	
焊条电弧焊使用弧焊变压器	金属极（熔化）	MJ/kg 熔敷金属	12.6 ~ 14.4	设备效率0.8 ~ 0.86 $\cos\varphi = 0.43 \sim 0.52$
焊条电弧焊使用单独焊接发电机			21.6 ~ 25.2	设备效率0.44 ~ 0.57 $\cos\varphi = 0.6 \sim 0.7$
焊条电弧焊使用弧焊整流器			—	—
焊条电弧焊使用多站焊接发电机			36.0 ~ 39.6	设备效率0.71 ~ 0.75 $\cos\varphi = 0.8 \sim 0.85$
埋弧焊			10.8 ~ 14.4	设备效率0.85 ~ 0.89 $\cos\varphi = 0.6 \sim 0.64$
手工氩弧焊	不熔化金属极			

表 7-35 电阻焊电能消耗量的计算对焊钢零件（闪光焊）

对接接头横截面积/mm	100	200	300	500	1000	1500	2000	2500
每接头电能消耗量/MJ	0.022	0.086	0.216	0.45	1.44	2.97	4.58	6.20

点焊钢零件

焊件总厚度/mm	2	4	6	8	10	12
每一百个焊点电能消耗量/MJ	0.14	0.29	0.49	0.93	1.37	2.23

缝焊酸洗钢零件

焊件总厚度/mm	0.5	1.0	1.5	2.0	3.0	4.0
每焊1m焊缝电能消耗/MJ	0.14 ~ 0.29	0.29 ~ 0.50	0.36 ~ 0.72	0.43 ~ 0.86	0.90 ~ 1.80	1.80 ~ 3.60

表7-36 焊接车间（不同产品）动力消耗量

产品种类	压缩空气/(m^3/t)	氧气/(m^3/t)	乙炔/(m^3/t)	生产用水/(m^3/t)	二氧化碳/(m^3/t)
重型、矿山机械	150~200	24~36	3.2~4.8	2.3~2.7	4~10
工程机械	150~200	20~30	5.3~8	1.5~2.0	20~25
汽轮机	150~200	10~13	3~4	1.0~2.0	2~4
中小内燃机	20~30	5~8	4~7	7.0~8.0	6~10
拖拉机	25~75	—	—	0.12~0.35	—
农机具	85~100	0.8~1	0.12~0.2	7.0~8.0	6.5~7
汽车：小型	90~625	—	—	10.0~12.0	—
中型	405~575	—	—	7.5~12.0	—
大型	190~245	—	—	4.0~6.0	—
电站锅炉	150~200	8~12	2~3	2.0~4.0	1.5~2
工业锅炉	100~150	6~8	2~3	1.0~2.0	—
通用机械	100~400	6~8	2~5	1.0~2.0	—
大型发电机（火电）	280	60	—	17.0	—

对于加热炉所需燃料的计算，可按加热炉炉底面积进行。当燃料为油或煤气，并且筑炉材料为耐火砖的室式钢板加热炉。

炉底热强度为 $7\times10^5\sim10\times10^5$kJ/($m^2\cdot h$)（炉温 $t=1100$℃）

台式热处理炉炉底热强度为 $3\times10^5\sim16.5\times10^5$kJ/($m^2\cdot h$)（炉温 $t=550\sim650$℃）；$4\times10^5\sim18.5\times10^5$kJ/($m^2\cdot h$)（炉温为950℃）。

注意：如筑炉材料为耐火纤维，炉底热强度可减少35%。

其他设备，如备料设备（剪床、滚板机、刨边机、矫直机、水压机、各种机床及辅助设备）的电力消耗量按其技术规格并考虑设备的负荷量来进行计算。用类似方法确定压缩空气的消耗量及冷却水的消耗量（或参考表7-36）。

气焊和气割的氧气与乙炔气需要量可根据工艺文件规定的数量进行叠加计算，而工艺文件规定的数量是根据工艺技术规范参数确定的。

7.3 车间工艺平面布置

7.3.1 焊接结构车间组成

1. 车间类别

焊接车间可按生产产品的批量划分为：单件小批生产、成批生产、大批大量生产——它是根据产品数量和复制量决定的。还有是按照产品对象区分的，如车体（敞车）车间、客车车间、内燃机车间、压力容器车间、锅炉车间、管子车间等。实际上，也还有以加工工艺区分为：备料车间、冲压车间、装配焊接车间等。

2. 车间的组成

不论属于那种类别的车间，都应该有齐全的组成，即根据工厂规模、厂房建筑、便于生产和管理等因素，综合分析组成车间的工段、小组等生产组织，它应该组织精简并利于生产管理。一般生产纲领（年产量）在5000t以上，工人在300以上应成立工段一级，每一工段人数为100~200人。工段以下成立小组，人数为10~30人，少于上述年产量和工人数的车间，一般只成立小组。

工段和小组的可按工艺性质划分。

备料工段：钢材预处理组、切割下料组、冲压成形组、机械加工组等。

装配焊接工段：装配组（工厂常称为铆工组）、焊接组（埋弧焊组、CO_2气体保护焊、手把焊组等）、热处理组、清理油漆组、检测试验组等。

这种划分多适用于单件小批生产性质的车间。对成批或大批大量生产性质的车间则常按产品结构对象分。如碳钢容器、不锈钢容器、管子工段；工程机械的底架、伸缩臂、驾驶室薄板工段；起重机的主梁、横梁、桥架、小车架工段等。在大批大量生产中，如汽车工厂，有按生产的总成分：底架、车门、侧围、后围、顶盖、车身焊补线工段等。

以上是生产部分，组成车间还有辅助和仓库部分，它们由车间规模大小、类型差别、工艺设备以及协作情况等来决定。通常有：计算站（计算机房）、样板间与样板库、机电修理间、工具分发室、焊接实验室、模具夹具维修间、油漆调配室、焊接材料库、金属材料库、中间半成品库、胎夹具库、模具库、辅助材料库、成品库等。

服务和生活部分有：车间的各种办公室，如党（支部）、政（主任室）、工（会）、团（支部）；计划调度、营销统计、人事保卫、环保安全、工艺技术、质量档案、质量检验、材料管理等。生活设施亦不可少：男女更衣室、休息室、淋浴室、卫生间等。

7.3.2 车间布置原则和布置方案

1. 车间布置原则

通过焊接车间工艺平面布置的设计，编绘车间平面图，这样就确定了实现生产工艺过程的平面布置，包括车间中所有的生产工段和辅助部门的相互配置、全部设备、装备和焊接工作位置、工作地、材料和零件存放地的确定，这样就为充分保证工艺设计的完满实现准备了条件。通过平面布置，车间内部各部分、车间与车间之间的联系、起重运输能力的配备等都一一确定下来了。因此编绘平面图是车间设计最主要的一项工作，也是车间工艺平面设计的主要结果。它不仅是安装设备、调整设备、组织生产的依据，而且也是进行车间建筑设计的原始资料。因为编绘平面图的同时提供车间的主要尺寸，如每跨厂房高度、跨度、长度和宽度、共有几跨等，同时还提出对建筑结构设计的各项要求。

工艺过程平面布置应力求使车间所有各跨间中工艺过程直线化，即没有折返运输，即有最方便的物流，无论是装配、焊接和材料、零件的加工，都没有回流，而且车间主导生产流向应和全厂总平面图的流向一致，且每个跨间之间的运输（横向运输）也减到最低限度。当然平面布置应当充分满足生产工艺的要求，最大限度地利用车间建筑面积，即在满足工艺过程要求的条件下，生产和管理方便，面积减小，这就大大节约了投资，是提高设计经济效益的有效途径。

焊接车间平面图按一定的比例尺绘制。例如1:100或1:200适于较大型的车间；1:50用于绘制生产工段等局部的平面图。车间的大分块、标明工段的概略图（不标明设备的位置）可用1:1000或1:500的比例尺绘制，或标志在平面布置图中。车间平面图用符号表示

各种设备、工作地、存放地以及门、窗、柱等，这些符号示于表7-37。

表7-37 车间平面图的图形符号

图　例	内容及说明
1. 建筑物	
	墙和墙上所开窗洞（按比例采用实线及细实线绘制） 墙上开洞 墙上开门（双摺门或大门） 普通隔墙 恒温（绝热）隔墙 带金属支柱的隔墙（小圆柱用 ϕ2mm 圆绘制） 钢柱 }在不标明柱子材料时，绘制中心线 钢筋混凝土柱 }
2. 设备、工作位置等	
PB CH_4 KD	设备、装备（非标及胎夹具等）和在设备旁的工人工作位置（前者按比例绘制，后者圆圈按 ϕ500 实际大缩成图纸比例绘制） 矫正平板（装配平板）。大小形状按比例绘制（内部符号为：*QT* 表示钳工台，*ZM* 表示震动铆钉机） 乙炔发生器（按比例绘制） 手工气割站 手工气焊站 固定点焊机（大小按比例绘制） 固定点焊机（或其他焊机）控制箱（大小按比例绘制）

（续）

图　例	内容及说明
	悬臂固定在槽钢柱上，可以回转，焊机沿悬臂移动的悬挂式点焊机（悬臂长短、柱子形式、焊机大小都按比例绘制）
CO_2	CO_2 气体保护焊机，大小按比例绘制（内部画～为交流焊机；＝为直流焊机）
	配电盘（大小按比例绘制）
	加热炉、烘干炉或热水（碱水）洗清机（大小按比例绘制）
3. 存放地点、运输设备、车道通道等	
	存放地点（大小按比例绘制）
	通道、车道（按比例用虚线绘制）
	车间各生产部门、辅助部门的假定界线（用点画线绘制）
	辊道及其拐弯（大小按比例绘制）
	悬挂运输链（按中心线绘制，棘轮大小按比例绘制）
$Q=\cdots$ $L=\cdots$	桥式吊车（按比例用细实线绘制）

（续）

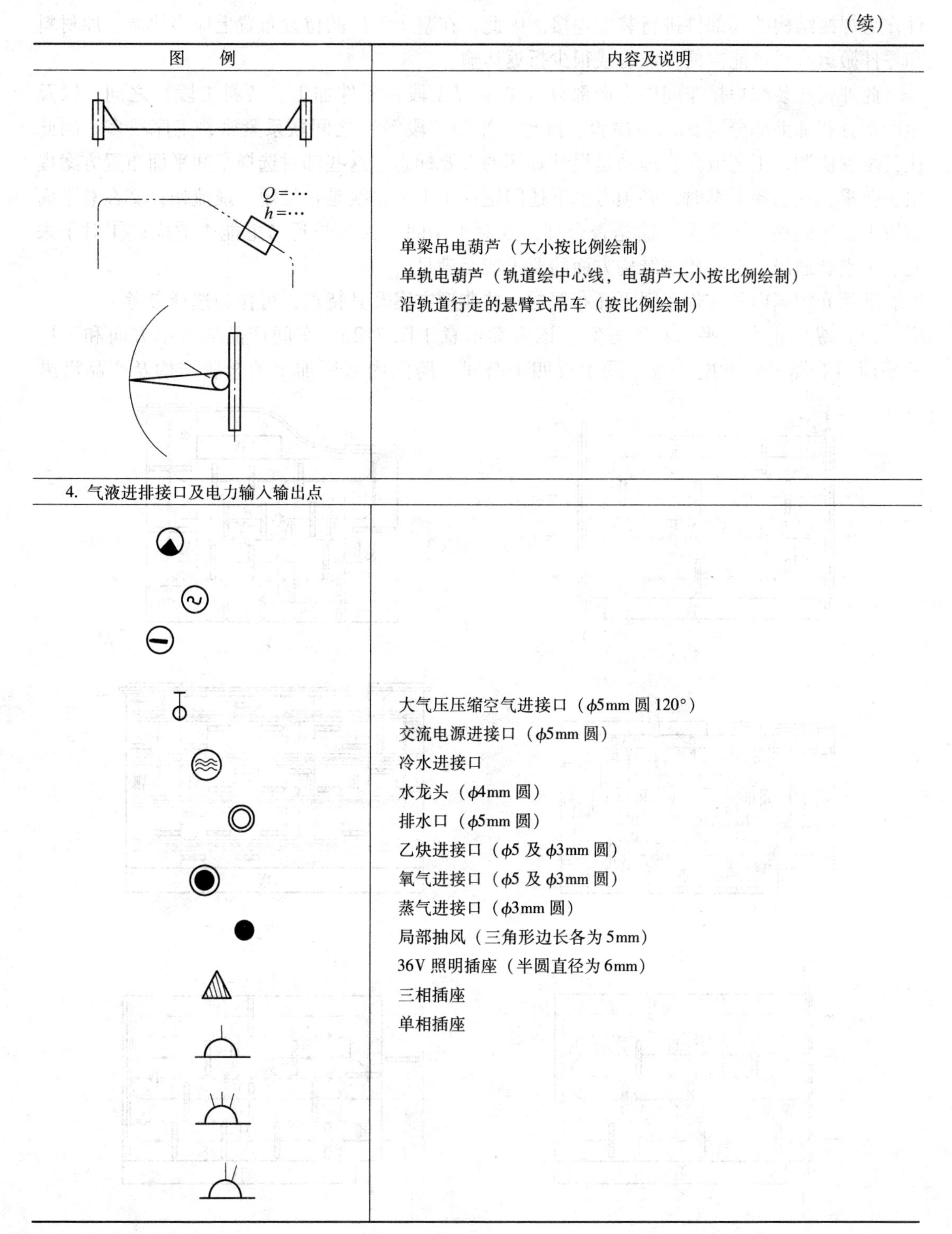

图　　例	内容及说明
$Q=\cdots$ $h=\cdots$	单梁吊电葫芦（大小按比例绘制） 单轨电葫芦（轨道绘中心线，电葫芦大小按比例绘制） 沿轨道行走的悬臂式吊车（按比例绘制）
4. 气液进排接口及电力输入输出点	
	大气压压缩空气进接口（ϕ5mm 圆 120°） 交流电源进接口（ϕ5mm 圆） 冷水进接口 水龙头（ϕ4mm 圆） 排水口（ϕ5mm 圆） 乙炔进接口（ϕ5 及 ϕ3mm 圆） 氧气进接口（ϕ5 及 ϕ3mm 圆） 蒸气进接口（ϕ3mm 圆） 局部抽风（三角形边长各为 5mm） 36V 照明插座（半圆直径为 6mm） 三相插座 单相插座

2. 装配焊接车间平面布置方案

制造金属结构的装配焊接车间与工厂其他部门有密切的联系，它既是零件制造车间又是装配车间；它既直接生产产品，又供应其他车间以零件和部件；还接受其他车间的铸件、锻件作为焊接结构的零部件进行装配焊接。因此，在整个工厂的位置布置上应当协调，原材料和零件搬运应尽可能方便，没有或很少折返运输。

此外，在装配焊接车间中生产部分（如装焊工段、零件加工、备料工段）之间，以及生产部分和辅助部分（如产品检验、修理、涂饰工段等）之间联系紧密，工序很多，因此使其配置协调，工艺流向合理乃是设计好坏的重要标志。这些都对选择车间平面布置方案提出了要求，在选择方案时，必须考虑下述问题：①工艺路线是否最短、最流畅；②在总平面布置上，车间相互联系及运输是否合理；③对于车间扩大等长远考虑能否适应；④对于采光、采暖、通风要求，建筑结构方面的要求能否满足。

下面介绍国内外装焊车间平面布置的一些典型方案及其特点，可作为选择参考。

（1）纵向生产线平面布置方案　该方案示意于图 7-2a。车间产品的流动方向和工厂总平面图上规定的方向一致。图中有四个跨间，跨间内部所加工的金属结构及产品沿纵

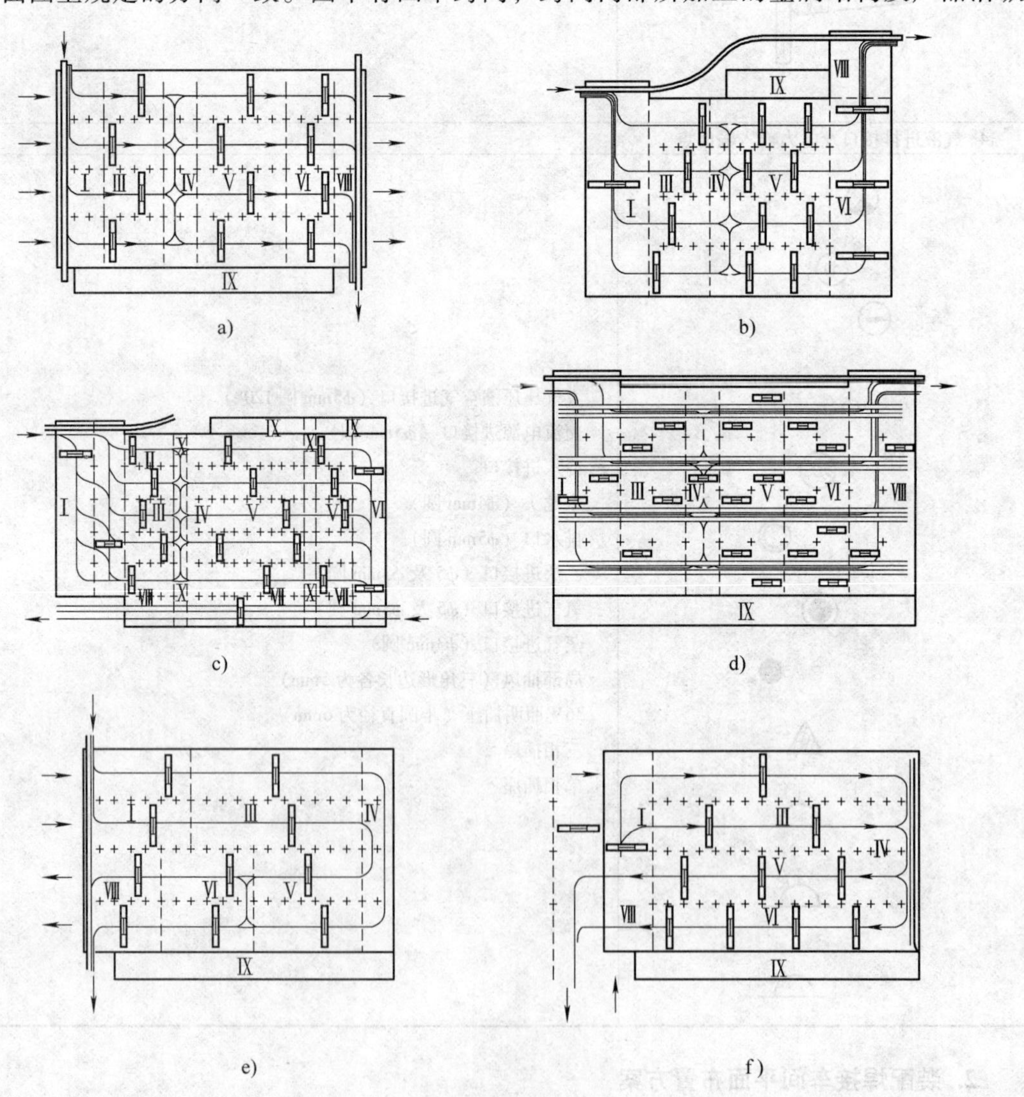

图 7-2　典型车间平面布置方案

a）纵向生产线　b）、c）混向生产线　d）纵横向生产线　e）、f）环状生产线

向运输采用桥式吊车，横向运输采用电动平车或手推车（如在金属和成品仓库里）。材料加工与零部件准备均按加工材料的种类实行专业化生产（即按型钢、钢板下料，以及气切、剪切等专门分工分组进行）。而在装配焊接工段则按产品类型、尺寸实行专业化生产。

该生产线平面布置方案是用得最多的。例如第二汽车厂生产载重汽车驾驶室的车体车间就基本属于这种类型。这种布置方案适于各种不太复杂的产品，组成各种规模的生产，并且一般是在一个跨间里生产一种产品或零件。图7-2中的符号代表：Ⅰ——金属仓库；Ⅱ——锻压工段；Ⅲ——备料工段；Ⅳ——中间品库；Ⅴ——零部件的装配焊接工段；Ⅵ——总装配焊接工段；Ⅶ——产品涂饰修整工段；Ⅷ——成品库；Ⅸ——行政管理、生活服务用房；Ⅹ——消防车道。

该平面布置方案的最大优点是生产路线紧凑，空运路程少。但如果产品复杂，则可能使车间过长；在车间两端设有露天桥吊的仓库时，一般无法再扩充。当跨度较多，且共用工位（装配焊接工段）和共用设备（如产品备料工段）时，零部件需越过跨间进行加工，否则各跨间的设备应具有成套性，加大了基建投资。此外，由于同一跨间中既有材料加工又有装配焊接，而两者对厂房要求相差悬殊时，也会造成浪费。如总装配焊接工段需用重型起重设备，因此厂房应按此要求处理，但这对材料加工工段来说就有些浪费。

（2）混向生产线布置方案　混向生产线布置方案如图7-2b所示。零部件装配焊接、备料生产线与工厂计划规定流向相同，而总装配焊接生产线与它垂直。在横向金属材料库中排列一些具有相同工艺的零件的备料加工，如剪切、刨边、气割下料等。此后按照不同的加工工艺在各纵向跨间里实行专业化生产（包括备料和零件部件的装焊），最后到总装配焊接的横向跨间。各跨间可按不同产品进行排列，分成几个工段，生产若干产品；或各跨间按横向总装焊次序排列，生产大批量、复杂的单一产品。例如天津锅炉厂的金属结构车间就基本属于这种类型。图7-2c所示也是混向生产线布置方案，它与图7-2b不同的是增加了锻压工段并且有很大面积的产品涂饰和修整工段及两条消防车道。这种方案适用于多种产品，缺点是厂房结构复杂，建筑费用较高。

（3）纵横向生产线布置方案　车间中整修生产线的基本方向与工厂总平面图上规定的方向一致。同时生产线的一部分经常横向流动，即跨间是横向设置的，如图7-2d所示。零部件或产品在生产线的纵向流动是跨过跨间的，用电动平板车（在轨道上）移动。横向运送可用跨间内的桥式起重机进行，车间采用大柱跨建筑。按此生产线布置，一些重型备料加工设备在两跨间之间可以共用，减少了跨间之间运输。跨间各有特点，皆为同类型加工设备，便于调整负荷。装焊工段按产品轻、中、重型在不同跨间排列，最接近成品库的是重型产品跨间。这种方案适用于重型和笨重产品，例如大型电机—水轮机厂，其中包括建筑金属结构。

（4）环状生产线布置方案（迂回流水）　此方案车间中生产线的方向和工厂总平面图上所规定的方向相同和相背。车间内备料生产与装配焊接生产的工艺流向相反，如图7-2e所示，因而布置在不同的跨间里。在备料部分按加工材料种类组别实行专业化生产（如有的跨间专门对各类型钢加工，有的则对钢板进行加工，包括下料、成形——滚圆或水压机冲压成形等）；在装配焊接工段，可以组织几种产品或部件在不同的跨间里生产，也可在同一跨间分部件或零件组成专业化生产。重型机械厂焊接车间常采用这种布置方案，适于不太复杂的重型结构。由于不同备料要求的设备、轻重装焊零件和部件、产品分别布置在不同跨间，可分别采用不同起重量的吊车，车间尺寸高度也可以不同，这样能充分发挥各跨间的建筑能力；只要总平面图许可，车间两端可以接长；设备的利用也较好，而且厂房结构可以简化。但长零件通过跨间的运输不方便，对于一些装焊生产线较短产品，产品空程运输严重，常出现所谓“赶吊车”现象。如图 7-2f 和图 7-2e方案基本相同，车间面积扩大了，可用于桥式起重机成批生产性质的车间。

除上述主要平面布置方案外，可能还有一些方案。实际车间平面布置不会完全和某一方案相同，而总是有所修改，以便满足生产工艺技术和节省投资的要求。

7.3.3 焊接车间工艺平面布置

此项工作是在生产工艺、生产组成部分及车间平面布置方案都选定的基础上进行的。也就是平面布置方案的细化和具体化，需要进一步确定跨间的数量，确定生产组成部分在车间中的合理位置，从而确定各跨间的跨度、长度和高度，这些工作要通过布置已确定的各种加工设备、装配焊接装置和工作地来完成。当然这种布置要尽量保证生产过程直线化、每跨间合理的专业化，充分利用厂房建筑及起重运输设备能力。为此在不破坏生产工艺产品流向合理的条件下，尽量使轻、重型产品分别布置在不同的跨间里，以便按各自要求选择起重运输设备，设计厂房建筑。

在进行这项工作时，总是先进行部件的装配焊接部分及总装配焊接部分的设计，然后进行备料工段的设计及其他平面布置。

1. 跨间数量的确定

跨间数量的确定与所选定的平面布置方案有关，原则上应使各跨间加工专业化。

对于图 7-2a 的纵向生产线方案，其原则是各种产品零部件装配焊接和总装配焊接，甚至材料装备工作都在同一跨间内，即每跨间往往按所制产品专业化生产。因此这种车间所需跨间数量应由生产纲领（任务）规定的产品品种决定。当某些产品生产路线较短时，可以适当合并；当产品复杂，或生产量很大时，则可以按产品的部件数确定跨间数。

对于图 7-2b 所示的混向生产线布置方案中，头一个横跨为金属材料库，末一个横跨为总装配焊接工段，与之衔接的各纵跨生产产品的各个部件，因此应按总装的次序排列，纵向跨间数量参照总装时大部件的数量确定，使之合理专业化生产，并使总装没有折返，相互协调。

对于图 7-2d 所示的纵横向生产布置方案，当产品不甚复杂时，生产工艺过程不十分长，可取跨间数量与生产任务规定产品种类相当（加上金属材料库和材料加工部分的跨间），当产品较复杂，加工工艺长则可考虑一个产品占两个跨间以上。

对于图 7-2e、f 的迂回式布置方案，环状生产线一般可考虑按一种工段（如金属材料库、材料加工、部件装焊、总装配焊接等）占一个跨间，当然这是很粗略的估算。但上述所有跨间数量初步的概算都要根据详细布置后才能最后确定下来。

2. 跨间宽度的确定

每个跨间宽度的确定首先要依据跨间内布置作业线的数目。一般有双列、单列和三列布置。通常采取大列布置，中间是通道；而三列布置的则有两个通道。单列布置则通道占用面积相对大一些。作业所占有效面积以双列的最大（按通道——车道宽与作业线宽度差不多相等考虑），故尽量采用双列布置。

平面图上还应有存放地。存放地可以布置在车道两旁，也可布置在工作位置之间。采用后者布置工件要转90°，这对于尺寸庞大的工件不合适，但生产面积的利用较好。这两种布置示意于图7-3。

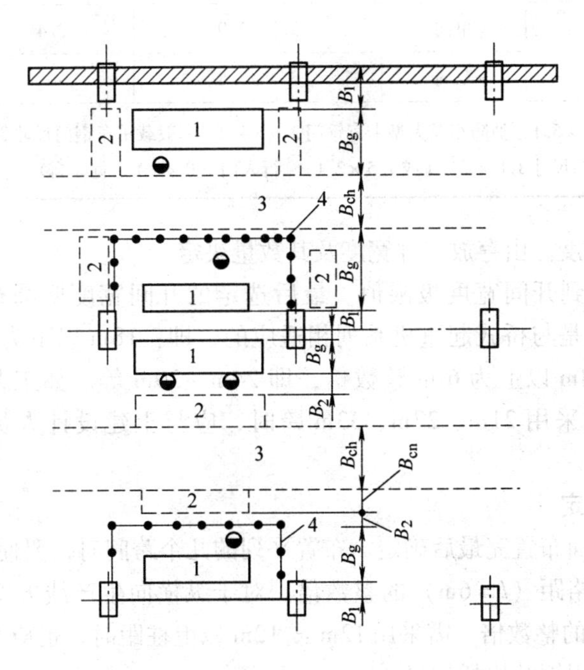

图7-3　决定车间宽度的略图

1—工作位置　2—存放地　3—通道　4—屏风或隔墙

概算车间宽度时可用图7-3。其中 B_1 是从工作位置到纵列柱子中心线（或到车间墙壁）的距离，此距离一般为1m。采用1m的距离是为了不使柱子的基础与设备基础相碰，同时操作工人可有通道，操作时能自由行动。若工作位置外有帆布幔（屏风）构成焊接室，并且焊接室中已留有不小于1m的通道（即设备距柱子中心线、墙壁、屏风不小于1m）时，则焊接室与柱子中心线距离可为零。

B_2 是工作位置（或焊接室屏风、隔墙）与存放地点（存放运到该工作位置的零部件以及从该处要运到下一个工作位置的零部件）之间的距离，采用1.0～1.6m。

B_g 是工作位置宽度。工作位置指装配焊接设备、装备（各式焊接机器、自动焊胎夹具、装配胎夹具等）的宽度。概略估计时，按最宽的加工部件宽度每边加0.2～0.3m留量及0.8～1.0m工作通道宽度来计算。

B_{ch}是跨间内两条作业线之间的车道宽度，该宽度一般为3～4m。由保证车间内部地面运输工具自由移动的需要决定，详细设计时可参考表7-38。

表 7-38 装配焊接车间中通道车道及门尺寸 （单位：m）

通道或车道布置	物品移动方向	电瓶车类自行小车（0.5~0.7m）	宽1.2m自卸车、堆料车	从侧面卸货宽1.7m载重车
设备工作地存放地背面之间（侧面之间）	单向	1.1~1.3	1.8	2.3
	双向	1.6~2.0	3.0	4.0
设备工作地一列正面一列背面之间	单向	1.8~2.0	2.5	3.0
	双向	2.5~2.9	3.9	—
两列设备和工作地正面之间	单向	2.7~2.9	3.4	3.9
	双向	3.4~3.8	—	—
通行火车钢大门尺寸4.2×5.1，消防车及大型卡车钢门3.6×4.2，一般载重车钢门尺寸3.3×3.0，电瓶车、自行搬运车门2.1×2.4，手推车门尺寸1.8×2.7（或1.5×2.1），行人门1.0×2.1（宽×高）				

B_{cn}是存放地的宽度。由存放工件宽度及其数量决定。

这些数值相加得到开间宽度极限值。最后选定的开间宽度要圆整成建筑法规规定的标准值。此标准值也是与桥式起重机系列相适应的，即：18m以下为3的整数倍，即9m、12m、15m、18m；18m以上为6的整数倍，即24m、30m等。如工艺上有特殊要求或限于总图布置要求，拟采用21m、27m、33m跨时，应与土建设计人员结合具体条件协商确定。

3. 跨间长度的确定

跨间长度应待平面布置完最后确定。布置平列的几个跨间时，要使其长度相近。长度应该为已标准化的柱网格距（$l=6$m）的整数倍。对于纵横向生产线方案，柱距加大为12m，故跨间长度应为12m的整数倍。需采用12m或12m以上柱距时，也应与土建设计人员协商，在这种条件下，多采用钢结构托架梁。

4. 跨间高度的确定

车间高度是由最高（大）零件或最高设备工作的最大高度（包括检修需要）与上部运输工具所需要高度、生产卫生条件、自然环境条件等确定的，如图7-4所示。如没有吊车等上部运输工具，则车间高度H_h由下式决定：

$$H_h \geqslant h_1 + h_2 \geqslant 4.5\text{m} \tag{7-13}$$

式中 h_1——开间设备或带工件的装配焊接支架转胎等的最大高度，不得小于2.3（m）；

h_2——上述高度距屋顶结构最低点距离，一般为0.4~1m。同时根据卫生标准，生产厂房从地面到屋顶的高度不能小于4.5m（图7-4a）。

如上部有运输工具，则轨道高度H_{gui}和屋架下弦高H_{wu}分别为

$$H_{gui} = h_1 + h_3 + h_4 + h_5 + h_6 \tag{7-14}$$

$$H_{wu} = H_{gui} + h_7 + h_8 \tag{7-15}$$

式中 h_5——工件最大高度；

h_6——工件吊离工作台之距离，此距离与式（7-12）中h_2相当，取0.5~1m；

h_7——吊车最高点至吊车轨顶的距离，根据桥式或单梁起重机标准确定；

h_8——吊车最高至屋架最低的距离，取0.4～1m或0.6～1.2m；

h_3——吊钩中心至吊车轨顶高，按起重机标准确定（不小于0.75m）；

h_4——吊钩中心最低至被吊物最高之距离，为0.3倍工件宽度，但不小于1m。

在某些情况下，需要将上部运输设备布置成两层，但大多为一层布置。按式（7-14）、式（7-15）计算得H_{gui}应为600mm的整数倍，H_{wu}应为300mm的整数倍。在布置吊车时，要使吊车驾驶室对着重型设备，如多点焊机、大型胎具、水压机等。原因是一方面这些设备比较高，可以躲开驾驶室充分利用车间高度；另一方面，这些设备是频繁使用吊车的，驾驶员便于观察操作。

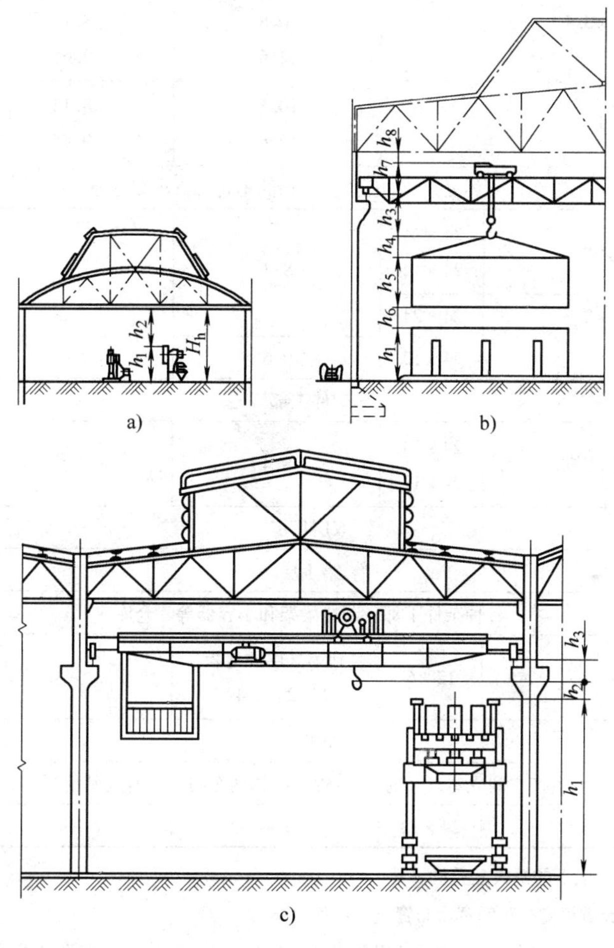

图7-4 决定车间高度的模截面图

a）无上部起重设备的车间 b）装配焊接工部 c）零件备料工部

概略确定车间高可使用公式$H=h_1+(2\sim2.5)$m。当铁路平车（敞车）和车辆需要进入车间时，此车间的H_{gui}应不小于6m。

由公式计算的车间高度应符合工业企业防尘防毒劳动保护标准。按卫生标准最低要求，每个工作人员所占有生产厂房体积应不小于15m³。

装配焊接车间跨间尺寸常采用表7-39中的数值。

表 7-39　大批大量生产时厂房参数和起重机起重量建议

<table>
<tr><th colspan="2">焊接部件规格</th><th colspan="3">厂房参数/m</th><th rowspan="2">桥式和悬挂式起重机的最大起重量/t</th></tr>
<tr><th>重量/t</th><th>最大外形尺寸/m</th><th>柱网</th><th>到层架下弦的高度</th><th>到起重机轨顶的高度</th></tr>
<tr><td colspan="6">单层厂房</td></tr>
<tr><td colspan="6">车架车间</td></tr>
<tr><td>≤3</td><td>10.5×2.5</td><td>24×24
24×12</td><td rowspan="2">8.4</td><td rowspan="2">—</td><td rowspan="2">5</td></tr>
<tr><td rowspan="2">3~10</td><td rowspan="2">15.0×3.5</td><td>24×24</td></tr>
<tr><td rowspan="2">24×12</td><td>10.8
12.6</td><td>8.15
9.65</td><td>15/5</td></tr>
<tr><td>10~25</td><td>16.0×4.7</td><td>10.8
12.6</td><td>8.15
9.65</td><td>20/5
30/5</td></tr>
<tr><td colspan="6">生产立体复杂的冲压焊接结构的车间（汽车车身等）</td></tr>
<tr><td>≤1</td><td>9.5×2.5</td><td>24×24
24×12</td><td rowspan="2">8.4</td><td rowspan="3">—</td><td>3</td></tr>
<tr><td rowspan="2">≤3</td><td rowspan="2">12.5×2.5</td><td>24×24</td><td rowspan="2">5</td></tr>
<tr><td>24×12</td><td>9.6</td></tr>
<tr><td colspan="6">杂件工部</td></tr>
<tr><td>≤0.3</td><td>2.5×1.0</td><td>24×24
24×12</td><td>8.4</td><td>—</td><td>3</td></tr>
<tr><td colspan="6">双层厂房</td></tr>
<tr><td colspan="6">第Ⅰ层</td></tr>
<tr><td colspan="6">各种杂件工部、制造梁架和小容器等、仓库</td></tr>
<tr><td>—</td><td>—</td><td>12×6</td><td>到第二层的地板
7.2、8.4</td><td>—</td><td>3</td></tr>
<tr><td colspan="6">第Ⅱ层</td></tr>
<tr><td colspan="6">生产空间立体复杂的冲压-焊接结构的车间（车身及其他）</td></tr>
<tr><td>≤0.6</td><td>6.0×2.5</td><td>24×12</td><td>8.4</td><td>—</td><td>3</td></tr>
</table>

注：1. 不采用超重量5t以下的桥式起重机。

2. 跨间内的悬挂起重机应按跨间宽度布置成一排和两排。

3. 对没有起重机的跨间，到层顶结构的底部高度允许4.8m、6m和7.2m。宽度可以采用12m和18m。

4. 有地面运输工具和起重量为1.5~2t的悬挂起重机的多层厂房，其柱网应该是6m×6m和9m×6m。

5. 跨间内的平面布置

上面介绍了车间平面布置中确定跨间数量及长、宽、高的方法。一般是先概略的确定，然后进行车间各生产组成部分的平面布置，平面布置完成才能将这些数据最后确定下来。进行平面布置是根据工艺设计所编制的工艺文件（如工艺过程卡片、工艺简要说明、工艺流程图等）进行的。为使平面布置方便生产、工艺合理、车间面积经济，通常要经过若干布置方案的比较和选择。为节省平面布置方案的绘制工作，通常用与图形一样的比例将工艺过

程所需全部设备、装备和工作地绘制于卡片纸上，然后仔细剪下来。一般装配焊接工作位置（工作地）取为长方形，设备、装备取边缘简化的规则形状。然后在跨间的框图内将上述装备、设备及工作地的卡片精细而合理地进行布置。采用卡片可以方便地调整它们之间的位置。经过一系列试摆和调整，直到获得一个满意的平面布置方案，然后将其外形描绘在平面图上，拿去卡片，平面图即告完成。

在绘制设备、工作地及装备的位置时，也绘制操作工人的位置，采用表7-37所示的各种符号。

进行平面布置除生产路线尽量直线化、最短化，尽量少折返运输，还要力求避免零部件横穿跨间和跨间内的通道，以防止将来生产时发生紊乱现象。采用双列布置时，可在通道两侧布置两个工段或生产小组各生产一种部件，是防止跨通（车）道的有效措施。

在进行平面布置时，设备和工作地、装备的布置还应注意劳动安全、劳动卫生、工作便利以及设备的安装规程等。故设备与设备之间、它们与建筑物之间、与工人通道之间等的间隔都有一定要求，这些要求的最小值可见表7-40。

表7-40　设备、工作地、装备以及建筑物之间最小允许距离

规定最小距离的对象	最小允许距离/m
车间靠墙的柱子与设备（车床）侧面或装配焊接台架之间	0.5~2.6
相邻跨间之间中心线上的柱子和设备（车床）侧面或台架之间	0.5~2.0
车间靠墙的柱子与设备（车床）或台架的背面之间	0.5~2.6
相邻跨间之间中心线上的柱子与设备（车床）或台架背面之间	0.5~2.2
车间靠墙的柱子与（车床）设备或装备（台架）正面之间	1.2~2.4
相邻跨间之间中心线上的柱子和设备或装备正面之间	1.8~2.2
一个设备或装备的正面与另一个背面之间	1.0~3.0
一个设备或装备的背面与另一个侧面之间	0.5~1.6
两个设备或装备的背面之间	1.0~1.6
两个设备或装备的侧面之间	0.5~3.0
两个设备或装备的正面之间	2.0~3.2
设备或装备正面与存放地之间	1.0~1.6
相邻两存放地之间	1.0~1.4
设备背面与存放地之间	1.0~1.2
设备的侧面与存放地之间	1.0~1.6

注：较小设备与装备适用较小允许距离。

布置时还要注意以下事项：

1）使用吊车比较频繁的设备，工作位置和装备不宜布置在跨间同一横断面上，以免造成一个位置使用吊车，而另一设备正好需要吊车时，只好停工等待的现象。例如进行钢板成形的滚板机使用吊车较为频繁，则不宜在它同一横断面上布置需要吊车的设备或工作地。不得已时，可以增加布置悬臂吊车。设备或工作地布置在车间端头或两侧靠边时，要注意起重钩能否为其服务。

2）频繁使用吊车的设备、装备和工作地一般要布置在吊车驾驶室的对面，还要考虑设备连同被加工物的高度不要与上行起重设备发生相碰。

3）要尽量使零件或部件送入设备或装备的方向与车间总的工艺流向相一致。工艺上联系紧密的设备或工作地要相邻集中布置，如装配和焊接、滚圆设备与预弯边设备、加热炉和冲压机等。加热炉应避免布置在吊车驾驶室下方，加热炉门避免朝向操作人员位置，并尽量布置在靠墙和主导风的下风侧，避免加热炉距机加工设备、水泵、无损检测设备等过近，因为它会加速这些设备或机器的磨损老化。

4）为充分利用厂房面积，加工件不大和基础不大的设备，同时不影响车间整个工艺流程时，可以布置在靠墙边或柱间。

5）对采光要求高的工作位置和设备等应尽量布置在靠外墙光线好的一侧。

6）在布置时，跨间最后会出现未被占用的面积，可用它来布置各种辅助面积，如电工室、机修室、工具间、焊条焊剂库等。

图 7-5 是电阻点焊和缝焊机的布置示例。

图 7-5 中标出了墙和柱子以及工作人员位置。其中图 7-5a 和图 7-5b 为点焊和缝焊平面布置示例，图 7-5c 和图 7-5d 为多点焊平面布置示例，图 7-5e 和图 7-5f 为对焊平面布置示例。

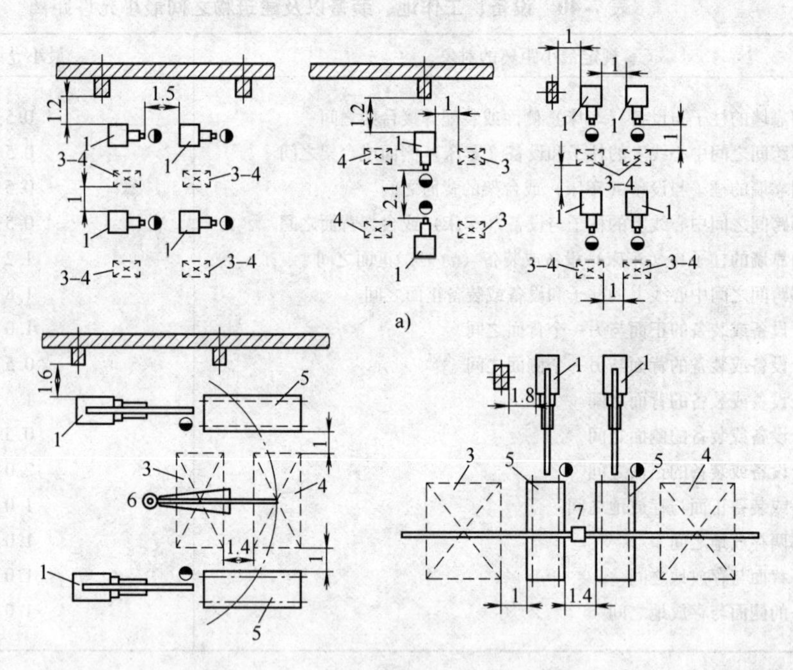

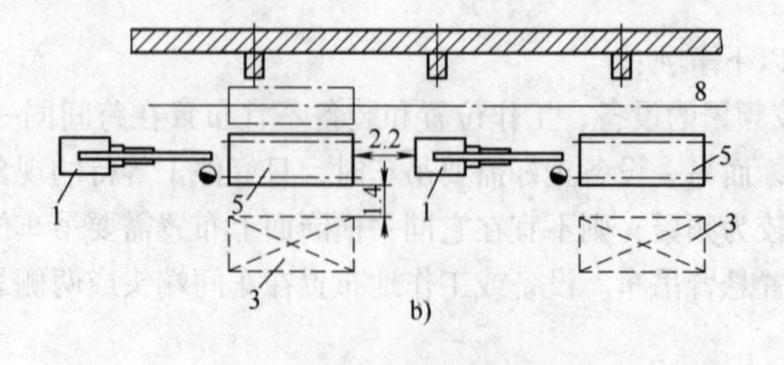

图 7-5 电阻焊平面布置图

a）点焊 b）滚焊（缝焊）

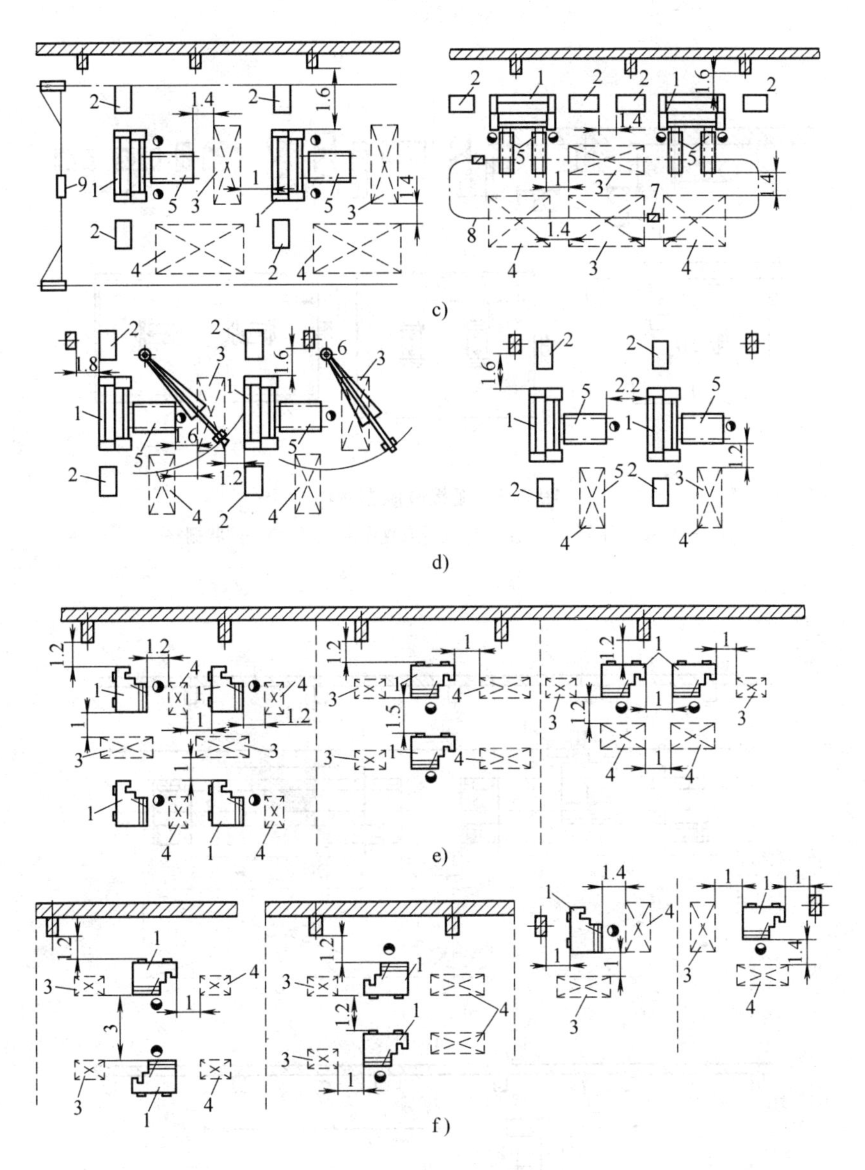

图7-5　电阻焊平面布置图（续）

c)、d) 多点焊　e)、f) 对焊

1—基本设备　2—控制柜　3—未焊的零件存放地　4—焊好的零件存放地

5—辊道　6—悬臂起重机　7—电动葫芦　8—轨道　9—单梁吊

在车间与车间之间柱子附近，或靠墙的柱子之间常常布置弧焊电源及焊机，如图7-6所示。

图7-7所示为埋弧焊圆柱产品的环缝和纵缝装备的平面布置图。图7-8所示为装配焊接梁及其他类型产品的装备平面布置图。图7-9所示为双柱式装配焊接翻转机的布置图。图7-10所示为焊接变位机平面布置图。图7-11～图7～13所示为其他一些装焊工段的布置实例，可作参考。

材料准备及加工的工段布置实例如图7-14～图7-24所示。

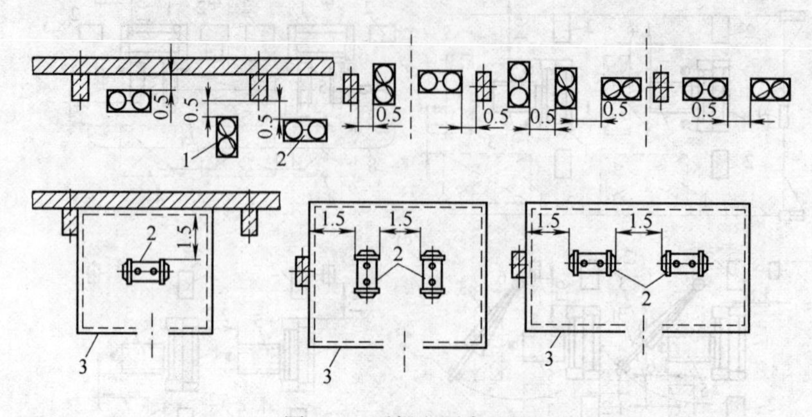

图 7-6　弧焊电源布置图

1—焊接变压器　2—弧焊整流器或直流发电机　3—网状栅格

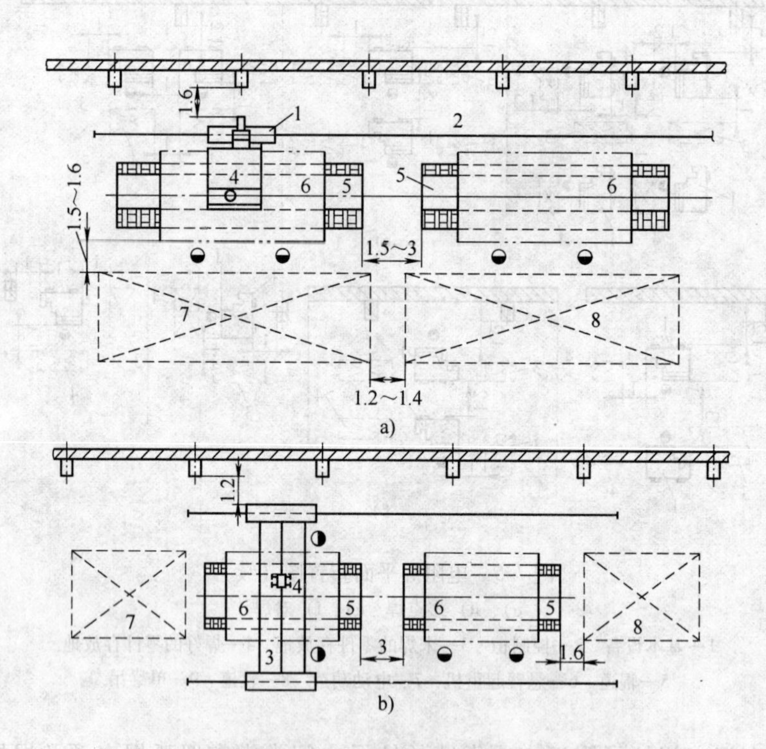

图 7-7　埋弧焊圆柱产品的环缝和纵缝装备的平面布置图

a）带有悬壁操作机　b）带自动式龙门焊接架

1—悬壁操作机　2—轨道　3—自动式龙门焊接架　4—埋弧焊机机头

5—焊接滚轮架　6—产品　7—待焊零件存放地　8—焊件存放地

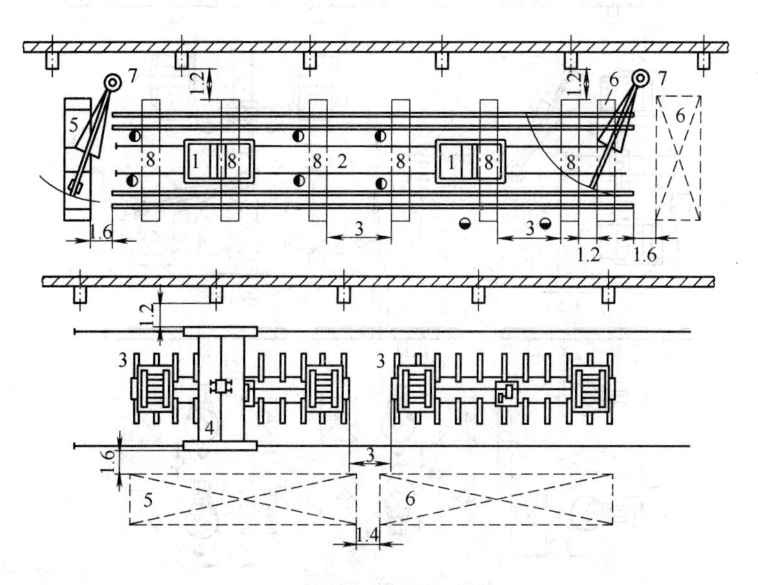

图 7-8　装配焊接梁及其他类型产品的装备平面布置图

1—焊接翻转机　2—轨道　3—万能焊接翻转机　4—龙门自动焊接架

5—待焊零件　6—焊件存放地　7—柱式起重机　8—焊接产品

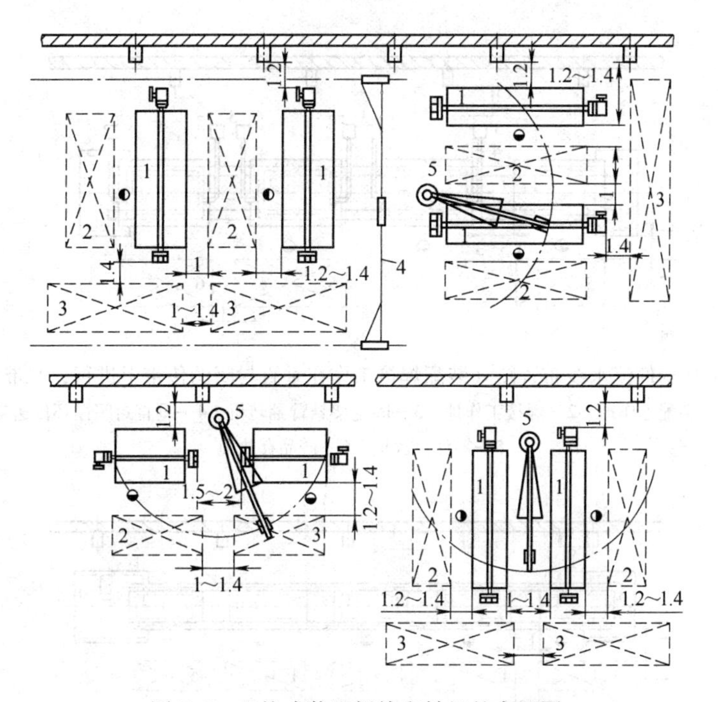

图 7-9　双柱式装配焊接翻转机的布置图

1—双柱式翻转机　2—零件存放工作地　3—焊件存放工作地

4—单梁吊车　5—柱式吊车

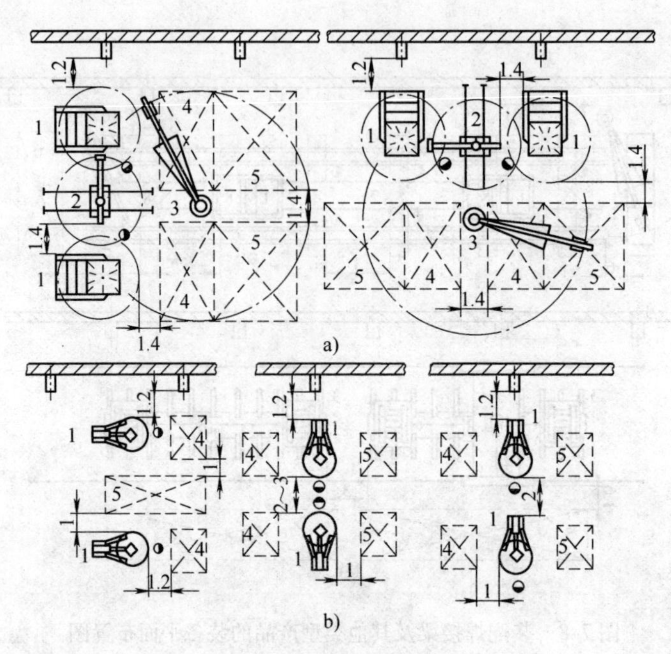

图 7-10 焊接变位机平面布置图

a）环形焊缝用变位机 b）焊条电弧焊用变位机

1—变位机 2—圆柱回转机械 3—柱式起重机 4、5—零件和焊件存放工作地

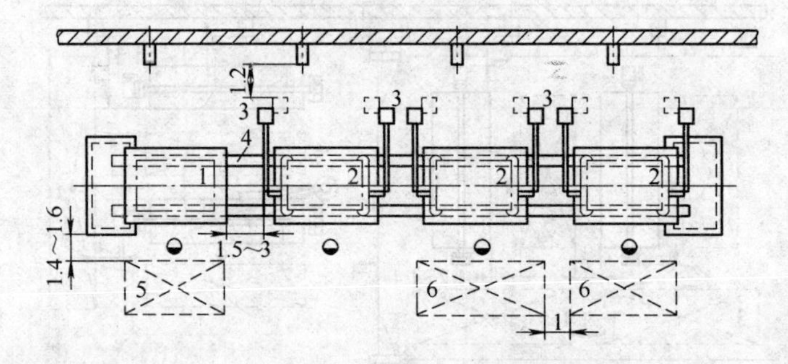

图 7-11 装焊框架构件流水线布置图（装配焊接工作在垂直封闭的传带上进行，并带有悬臂翻转机）

1—装配工作地 2—焊接工作地 3—固定架悬臂翻转机 4—垂直封闭循环传送带 5—零件存放地 6—产品存放地

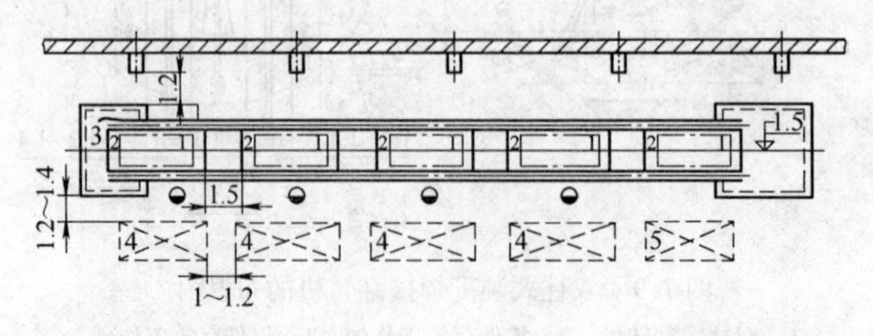

图 7-12 装焊流水线平面布置图（带有可移动夹具及垂直封闭的传送带）

1—产品 2—安装在传送带上的夹具 3—垂直封闭传送带 4、5—零件和产品存放地

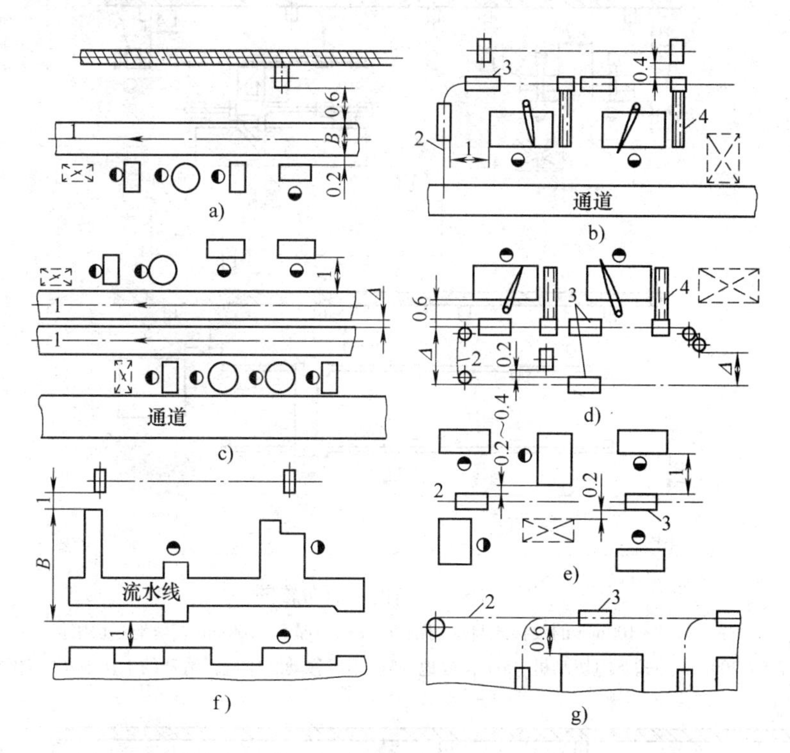

图7-13 流水线、传送带、设备和制造产品之间最小允许距离

1—传送带 2—悬挂起重机 3—吊架 4—带气动起重装配辊道

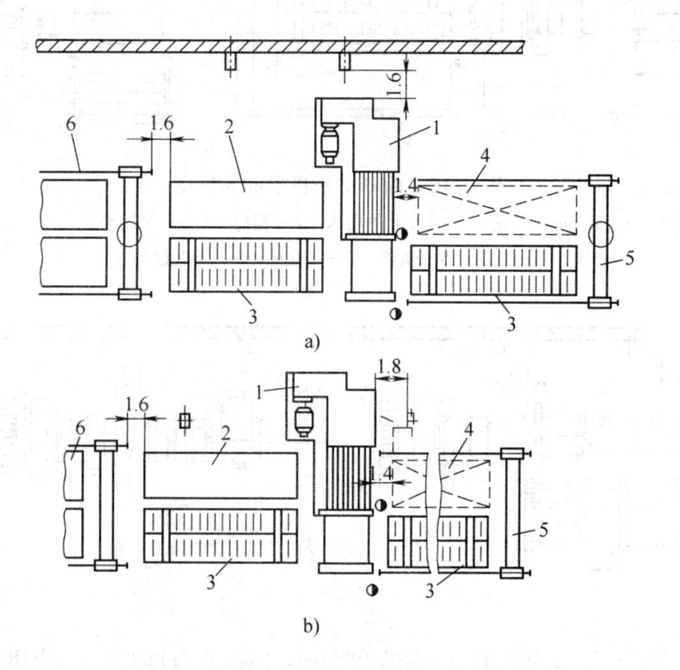

图7-14 多辊钢板矫平机平面布置图

a）顺车间墙壁布置方案 b）部分控制设备在柱子之间的布置方案

1—矫正板厚16～22mm矫平机 2—平台 3—辊道 4—准备矫正工件存放地 5—单梁吊 6—相邻设备

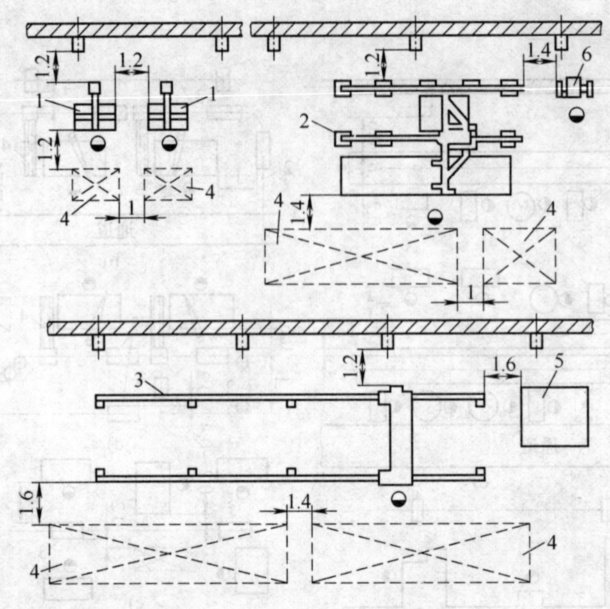

图 7-15　切割机平面布置图

1—切厚 5 ~ 100mm 的铰接式自动切割机　2—切厚 5 ~ 100mm 直角坐标切割机
3—切厚 5 ~ 200mm 卧式龙门切割机　4—存放地　5—用可移动磨床进行清理的工作地　6—相邻设备

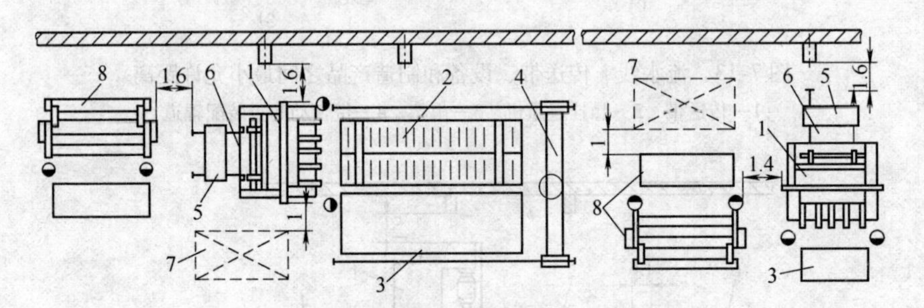

图 7-16　曲柄剪板机平面布置图

1—切厚 6.3 ~ 16mm，切宽 2.5 ~ 3.2m 的剪床　2—辊道　3—矫平用平台　4—单梁吊车
5—剪床　6—轨道　7—存放地　8—邻近设备

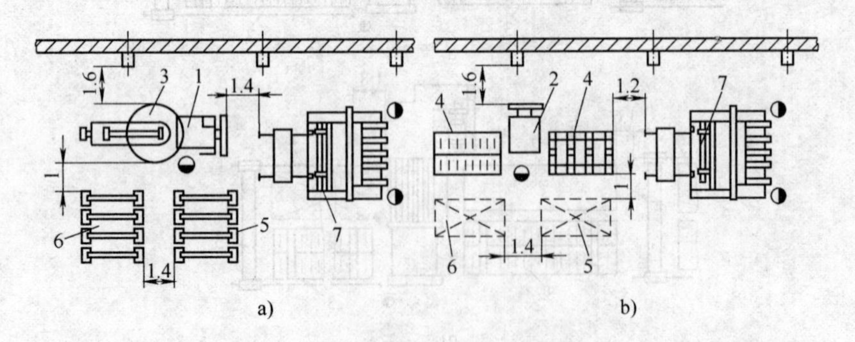

图 7-17　剪切圆形和切割纵条的双圆盘单立柱剪板机平面布置图

a）剪切圆形　b）切割纵条

1—切圆形双盘剪　2—切纵条的圆盘剪　3—切圆盘和环的定心装置
4—辊道　5、6—产品和零件存放地　7—相邻设备

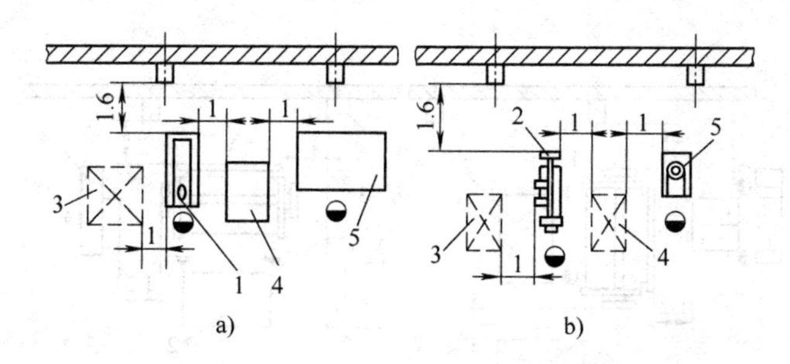

图7-18 冲剪机和冲压机的平面布置图

a）冲剪机 b）冲压机

1—冲剪机 2—冲压机 3—板材存放地 4—零件存放地 5—相邻设备

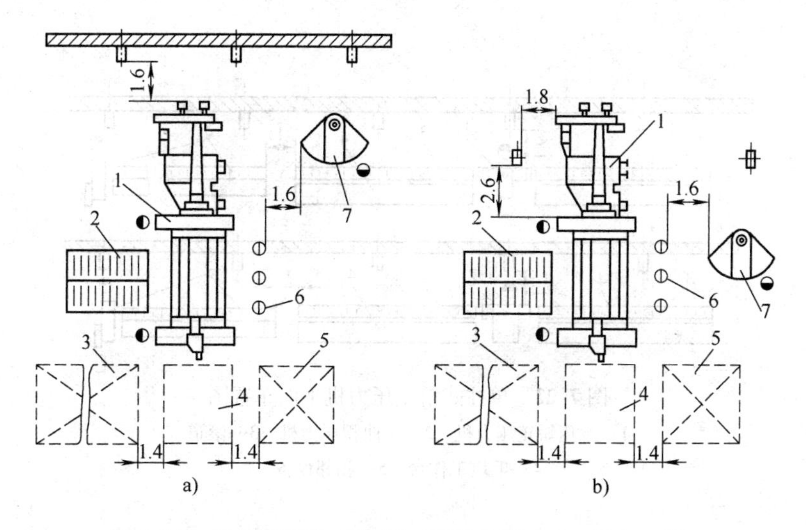

图7-19 厚板弯板机（滚床）平面布置图（三辊和四辊）

1—弯板 2—辊道 3—待加工零件存放地 4—取出工件地方

5—加工零件存放地 6—保持装置 7—相邻设备

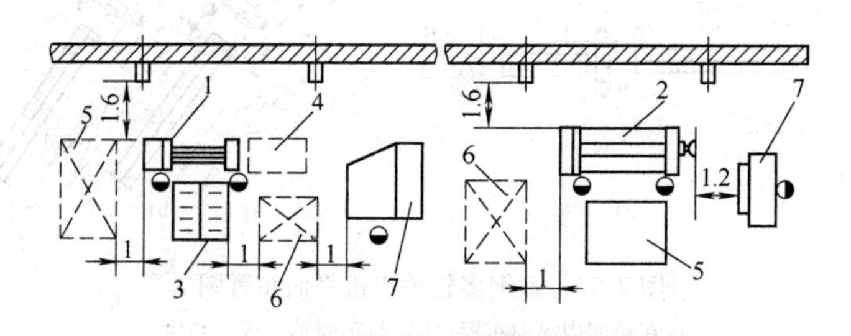

图7-20 中薄板弯板机平面布置图

1—可弯板厚12mm，宽1.8mm的弯板机 2—可弯板厚2.5～6mm，宽2m的弯板机 3—辊道

4—取出工件地点 5、6—存放地 7—相邻设备

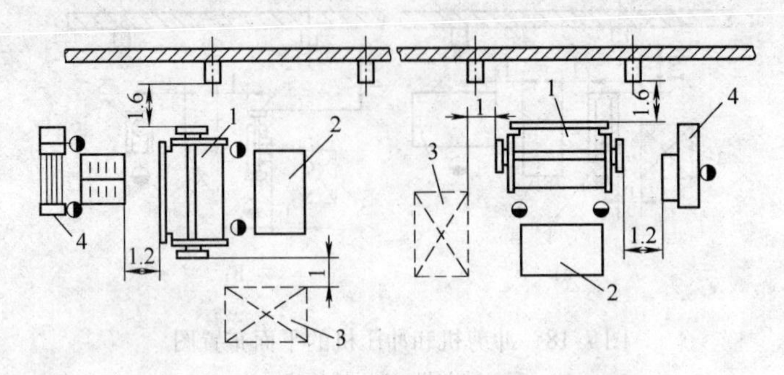

图 7-21　曲柄弯板机（折边机）平面布置图

1—弯板机（压力 0.63MN 或 1.0MN）　2—毛坯工作台

3—毛坯存放地　4—相邻设备

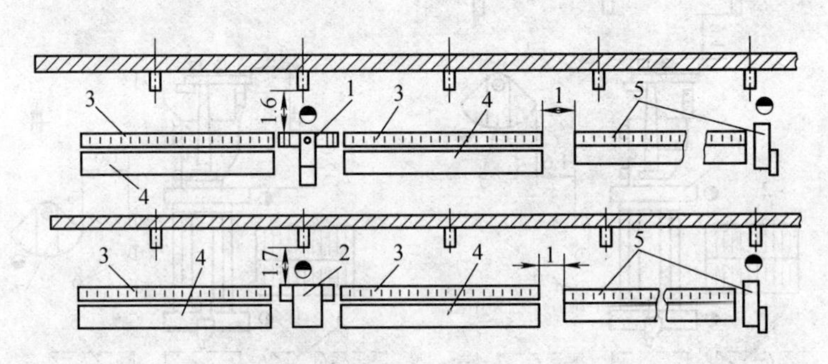

图 7-22　单柱式矫正压力机平面布置图

1—水压矫正压力机　2—单曲拐压力机　3—滚道

4—毛坯工作台　5—相邻设备

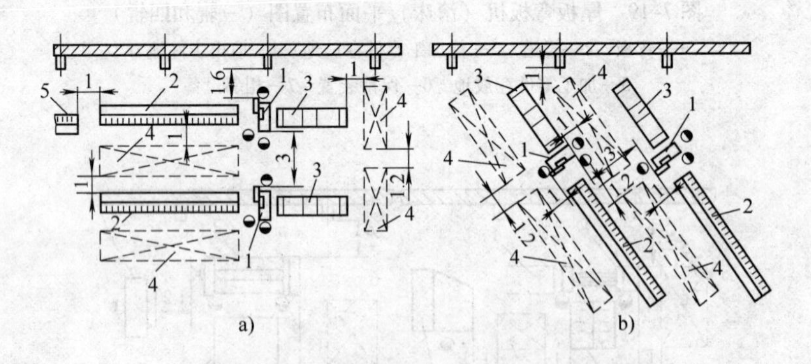

图 7-23　型钢多辊矫正机平面布置图

a）在跨间内纵向布置　b）与车间轴线成一角度

1—75×75 角钢和钢、ϕ25～60 圆钢矫正机

2—毛坯工作台　3—辊道　4—相邻设备

表 7-41 给出仓库和检验站计算定额参考数据。

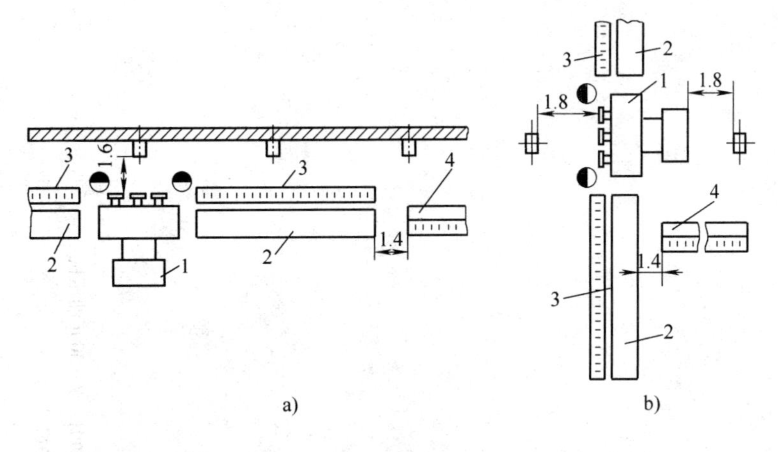

图 7-24　联合冲剪机平面布置图

a）顺开间纵向布置　b）布置在两跨之间

1—可切断圆钢 $\phi40$、角钢 60 × 60 × 8 和 12 号槽钢的联合冲剪机

2—辊道　3—存放地　4—毛坯存放地

表 7-41　焊接车间仓库和检验站的面积计算定额

名　称	用　途	单位面积①/m²	
		成批生产	大批生产
工具分发室	保存与发出工具、仪器、设备的可换工作构件 1）每一工艺设备 2）每一工作地点	0.4 ~ 0.6 0.7	0.3 ~ 0.5 0.6
辅助材料库	保存与发出辅助材料 每一工艺设备	0.15 ~ 0.2	0.1 ~ 0.5
焊接材料仓库	保存与发出焊条、熔剂、把焊丝绕到焊丝盘盒中，每一工艺设备 1）电弧焊和气焊 2）半自动和自动焊	0.15 ~ 0.25 0.5	0.1 ~ 0.2 0.4
夹具库	保存与发出夹具与设备的可换工夹具 每一产品的焊接部件 每 100t 年产量	0.4 ~ 0.6 0.2	0.2 ~ 0.4 0.15
检验站	定时测量焊接部件、保存与发出样板、标准样件，每一产品焊接部件	0.8	0.7

① 不包括维修辅助面积。大量生产时采用小的数值。

车间工艺平面布置举例如图 7-25 ~ 图 7-29 所示。

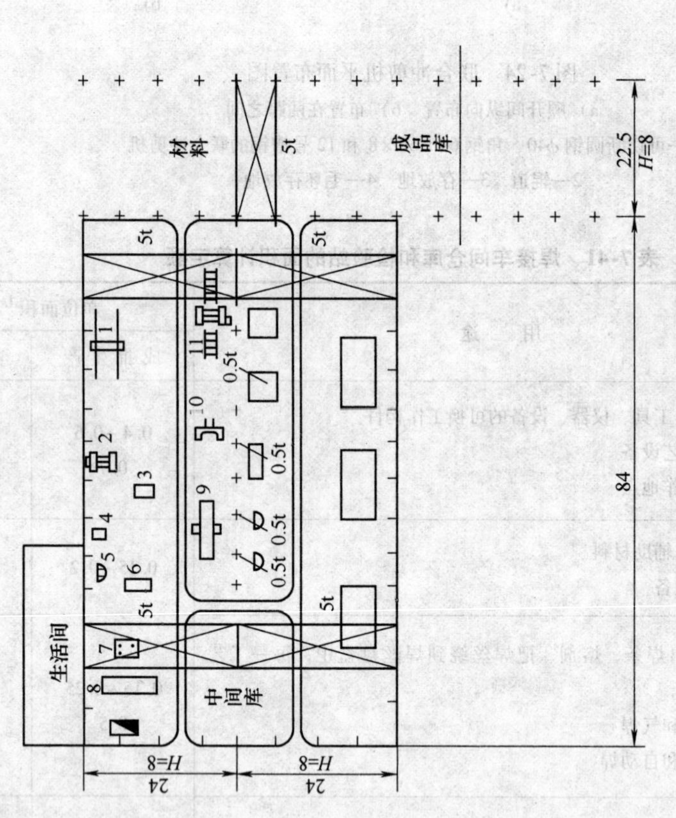

图 7-25　工程机械厂金属结构车间

1—CNC 气割机　2—6×1700 三辊卷板机　3—联合冲剪机　4—快速剪　5—φ50 摇臂钻床　6—250t 冲床　7—300t 油压机
8—主梁弯曲装置　9—1×3m 龙门刨　10—6×2500 龙门剪　11—6×1500 钢板校平机
另外气体保护焊机 20 台，焊条电弧焊机 15 台，变位机 2 台，平台若干

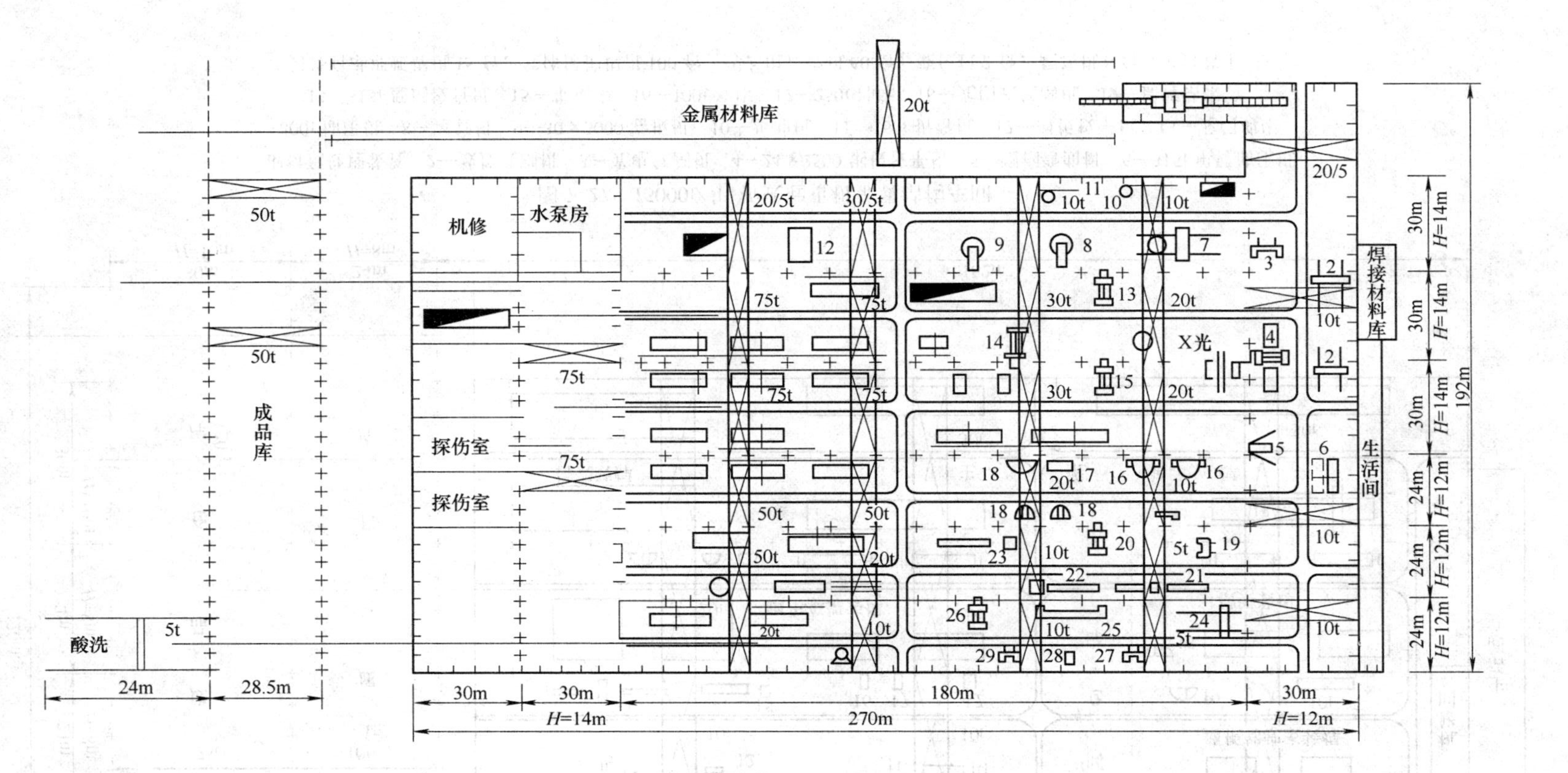

图 7-26　炼油化工机器厂容器车间

1—钢材预处理　2—CNC 气割机　3、19、27—龙门剪床　4—16×2500 钢板校平机　5—315t 单臂油压机　6—光电气割机　7—600t 压鼓机　8—ϕ5200×32 翻边机　9—ϕ2000×16 翻边机　10、11—弯管机　12—4000t 水压机　13—70/120×3000 卷板机　14—25/40×2500 卷板机　15—20×2000 卷板机　16—立车　17—数控钻床　18—摇臂钻床　20—25×2000 卷板机　21—带锯　22—管子倒角机　23—管子磨头机　24—等离子切割机　25—刨边机　26—30×3000 卷板机　28—160t 冲床　29—200t 折弯压力机

另外自动埋弧焊机 40 台，窄间隙焊机 2 台，带极堆焊机 2 台，管—管板 TIG 焊机 2 台，管—管 TIG 焊机 2 台，TIG 焊机 27 台，MIG 焊机 30 台，气体保护焊机 10 台，焊条电弧焊机 100 台，变位机 3 台，滚轮架若干，穿管机，热处理炉 3×12m，热处理炉 5×27m，直线加速器 1.5MeV

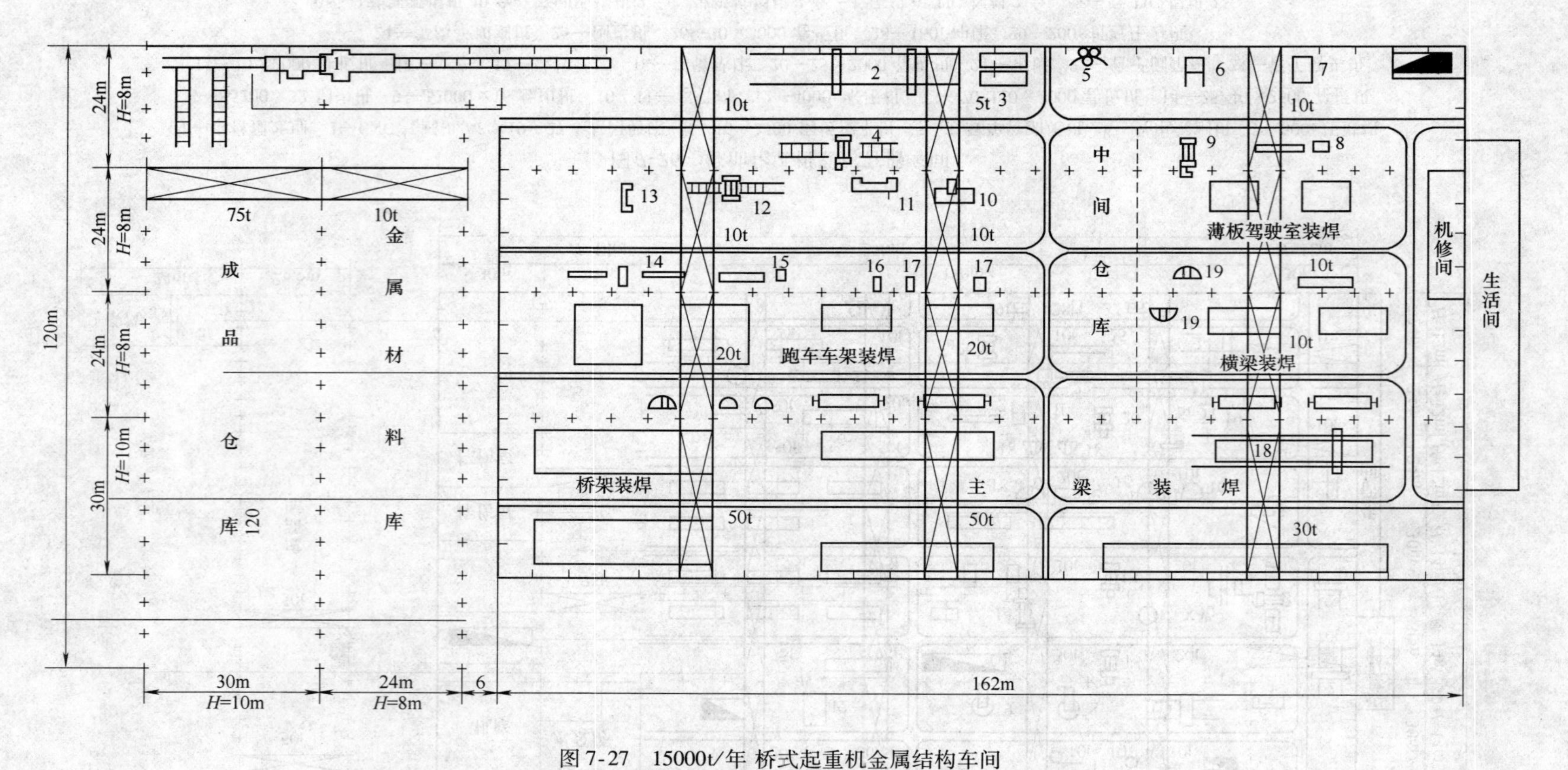

图 7-27 15000t/年 桥式起重机金属结构车间

1—钢材预处理装置 2—数控气割机 3—光电气割机 4—24×2500 钢板校平机 5—型钢弯曲机 6—315t 单臂油压机
7—800t 油压机 8—弯管机 9—30×3000 卷板机 10—步冲机 11—160t 折弯机 12—薄板校平机 13—龙门剪床
14—315t 型钢校直机 15—带锯床 16—100t 冲床 17—250t 冲床 18—龙门式气割机 19—摇臂钻床
另外自动埋弧焊机 15 台，气体保护焊机 100 台，焊条电弧焊机 50 台，变位机 2 台，翻转机 6 台，平台若干

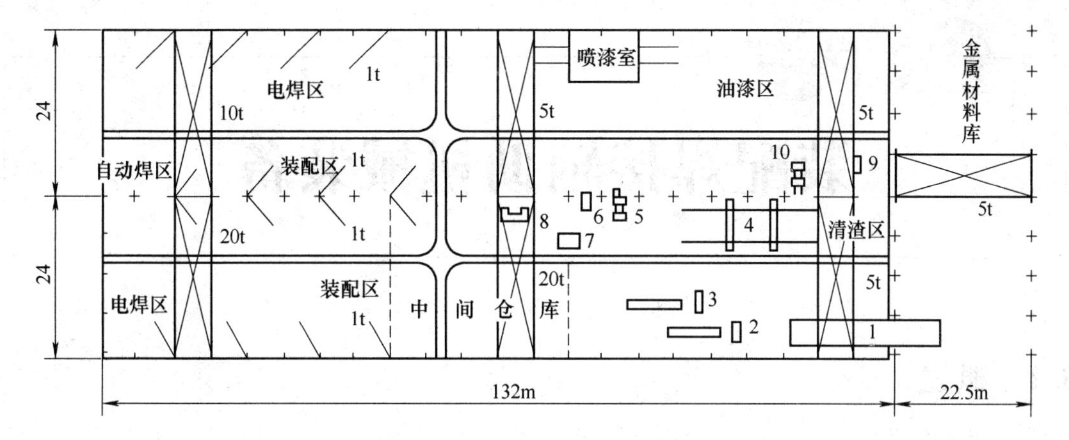

图7-28 5000t/年 轧管机、液压机厂金属结构车间

1—抛丸机 2—冲剪机 3—带锯床 4—数控气割机 5—卷板机 6—125t 冲床
7—500t 油压机 8—剪床 9—冲型剪床 10—小卷板机
另外1t 摇臂吊车16 台，铲车2 台，装卸料车1 台，自动焊机1 台，半自动气体保护焊机40 台，
焊条电弧焊机11 台，焊接变位机若干

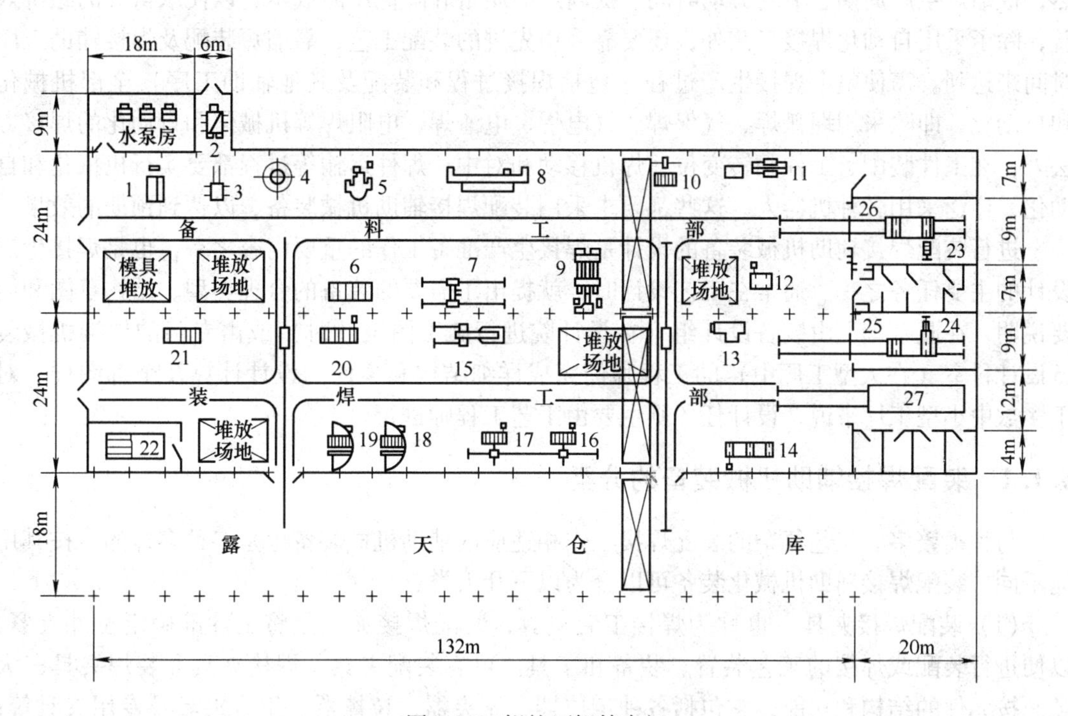

图7-29 锅炉厂锅筒车间

1—水压机 2—加热炉 3—内燃机叉车 4—封头余量气割机 5—双柱立式车床 6—气割机 7—数控气割机
8—刨边机 9—四辊卷板机 10—纵缝碳弧气刨装置 11—焊接操作机 12、14、20、21—滚轮架
13、15—焊接操作机 16—焊缝磨锉装置 17—环缝碳弧气刨装置 18、19—摇臂钻床 22—水压试验台
23、24—X 光探伤机 25、26—专用平板车 27—退火炉

第8章 装配焊接辅助机械装备

8.1 概述

在焊接生产中除了装配焊接前的生产准备工作之外，占劳动量最多的是装配焊接过程。依据产品结构和装配焊接工艺的不同，装配和焊接各占用的劳动量也不相同。按照比较早期的统计，焊接工作占全部生产时间的10%~80%，其余为装配和其他辅助作业时间。在焊条电弧焊时，这类时间消耗占总劳动量的50%；埋弧焊时，占70%；电渣焊时，占80%。显然，欲缩短生产周期、节约劳动时间、提高产品质量和降低产品成本，以便取得好的经济效益，除了采用自动化焊接工艺外，还要靠采用先进的装配工艺，靠缩短装配及焊接辅助工序时间来达到。需使整个焊接生产过程（包括焊接过程和装配及其他辅助工序）全部机械化和自动化。即除采用埋弧焊、气保焊、气电焊、电渣焊、电阻焊等机械化和自动化的焊接方法外，在工件装配、工件翻转变位、焊机移动和对中、焊件运输等过程都要实行机械化和自动化，广泛采用各种机器人。这些都要求采用装配焊接辅助机械装备，以达到预期的效果。

进行装配焊接辅助机械装备的设计是焊接生产准备工作的重要内容之一，也是焊接生产设计的主要任务之一。通常在工艺设计时，就提出了需要的装备的合理类型、结构草图和简要说明，在此基础上由装备设计组（在设计院进行施工图设计时）或由专门的焊接机械装备设计科室（在大型工厂中）的工程师们完成详细结构和零件的设计计算及全部图样。对于多数中小型工厂来说，设计任务则主要由工艺工程师进行。

8.1.1 装配焊接辅助机械装备的分类

与种类繁多、工艺复杂的装配焊接工作相适应的辅助机械装备也是多种多样的。按其用途不同，装配焊接辅助机械化装备可以分为以下几大类：

（1）装配焊接夹具　也称为焊接工装夹具，装配焊接夹具是将工件准确定位并夹紧，以便进行装配或焊接的工艺装置、装备和工具。可有装配夹具、焊接夹具和装焊夹具三大类。按元件的结构和功能，它包括各种定位器、压夹器、拉撑器、组合夹具及专用夹具等；按动力源可分为手动、气动、液压、磁力、真空、混合式夹具等。

（2）装配焊接机械　有的资料称之为焊接变位设备，按其不同用途又可分为：

1）移动焊件的设备和装置，包括各种焊接变位机、翻转机、滚轮架等。

2）移动焊机的设备和装置，包括各种焊接操作机械，如各种龙门式、悬臂式、可伸缩悬臂式、平台式的焊接架。

3）移动焊工的设备和装置，如焊工升降台等。

4）装配焊接的综合机械化装置，如一些自动化生产线的装置。

5）焊接机器人。

（3）焊接辅助装置　包括各种焊剂回收、输送装置，如焊剂垫、焊剂回收器；焊丝处理装置，如焊丝除锈机、焊丝盘丝机等。

8.1.2　装配焊接辅助机械装备的功用

正确地选用装配焊接辅助机械装备带来如下好处：

1）提高产品质量和生产率，采用装配焊接机械装备不仅提高装配的质量和生产率，对焊接的质量和生产率也有同样效果。

例如采用定位器和专用夹具进行焊接结构的装配，可不需划线或很少划线而准确地装配各种零件，又快又准确。如油槽（罐）车及全金属敞车底架上装配各种零件，油罐车罐体空气包上各阀座的装配，用定位器和专门的装配夹具（胎具），使所安装的零件迅速处于正确的位置，装配零部件的精度提高了，并且有互换性，缩短了装配时间，从而提高了生产率。

采用机械装备辅助进行焊接，可以使焊缝处于最方便的施焊位置，工人劳动条件大大改善，防止和减少焊接变形，这些都使焊接质量和效率大为提高。例如焊条电弧焊时采用焊接变位机之后，工时消耗可以减少17%～30%，因为此时工件可迅速翻转到最便于施焊的位置，进行最高质量和生产率的、需要焊工水平较低的俯焊位焊接。一些工件在采用焊机或焊件变位机械之后，方能进行埋弧焊，如圆筒的纵缝和环缝自动焊。

2）改善劳动条件、减轻工人的劳动强度，由于采用装配焊接机械设备，减轻了装配零件定位和夹紧的繁重劳动；装配焊接工件的翻转实现了机械化，使其迅速变位，使劳动条件较差的空间位置焊缝变为俯焊位置焊缝，这些都减少了焊工的劳动。

3）采用装配焊接机械装备，扩大了先进工艺方法和设备的使用范围，使焊接生产的综合机械化和自动化得以实现。

4）简化焊接结构的装配焊接工艺。某些焊接产品，例如带有机加工结构，必要的装配焊接胎夹具是完成生产任务所必需的。还有的焊接产品需要在高温、深水、有放射性和剧毒条件下进行焊接作业，则需要有相应的焊接机械和装备才能完成。

8.1.3　装配焊接辅助机械装备的设计特点

在进行装配焊接机械装备的设计时，通常应当满足技术和经济方面的要求，这包括能满足装配焊接技术条件，设计的装备工作可靠、操作方便，即工人易于操作、省力、使用安全。

其次，采用这些装备后应能带来经济效益。通常重大的装配焊接机械装备的设计必须进行经济分析和计算。由于这些装备的设计和制造费用最后都要摊入产品制造成本，故在设计时需要进行方案比较。通常制造费用低廉的，自然可使产品成本降低。但综合经济分析远比这种简单计算要复杂。例如那种使产品质量提高的方案，那种使用方便，能降低工人劳动强度和减少工伤的装备，工人愿意使用，从而使生产效率更高。质量高的产品可使产品增值，高效率的生产和可选用低技术级别的工人可降低产品的成本。一般都要计算装备的投资回收期，这是新产品生产准备过程中的经济分析的重要内容，也是整个企业经济分析的内容之一，那种采用这些装备的投资能在三年内回收的，可以认为属于低成本机械化和自动化——

这是发展中国家适用的方案。

采用何种类型的装配焊接机械装备除了决定于产品的结构、制造所采用的工艺（包括材料的装备工艺、装配工艺和焊接工艺）外，还决定于产品的生产规模，这是由生产纲领所决定的。万能装置通常供生产多品种、单件或小批生产的产品的装配和焊接。除此而外，单件、小批生产时，还利用通用的、标准和装配焊接工艺装备零件和组件，在国外有专门工厂生产并提供现货，焊接生产工厂只需将这些零件和组件加以不同组合，就可适应不同结构焊接产品的装配焊接。在大批大量生产条件下，每道装配焊接工序都应采用专门装置来完成。据统计，当采用专用装配机械装置进行金属结构的装配时，装配时间可缩短 30% ~ 40%。但专用装置并不都是合理而经济的，即需进行如上所述的经济分析。表 8-1 示出在冲压焊接结构及机械焊接零件生产中，由生产批量确定焊接生产机械化的程度。它表明按生产纲领规定的批量，可选用的装配焊接机械化装置及焊接设备，可作为焊接生产设计的参考。

表 8-1　在冲压焊接结构、机械焊接零件生产中，按生产批量确定焊接生产机械化程度

生产速率和批量	冲压焊接和薄板立体结构、大型复杂的部件（500 ~ 1000kg 以下）	机器焊接零件、简单小部件（25 ~ 50kg 以下）
（年产 3 千件以下）	对于不便于运输的部件，采用带有移动的通用焊条电弧焊、半自动焊、自动焊设备和工具的固定连续流水线	按工艺原则配备的标准通用设备。器具各类有样板、夹钳和楔子等
5 ~ 10 件/h（每年 20 ~ 40 千件）	对于可运输的部件，采用带有适于成组工艺的通用辅助机械化设备的直线流水生产线	带手工夹具的胎具
10 ~ 20 件/h（每年 40 ~ 70 千件）	带有工序间通用运输设备的可调整的和不可调整的机械化流水线，固定式和悬挂钳式点焊机、半自动电弧焊机、有高周波变压器的多点焊机、手动的和机械化的装配工具及整修工具	具有可换夹具和夹头的固定式标准接触焊机。带工作台和半自动电弧焊机的工作间、手动样板、台式旋转夹具
20 ~ 50 件/h（每年 60 ~ 160 千件）	同上，（按增长速度）分配式输送装置、回转式输送装置和椭圆形小车水平封闭式输送装置 具有非贯穿的运输设备和程序控制的通用焊接设备，立式专用多头焊机生产线。具有贯穿的运输系统和步进运输装置的生产线，有随动装置和没有随动装置的半自动线，在其毗邻的工段里或者平行的工段里制造分总成	同上，手工装料的专用多头半自动焊机。快动机械手和风动夹紧的专用夹具，又可分为转动的和多工位的
50 ~ 700 件/h（每年 150 ~ 2500 千件）	具有连续的和平行的工序组合的半自动和自动线，具有半自动或机械化调节的综合性机械化和自动化专用生产线，为使分总成与总成装配和焊接自动化而采用自动操作机和机器人	同上，带料斗和箱式加料装置。在短自动线上配套的自动机。程序控制的自动调整装置
500 ~ 1500 件/h（每年 1.5 ~ 5 百万件）	自动线有平行组合或交叉组合的，工序间有充裕备品储备量（用料斗和料箱储藏），采用制造分总成的焊接工段，采用模拟控制系统操作、自动调整规范、检验自动装配和焊接的质量	带跟踪系统、自动调节系统和其他模拟控制系统操纵的专多工位自动机
1500 件以上/h（每年 5 百万件以上）	同上，但分为独立的和互相联系平行工作的自动线，可制造任何系列的分总成，车间自动机由电子计算机管理和控制	旋转式自动线

最后，采用的装配焊接机械装备应当有良好的工艺性，便于制造、维护和修理，如易损零件容易更换，容易恢复其使用精确度，寿命较长等。

满足上述各项要求，需对装配焊接机械化装备的特点有所了解。

1）在装配焊接机械装备中进行装配和焊接的零件有多个，它们的装配和焊接按一定的顺序逐步进行，其定位和夹持也都是分别单独地或是一批批联动地进行，其动作次序和功能显然与制造工艺过程相符合。

2）焊接结构或部件、零件在装备中比机加工零件在胎夹具中受有较小的夹持力，而且不同零件、不同部位的夹持力也不相同。有些零件仅利用装备中定位装置定位，而不受什么力；一些零件为防止某个方向的焊接变形而被刚性固定；一些零件则为避免过大焊接应力，以及由此而产生缺陷，仅被挠性固定，它在某个方向上甚至是自由的。这样，装配焊接装备（如胎夹具）上经受焊接应力部分则承受巨大载荷，要求设计刚度大大超过被焊工件的刚度；另一些则只承受零件重力、夹紧的反力等作用，当然只要有适当的强度和刚度就可以了。

3）装配焊接机械装备常常是焊接电极之一，因此被设计为二次回路的一部分；有时为了防止电流流过机件而使其烧坏或寿命缩短，又需要进行绝缘。所以焊接机械装备（特别是有一些在相对运动中传导电流）的导电和绝缘是一个重要而特殊的问题。

4）装配焊接装备的制造精度决定于它的用途和生产产品的精确度；装备中各个部分所起的作用不同，其制造精度也不尽相同。例如装配焊接夹具中定位装置应有好的制造精度，而夹紧装置或装备的底座则应有足够的强度和刚度。

5）制造装备的材料多采用低碳钢或低合金结构钢。不仅材料容易获得，而且制造也较为方便（一般装配焊接机械装备底座等都采用焊接结构）。但是装备上的定位销钉、V形挡铁、钳口等则应采用45~50号能淬火钢或合金钢（如40Cr等），以保证其精度和不易磨损。

6）在装配焊接机械的传动系统中，通常应设计反行程自锁性能，即当驱动力撤消后，不会因焊件和装备的自重而倒转，因夹紧力反力作用而松夹。这不仅是安全必需，也是定位和节能所需。

7）夹具和装备应设计有抵御焊接飞溅、熔渣、焊剂、铁锈和杂物侵入传动系统，可装基面等导致夹具和装备失效，即有密闭性，还应容易清除这些杂物。

8）因焊接的加热过程，夹具和装备应有好的防热变形、导热性能。还应有防止焊接烟尘的通风和抽气能力（如果大型装备需要的话）。

8.2　装配焊接夹具

装配焊接夹具完成工件的准确定位和夹紧。它通常由定位元件、夹紧机构以及夹具几部分组成。

8.2.1　装配焊接夹具中零件的定位和定位器

自由物体在空间有6个自由度，即绕X、Y、Z轴的移动和转动。要使其完全固定，需加上6个支撑，如在水平面（XOY平面）内布置3个支撑点，在一个垂直面（XOZ平面）内布置2个支撑点，在另一个垂直面（YOZ平面）内布置1个支撑点，这称为6点定位法。

很多场合下没有必要配置这么多支撑点。当工件放在支撑平面上，这即是三点支撑；而用销轴或型钢棱线的支撑，都是线支撑，相当于二点支撑；球面的支撑相当于一点支撑。有时一个结构上各零件之间也可以互相作为支承，可以大大减少定位元件。

装配焊接夹具中常用的定位方法有沿平面（如挡铁）的、沿圆柱面（如销钉）的，还有沿斜面（如V形铁）的。

1. 沿挡铁和圆柱面定位

配置在装配零件周边上的矩形块、板、销钉、型钢的棱边等都可作为挡铁，图8-1是夹具的定位器元件，有格子式挡铁（图8-1a和d）、焊接挡铁（图8-1b）、销钉（图8-1c、e）及可活动挡铁（图8-1f）。

在夹具中压入销子（图8-1c）或焊上定位销子（图8-1e），将工件（零件）放在已加工好的孔套上，以达到零件定位的目的。这是利用圆柱面的定位。定位销可用一个或两个。定位销的直径和相互位置一定要与零件孔径相互位置及其公差相适应。

2. 在V形铁上定位

管子、轴及小直径圆筒节等圆柱形零件的固定和定位都可以使用V形铁。V形铁是由两个互成90°或120°的平面所构成，中间常有凹槽，有时也可没有槽，如图8-2所示。图8-2中V形铁的尺寸可参考夹持（定位）工件（圆柱体）的直径D来决定。一般$h\leqslant 0.8D$，C值则需视φ大小而定，当$\varphi=90°$时，$C=1.41D-2(H-h)$；当$\varphi=120°$时，$C=2D-3.46(H-h)$。

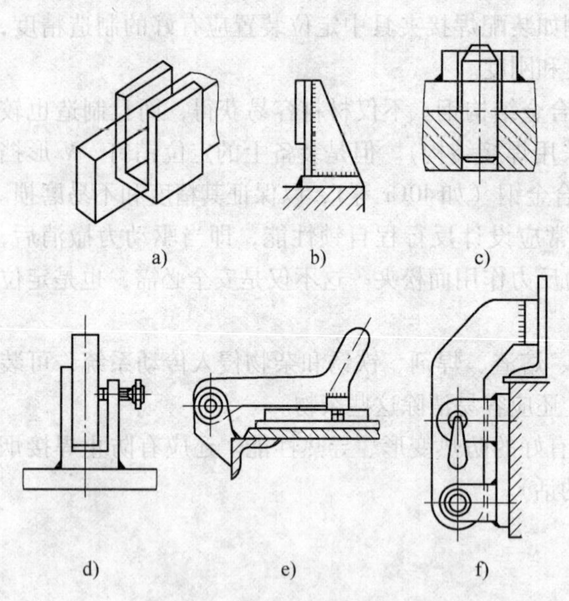

图8-1 装配夹具的定位元件

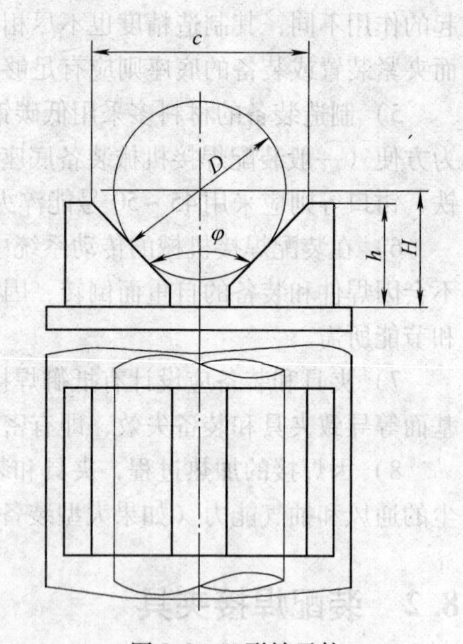

图8-2 V形铁元件

实际上，大多数焊接结构进行装配时不需要专门的定位器和夹具，但在另外一些情况下，没有定位器和夹具，零件则无法装配和焊接。这种情况并非经常遇到。所以使用定位器和夹具大多为省去划线等工序，使装配焊接过程又快又好。

定位器应该配置在零件加工表面附近。对型钢类装配焊接零件，如角钢、槽钢等，定位器要布置在背面或棱边上，避免布置在内侧斜面上。布置的定位器应不妨碍切割和焊接操作。布置定位器时，应对装配焊接零件的变形有所估计，以防止装配焊接完成后零件取不下来。

表8-2示出几种类型定位器的特点及其应用，提供设计参考，以便设计出充分满足装配焊接需要的定位器。

表8-2　定位器的主要类型及其说明

名　称	结构示意图	说　明
固定挡铁	图8-1b及	固定挡铁、装配焊接夹具中应用最广泛。可使零件在水平面或垂直面内固定
可拆挡铁	图8-1f及	可拆挡铁。当固定挡铁使零件安装和拆卸都十分不便时，可使用螺栓固定的挡铁、销子固定的挡铁等可拆挡铁，以及铰接式可退出挡铁。挡铁零件可是焊接和铸造的。角形挡铁两面加工成90°或其他角度。承受零件重力和焊接应力的挡铁应当加固。可按零件厚度考虑。挡铁和固定零件接触线长应大于零件厚度的一倍
样板		样板定位是利用被装件的轮廓进行定位，可以节省装配时间和提高装配精度

（续）

名　称	结构示意图	说　明
样板	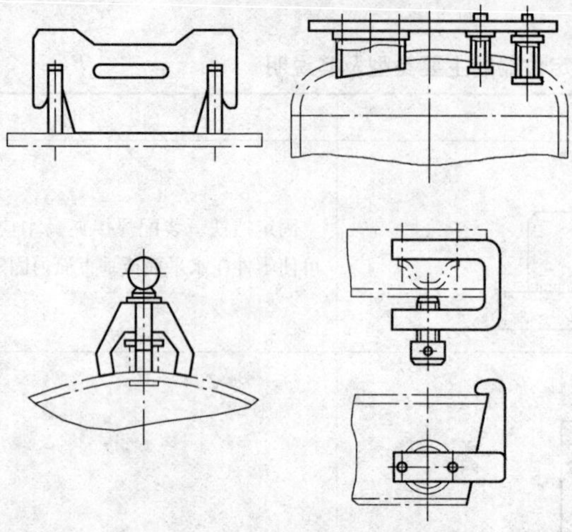	装配凸台用样板 装配筋板用样板（两种） 装配管接头用样板（两种） 装配其他零件用样板
定位销	图 8-1c 及 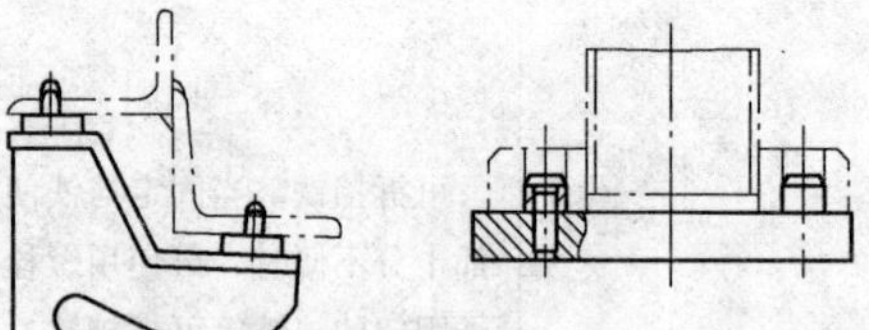	定位销定位常利用零件上机加工过的孔来进行。定位销和夹具可压紧配合，也可用螺栓固定。当装配由夹具上卸下已装配好的部件时，定位销可作成可拆卸的
V 形铁	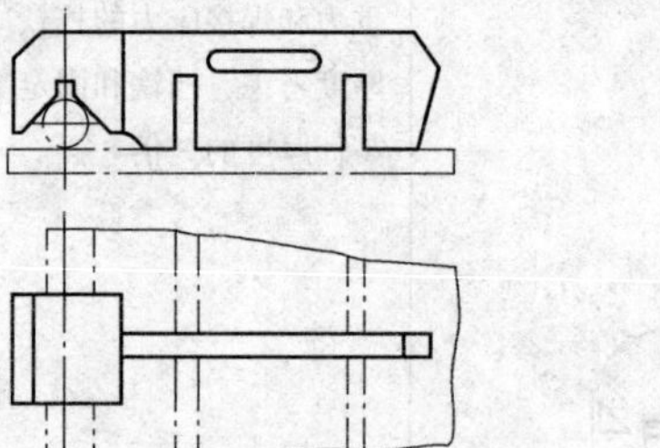	V 形铁有刚性的和可调的、敞开的和带有螺旋压紧器的

8.2.2　压夹器和推撑、拉紧夹具及装置

压夹器和推撑装置是装配焊接夹具最重要的部分，是大型、复杂夹具的基本组成部分。一

些小型的通用装配焊接夹具或组件往往就是一个压紧器、撑圆器或拉紧器。其分类可见表 8-3。

表 8-3　压夹器和推撑装置分类

机械式的	螺旋压夹和推撑器 凸轮及偏心夹紧器 楔形和斜槽夹紧器 杠杆和肘关节夹紧器 弹力压紧器
磁力式	—
机电传动式	机械电力传动压夹器和推撑装置
气压和液压式	真空夹紧器 气（液）压夹紧和撑圆器

常见机械式压夹器如图 8-3 所示。其中图 8-3a ~ d 为螺旋压夹器，图 8-3e、f 为偏心凸轮夹紧器，图 8-3g、h 为楔形和斜槽夹紧器，图 8-3i ~ k 为杠杆和肘关节夹紧器，图 8-3l、m 为弹力夹紧器。由图可见绝大多数是手动的。

1. 螺旋压夹器和推撑器

螺旋压夹器和推撑器是用得最多的一种压夹和推撑装置，具有通用性强、结构简单，制

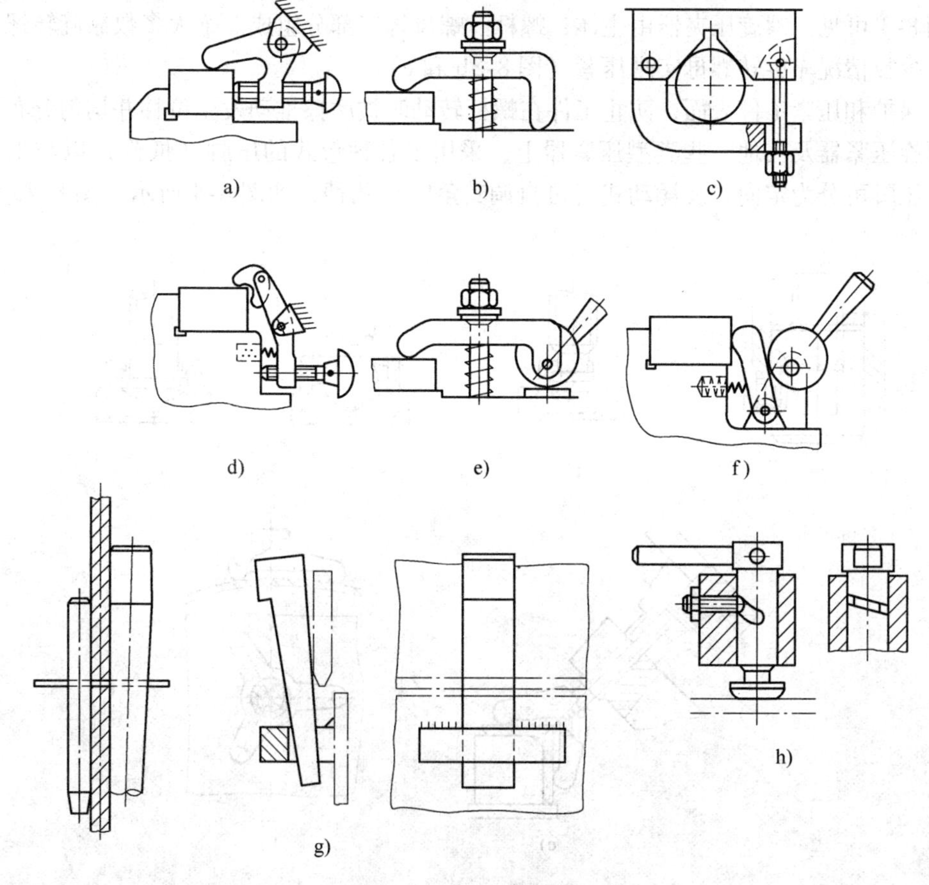

图 8-3　常见机械式压夹器

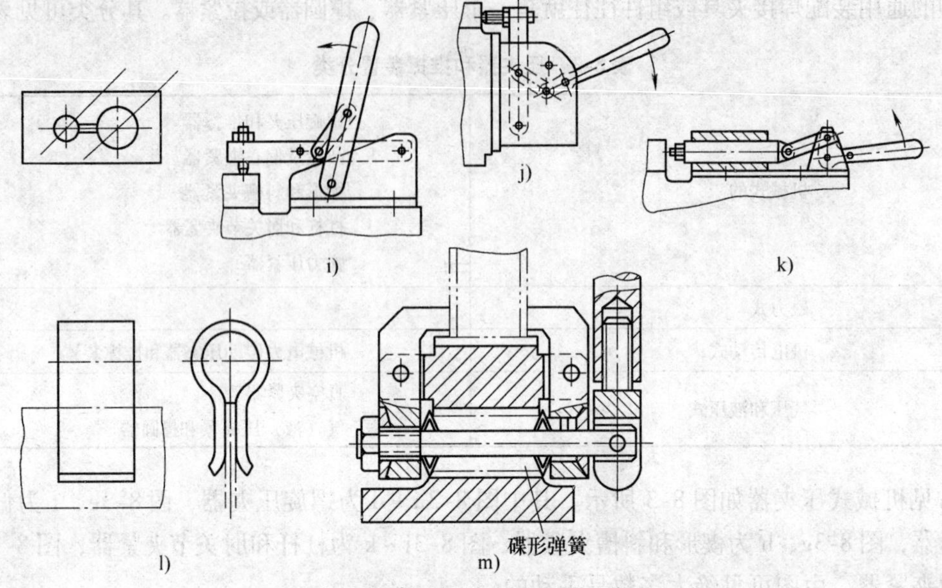

图 8-3　常见机械式压夹器（续）

造方便，夹紧力大、使用可靠等优点。但螺旋压夹器行程小（每转一圈前进一个螺距）、动作缓慢、效率较低，故在单件小批量生产中应用较多。

由图 8-3 可见，螺旋压夹器由主体、螺杆、螺母等三部分组成。绝大多数靠旋转螺杆实现夹紧，少数情况靠旋转螺母实现压紧（图 8-3b 和 c）。

为了保护和压紧工件表面，防止工件在螺杆转动时被摩擦推动发生位移并均匀分布压紧力，在螺旋压紧器及其他一些类型压紧器上，采用了各种形式的压脚（抵靴）以与工件直接接触。压脚可分为定向式及摇动式（可自调其角度）几种，如图 8-4 所示。图 8-4a 为定

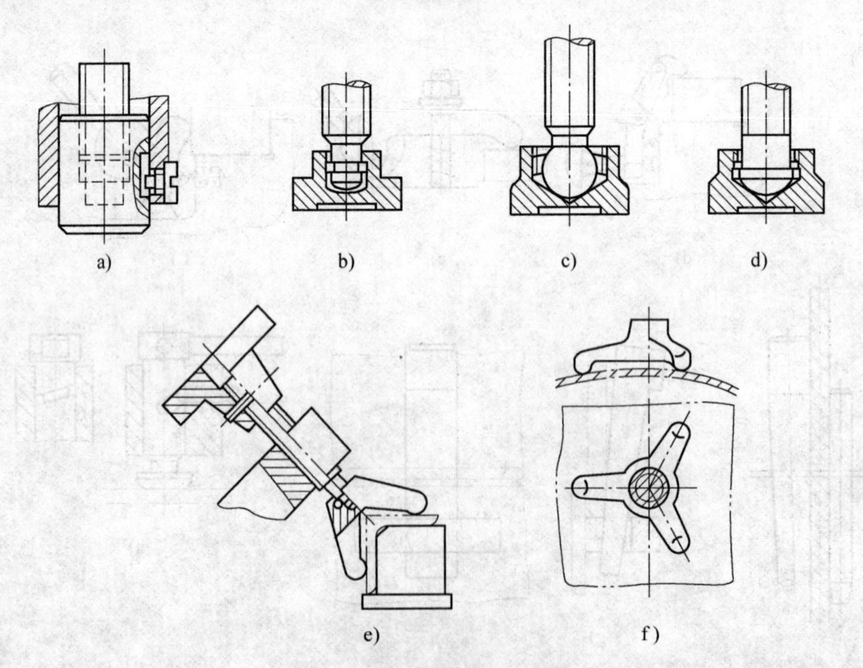

图 8-4　螺旋压脚器的压脚

向式（注意压脚处为左旋），图8-4b、c、d为摇动压脚，图8-4e为用摇动式压脚自调角度完成角铁零件的压紧，图8-4f用三点式压脚支撑压紧曲表面或不平表面。

螺旋压紧器动作慢、行程小、效率低的缺点可通过下述方法加以调整。例如采用活动轴销（图8-5a、b）只需将螺栓松两扣，然后将压紧器主体转一角度，即可退出工件。压紧时也可快速动作。又如采用铰接（图8-5c、d），其中图8-5c是转动筒形螺母实现夹紧工件的。

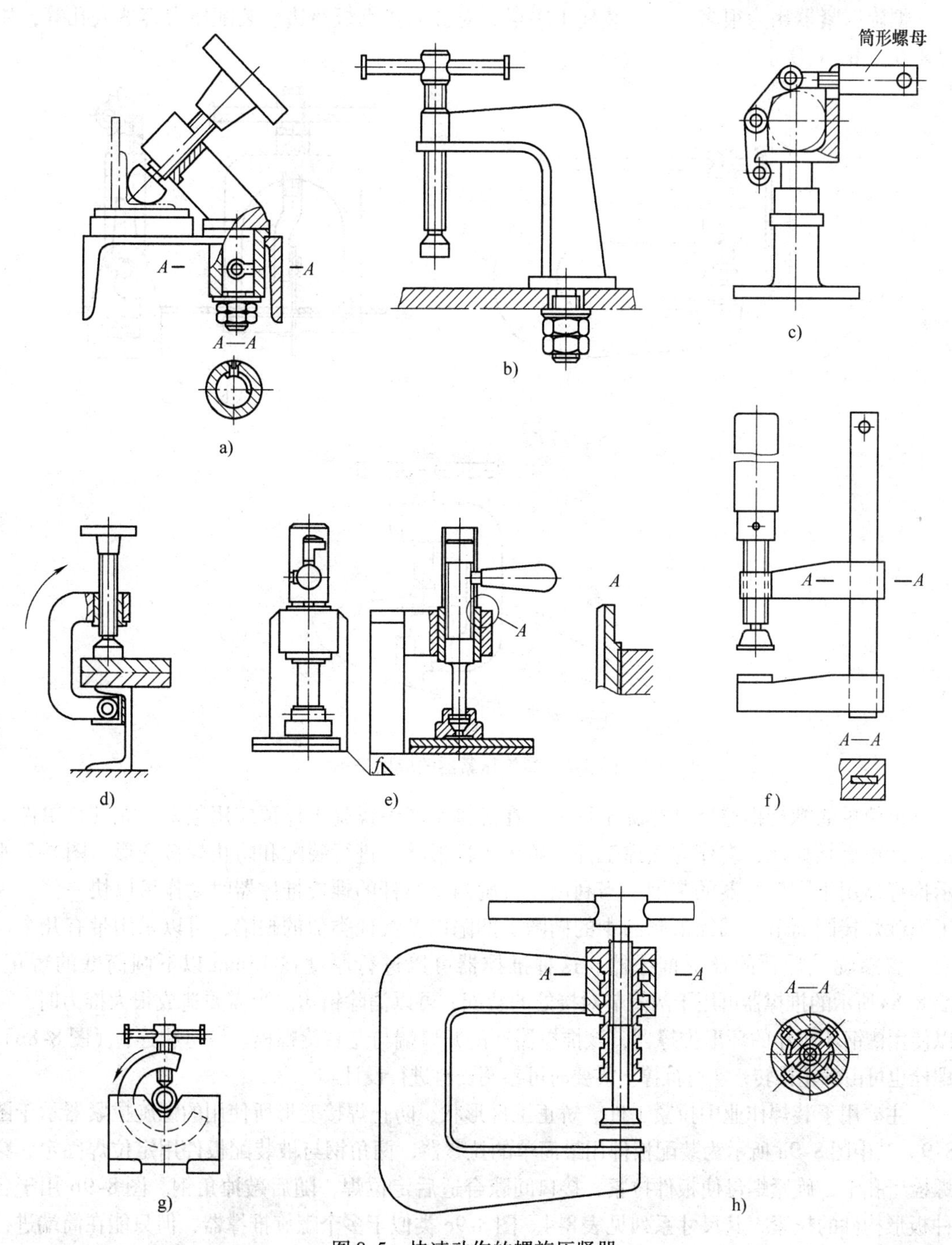

图8-5　快速动作的螺旋压紧器

再如采用垂直插入，如图8-5e、f所示，可以将螺栓很快推进，快接触上工件时，利用手把销（图8-5e）或矩形销紧（图8-5f），再用螺旋旋进压紧工件。图8-5g是利用夹具体旋转插入实现快速动作的，图8-5h是利用螺母外套筒实现快速夹紧动作的。螺母2可沿套筒4在垂直方向自由地移动，螺母内有四个纵向槽和五个环形槽，销钉5在螺母环形槽和套筒孔形槽之间，转动到使销钉进入纵向槽后，即可快速推进或退出压紧。

螺旋压紧器用途很多。用于装配工字梁、对齐对接钢板错边、装配压力容器人孔等，如图8-6a、b、c所示。

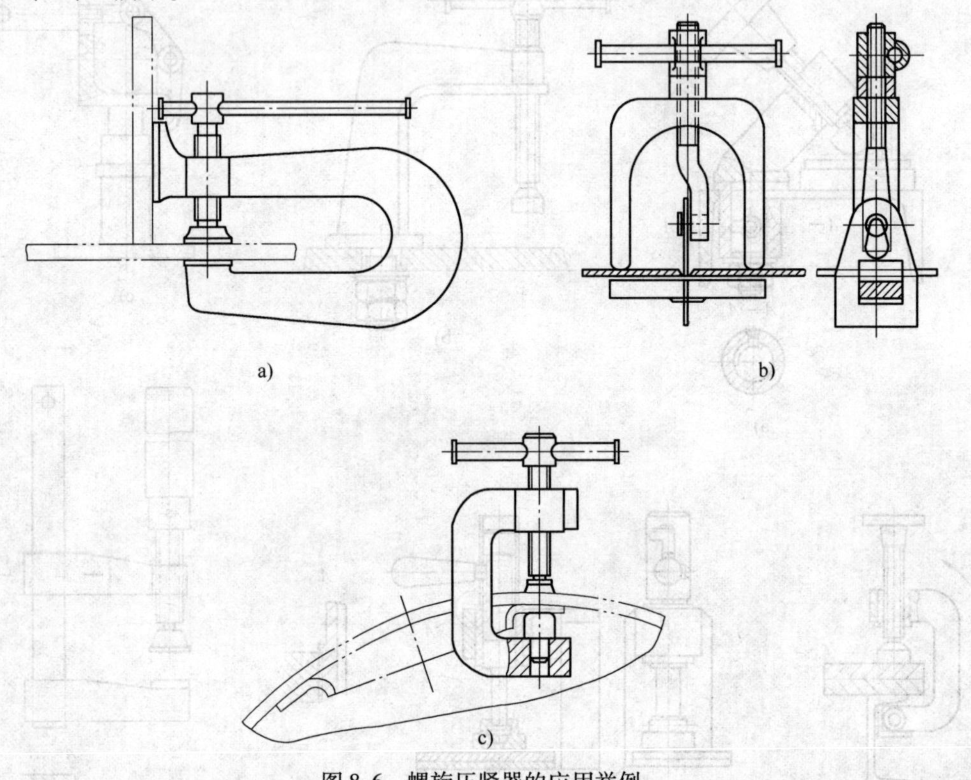

图8-6　螺旋压紧器的应用举例

最简单的螺旋推撑器是螺旋千斤顶。在焊接生产中螺旋千斤顶应用很多，尤其是单件小批生产中更是如此，多作为支撑工件、矫正工件形状、进行装配和防止焊接变形。图8-7所示推撑器用于圆筒容器的装配。当利用左右旋两个螺杆的螺旋推撑器时动作可以快一倍。为了消除焊接圆筒节和圆筒形制品中的椭圆、凹陷以及其他类似的缺陷，可以采用带有几个径向配置螺旋千斤顶的环形推撑器。这种推撑器可以进行厚度在15mm以下圆筒壁的矫正。图8-8a所示的推撑器可用于两筒节对接处的装配，可以消除错边。当需要造成很大推力时，可以使用槽钢环所作的环形推撑器，该推撑器环的开口端与左右旋螺栓、螺母相连，（图8-8b）。螺栓也可由棘轮推转，实行推撑。需要时可参阅资料进行设计。

主要用于装焊作业中拉紧工件、矫正工件形状、防止焊接变形所使用的螺旋拉紧器示于图8-9。其中图8-9a所示为装配板件用最简单的拉紧器，两角钢与被装配板件用定位焊固定，穿螺栓于孔中，旋紧螺母使板件拉紧，接口间隙合适后定位焊，随后敲掉角钢。图8-9b用于各种板形构件的拉紧，其尺寸系列见表8-4。图8-9c类似于多个螺旋推撑器，但只能在筒端进行拉紧作业。图8-9d用于装配筒节，它由多个螺旋所组成，可实现筒节间隙大小、错边的调整。

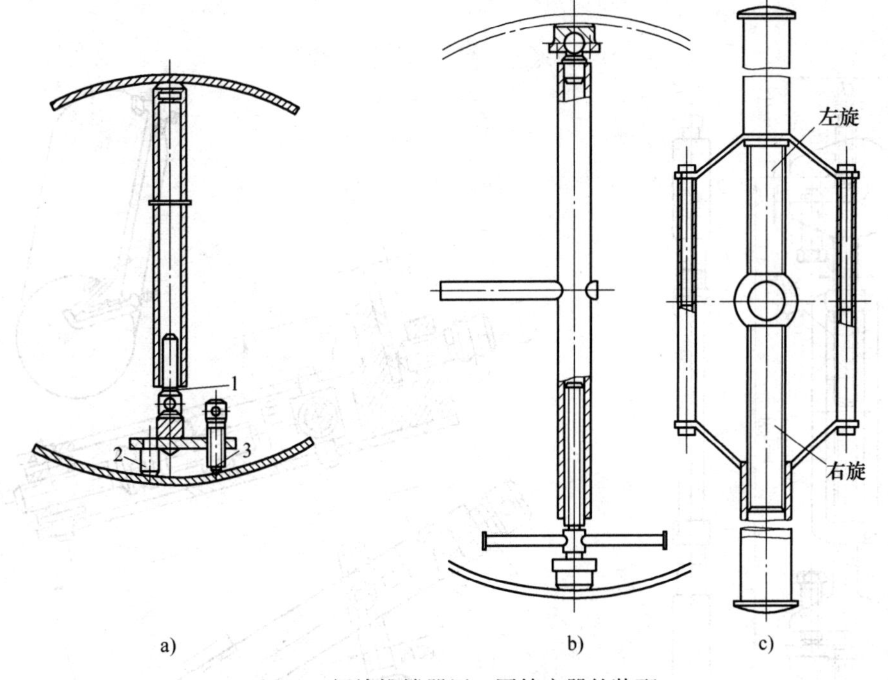

图8-7　螺旋推撑器用于圆筒容器的装配

a）装配圆筒纵缝　b）矫形并消除纵缝对接错边　c）左右旋螺旋推撑器

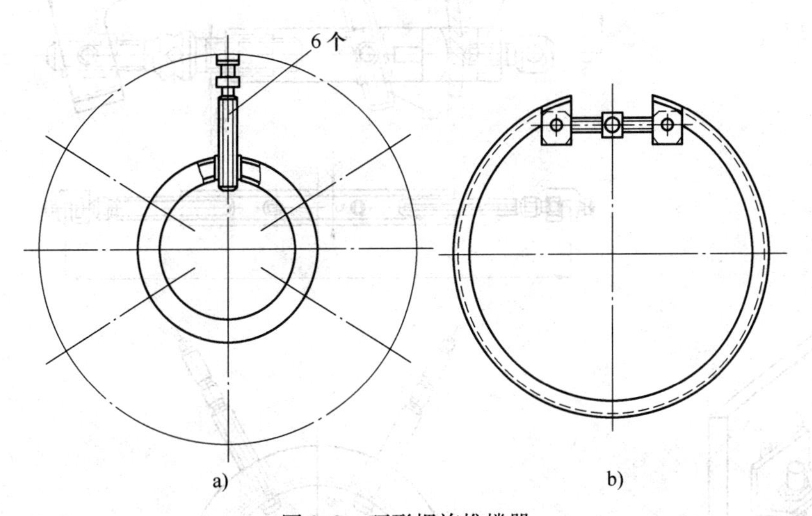

图8-8　环形螺旋推撑器

表8-4　用于板形构件的螺旋拉紧器系列

拉紧器号	*A*	*B*	*C*	*D*	*E*	*F*	*d*	重量/kg
1	840～1080	758～1198	350	176	50	84	M36	20
2	640～850	730～946	300	148	35	72	M30	11
3	470～650	548～728	250	116	25	60	M24	5.5
4	310～480	358～528	200	78	20	42	M16	2.0

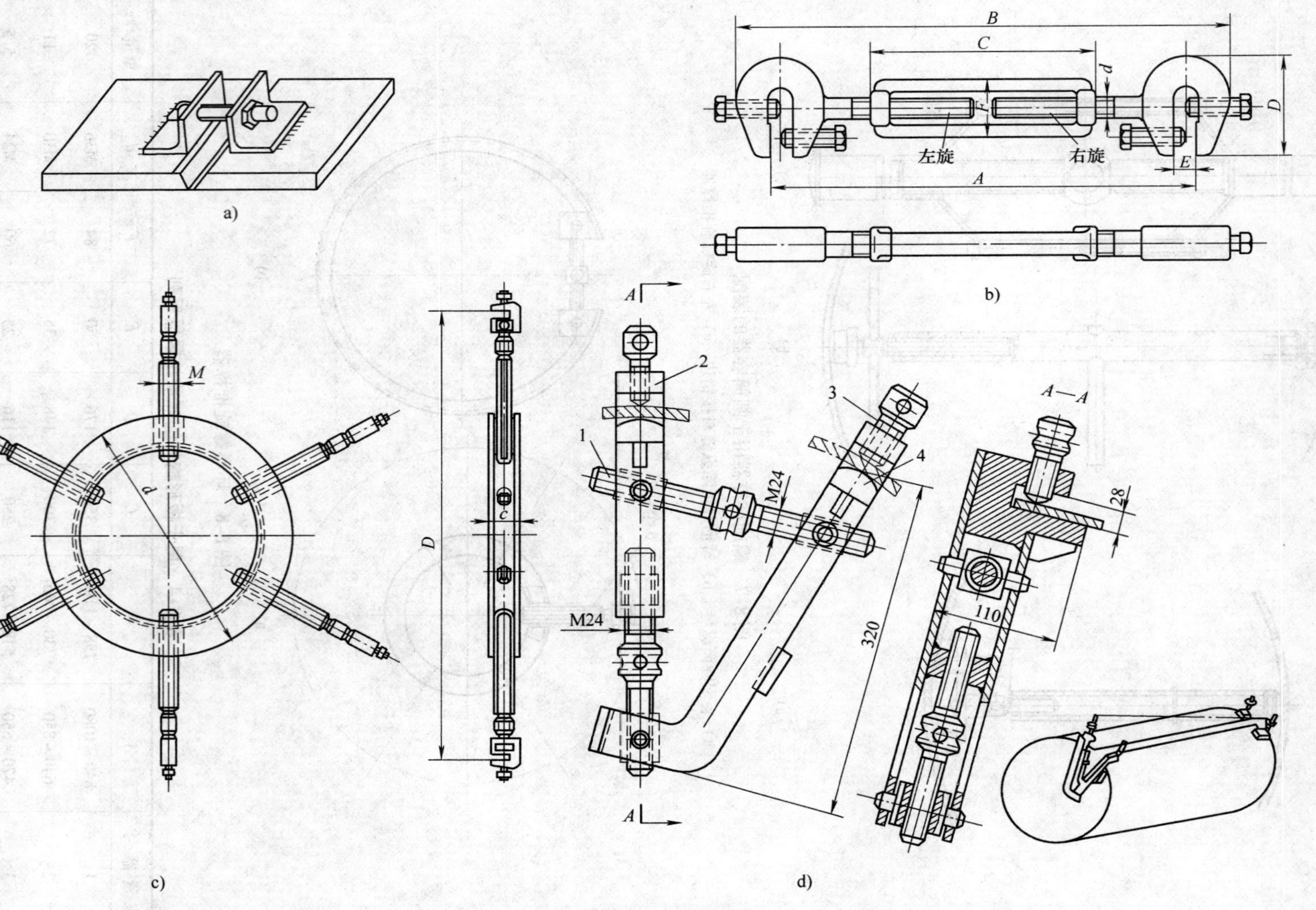

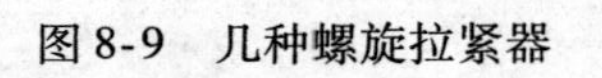
图 8-9　几种螺旋拉紧器

螺旋压夹器和推撑器是经常受力的构件，应当有足够的强度和刚度。一般情况下难以估计夹紧（推撑）力，因此设计这类装置时通常是参考图册，选用标准件，然后类推决定各部分尺寸。但对于已知或预先规定夹持力并且用于很重要场合时，则应该进行必要的计算。主要计算螺栓、螺母及本体，按强度进行设计，并且要保证自锁。可参阅有关资料进行。

2. 凸轮及偏心夹紧器

在成批和大量生产情况下，需要夹具快速动作，在装配夹紧薄的、精度比较高的零件时，常采用凸轮及偏心夹紧器。这种夹具手柄转动一次就能迅速地夹紧所装配的构件，但行程不大，夹紧力、扩力及通用性不如螺旋压紧器，多用在夹紧力不大及振动较小的场合。

凸轮及偏心夹具既可以垂直作用也可以水平作用，既可作压紧器也可作推撑器，如图8-10所示。图8-10a为垂直压紧，图8-10b和图8-10c为水平方向压紧，图8-10d为偏心拉紧。由图8-10可见偏心轮（凸轮）工作面不断和工件摩擦，为此偏心轮面应该进行处理，

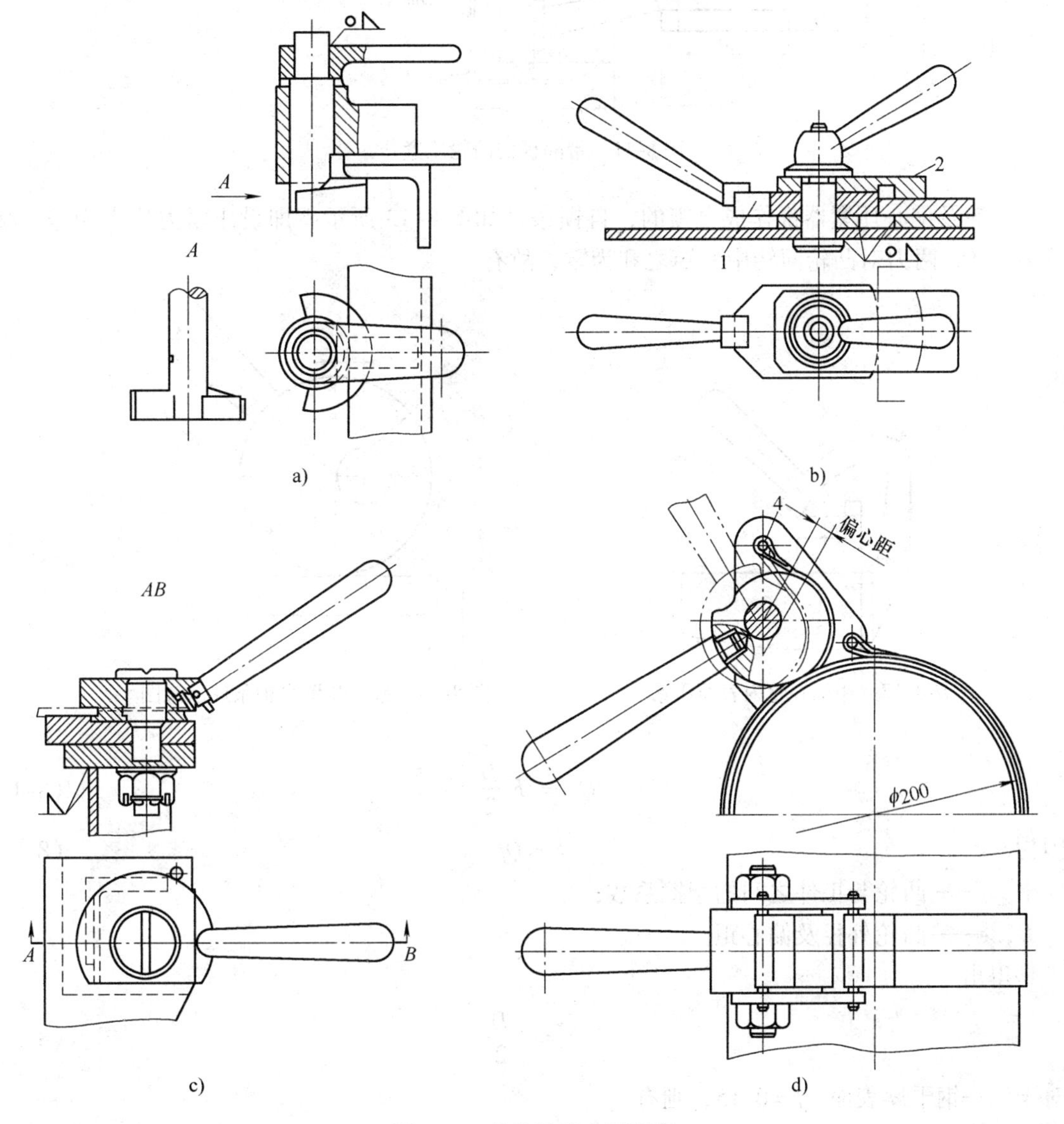

图8-10　凸轮及偏心压紧器

使其有高的耐磨性。此外为防止工件表面为偏心轮磨坏，可在偏心轮与工件之间加隔板。这种压紧器示例如图 8-11 所示。上述都是利用凸轮（偏心轮）的外表面压紧工件的，也可利用内表面实现压紧，如图 8-12 所示，该压紧器十分简单。

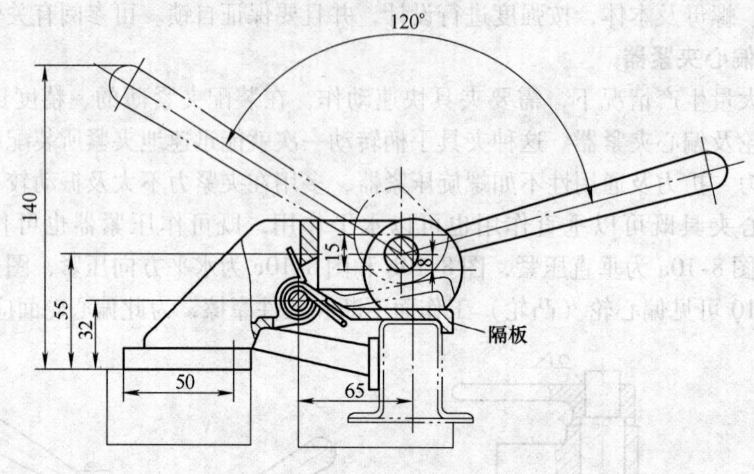

图 8-11　带隔板的凸轮压紧器

凸轮及偏心压紧器都作成自锁的，自锁条件如图 8-13 所示，即设压紧力反力为 Q，摩擦力为 F，两力对凸轮回转中心矩之和为零，故有

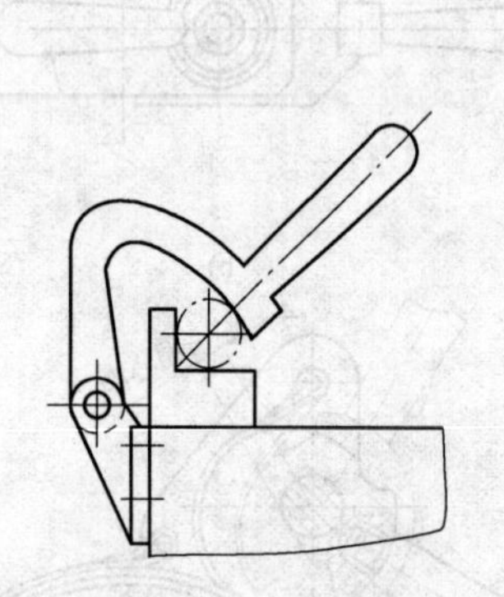

图8-12　用偏心轮内表面压紧

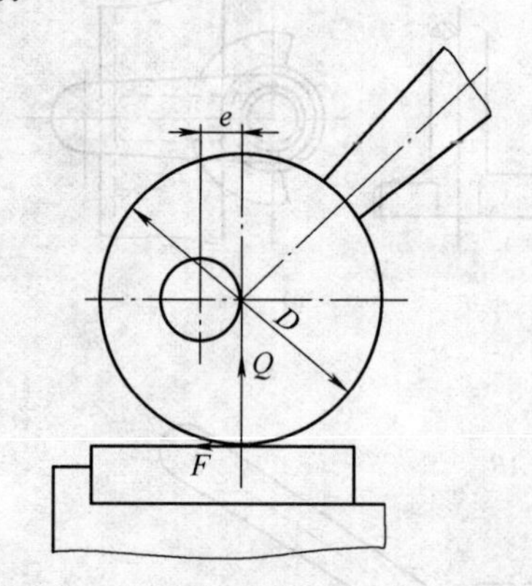

图 8-13　偏心装置自销条件示意图

$$Qe = F\frac{D}{2} \tag{8-1}$$

因为

$$F = Qf \tag{8-2}$$

式中　f——凸轮与工件之间的摩擦系数；

D，e——凸轮外径及偏心距。

于是得出

$$e = f\frac{D}{2} \tag{8-3}$$

对于钢—钢干燥表面，$f=0.15$，则有

$$e \leqslant 0.075D$$

如果考虑到偏心轮轴的摩擦力，则 $e \leqslant 0.075D$ 时也可保持平衡（自锁）。由于焊接件装配时表面粗糙，且无润滑油，故一般不会自生退程。当要求行程为 6～12mm 时，偏心距为 3～6mm，偏心轮直径应为 40～80mm。

为克服凸轮偏心压紧器压紧力不大、行程小的缺点，可将其与杠杆—肘节压紧器结合，如图 8-14 所示。此处将凸轮作为压紧的杠杆，增大了压紧的动作行程。凸轮偏心压紧器利用杠杆扩力将在下面介绍。凸轮偏心压紧器也可以和螺旋压紧器相结合，如图 8-3e 所示。图 8-3f 是凸轮和杠杆压紧器结合，扩大压紧器行程的例子。

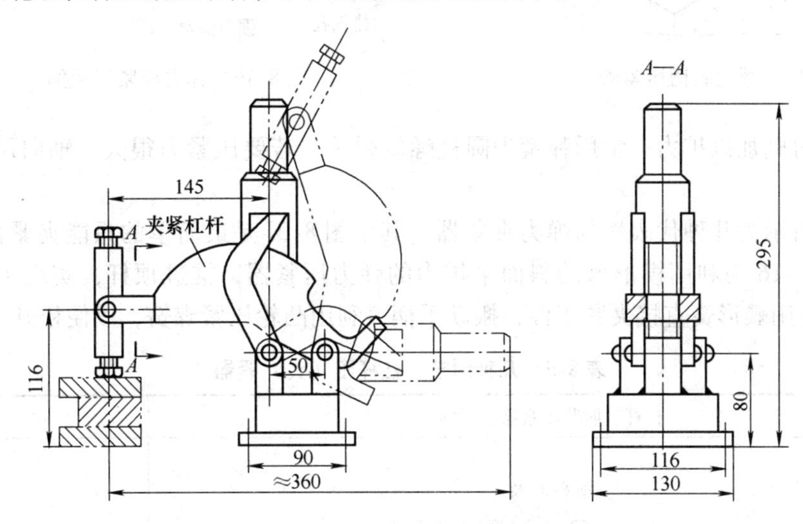

图 8-14　凸轮—杠杆压紧器

3. 楔形和斜槽压紧器

楔形和斜槽压紧器如图 8-3g 和图 8-3h 所示。图 8-3g 所示的楔形压紧器制造容易，使用简单。在单件小批生产时，供手工装配用得比较普遍。从本质上讲，楔形压紧器和凸轮压紧器一样，都是利用斜面原理实现压紧（推紧）的。楔形压紧器和斜槽压紧器的区别在于夹紧力、行程及动作快慢不同。前者行程小，压紧力大；后者行程大，进退快，是一种快速的压紧器，用于压紧力不大的场合。

这类压紧器应设计得能够自锁，不至于松滑退出。由摩擦力和斜面与水平面夹角决定自锁条件。对于钢质的压紧器，已知摩擦系数，其斜面夹角应不大于 6°（有资料介绍楔角在 8°～11°内选取）。

斜槽压紧器也可以和其他类型压紧器配合使用。图 8-15 所示，是用螺旋压紧器推动楔子，实现压紧的，只要螺纹是自锁的，它就不会松滑退出。图 8-16 所示为弹力压紧器，其柱簧是推动楔形槽实现压紧的。许多气压和液压夹紧器也是通过楔来传力的。

4. 杠杆和肘节压紧器

图 8-3i、j、k 所示压紧器的特点是动作快速，结构形式多样，通用性强，使用方便，常用来夹紧或压紧薄的工件，如装置在汽车生产装配焊接作业线上。图 8-3 中所示为常见的几种形式，它们都在开启位置。从多种多样的杠杆和肘节压紧器中，列举若干种具有特色的例子列于表 8-5 中。

5. 弹力压紧器

一般情况下，直接将弹簧力转换成夹紧力的夹具元件，即弹力压紧器，弹簧原始力即为

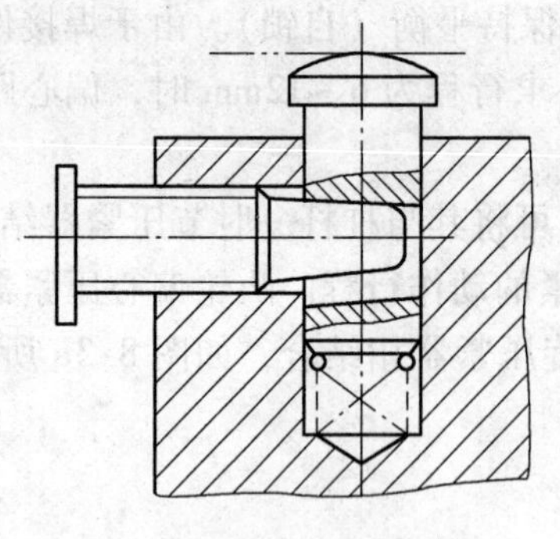
图 8-15　螺旋斜槽压紧器

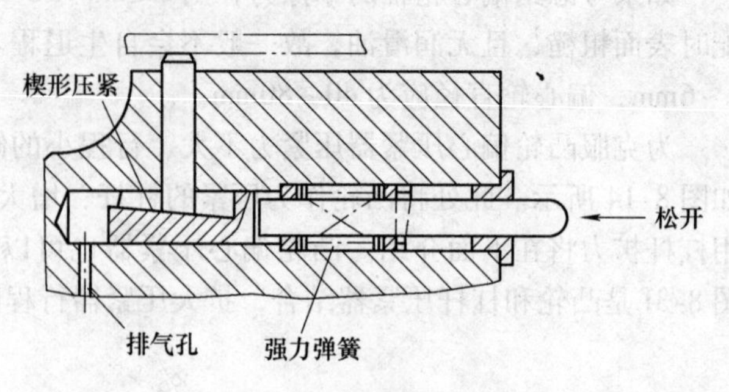

图 8-16　弹力压紧器示例

夹紧力，有时则加以扩力。常用弹簧为圆柱螺旋弹簧，若要压紧力很大，轴向尺寸较小时，则采用碟簧。

图 8-3 所示为几种代表性的弹力夹紧器。其中图 8-3l 是最简单的只能夹紧薄板的弹力夹紧器。图 8-16 为利用楔形槽的斜面来扩力的弹力压紧器，推进顶杆，实现工件的松夹。图 8-3m 是利用蝶形簧直接夹紧工件，搬动手柄，利用凸轮压紧碟簧，以便松开工件。

表 8-5　几种肘节、杠杆压（夹）紧器

杠杆、肘节压紧器示意图	说　明
图 8-3i 及	这类杠杆压紧器用得最多，其压紧间隙可利用螺旋（栓）调节。图示位置处于机构的死点，实现了自锁。但振动时可能自行打开，所以常用于振动很小的场合
图 8-3j 及 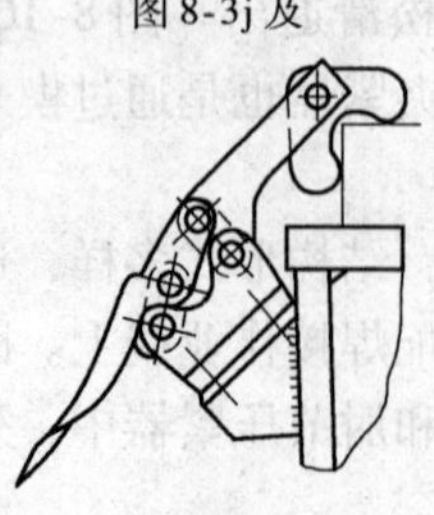	为了防止压紧力过大将工件（薄板件）压坏或夹具本身损坏，应使其中一段杠杆具有一定的弹性或减小刚度。为保证自锁，夹紧器安装时，应使手柄处于自重作用下有进一步夹紧趋势的位置上 图 8-3j 中的销钉防止过死点，自重又保证不会松脱

（续）

杠杆、肘节压紧器示意图	说　明
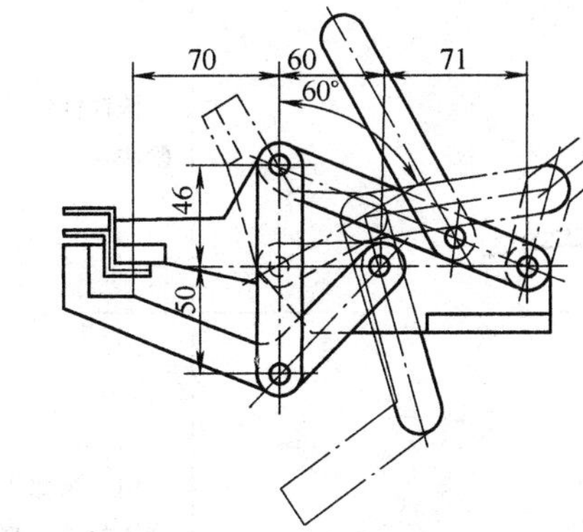 70 60 71 60° 46 50	该夹具可以同时带动两夹头动作，实现双向夹紧
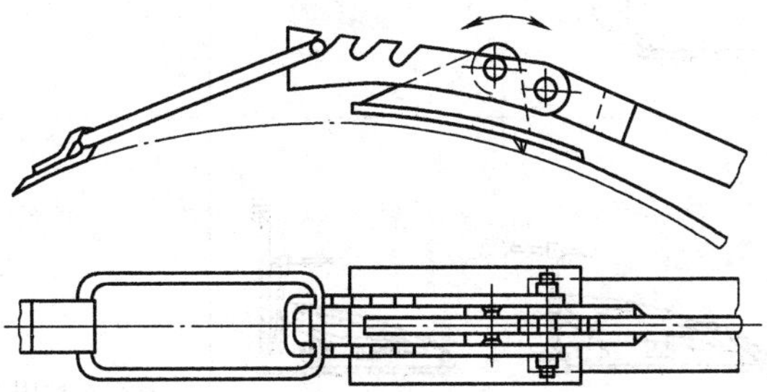	作成拉紧器，装配圆筒用
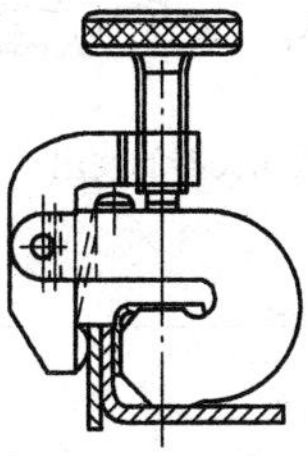	和螺旋压紧器组成杠杆螺旋压紧器，此夹紧器销钉连接了杠杆，由螺钉旋转实现压紧，弹簧为退出夹紧用
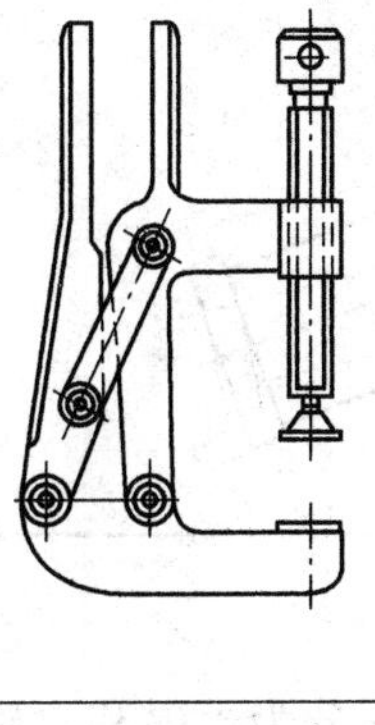	图中示出快速作用的可移动夹紧器

（续）

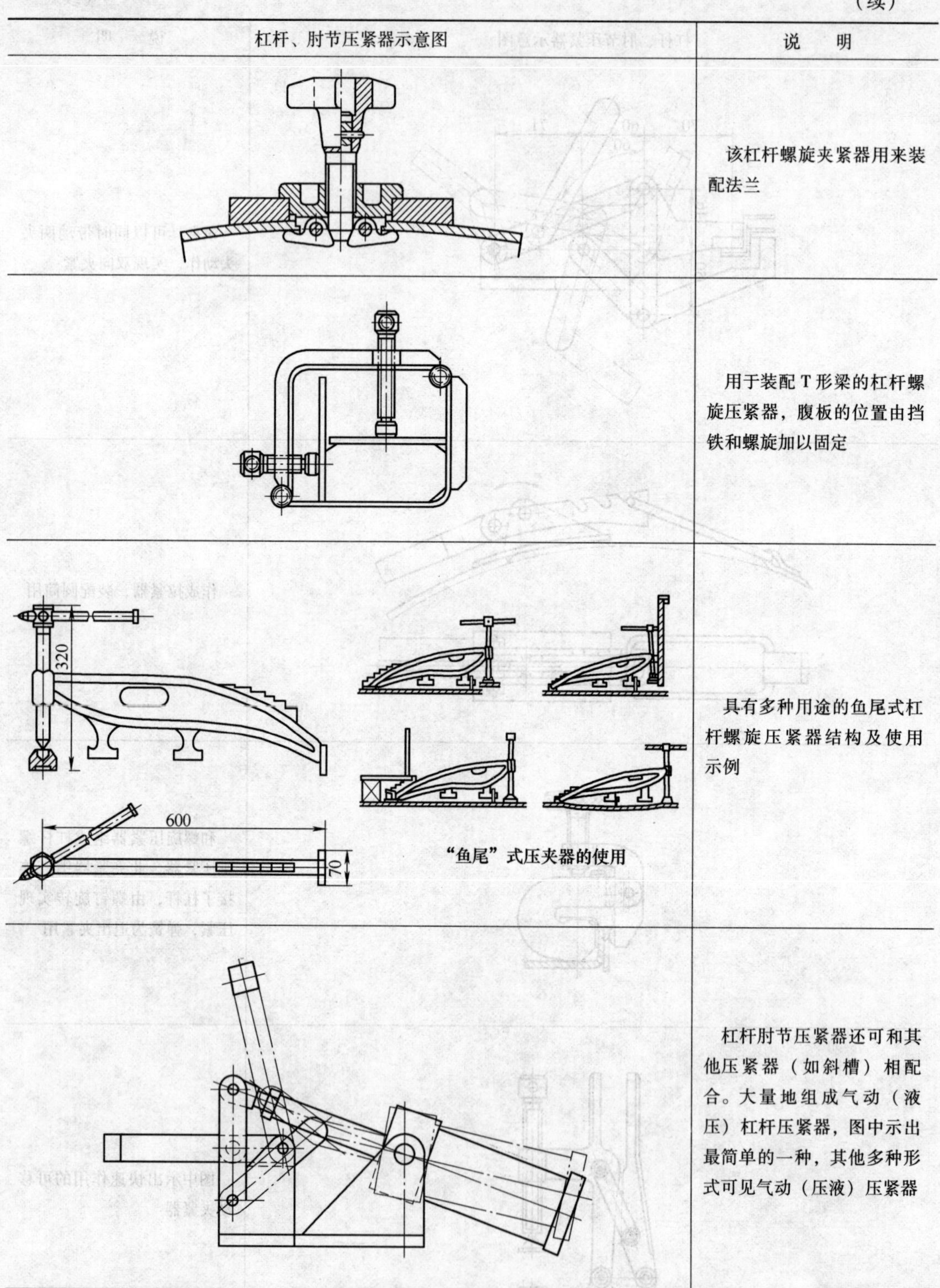

杠杆、肘节压紧器示意图	说　明
	该杠杆螺旋夹紧器用来装配法兰
	用于装配T形梁的杠杆螺旋压紧器，腹板的位置由挡铁和螺旋加以固定
320 600 70 “鱼尾”式压夹器的使用	具有多种用途的鱼尾式杠杆螺旋压紧器结构及使用示例
	杠杆肘节压紧器还可和其他压紧器（如斜槽）相配合。大量地组成气动（液压）杠杆压紧器，图中示出最简单的一种，其他多种形式可见气动（压液）压紧器

6. 磁力压紧器

为借助磁力压紧工件而设计了磁力压紧器。它分为永磁和电磁压紧器两种。用永久磁铁

制作的永磁压紧器适合于压紧力不大，不受冲击，电源不便的场合。使用时间久了永久磁铁的磁力会下降，受到多次冲击后则磁力加快消失。常用铝-镍-钴铁合金，铝-镍合金制造的永久磁铁吸力约为0.67kgf/cm²（1kgf/cm² =0.0980665MPa），价格较贵。目前市售一种锶钙铁氧体磁性材料制作的永久磁铁，吸力较大，可达3.015kgf/cm²，而且成本低廉，结构简单，各项指标都已达到或超过世界先进水平，已用作全位置焊时固定空间位置焊机轨道，压紧无损探伤照相底片及用于装焊夹具。

在夹紧力要求较大的场合，多采用电磁压紧器。如图8-17所示为苏联设计的一种电磁铁，直径为165mm，高为170mm，自重为12kg，计算吸力为7840N（800kgf），使用55V直流电源，工作电流为1.5A，功率为82.5W。该电磁铁可由直流焊机供电。电磁铁安放在所需位置后，通过倒顺开关接通电源，电磁铁进入工作状态。

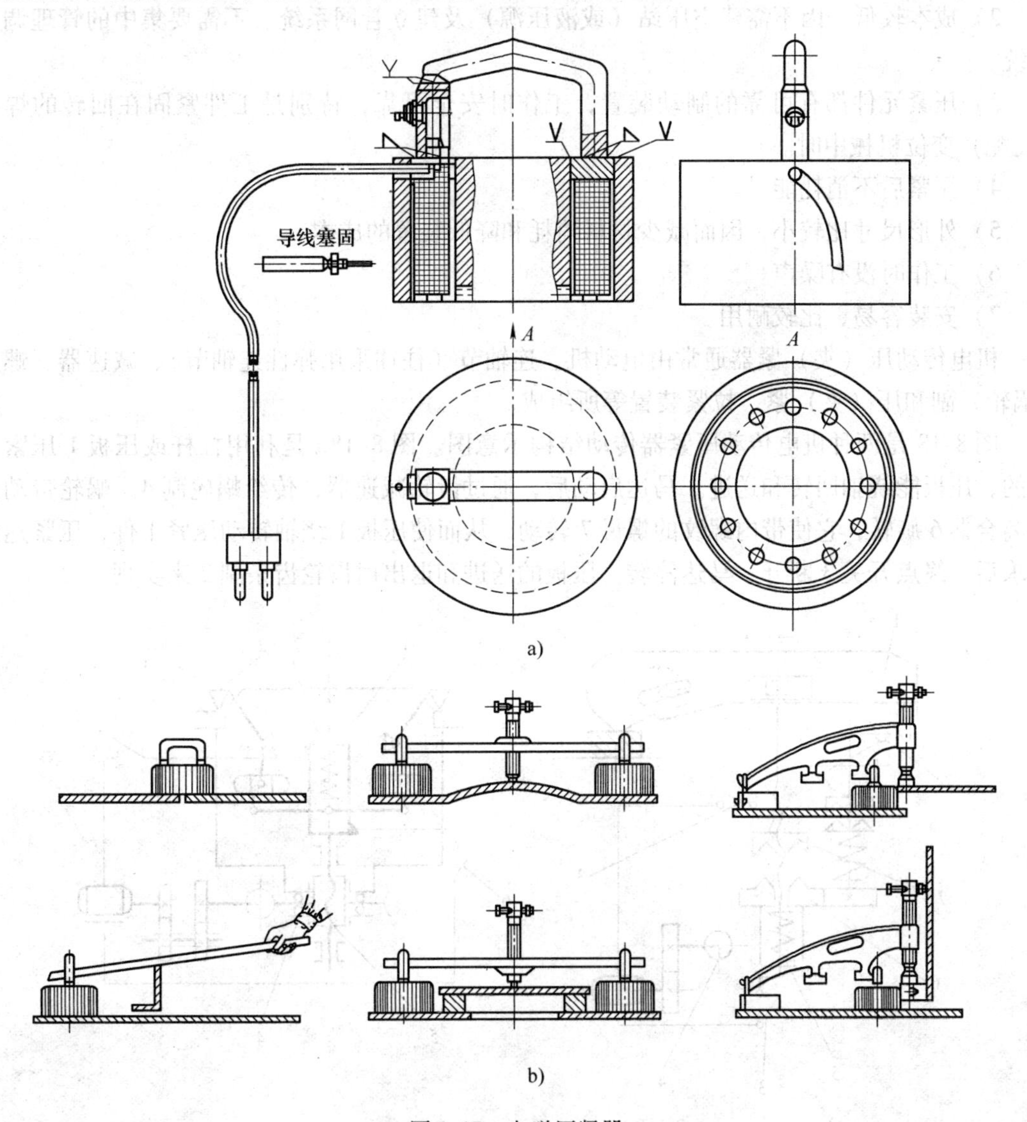

图8-17　电磁压紧器

a）电磁铁结构　b）电磁铁作压紧器的用法

电磁铁用作压紧器示于图 8-17b，依次为：对齐错牙后代替定位焊；矫正工件变形（与螺旋压紧器相配合）；与鱼尾式压紧器配合用于装配；对齐角铁间隙；压紧临时人孔盖；与鱼尾式压紧器配合装配立板。

焊接生产中经常使用的电磁装配焊接平台是多个电磁压紧（拉紧）器的组合。

各种磁力压紧器只适用于铁磁材料即普通碳钢和合金钢，不适用于不锈钢、铝、钢等有色合金焊接。

7. 机电传动压（夹）紧器

这是一种与弹力、磁力压紧器一样本身带动力的装置，以电动机为动力。与气液压压紧器比较有以下优点：

1）压紧和退出工件作用时间短。

2）成本较低，因不需建空压站（或液压源）及建立管网系统、不需要集中的管理调节系统。

3）压紧元件都有可靠的制动装置，工作时安全可靠，特别是工件紧固在回转的焊接（装配）变位机械中时。

4）压紧后不消耗能量。

5）外形尺寸比较小，因而减少材料消耗和降低装置的成本。

6）工作时没有噪声。

7）安装容易、比较耐用。

机电传动压（夹）紧器通常由电动机、连轴节（往往采用弹性连轴节）、减速器、螺旋（蜗轮）副和压（夹）紧、拉紧装置等所组成。

图 8-18 是两种机电传动压紧器传动结构示意图。图 8-18a 是利用杠杆或压板 1 压紧工件的，压板能绕轴回转和送进。马达启动后，通过齿轮减速器，传给蜗轮副 4。蜗轮带动齿形离合器 6 旋转，它使带内螺纹的螺母 7 转动，从而使压板 1 绕轴转动压紧工件，压紧达到要求后，终点开关 3 断开，马达停转。压板的送进和退出由齿轮齿条副 2 来实现。

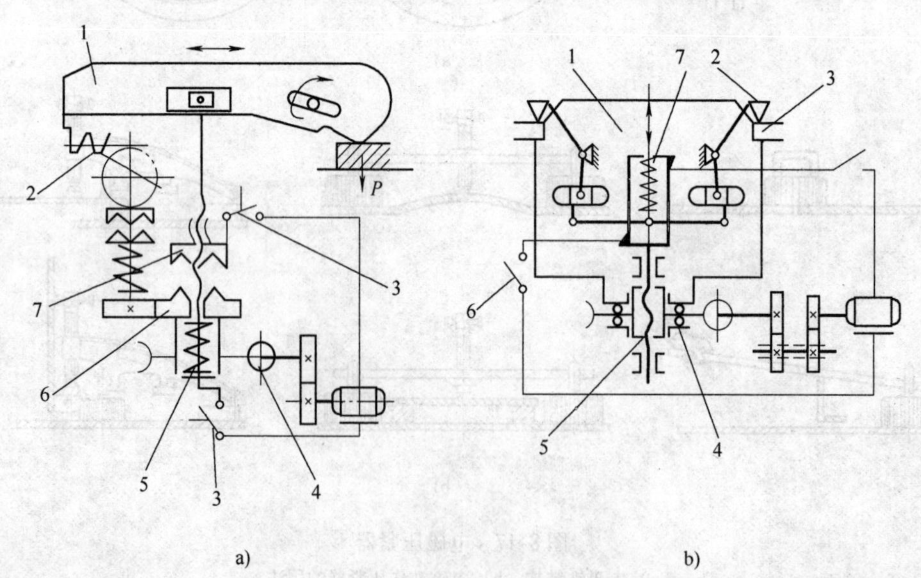

图 8-18　机电传动压紧器示意图

图8-18b是为了将工件固定在焊接操作机上的机电传动压紧器的传动示意图。马达传力给两级齿轮副，再传力给蜗轮副，其蜗轮有传力的内螺纹，它的旋转将力传给有螺纹的联接杆5，联接杆的上部装置了弹簧7，由它将力传给曲柄连杆机构，使压头2压紧工件3，工件3以支承表面中心的孔1来定心。实现压紧后，断开终点开关6，电动机停止。为提高效率并防止楔住联接杆5，在蜗轮盘表面和减速器壳之间装置了滚珠4。

8. 气压（动）夹紧器

以压缩空气作为动力源的各类压（夹）紧器，包括气体供应系统（如管道、各种阀等）、压缩空气作动头（如气缸、气马达）、压（夹）紧机构（如直接作用的有抵靴等，大多数通过杠杆、杠杆和楔、斜槽等和气动压紧器配合）等几部分所组成。气动夹紧器的特点有：①作用快速。液压夹具的油液在管道中流速为2.5～4.5m/s，而压缩空气可达180m/s，故而动作快，一般作用时间为0.5～1.2s（视气缸大小，行程长短而改变）。②在具有自动制动环节条件下，压紧力比较稳定，温度变化对其影响不大（而液压装置的油温变化时压紧力变化）。③和普通手动夹具比较大大减轻了劳动量，因为只需搬动气阀而无需手动施加夹紧力。④夹（压）紧力可以调节，可集中管理，易于实现自动控制等。在采用顺序控制器、单板或微型计算机控制后，可以制成自动机、机械手或机器人等，很适合成批大量生产，在生产线上使用。缺点是因速度快，有时造成冲击，故要采用缓冲机构；管道压力通常为4～6kgf/cm^2（0.39～0.59MPa），因而压力不够高，当设计产生大压力夹具时，气缸体积需要较大。

压缩空气作动头是将压缩空气的能变为夹具的直线运动或回转动作。最常用的是气缸，气缸按压缩空气作用在活塞端面上的方向，分为单向气缸（回程靠自重或弹簧）和双向气缸（工作过程和回程都靠压缩空气），如图8-19所示。气缸按安装形式分固定式气缸（耳座式、凸缘式和直接固定式）和摆动式气缸，一般设计手册上都有介绍。按气缸结构特征分为活塞式，如图8-19所示，是用得最多的；气压室式（薄膜式），用橡皮膜板代替气缸的活塞，见图8-20a。所以也是单向的，其结构十分简单，由于利用膜板代替活塞，消除了空气泄漏及其所引起的一些后果，生产中的维护也大为简化。膜板通常用夹纤维橡胶制成，寿命可达100万次以上。这种相对体积小巧而可获得大的夹紧力的作动头缺点是行程较小；摆动式的，利用刮片在圆形气缸中的摆动，完成夹紧动作，如图8-20b所示。这种气缸要解决好密封问题，目前用得不多。

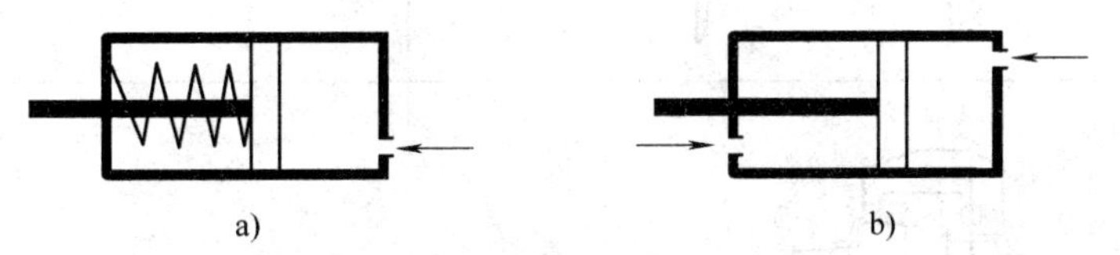

图8-19　单向和双向气缸示意图

a）单向　b）双向

选择何种形式的气动压紧器，包括何种气缸、执行机构和压缩空气的供给方式等，要根据产品结构条件、生产规模等来决定。有时直接使用气缸夹紧，但更多通过杠杆、楔或凸轮等执行机构将力改变（方向或大小）后夹（压）紧工件，各类气缸压紧器示例于表8-6。表中还给出了由于夹具回转，压缩空气需要通过压紧器回转轴颈引入的结构。除一般气动压紧器外，气动夹具还可以设计成矫正焊接变形的调直机械、进行反变形的机械，以及矫圆和撑

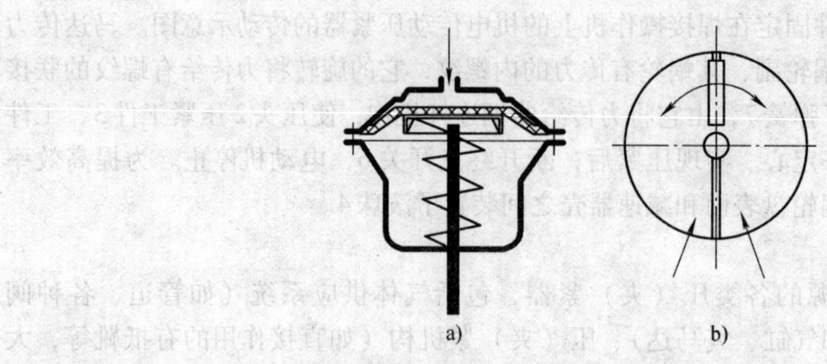

图 8-20　气压室式和摆动式气缸示意图

a）气压室式　b）摆动式

圆的机械等。

进行气功夹具的设计还包括气体供应系统，如管道、油水分离器、截门、滤气器、减压阀、油雾器及配气阀等。压缩空气输送管路已经标准化。

图 8-6　各类气缸压紧器的典型示例

各类气缸压紧器简图	说　明
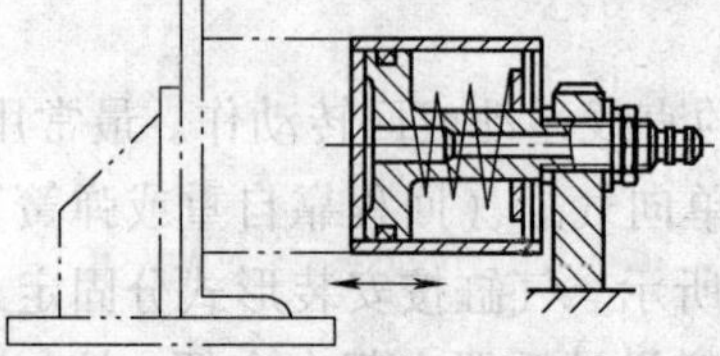	气缸体直接作用压紧工件，活塞固定、缸体活动
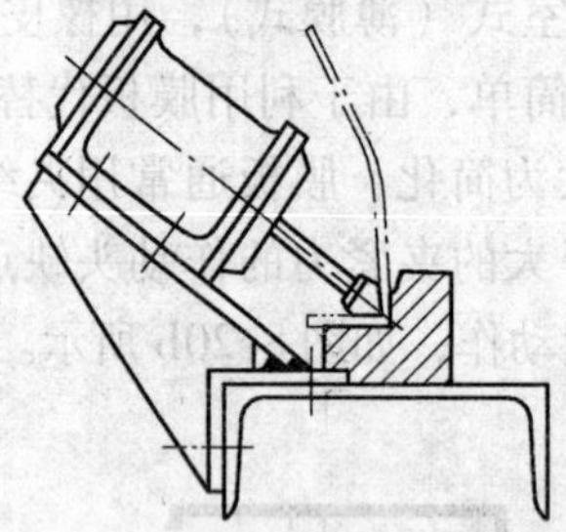	气缸体直接作用压紧工件，气缸固定、活塞动作
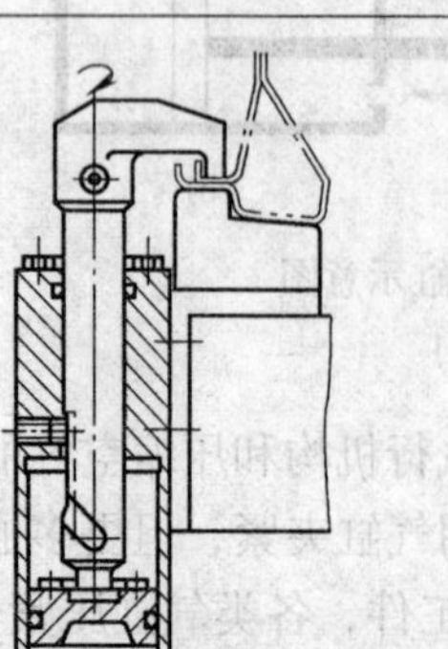	活塞带动钩形压头压紧工件、上部通气、钩形压头转动、加压，下部通气开启、复位

（续）

各类气缸压紧器简图	说 明
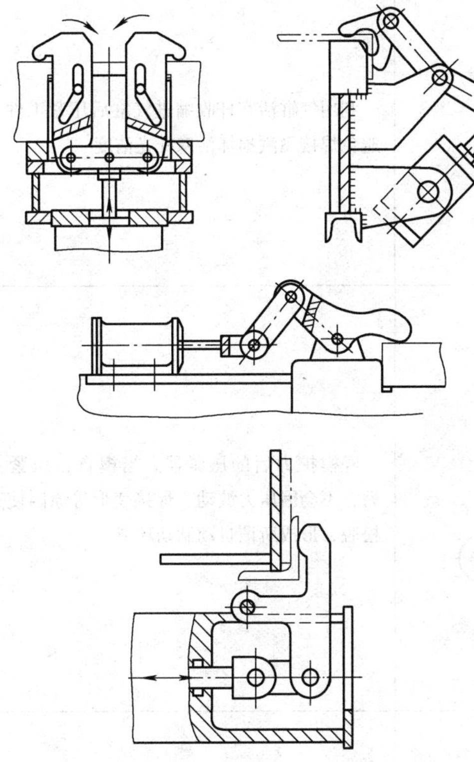	与表8-5中若干图例结构类似，利用液压缸推力加上杠杆扩力从而压紧工件，图中都是气缸的活塞杆出力
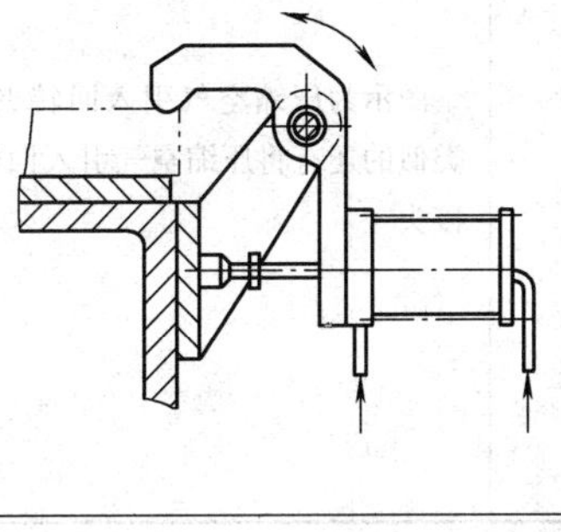	同上类似，但是气缸缸体出力
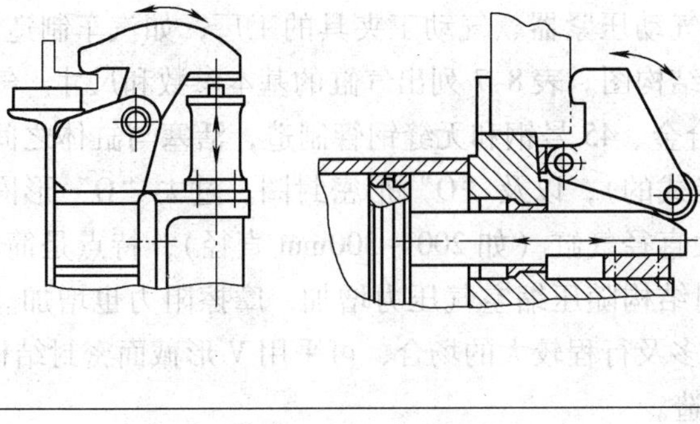	气缸压紧器靠自重复位，可以是单向或双向的

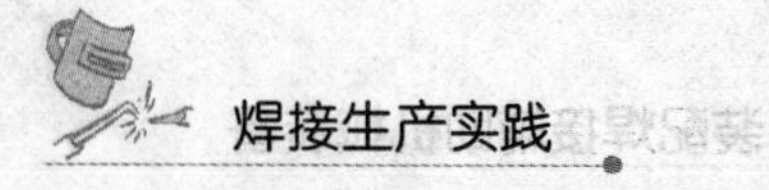

（续）

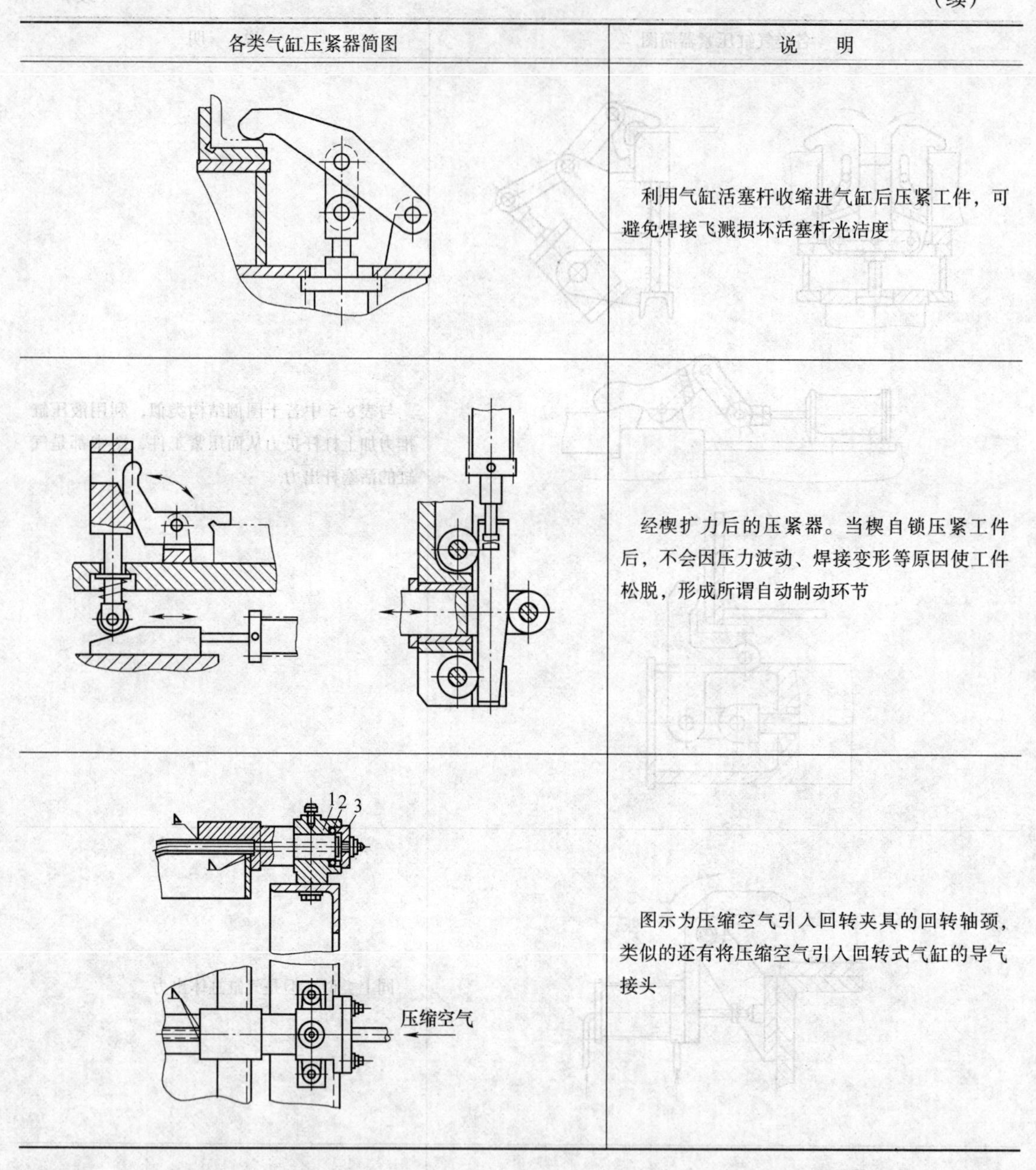

各类气缸压紧器简图	说　明
	利用气缸活塞杆收缩进气缸后压紧工件，可避免焊接飞溅损坏活塞杆光洁度
	经楔扩力后的压紧器。当楔自锁压紧工件后，不会因压力波动、焊接变形等原因使工件松脱，形成所谓自动制动环节
	图示为压缩空气引入回转夹具的回转轴颈，类似的还有将压缩空气引入回转式气缸的导气接头

气缸结构大都已经标准化。大量使用气动压紧器、气动工夹具的工厂，如汽车制造厂，气缸结构都已列为厂标。故略去典型气缸结构图。表 8-7 列出气缸的基本参数和尺寸。气缸多用铸铁（如 HT15—33）、Q235 钢、铝合金、45 号钢和无缝钢管制造，活塞与缸体之间的密封主要有 V 形截面密封环或两皮碗（老式的），以及“O”形密封圈。过去“O”形圈密封只限于小直径气缸，现已能可靠用于大直径气缸（如 200 ~ 300mm 直径），特点是简单、摩擦阻力小。而 V 形截面（和皮碗）密封结构随压缩空气压力增加，摩擦阻力也增加。但对精度要求较低、润滑稍差、环境尘埃较多及行程较大的场合，可采用 V 形截面密封结构。

活塞杆一般采用 45 号钢或 40Cr 钢制造。

表8-7　气缸的基本参数和尺寸

气缸直径 D/mm	活塞杆直径 d/mm	供气孔直径 d/in	气缸固定方式：直接固定式		凸缘式		耳座式		摆动式		工作面积：无活塞杆端/cm²	有活塞杆端/cm²	无负荷起动压力/(kgf/cm²)	工作压力/(kgf/cm²)：1	2	3	4	5	6
			气缸与活塞密封形式：Ⅰ	Ⅱ	Ⅰ	Ⅱ	Ⅰ	Ⅱ	Ⅰ	Ⅱ				活塞推力/活塞拉力（不计效率）/kgf					
			活塞最大行程																
50	16	1/4	400	200							19.6	17.6	0.3	20/18	39/35	59/53	78/70	98/88	118/106
60	16	1/4	400	200							28.3	26.3	0.3	28/26	57/53	80/79	113/105	141/131	170/158
75	20	3/8	500	200							44.2	41.1	0.3	44/41	88/82	133/123	177/164	221/205	265/247
100	25	3/8	500	200	200	200	500	200	300	200	78.5	73.6	0.2	78/74	157/147	235/221	314/294	392/368	471/442
125	30	1/2	700	200	300	200	700	200	500	200	122.7	115.6	0.2	123/116	245/231	368/347	491/462	613/578	736/694
150	30	1/2	700	200	300	200	700	200	500	200	176.7	169.6	0.2	177/170	353/339	530/509	707/678	883/848	1060/1018
200	40	3/4	1000	200	500	200	1000	200	600	200	314.2	301.6	0.2	314/302	628/603	943/905	1257/1206	1571/1508	1885/1810
250	50	3/4	1400		500		1400		600		490.9	471.3	0.2	491/471	982/943	1473/1414	1964/1885	2454/2356	2945/2828
300	55	1	1400		500		1400		600		706.9	683.1	0.2	707/683	1414/1316	2121/2049	2828/2732	3534/3115	4241/4099

注　1. 本资料取自设计手册，1kgf = 9.80665N。

2. 直接固定指直接用螺钉固定在气缸端盖上。

3. 密封形式Ⅰ指用两个“V”形密封环（或两皮碗）的密封结构，其寿命长，推荐用于行程大于100mm以上的气缸；Ⅱ指一个“O”形密封环的结构，尺寸小，推荐用于充分润滑，周围较清洁的场所。

表中活塞推力和拉力是根据以下公式计算的：

$$p = p_0 \frac{\pi}{4} D^2 (\text{推力}) \tag{8-4}$$

$$p = p_0 \frac{\pi}{4} (D^2 - D_1^2) (\text{拉力}) \tag{8-5}$$

式中　D——气缸直径；

D_1——活塞杆直径；

p_0——进入气缸的空气压力。

对于单作用（向）气缸，利用弹簧复位（表8-6第一例图），则需减去弹簧的抗力。

$$p = p_0 \frac{\pi}{4} D^2 - p_1 \tag{8-6}$$

式中　p_1——弹簧压紧后的抗力。

所得力应乘以效率，才能获得真实的推拉力，一般效率可取0.85。

当自行设计气动夹具时，采用市售气缸将加快夹具的设计和制造工作。表8-8是摘自早期烟台气动元件厂三种系列气缸说明书的气缸的基本技术参数。其中QGBⅡ和QGN系列的设计参数、安装形式和安装尺寸均采用了ISO国际标准；而QGAⅡ系列为短型，结构简单，轴向尺寸短。QGBⅡ系列和后两者还有一点不同，就是它带有缓冲，防止气动夹具的冲击作用。三种气缸都有六种安装形式：前法兰、后法兰、尾部单耳、尾部双耳、脚架式和中间摆动式，如图8-21所示。由于理论推拉力未考虑效率，故选择时要按需要推（拉）力增大15%选择缸径。

压紧器气缸从通气到压紧的时间t与行程大小、缸径、压缩空气流动速度、管道直径大小有关，可用下式表示：

$$t = \frac{DL}{d^2 v} \tag{8-7}$$

式中 D——气缸直径；

L——活塞杆行程；

d——压缩空气管道直径；

v——压缩空气流速，通常取1500~2500cm/s。

表8-8 三种系列气缸基本技术参数

气缸内径	工作压力/MPa（kgf/cm^2）	工作介质	介质温度	活塞理论推力[①] 活塞理论拉力	行程范围L/mm	
					QGBⅡ	QGN，AⅡ
32	≤10	经过净化加入油雾的压缩空气	-10~80	314/265（32/27）	50~500	0~500
40				500/422（51/43）	50~500	0~500
50				775/657（79/67）	60~500	0~500
63				1236/1118（126/114）	10~800	0~800
80				2000/1755（204/179）	80~1200	0~1200
100				3128/2883（319/294）	80~1200	0~1200
125				2932/4579（299/467）	100~3000	0~3000
160				8031/7404（819/755）	120~3000	0~3000
200				$12.5\times10^3/11.9\times10^3$（1279/1215）	120~3000	0~3000
250				$19.6\times10^3/18.6\times10^3$（1999/1899）	120~3000	0~3000
320				$32.1\times10^3/30.6\times10^3$（3276/3123）	120~3000	0~3000

① 在0.39MPa（4kgf/cm^2）下的推（拉）力N（kgf）。

压缩空气管道的管径由下式决定：

$$d = 2\sqrt{\frac{V}{\pi v t}} \tag{8-8}$$

式中 V——管道输送压缩空气的体积；

v——空气流速（1500~2500cm/s）；

t——由式（8-7）决定的作用时间。

前述气压室气缸，克服了活塞式气缸易磨损（需经常维护和更换）且笨重的缺点，这种气缸推力计算比式（8-4）~式（8-6）要复杂一些。表8-9给出汽车刹车用薄膜式气缸的性能，可供选用。

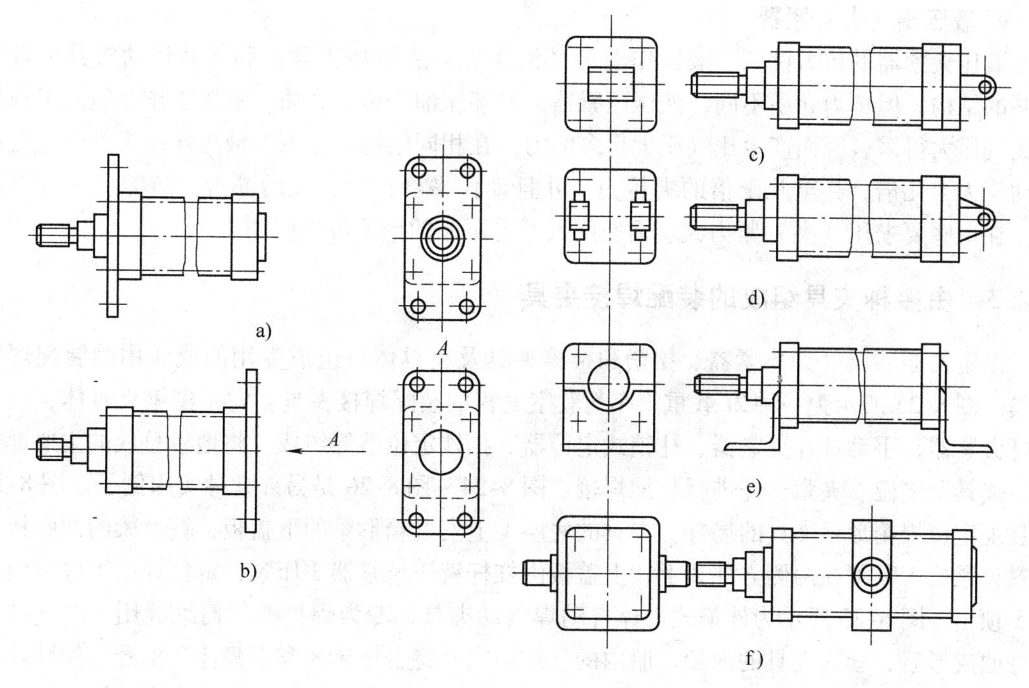

图 8-21　气缸的六种安装形式

a）前法兰式　b）后法兰式　c）尾部单耳　d）尾部双耳　e）脚架式　f）中间摆动式

表 8-9　薄膜式气缸的性能

最大外径 D/mm	活塞杆行程 L/mm	在 0.39MPa（$4kgf/cm^2$）下推力/N（kgf）
180	45	2.45×10^3（250）
206	50	3.92×10^3（400）

利用压缩空气或真空泵造成的负压，可以产生吸力，用来制造在焊接生产中吸紧工件的装置。这种装置适合于薄板及薄件冲压的夹持和搬运，并常作为机械手的执行元件吸盘、进行焊接毛坯冲压加工的自动送料及落料等。图 8-22 即是两种吸盘示意图。图 8-22a 是利用压缩空气喷管造成负压做的吸盘，工件吸盘为橡胶零件。图 8-22b 是用真空泵造成负压的吸盘，金属吸盘四周镶有橡胶衬垫。

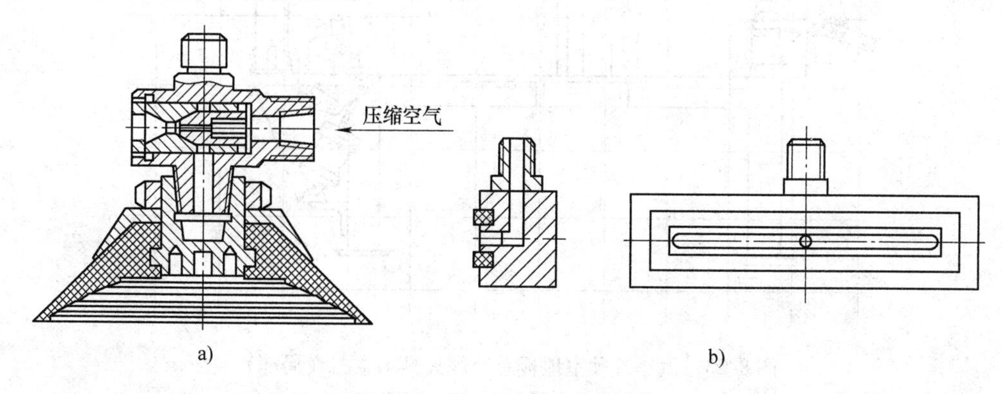

图 8-22　吸盘示意图

9. 液压压（夹）紧器

液压夹紧器的传力件——液压作动头（液压缸、液压马达等）和气动作动头具有基本相同的结构，但传力介质不同，液压压紧器多以液压油为传力介质。液压工作介质的工作压力比气压大得多，因而产生比气压大得多的力。在相同结构尺寸下，液压作动头产生比气动作动头大十几倍，甚至几十倍的夹持力，并且动作平稳，没有大的冲击，结构尺寸可以减小，在一些要求压（夹）紧力大、而空间尺寸受限制的地方可以应用。

8.2.3 由多种夹具组成的装配焊接夹具

由定位器、压（夹）紧器、拉紧和推撑夹具及夹具体可组成专用的或通用的装配焊接夹具。图 8-23 所示为一种 2t 载重汽车驾驶室底板的装配焊接夹具，它由型钢夹具体、气压杠杆夹紧器、手动杠杆夹紧器、柱销式定位器、挡铁定位器等组成。将地板总成的主要部件在该夹具上定位、夹紧，并进行装配焊接。图 8-24 ~ 图 8-26 是另外几种实用例子。图 8-24 是装配定位焊箱形梁夹具的局部，夹具的底座 1 上安置箱形梁的下盖板，箱形梁的两腹板由电磁夹紧器 4 吸附在两侧立柱 2 上，上盖板由杠杆液压压紧器 3 压紧，定位焊后工件由液压缸 5 顶出。图 8-25 所示为外箍式筒体自动焊气动夹具，专为焊接贮气筒纵缝用。贮气筒滚圆弯曲成形后，套入夹具的内胎，胎内的气缸活塞 6 将上模体 8 和下模体 7 推开，使筒体撑圆。双活塞气缸 13 推动杠杆—肘节压紧器（12、11）卡环 5 闭合，箍紧筒体，使其和内模体（8、7）紧贴，筒体定型后并施焊。焊毕，卡环 5 打开，上下模 7、8 收拢，工件即可取出。该卡具只用于焊接一种直径筒体，可充分保证装配精度和焊接质量。图 8-26 是装在翻转机上的轿车底盘骨架的装焊夹具，和图 8-23 类似，利用了多种定位元件和气动、手动杠杆、压紧器，工件装夹定位好之后，作为夹具具体的翻转机可使工件处在最有利的位置进行装配和焊接。

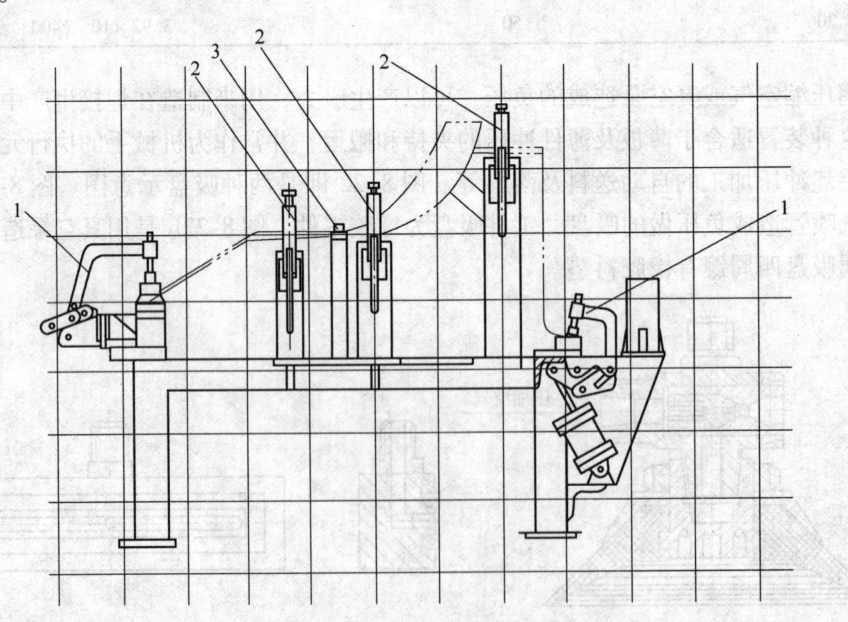

图 8-23　汽车驾驶室地板总装焊夹具示意图（局部）

1—气动夹具　2—手动杠杆夹具　3—柱销定位器

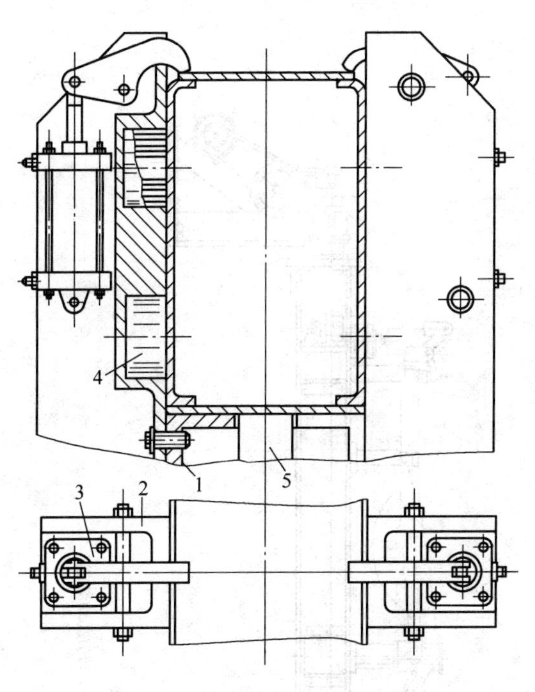

图8-24　箱形梁的装配焊接夹具

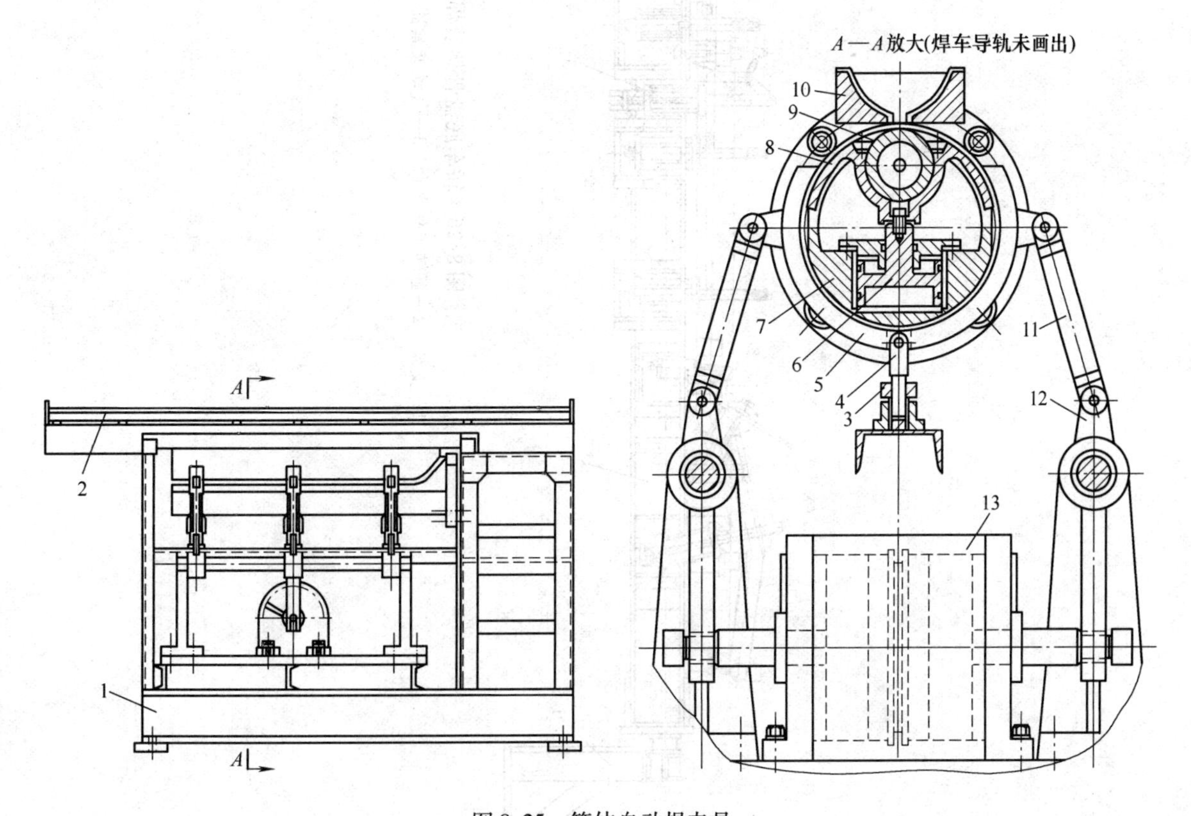

图8-25　筒体自动焊夹具

1—机架　2—焊车导轨　3—调节螺母　4—支杠　5—卡环　6—活塞　7—下模体　8—上模体　9—水冷垫　10—承压板　11—肘杆　12—杠杆　13—双活塞气缸

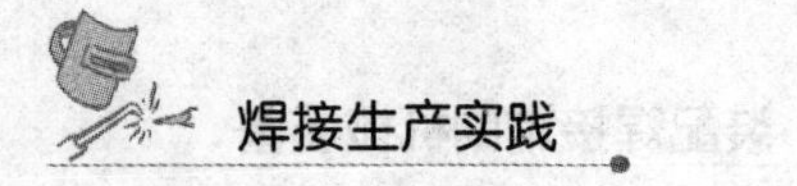

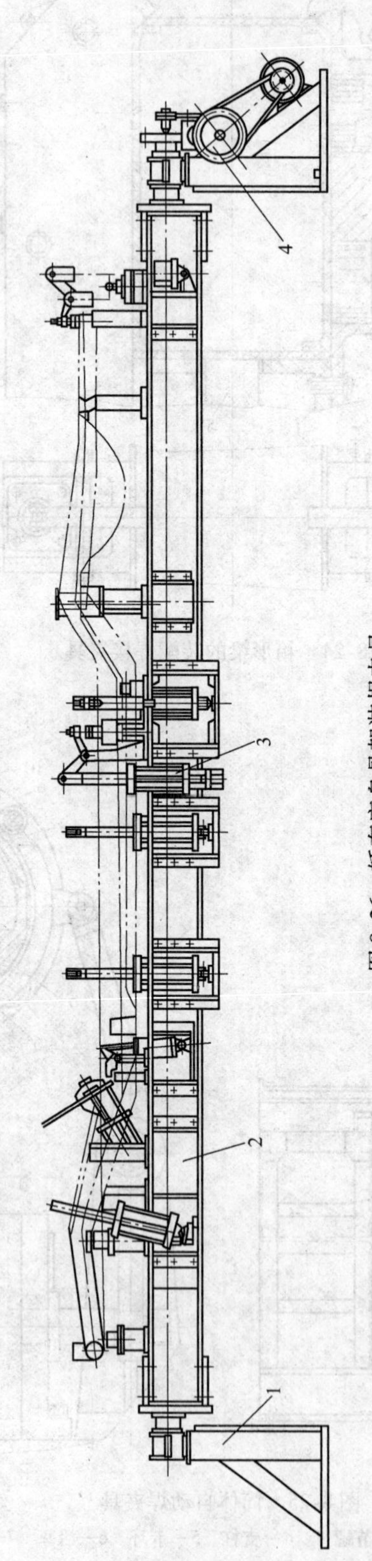

图 8-26　轿车底盘骨架装焊夹具

1—支架　2—翻转工作平台　3—气动夹紧器　4—翻转驱动装置

8.3　装配焊接机械和装置

装配焊接机械和装置主要供机械化和自动改变焊件、焊机或焊工的位置，这部分所以又称焊接变位机械，以缩短装配焊接过程中焊件翻转变位的辅助时间，提高劳动生产率、减轻工人的劳动强度；同时保证机械化自动化高效率焊接方法能够顺利进行并充分发挥其优越性能，这些都大大改善了焊接质量，降低了产品成本。为组织全自动化的焊接生产过程，设计自动化的生产线甚至无人车间，需要装配焊接综合机械化装置和装配焊接机器人。

按上述内容，装配焊接机械和装置的分类见表 8-10。

表 8-10　装配焊接机械和装置的分类

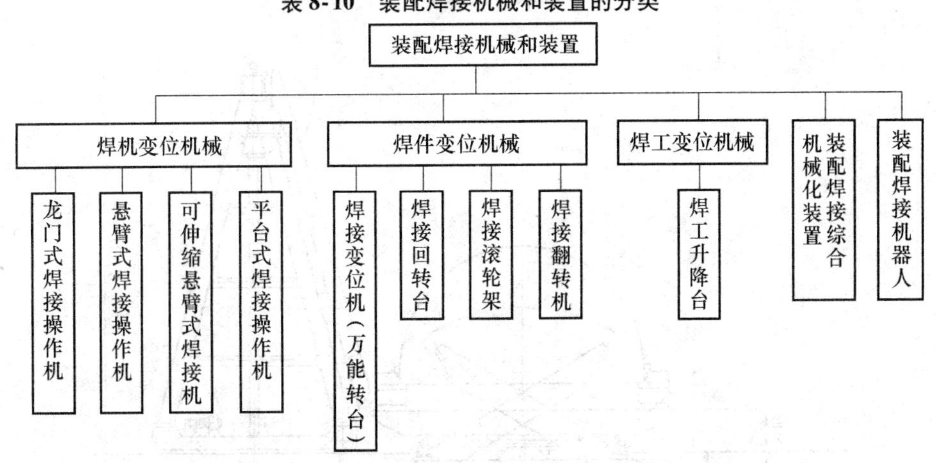

8.3.1　焊机变位机械

焊机变位机械是将焊机准确地送到并保持在待焊位置，或以规定的速度（如焊接速度）沿一定焊缝轨迹移动焊机的机械装置，也称为焊接操作机。

焊机变位机械常常与焊件变位机械如焊接变位机、焊接回转台、焊接滚轮架和翻转机配合使用，完成多种焊缝，如纵缝、环缝、对接焊缝、角焊缝及任意曲线焊缝的焊接，也可进行工件表面的自动堆焊。

焊机变位机械多用于埋弧焊、气体保护焊、电渣焊、气电焊、等离子弧焊、真空电子束焊以及自动切割。

1. 门式焊接操作机

焊机安装在门式焊接架上，门架上设有焊机轨道，供焊机沿门式焊接架移动，门架可以垂直于焊机方向移动，图 8-27 所示为一种最简单的门式焊接操作机。它与厂房没有联系，可以比较任意的装设，也可用于露天作业场。门架式焊接操作机可以用于大面积钢板的拼接，也可以进行筒体纵缝和环缝的焊接。一般设计的门式焊接操作机，门架横梁不能升降（图 8-27）。带升降横梁的门架式焊接操作机结构较为复杂，体积庞大。图 8-28 所示为可升降横梁的门式焊接操作机，其横梁是利用伞齿轮推动丝杠来带动的，与其配合工作的是万能焊接回转台。

2. 平台式焊接操作机

焊机放置在悬臂的平台上，并可沿平面移动，平台安装在立架上，悬臂安装的平台可沿

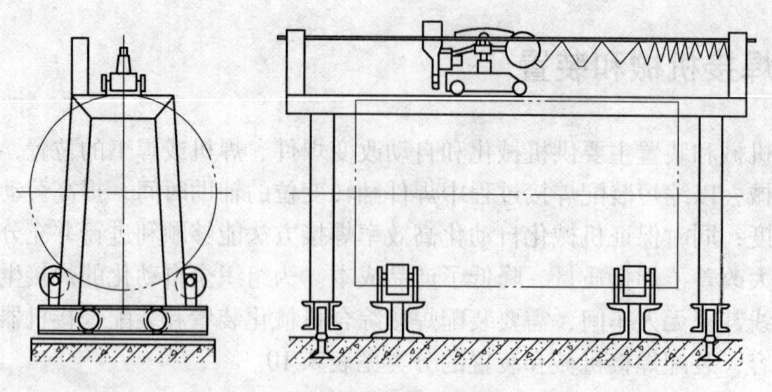

图 8-27　门式焊接架上焊接圆筒纵缝

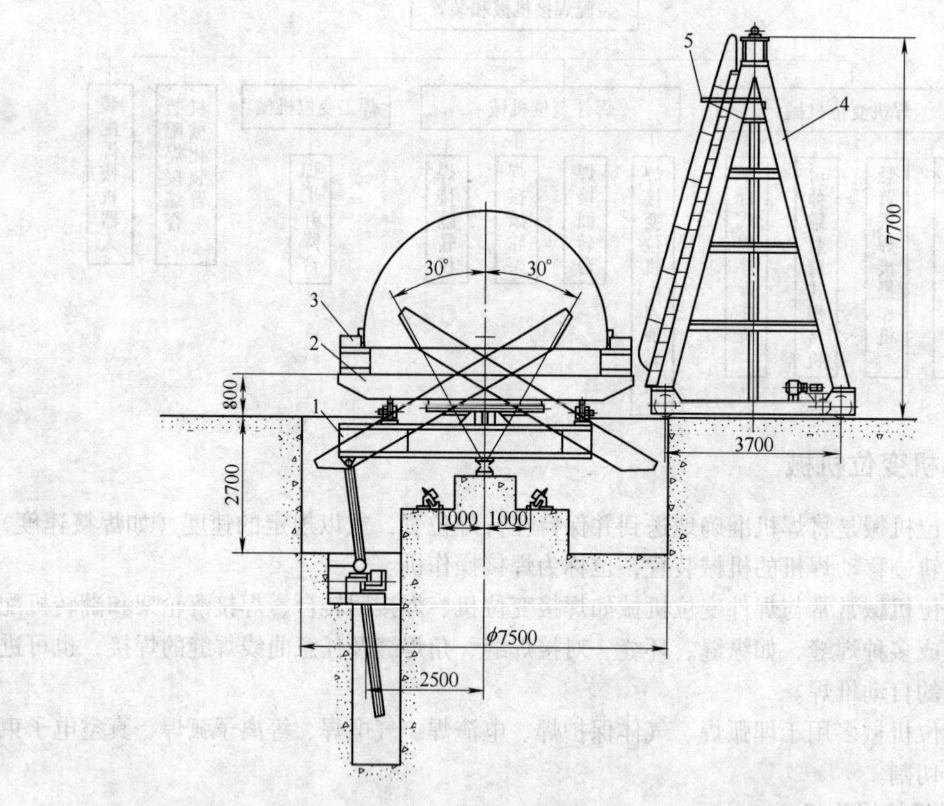

图 8-28　用横梁可升降的门式焊接架进行外环缝焊接

1—倾斜机构　2—回转工作台　3—卡盘爪　4—龙门式焊接操作机　5—工作台回转机构

立架升降，立架座落在台车上，载有立架的台车可沿固定在车间柱子上和地面上的轨道运动，如图 8-29 所示，这种设备较之龙门式焊接架节省车间占地面积，作业范围较大，国内广泛用于圆筒构件外环缝（图 8-29 和滚轮架相配合）和外纵缝（焊接操作机以焊接速度沿轨道运行完成焊接纵缝）。有的悬臂平台式焊接操作机可以设计得相当简单，图 8-30 是一种手动式焊接操作机，其悬臂平台的升降，立架和台车的运行皆为手动。拉动导链使链轮旋转，与其同轴的伞齿轮带动丝杠，使平台升降。而立架和台车的行走则是通过转动手柄来实现的，因为手动均匀性不够，故不适于焊接纵向焊缝。

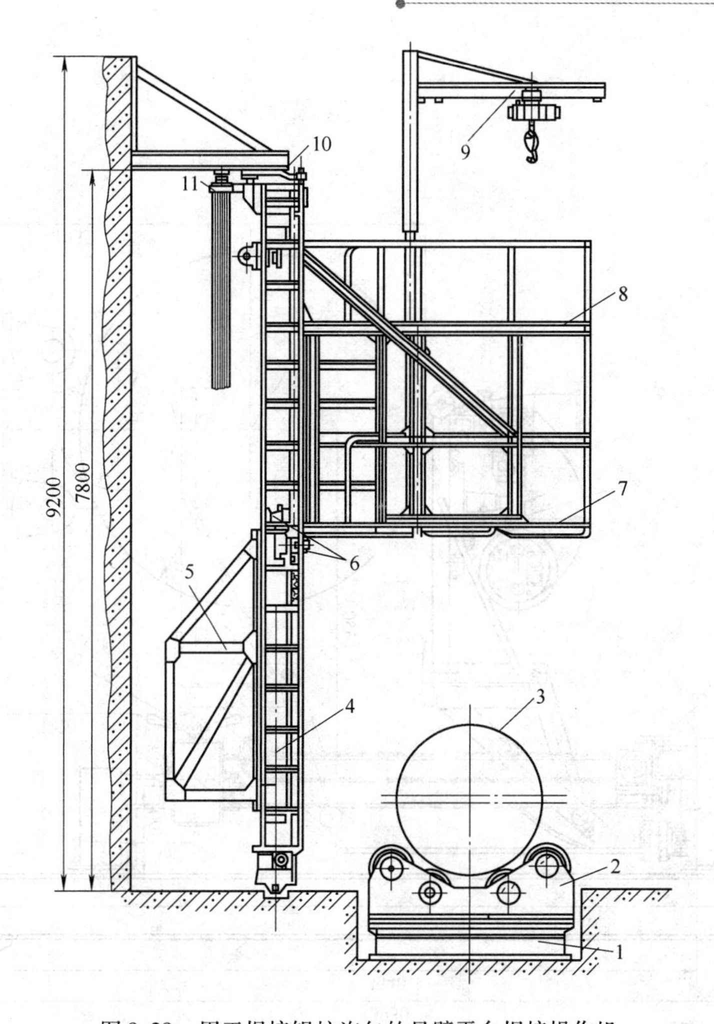

图 8-29　用于焊接锅炉汽包的悬臂平台焊接操作机

1—滚轮架底盘　2—滚轮架　3—工件　4—悬臂架行走小车　5—小车尾架　6—悬臂平台升降导轮　7—悬臂平台底层　8—悬臂平台上层　9—旋臂吊　10—上部导轨　11—电缆小车

当操作机上带自动焊机头时，这类操作机仅有悬臂而没有平台。图 8-31 所示为用于焊接工字梁或箱形梁的悬臂焊接架。臂架由电动机、减速器驱动，可实现工作行程（焊接速度与空程）快速的转换。

如果悬臂平台式焊接操作机轨道固定在车间柱子（或墙壁）上，当车间内桥式起重机经过焊接工位时，将引起操作机轮子的颤动，导致悬臂和平台的振动，严重时，对焊接质量产生不良的影响。

3. 悬臂（摇臂）式焊接操作机

载有焊机（或自动焊机头）的悬臂安装在立柱上，并可绕立柱转动，焊机可沿悬臂上的刚性轨道移动而完成焊接工作，或焊机头沿刚性导轨移动完成焊接工作；也可以在焊机（头）不动的情况下，依靠焊件变位机械，使焊件运动来完成焊接工作。悬臂可以上下移动，以适应不同直径圆筒纵环缝的焊接，这种焊接操作机称为悬臂或摇臂式焊接操作机。它的升降多为电动的，而悬臂绕立柱的转动多是手动的，也有升降与转动都是手动的。当焊机

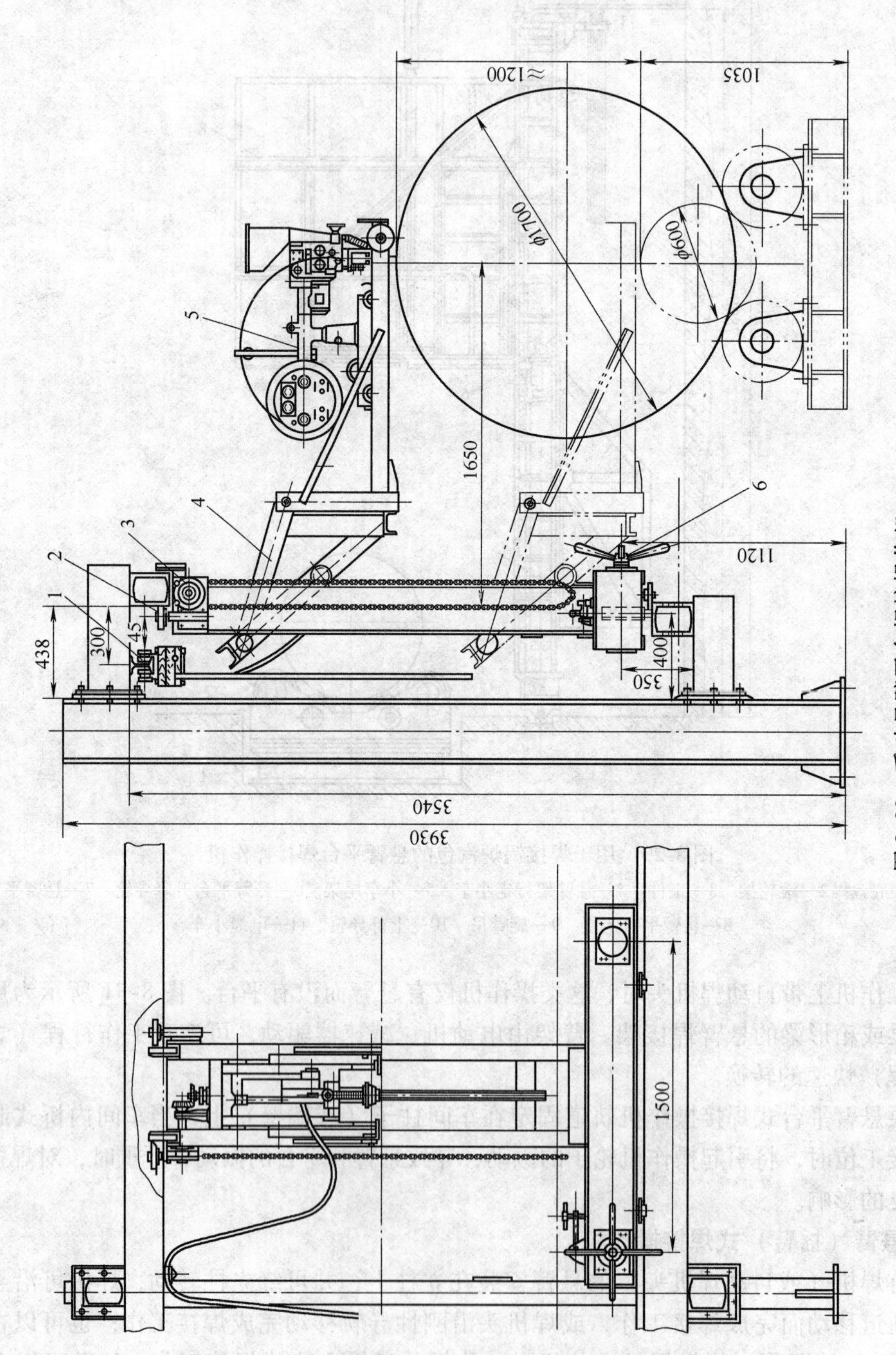

图 8-30　手动悬臂平台焊接操作机

1—电缆小车　2—走架　3—平台升降机构　4—升降平台　5—自动焊机　6—走架行走机构

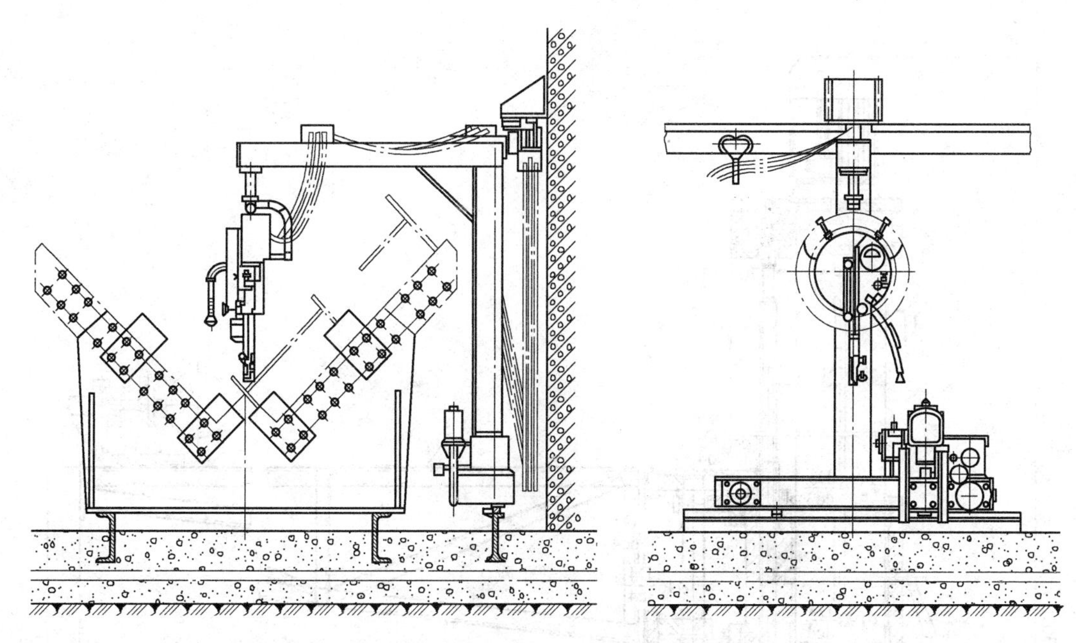

图8-31　焊接工字梁纵缝的悬臂架式操作机

头沿刚性导轨移动完成焊接时，机头的移动为焊接速度，故多为机动的。图8-32是这种悬臂式操作机的例子。由于臂架上仅能放置自动焊小车，当焊接大型工件时，为操作方便，应配置焊工升降台。图示立柱是固定的，也可将立柱固定在台车上沿地面轨道运行，并且做成悬臂可伸缩的，这种悬臂可伸缩的焊接操作机示意于图8-33所示。由于其结构轻巧、移动灵活、可远距离控制，能在多工位上进行内外环缝和纵缝的焊接，也可进行工件表面的堆焊；若与焊接变位机械配合，还可进行螺旋焊缝及其他曲线焊缝的焊接。由于其适用性强、用途广，是一种有发展前途的焊接机械，目前国内若干厂家已能系列制造这类焊接操作机。图8-33所示焊接操作机的立柱还能回转，横臂伸缩有焊接速度和空程快速两种速度，其他件只有一种空程速度。

图8-32及图8-33所示焊接操作机，都与车间墙壁和柱没有联系，所以其工作不受车间桥式起重机运行的干扰。

上述各种焊接操作机械在需要利用机械运动完成焊接时，为保证焊接质量，要求这些运动（悬臂伸缩、立柱回转、臂架移动等）平稳，无冲击，无颤动。因此进行设计时，对构架的截面形式、材料、加工精度的选取，固定轨道方法的确定等都要精细和慎重。通常由于载荷不大，构架不按强度设计，主要考虑刚度，使挠度变化和构架颤动小于电弧稳定所允许的值。否则花了很大投资设计制造出的机械，可能因不能保证焊接质量而不能使用。此外，设计焊接参数自调节功能大的焊机更为有利。

4. 电渣焊立架

进行电渣焊时，焊缝处于立焊位置，焊机在专用轨道上，由下而上运动。为使电渣焊正常进行必须有供焊机上下运动的辅助装置，该装置也是一种焊接操作机。通常电焊机厂提供立柱式的装置。但由于高度不够，或其他需要，有自行设计可提升焊机连同焊工的电渣焊立架。这种立架可供电渣焊接立缝，与滚轮架配合也可焊接环缝。立架装置在台车上，台车可

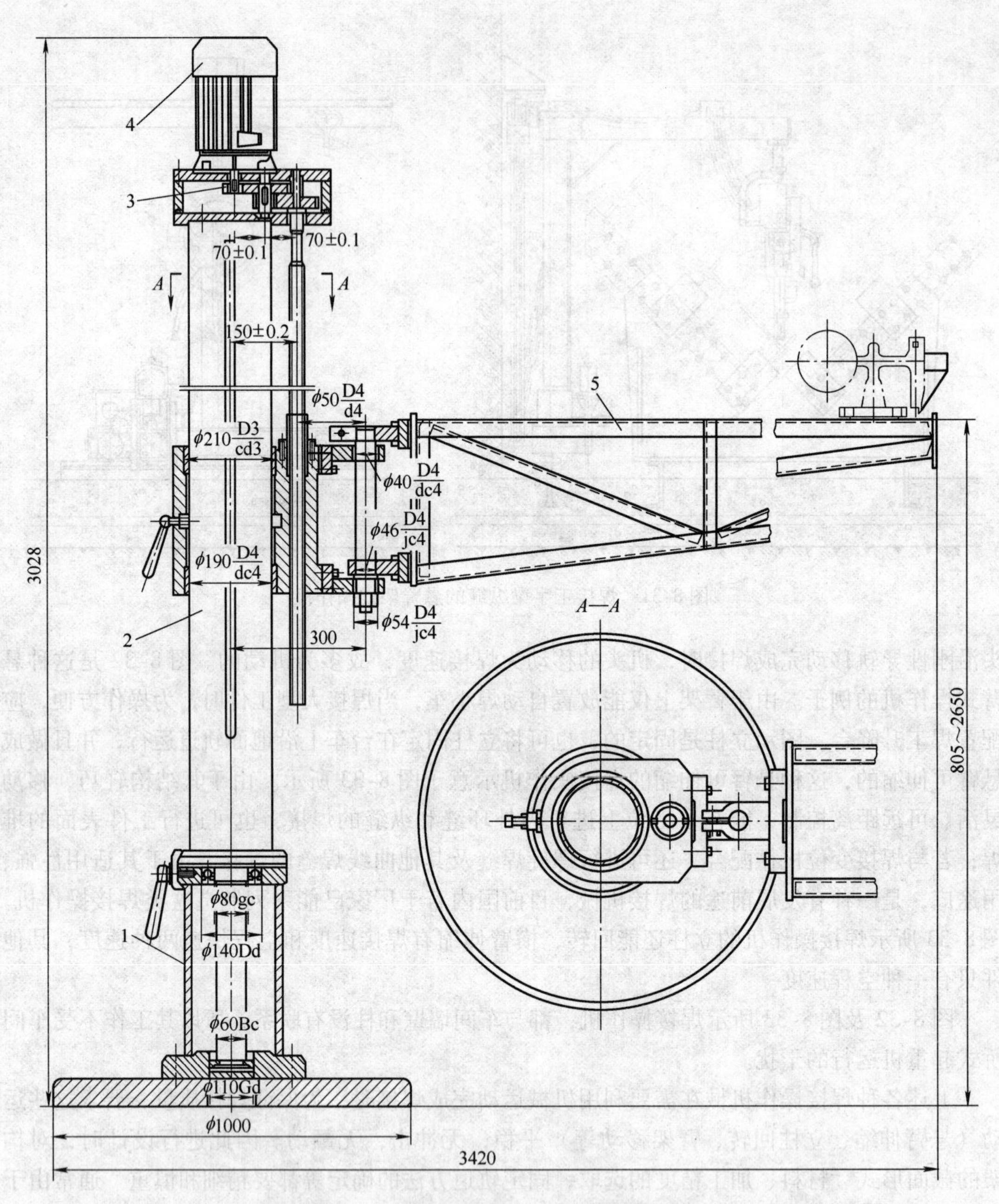

图 8-32　立柱固定的摇（悬）臂式操作机

1—底座　2—立柱　3—悬臂升降机构　4—电动机（JD_2—21—4）　5—悬臂

沿轨道移动到焊接位置。这种立架装置的例子如图 8-34 所示，也有设计成悬挂式的电渣焊立缝的装置，这种装置的结构是：在车间柱子的上部安装一个可以回转的悬臂梁，梁上悬挂附有焊机垂直导轨的立柱，立柱安装在可沿悬臂梁移动的小车上，这种立柱可以是伸缩管结构的。

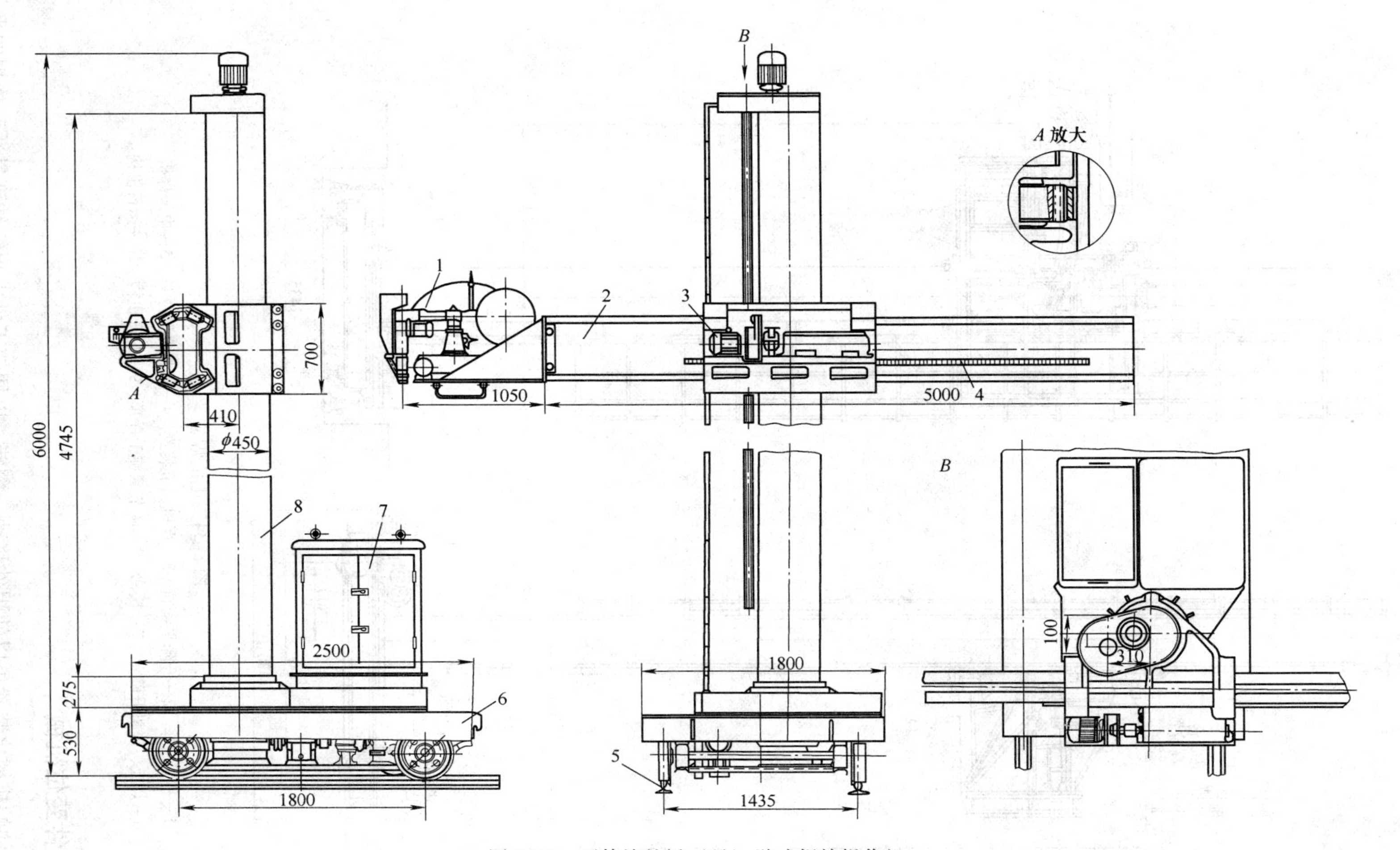

图 8-33　可伸缩的摇（悬）臂式焊接操作机

1—自动焊机　2—横壁　3—横壁进给机构　4—齿条　5—钢轨　6—行走台车　7—焊接电源及控制箱　8—立柱总成

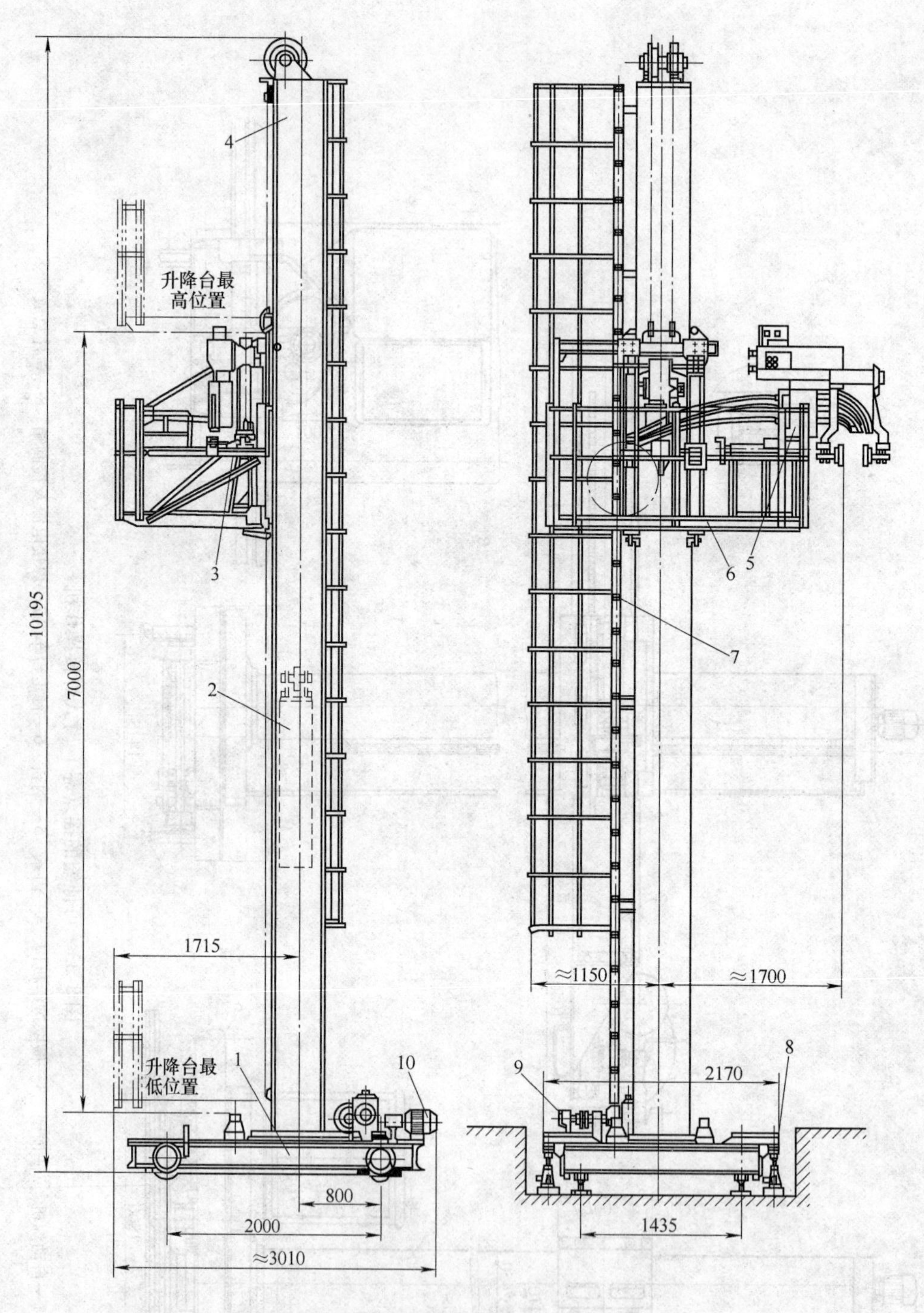

图 8-34　电渣焊立架

1—行走台车　2—升降平衡重　3—焊机调节装置　4—焊机升降立柱　5—电渣焊机　6—焊工、焊机升降台　7—扶梯　8—调节螺旋千斤顶　9—起升机构　10—运行机构

8.3.2　焊件变位机械

移动焊件的机械化装置可以使焊件移动、翻转，以便使工件上焊缝转到最适于施焊的平

焊或船形焊位置；或者使工件按所需施焊速度绕水平轴、垂直轴或倾斜轴转动的同时完成焊接。

焊件变位机械还和焊接操作机配套使用，从而大大提高焊接质量和生产效率。根据焊件变位机械的构造特点及所服务的对象，可以把这类机械分成表8-10所示的焊接变位机（万能回转台）、焊接变位转台、焊接回转台、焊接滚轮支座、焊接翻转机等。

1. 焊接变位机

这类机械使工件回转或以焊接速度回转，同时使工件倾斜与翻转变位将其焊缝调整到便于施焊的水平或船形位置，实现了工件在任意平面内以焊接速度旋转，以便焊接环形焊缝。这种变位机又称为万能转台，它主要用于机架、机座、机壳法兰等非长形零件的焊接。

图8-35所示为载重量为0.5t的伸臂式焊接变位机，就是一种万能转台，它允许加工工

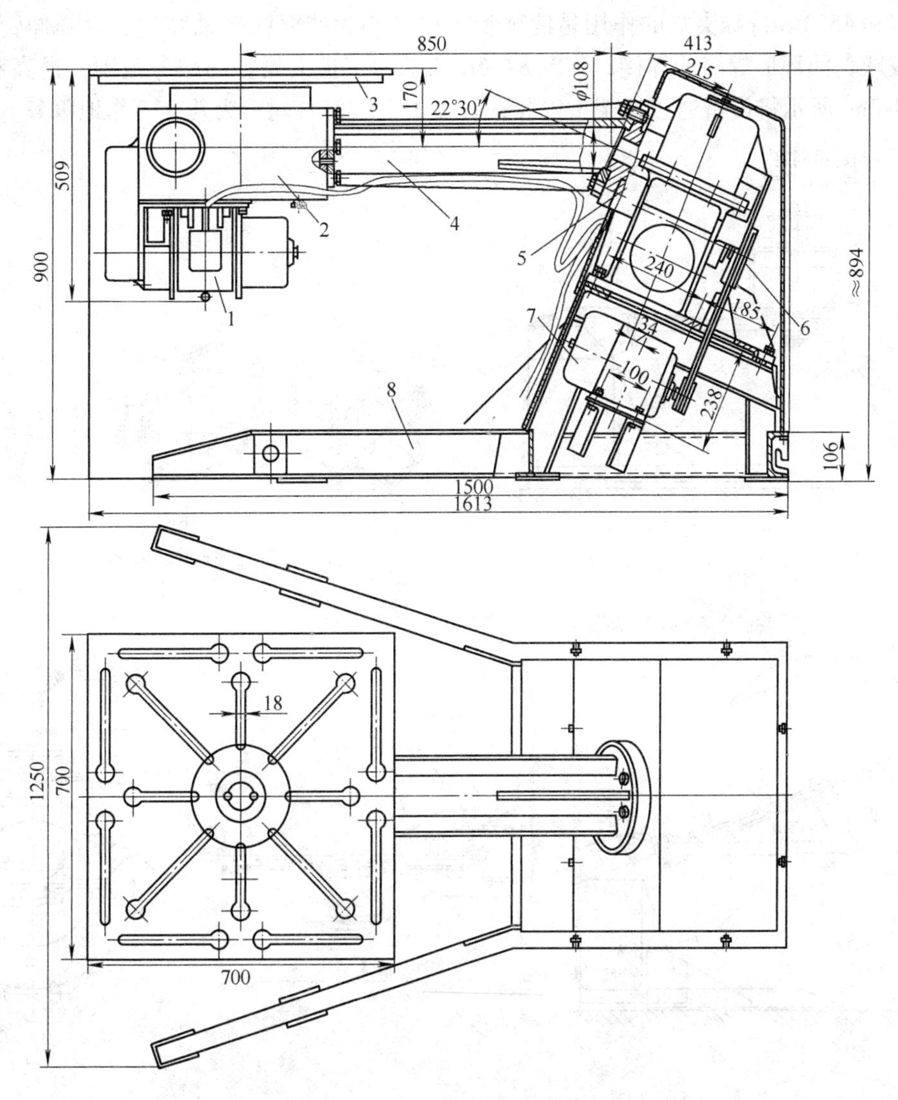

图8-35　载重量为0.5t的伸臂式焊接变位机

1、7—电动机　2—工作台回转机构　3—工作台　4—旋转伸臂
5—伸臂旋转减速器　6—皮带传动机构　8—底座

件尺寸为 ϕ300 ~ 1500mm。工作台由电动机 1 经回转机构 2 带动回转，回转速度为 0.05 ~ 1r/min，以充分满足不同焊接速度的要求。伸臂由电动机 7 经皮带传动机构 6 和伸臂旋转减速器 5 带动，以 0.72r/min 的回转速度旋转。伸臂旋转时，其空间轨迹为圆锥面，因此在改变工件倾斜位置时将伴随工件的升高或下降。由于工作台回转机构中安装了测速电动机，可进行回转速度反馈，以保持工作台回转速度稳定。工作台专门安装了导电装置，以防止焊接电流使各级机械传动装置造成电弧灼伤，影响设备精度和寿命。

图 8-36 所示为焊接变位机使用情形。由图可见该机主要用于筒形工件环缝的埋弧焊和气体保护自动焊及焊条电弧焊，如增加一特殊夹具（装置），也可以完成球形表面上圆形焊缝的焊接。该机与图 8-35 不同之处在于伸臂的回转与工作台回转由同一电动机带动，并且可以无级调速；伸臂回转与水平面成 20°，故回转锥顶角为 40°（图 8-35 变位机的角度分别为 22°30′和 45°）。特殊夹具的作用是使球形工件球心为伸臂回转轴穿过，这样伸臂旋转就可以完成球表面环形焊缝的焊接，如图 8-36d 所示为了扩大设备的服务范围，提高利用率，可如图 8-36e 所示将设备通过托架 1 安装在转盘 2 上，使其同时为几个工作地服务。

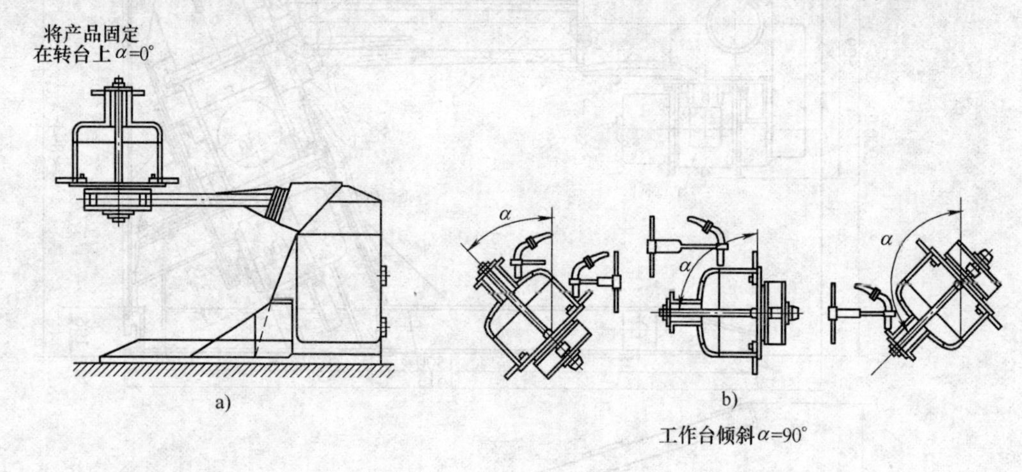

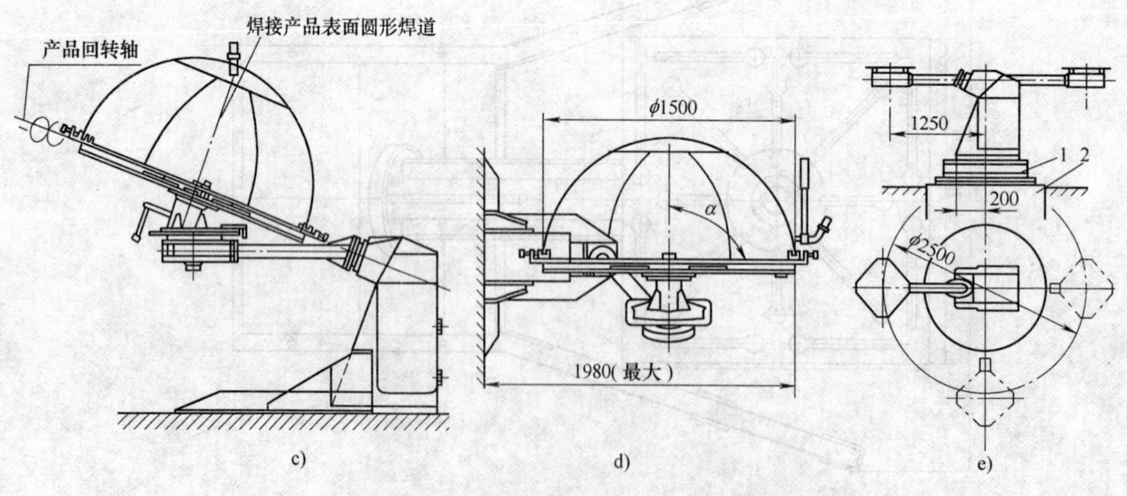

图 8-36　YCM—500 焊接变位机各种工位

a)、b）工件焊接情形由工作台倾斜不同角度完成各焊道焊接

c)、d）焊球形工件　e）多工位服务

为防止这种伸臂式焊接变位机侧向倾覆以及结构尺寸过大，其载重量通常在 1t 以下，最大不超过 3t。对于大吨位的工件，可采用座式焊接变位机。图 8-37 为国内若干厂家生产的 1.5t 座式焊接变位机。由图 8-37 可见其工作台回转和倾斜由各自传动系统完成。分别为：双速电动机带宽皮带无级变速器经两级蜗轮减速器、三级齿轮变速、伞齿轮对至回转工作台；以及电动机、皮带传动、两级蜗轮减速器、倾斜机构齿轮对至工作台倾斜。工作台面回转可以无级调速，而倾斜速度不可调。导电采用碳棒压紧在锥齿轮端面方式，结构简单、

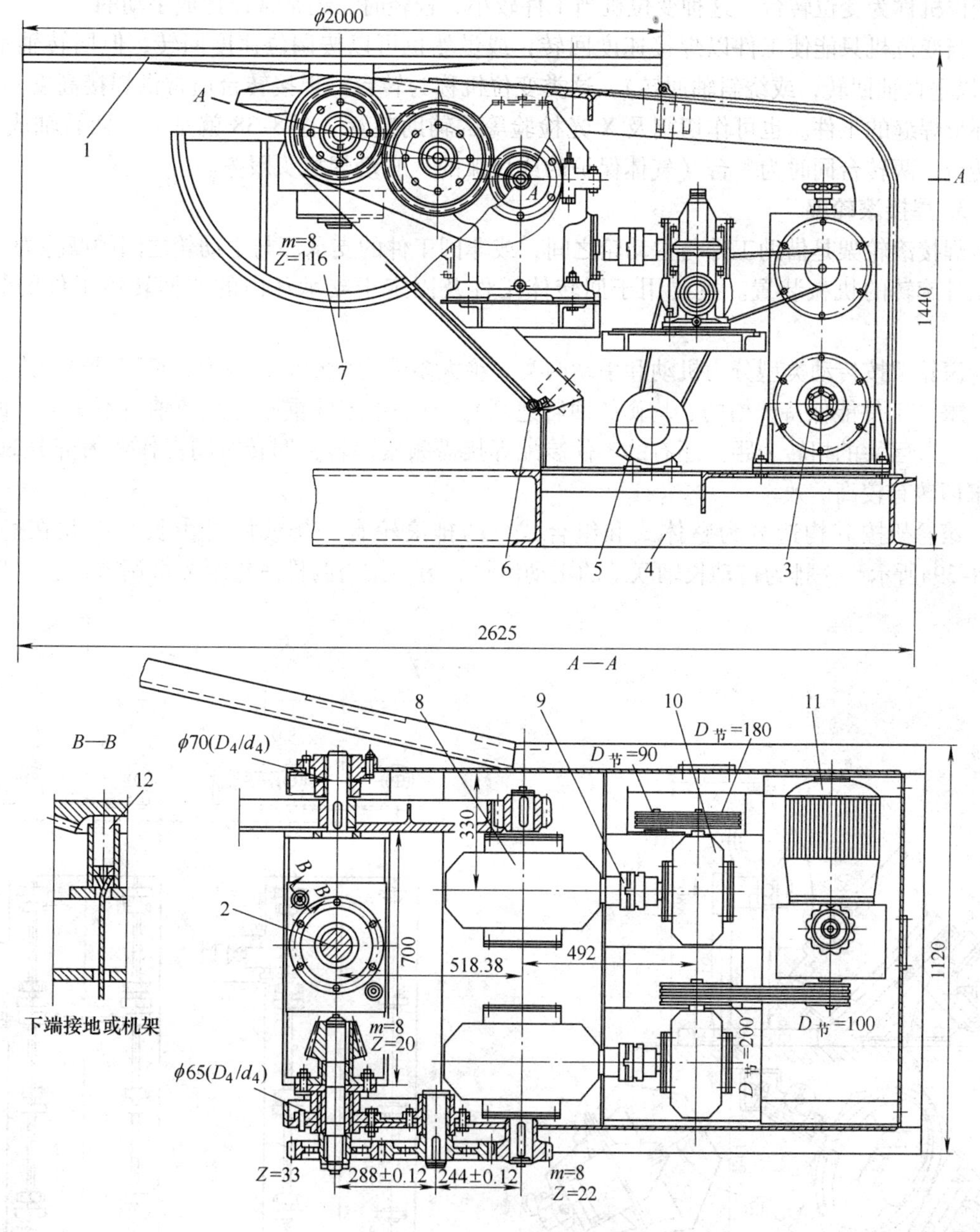

图 8-37　1.5t 座式焊接变位器

1—工作台　2—回转机构　3—宽皮带无级减速器　4—机架　5—电动机　6—行程开关　7—倾斜机构　8—蜗轮减速器　9—联轴节　10—蜗轮减速器　11—电动机　12—接地

使用可靠，这种方式在许多焊接变位机中都成功采用。这种座式焊接变位机在一些厂家的产品样本上已有1.5t，3t，20t，40t系列，有资料介绍了1.5t，3t，5t，10t，20t等单座式以及100t双座式焊接变位机的图样。大部分是机械传动，一部分采用了液压传动，构造上多有差别，但动作功能相同。这种机器以组织专业化工厂生产为佳。

2. 焊接转台和焊接变位转台

工作台回转不是无级调速的，变位机不能完成环缝自动焊，而其他功能与前述相同，这种变位机称为变位转台。这种变位机当工件较小、较轻时，还常常设计成手动的。

当变位机只能使工件以焊接速度回转，或虽然也可以按调位速度回转，但回转轴不变（或以垂直轴回转，或绕斜轴回转），这类变位机称为转台。焊接转台通常供焊接高度不大、有环形焊缝的工件。也可作切割及X光检验等的辅助装置。图8-38就是一台回转轴成45°的转台。两转台同时为一台（气体保护的或埋弧的）自动焊机头服务。

3. 焊接滚轮架

焊接滚轮架是借助工件与主动轮之间，或非圆工件的支承环与主动轮之间的摩擦力，带动工件旋转的机械装置。主要用于回转体工件及固定于支承环内的非回转体工件的装配焊接。

滚轮架按传动类型分为机动和手动两类，绝大多数为机动的，因为它可满足自动焊接速度要求（工件能保持严格的、均衡的回转速度）。有一些零件重心与回转轴由不重合，回转需要克服巨大的扭转力距。还有的零件装配焊接需频繁回转，回转时间占作业大部分时间，要求回转有较高的效率。

滚轮架按其构造分为整体式和组合式，两排滚轮有一排或两排由长轴串联在一起。图8-39a所示，一排为传动长轴联结的主动滚轮，另一排为两排滚轮距离可调节位置，以适

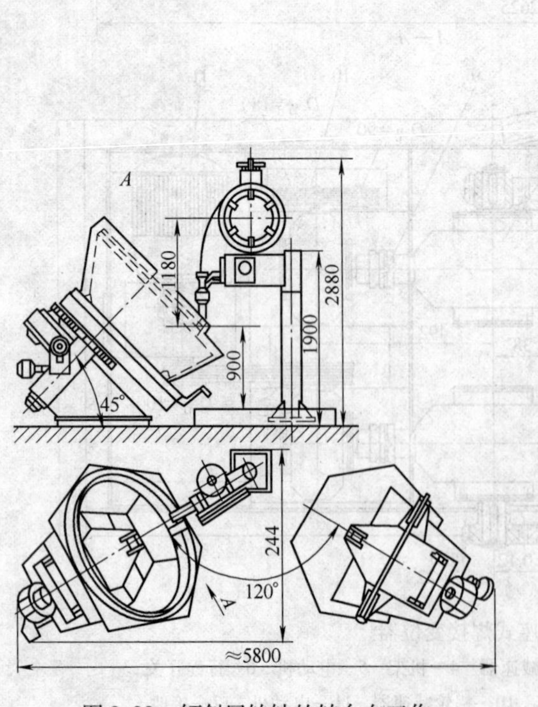

图8-38　倾斜回转轴的转台在工作

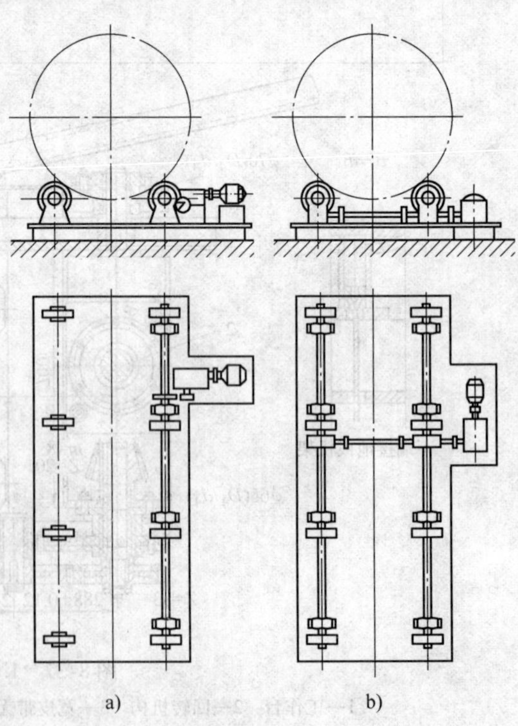

图8-39　长轴整体滚轮架

应不同直径回转工件装配焊接的从动滚轮。当工件重心与回转轴不重合时，可能发生因偏心力矩产生工件与主动滚轮之间打滑现象。采用图8-39b所示双排长轴串联的主动滚轮架有可能克服打滑现象。因为此时产生了比单排主动滚轮架大一倍的摩擦力。当然如果偏心严重，偏心力矩过大，工件仍然打滑时，则应考虑工件加配重，使之平衡，从而减小或消除偏心力矩。整体式滚轮架适于长筒形零件的装配焊接。这种设备安装好后，临时调整工作量小，但设备占地大，特别在闲置时，工作地不易作他用。

组合式滚轮架由一对对滚轮所组成，有机动的主动滚轮对，也有从动滚轮对。如图8-40所示为50t焊接滚轮架，由一对主动、一对从动滚轮架组成。每对滚轮轮距可调，当滚轮中心距为1000mm时，适用于直径为1000～2000mm的工件；当中心距为1500mm时，适用于直径为2000～3000mm的工件。该主动滚轮座采用整体式焊接结构，减速器下箱体与电动机及主动滚轮机座连成一体，然后用螺栓固定在主动滚轮座焊接结构之上。该传动布置合理、元件少、重量轻、结构紧凑，并便于整个滚轮对挪动。从动滚轮对采用固定心轴，轴向尺寸小，比较滚轮和轴一起转动的结构，轴的受力状态大为改善。根据工件长度和重量，这种分体式组合滚轮架对数可以增减。当筒形零件上有凸出零件或孔，妨碍在整体滚轮架上回转时，则必须采用组合式滚轮架。此外，组合式滚轮架在不工作时易于移开，不占工作地。

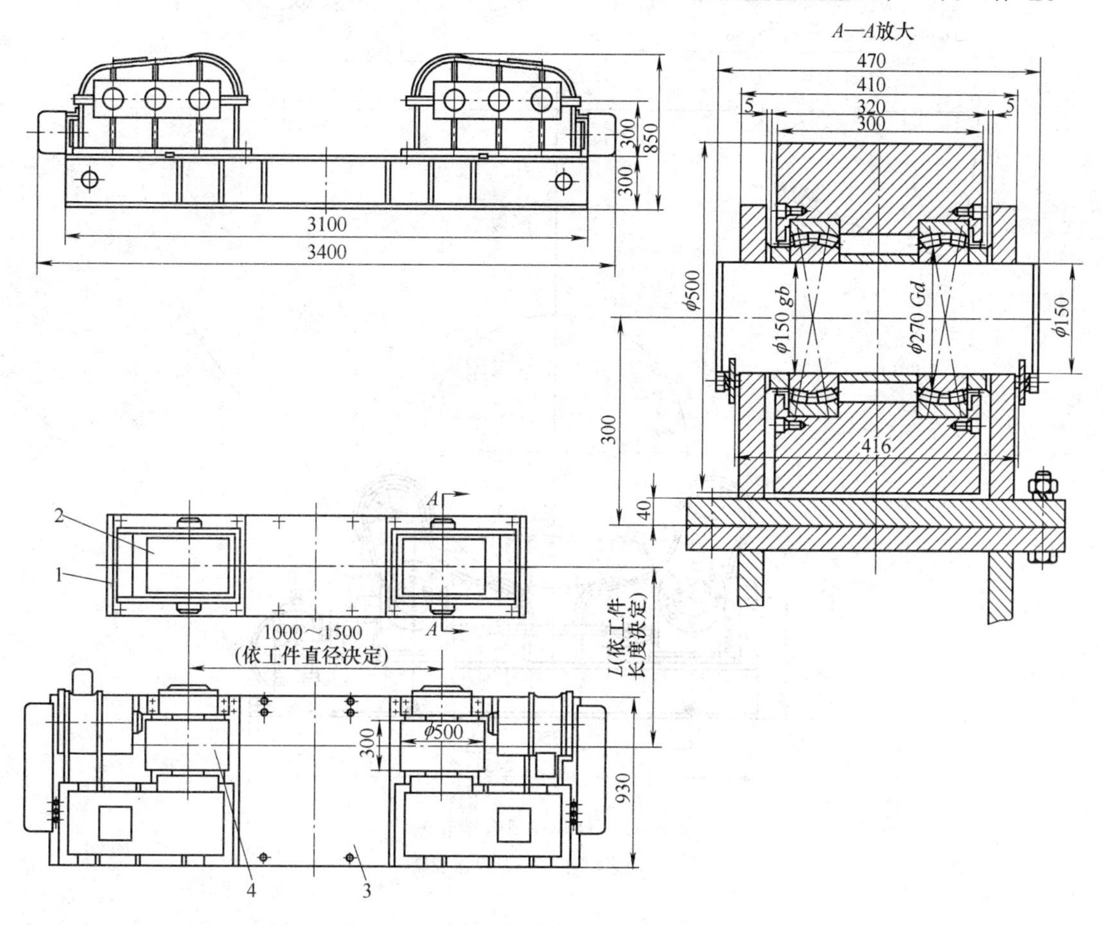

图8-40　50t组合式滚轮架

1—从动底座　2—从动滚轮　3—主动底座　4—主动滚轮

为适用于不同直径圆筒装配焊接，且不用调节滚轮中心距，可采用如图 8-41 所示的自调式组合滚轮架（又称元宝式滚轮架）。滚轮装在摆架上，不用调中心距，即可对于不同直径工件自调获得平衡。对于小直径工件，利用摆架的定位装置使左右两组滚轮固定在同一水平位置上，此时支承工件的不再是 4 个滚轮，而是两个滚轮。这样，工件直径越大，重量越大，支承滚轮多，工件受到轮压小，可避免在工件表面压出印痕或冷作硬化。图 8-40 所示滚轮架可承工件重达 20t，工件直径为 900 ~ 4000mm，滚轮圆周速度为 20 ~ 60m/h，滚轮直径为 450mm，滚轮宽度为 2 × 120mm，由交流整流子可调速电动机 JZS51 驱动。这种滚轮架的缺点是结构比较复杂，维修保养较麻烦。

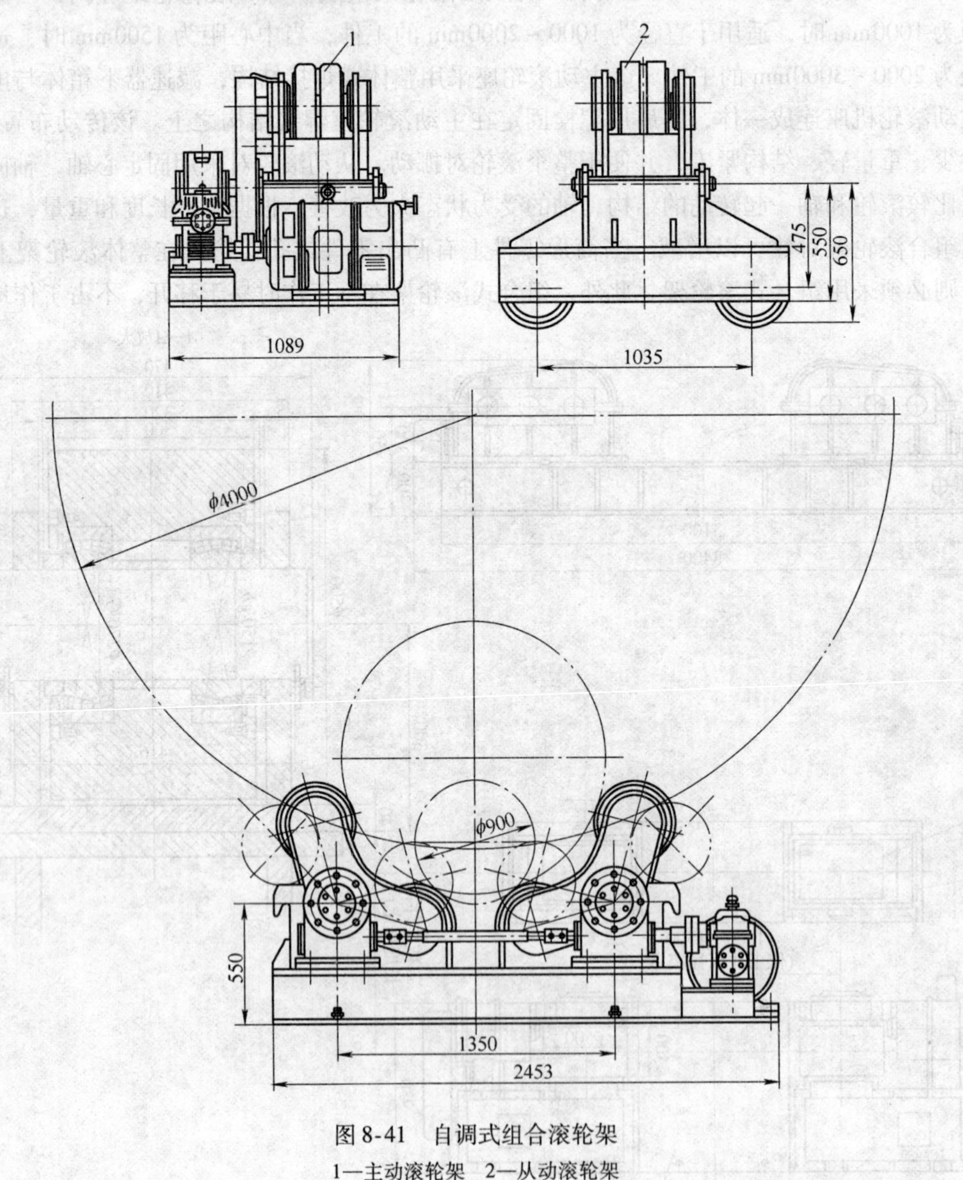

图 8-41　自调式组合滚轮架

1—主动滚轮架　2—从动滚轮架

组合滚轮架由单独滚轮组成，构成可调式焊接滚轮架，如图 8-42 所示。这种滚轮架具有更大的灵活性。

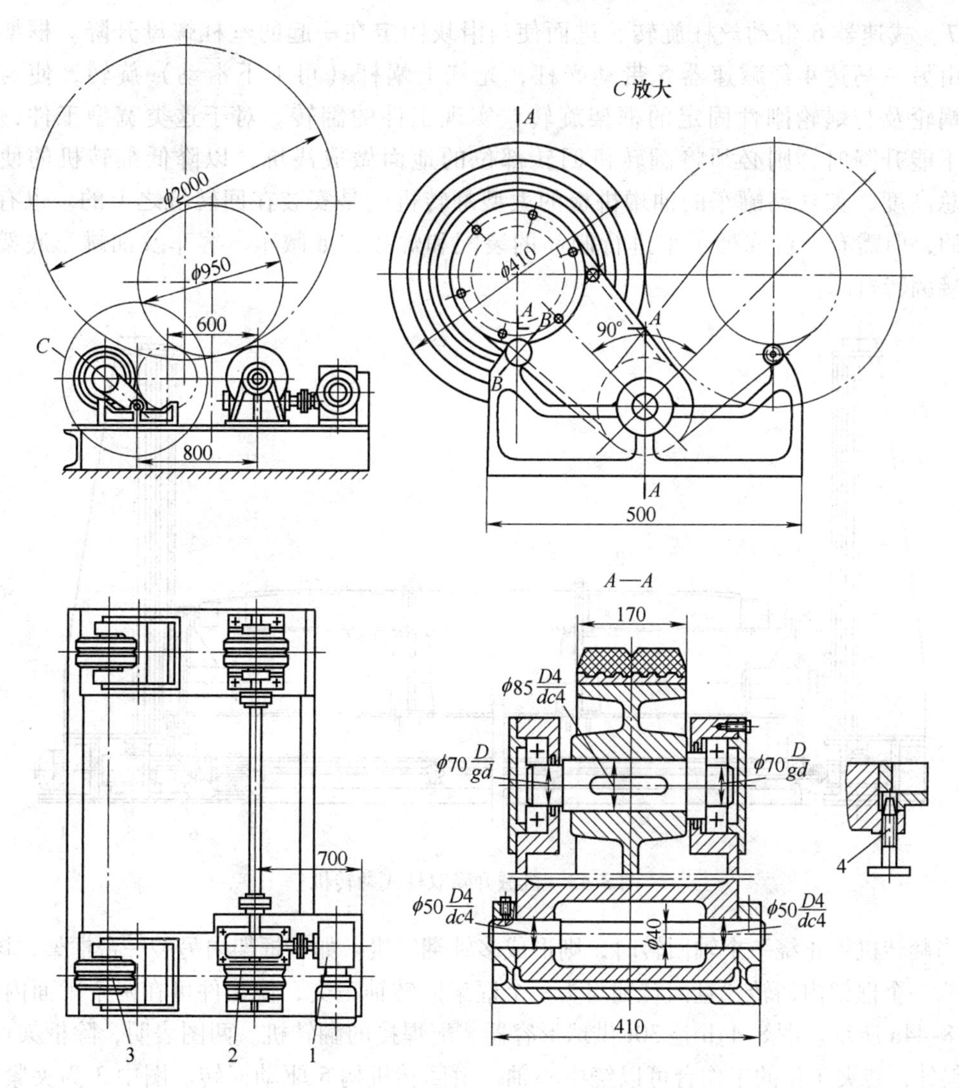

图 8-42 可调式（由单独滚轮组成）滚轮架

1—传动机构 2—主动轮 3—从动轮 4—锁紧螺钉

在焊接球形容器时可采用呈90°布置的滚轮架，两对滚轮架是固定的，另外两对滚轮架是安装在可起升的框架上，当球形容器落在固定滚轮上时，可绕一个轴回转。当框架提升，球体与起升滚轮架接触，球形容器可绕与先前轴成正交的另一轴回转。

4. 焊接翻转机

焊接翻转机是用于调整梁、柱、框架及非圆容器等长形焊接结构，使之处在有利于施焊位置进行装配和焊接的机械。焊接翻转机种类很多，常用的有单柱、双柱框架式翻转机，链式、环式及多向翻转机。

双、单柱框架式翻转机可以手动也可以机动，图8-43所示为机械升降双柱式翻转机，特别适合于梁架结构的焊接工作，也适合于制造较宽的、两面都需要焊接的结构，可将其施焊焊缝都方便的转到平或船形焊位置。图8-43中工件装夹在回转框架2上，框架2两端安有两个回转轴，轴插入滑块中，滑块可以沿左右两支柱1及3上下移动，动力由马达7、减速器6带动丝杠旋转，进而使与滑块固定在一起的丝杠螺母升降。框架的回转是由另一马达4经减速器5带动光杠，光杠上蜗杆（可上下滑动）旋转，使与之啮合的蜗轮及与蜗轮刚性固定的框架旋转，实现工件的翻转。对于这类宽型工件，当翻转机不能升降时，则必须将翻转机回转部位的地面做成浅坑，以降低翻转机的使用高度和总高度，如铁路罐车的油罐拼板的大型翻转机就是安装在回转坑之上的。也有不开地坑的，但需有平台或梯子来进行制品的装配和焊接，如敞车、客车及油罐车底架的总装焊接翻转机。

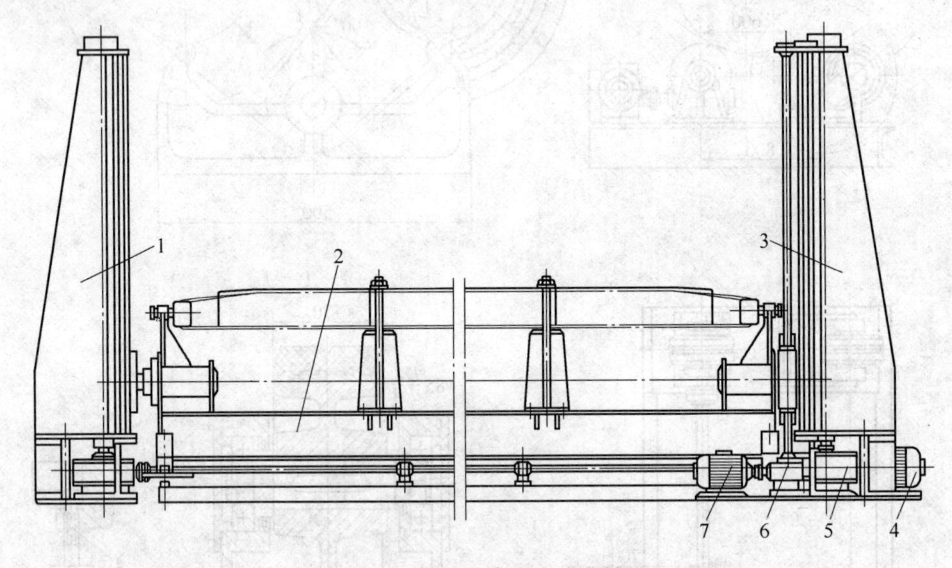

图8-43　机械升降双柱式翻转机

当翻转机不止绕一个轴回转时，则形成多轴翻转机。如当框架内另装一台框架，该框架可在头一个框架内回转，且回转轴与头一个框架回转轴正交，使工件可在两个平面内回转，如图8-44a所示。图8-44b是30t供球形容器装配焊接的翻转机。两图表明，除框架可绕轴2倾斜外，装夹工作的工作台可以绕中心轴，由回转机构5驱动回转。图中3为夹紧机构，4为平衡重（是为防止重心偏离回转中心，造成过大回转阻力矩而设置的）。

链式翻转机如图8-45所示。该图是利用焊接机头（装在悬臂式焊接变位机上）正在进行工字梁角缝的船形焊。这种翻转机不设置装夹机构，工件安装及拆卸十分方便，结构十分简单，重量轻，对各种截面、不同长度梁类构件都可用。缺点是工件位置不易快速调整，工件翻转时产生冲击，并要求工件有较好的刚性；工件在完全自由状态下焊接，不能控制变形；工件翻转速度不均匀，同时还会产生歪斜和位移；为防止在自重作用下工件下滑，从动链上必须设制动装置。

由于上述缺点，这种翻转机应用不多。

环式翻转机适用于长度和重量都相当大、非圆的、截面不对称的和梁式构件的焊接。翻转机可以整周翻转，并停留在任何位置，焊件在支承环内，并由夹紧系统将它固定住，夹紧装置可以机动也可以手动。图8-46所示为一大型环式翻转机，有水平和垂直二套夹紧装置，可以夹紧和调整工件位置，使支承环处于平衡状态。为使支承环能适应多种截面工件的焊接，夹紧装置应是可拆卸的。工件有时不易调节到完全平衡位置，为防止在偏心力矩作用下

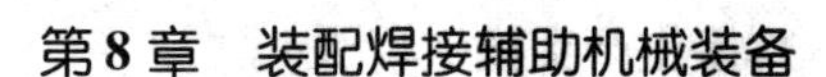

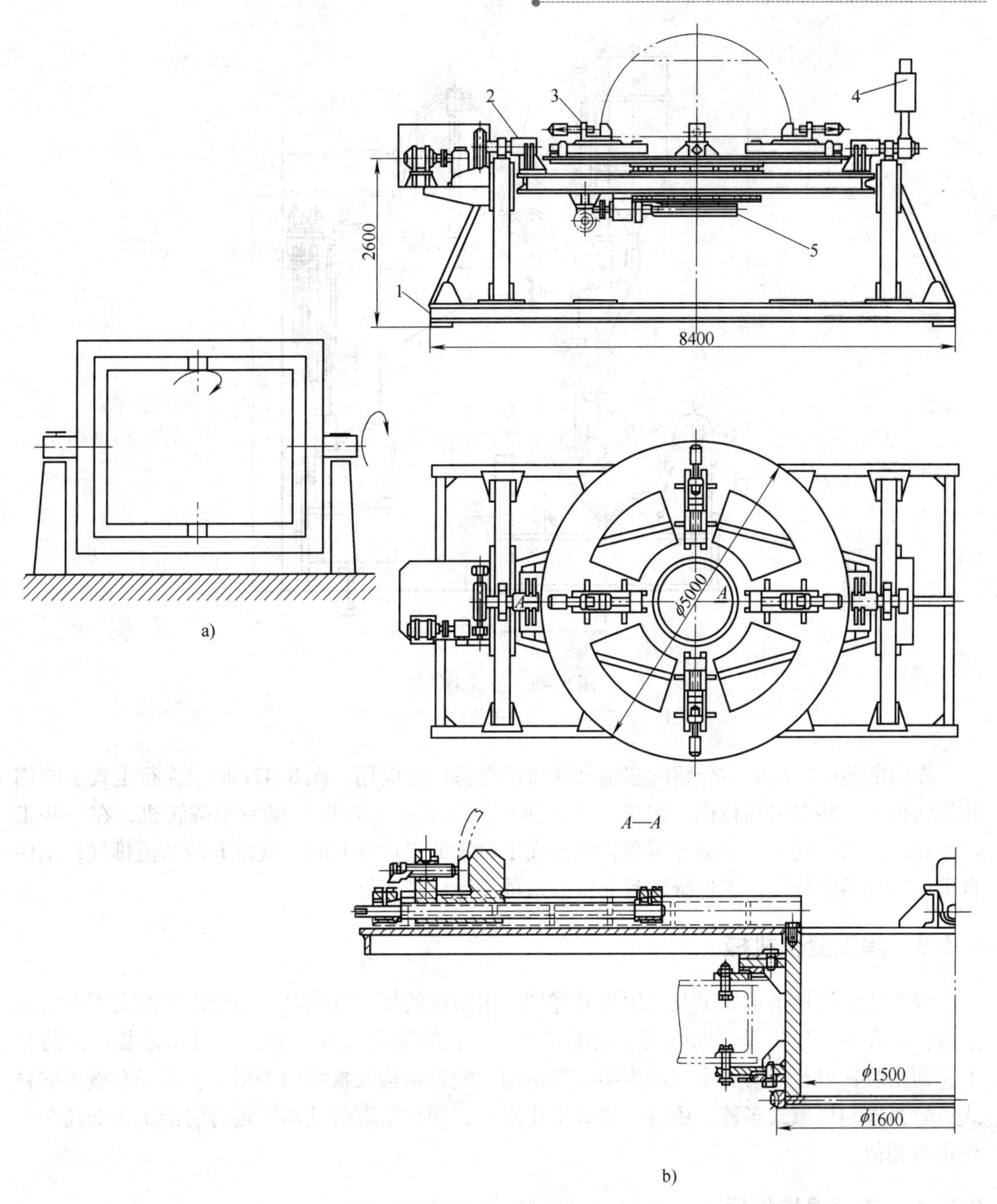

图8-44　多向翻转机

1—机架　2—倾斜机构　3—夹紧机构　4—平衡块　5—回转机构

环的自转，环式翻转机设有制动装置或锁紧装置。如图所示支承圈为滚子架支持，滚子在支承环的沟槽内，还起到防止水平串动作用，支承环依靠啮合传动。当工件刚性不足时，可以在支承环内加型钢支承。支承环一般是一个主动，一个从动。

支承环有时可能妨碍自动焊机通过，不利于自动焊接的应用，装夹工件必须打开支承环，比较麻烦。这种翻转机在批量生产大型长构架焊接结构工厂中得到应用。

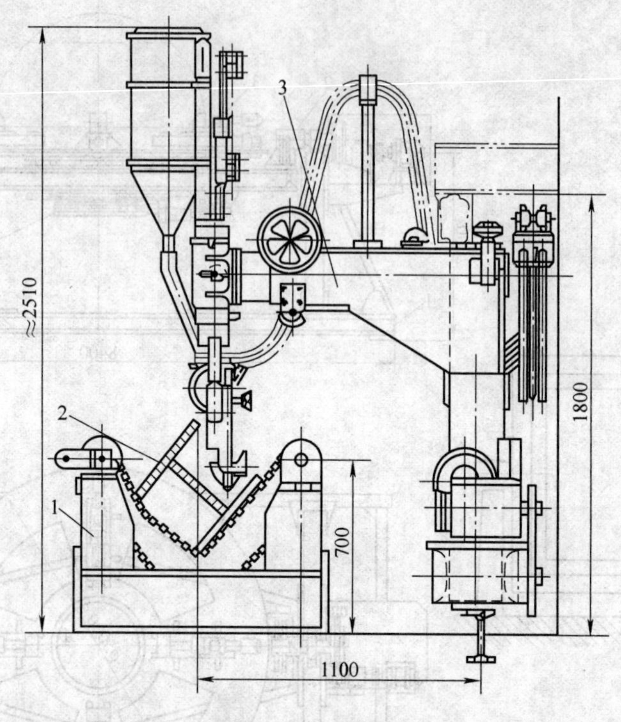

图 8-45　链式翻转机

1—链式翻转机　2—工件　3—焊接操作机

多向翻转机包括如前介绍的多轴翻转机已获得广泛应用。图 8-47a 所示为行走式多向侧倾翻转机。一些专用翻转机，如图 8-47b 所示气动工字（箱形）梁专用翻转机，在一些工厂也获得应用。气动工字梁专用翻转机将在Ⅰ位置的工件顶起时，气缸开始节流排气，工件自重使气缸活塞复位，工件翻转到Ⅱ位。这种设计比较巧妙。

8.3.3　焊工变位机械

焊工变位机械指将焊工及其用具升降到一定高度的焊工升降台。主要用作高大工件的焊条电弧焊和手工埋弧焊，也可用于装配工作，与消防用的云梯类似，不过不是装在消防车上，而是装在可行走的底座上。构架有管结构、型钢结构及板结构等形式。升降有液压肘臂式、套筒式和机械式多种。还有双柱式工作走台，和车站等公共场所进行清洁工作的高架工作走台相似。

8.3.4　装配焊接机器人

1. 概述

焊接机器人（welding robot）是指从事焊接的工业机器人，包括切割与喷涂，工业机器人是一种多用途的、可重复编程的自动控制操作机，具有三个或更多可编程的轴，用于工业自动化领域。为了适应不同的用途，机器人最后一个轴的机械接口，通常是一个连接法兰，可接装不同工具或称末端执行器。焊接机器人就是在工业机器人的末轴法兰装接焊钳或焊（割）枪的，使之能进行焊接、切割或热喷涂。

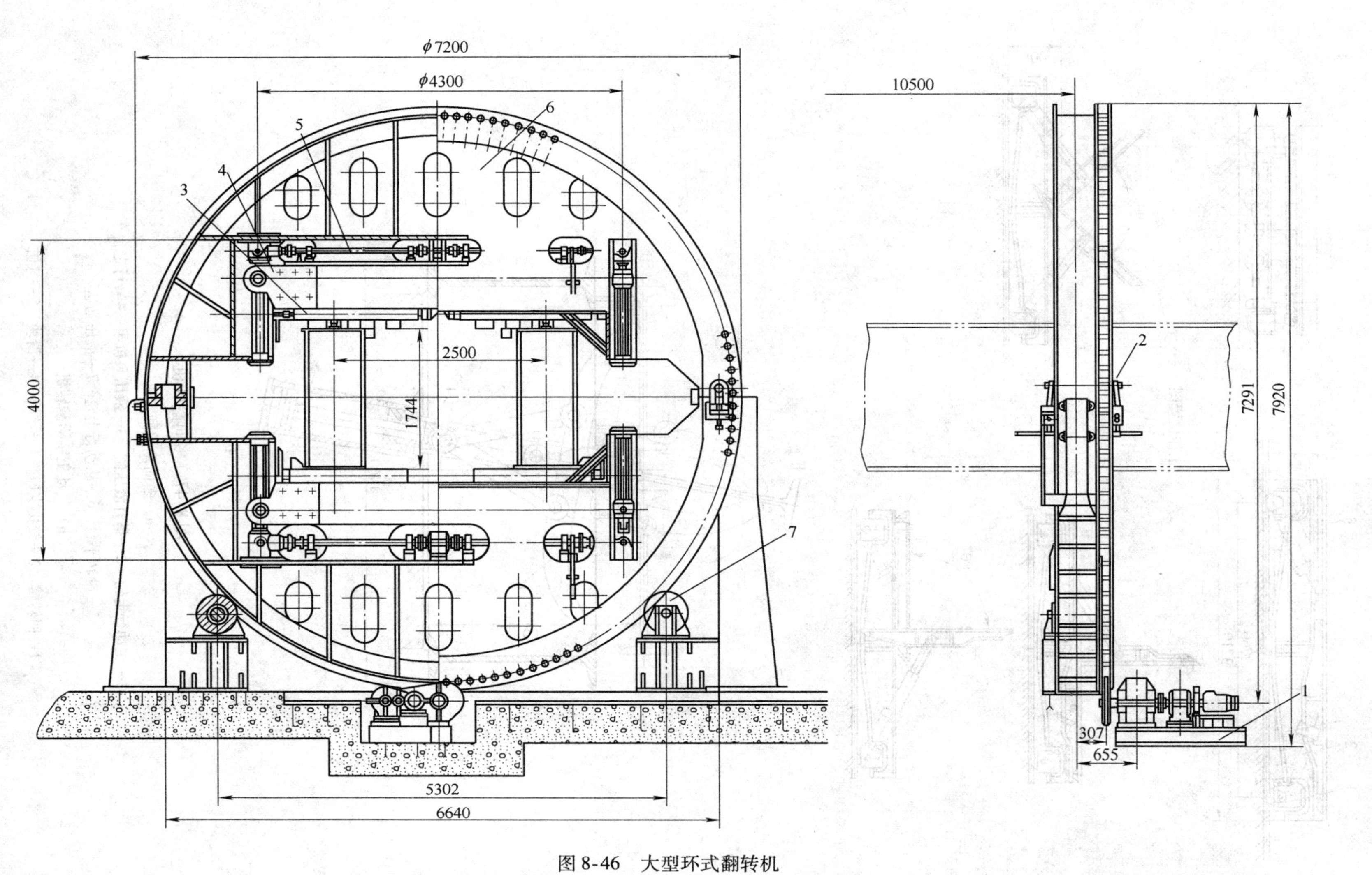

图 8-46　大型环式翻转机

1—针轮传动装置　2—锁紧装置　3—水平夹紧装置　4—垂直夹紧螺旋传动　5—垂直夹紧驱动装置　6—支撑环　7—支承滚轮

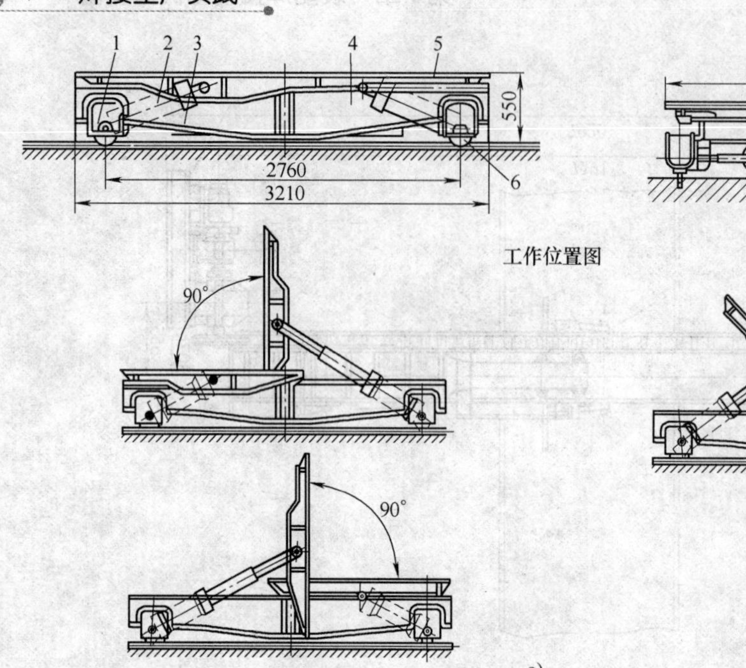

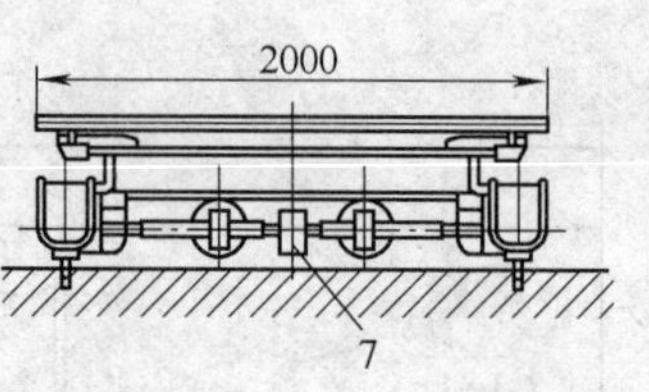

工作位置图

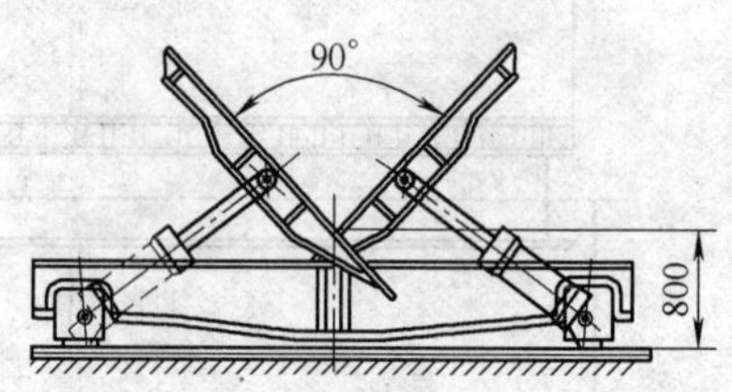

a)

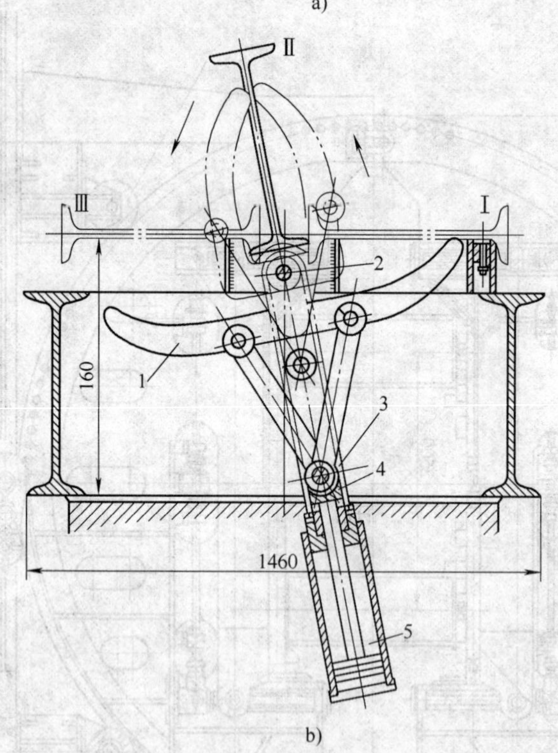

b)

图 8-47　多向翻转机

a）多向侧翻翻转机

1—主动行走轮　2—举升液压缸　3—液压泵机组　4—行走台车

5—翻转平台　6—从动行走轮　7—液压马达

b）气动工字梁翻转机

1—回转臂　2—铰接支座　3—导槽　4—滑块　5—气缸

焊接机器人之所以能够占据整个工业机器人总量的40%以上，与焊接这个特殊的行业有关，焊接作为工业“裁缝”，是工业生产中非常重要的加工手段，同时由于焊接烟尘、弧光、金属飞溅的存在，焊接的工作环境又非常恶劣，焊接质量的好坏对产品质量起决定性的影响。归纳起来采用焊接机器人有下列主要意义：

1）稳定和提高焊接质量，保证其均一性。焊接参数如焊接电流、焊接电压、焊接速度及焊接伸出长度等对焊接结果起决定作用。采用机器人焊接时对于每条焊缝的焊接参数都是恒定的，焊缝质量受人的因素影响较小，降低了对工人操作技术水平的要求，因此焊接质量是稳定的。而人工焊接时，焊接速度、伸出长度等都是变化的，因此很难做到质量的均一性。

2）改善了工人的劳动条件。采用机器人，焊接工人只是用来装卸工件，远离了焊接弧光、烟雾和飞溅等，定位焊时，工人不再搬运笨重的手工焊钳，使工人从大强度的体力劳动中解脱出来。

3）提高劳动生产率。机器人没有疲劳，一天可24h连续生产，另外随着高速高效焊接技术的应用，使用机器人焊接，效率提高的更加明显。

4）产品周期明确，容易控制产品产量。机器人的生产节拍是固定的，因此安排生产计划非常明确。

5）可缩短产品改型换代的周期，减小相应的设备投资，可实现小批量产品的焊接自动化。机器人与专机的最大区别就是它可以通过修改程序以适应不同工件的生产。

2. 我国焊接机器人的应用状况

我国开发工业机器人晚于美国和日本，起于20世纪60~70年代，早期是大学和科研院所的自发性研究，到20世纪80年代中期，我国尚没有一台工业机器人问世。而在国外，工业机器人已经是个非常成熟的工业产品，在汽车行业得到了广泛的应用。鉴于当时的国内外形势，国家“七五”攻关计划将工业机器人的开发列入了计划，对工业机器人进行科研攻关，特别是把实践应用作为考核的重要内容，这样就把机器人技术和用户紧密结合起来，使中国机器人在起步阶段就瞄准了实用化的方向。与此同时于1986年将发展机器人列入国家“863”高科技计划。以后又列入国家“八五”和“九五”中。经过十几年的持续努力，在国家的组织和支持下，我国焊接机器人的研究在基础技术、控制技术、关键元器件等方面取得了重大进展，并已进入实用化阶段，形成了点焊、弧焊机器人系列产品，能够实现小批量生产。我国焊接机器人的应用主要集中在汽车、摩托车、工程机械、铁路机车等行业。汽车是焊接机器人的最早、最大用户，早在20世纪70年代末，上海电焊机厂与上海电动工具研究所，合作研制的直角坐标机械手，成功地应用于上海牌轿车底盘的焊接。“一汽”是我国最早引进焊接机器人的企业，1984年起先后从KUKA公司引进了3台点焊机器人，用于当时“红旗牌”轿车的车身焊接和“解放牌”车身顶盖的焊接。1986年成功将焊接机器人应用于前围总成的焊接，并于1988年开发了机器人车身总装焊接生产线。

20世纪80年代末和90年代初，德国大众公司分别与上海和一汽成立合资汽车厂生产轿车，虽然是国外的二手设备，但其焊接自动化程度与装备水平，让我们认识到了与国外的巨大差距。随后二汽在货车及轻型车项目中都引进了焊接机器人。可以说20世纪90年代以来的技术引进和生产设备、工艺设备的引进使我国的汽车制造水平由原来的作坊式生产提高到规模化生产，同时使国外焊接机器人大量进入中国。由于我国基础设施建设的高速发展带动了工程机械行业的繁荣，工程机械行业也成为较早引用焊接机器人的行业之一。近年来由于我国经济的高速发展，能源的大量需求，与能源相关的制造行业也都开始寻求自动化焊接技术，焊接机器人逐渐崭露头角。铁路机车行业由于我国货运、客运、城市地铁等需求量的不断增加，以及列车提速的需求，机器人的需求一直处于稳步增长态势。

据2001年统计，全国共有各类焊接机器人1040台，汽车制造和汽车零部件生产企业中的焊接机器人占全部焊接机器人的76%。在汽车行业中点焊机器人与弧焊机器人的比例为3:2，其他行业大都是以弧焊机器人为主，主要分布在工程机械（10%）、摩托车（6%）、铁路车辆（4%）、锅炉（1%）等行业。焊接机器人也主要分布在全国几大汽车制造厂，我国焊接机器人的行业分布不均衡，也不够广泛。

进入21世纪由于国外汽车巨头的不断涌入，汽车行业迅猛发展，我国汽车行业的机器人安装台数迅速增加，2002年、2003年、2004年每年都有近千台的数量增长。估计我国目前焊接机器人的安装台数在4000台左右。汽车行业焊接机器人所占的比例会进一步提高。

目前在我国应用的机器人主要分日系、欧系和国产三种。日系中主要有安川、OTC、松下、FANUC、不二越、川崎等公司的产品。欧系中主要有德国的KUKA、CLOOS、瑞典的ABB、意大利的COMAU及奥地利的IGM公司。国产机器人主要是沈阳新松机器人公司、首钢莫托曼机器人公司、温岭市风云机器人有限公司、奇瑞机器人公司、广州数控等公司的产品。

目前我国虽然已经具有自主知识产权的焊接机器人系列产品，但还不能大批量生产形成规模，有以下几个主要原因：国内机器人价格没有优势。近10年来，进口机器人的价格大幅度降低，从每台7万~8万美元降低到2万~3万美元，使我国自行制造的普通工业机器人在价格上很难与之竞争。特别是我国在研制机器人的初期，没有同步发展相应的零部件产业，如何服电动机、减速机等需要进口，价格较高，所以机器人生产成本降不下来；我国焊接装备水平与国外还存在很大差距，这一点也间接影响了国内机器人的发展。对于机器人的最大用户汽车白车身生产厂来说，几乎所有的装备都从国外引进，国产机器人目前还没有表演的舞台。

我们应该承认现阶段国产机器人无论从控制水平还是可靠性等方面与国外公司还存在一定的差距。国外工业机器人是个非常成熟的工业产品，经历了30多年的发展历程，而且在实际生产中不断地完善和提高，而我国则处于一种单件小批量的生产状态。随着劳动力成本上升，中国制造的优势也随之远去，而支持中国制造竞争力保持世界第一的宝座（美国制造业竞争力委员会近日发布了《全球制造业的竞争指数》，第一名还是目前作为世界工厂的中国。而对于五年以后全球制造业的竞争力预测，委员会还是把中国作为第一选择），工业机器人就起了功不可没的作用。目前，国内机器人制造业也处于爆发增长阶段，天津、昆山等地已有机器人工业园，吸引国内外智能制造巨头以及上下游企业聚集。在逐步淘汰高耗能、高污染的传统重工业背景下，国内机器人生产厂家有望获得政府政策和资金的支持。因为焊接机器人是个机电一体化的高技术产品，单靠企业的自身能力是不够的，需要政府对机器人生产企业及使用国产机器人系统的企业给予一定的政策和资金支持，加速我国国产机器人的发展。

3. 焊接机器人的组成及发展趋势

焊接机器人目前已广泛应用在汽车制造业，汽车底盘、座椅骨架、导轨、消声器以及液

力变矩器等焊接，尤其在汽车底盘焊接生产中得到了广泛的应用。应用点焊机器人这种技术可以提高焊接质量，因而试图用它来代替某些弧焊作业。在短距离内的运动时间也大为缩短。国内汽车厂家在生产后桥、副车架、摇臂、悬架、减振器等轿车底盘零件大都是以MIG焊接工艺为主的受力安全零件，主要构件采用冲压焊接，板厚平均为1.5~4mm，焊接主要以搭接、角接接头形式为主，焊接质量要求相当高，其质量的好坏直接影响到轿车的安全性能。应用机器人焊接后，大大提高了焊接件的外观和内在质量，并保证了质量的稳定性和降低劳动强度，改善了劳动环境。

焊接机器人主要包括机器人和焊接设备两部分。机器人由机器人本体和控制柜（硬件及软件）组成。具体讲即包括：

1）机械部分：固定在机座上，为完成焊接任务而传递力或力矩，执行具体动作的操作机，该结构通常包括有机身（机座）、臂、腕、手（焊枪）等。

2）驱动部分：是机械部分的动力源和传递动力（机械能）的部件和装置，常用电动，也有采用液压驱动的。

3）控制部分：具有按照预先设定的程序，控制机器人的动作，沿预定轨迹、规定位置（点）之间，完成焊接作业的电子电气件和计算机。具有记忆、存储功能、通信功能，故而可以接受和储存有关数据和指令，与焊接电源、焊接变位机械、焊件输送装配机械等进行信息交换，协调之间的动作，调节焊接操作规范等。

而焊接装备，是工艺的保障部分，以弧焊及点焊为例，则由焊接电源（包括其控制系统）、送丝机（弧焊）、送气装置、焊枪（钳），还应有传感系统，进行电弧及焊缝的跟踪与传感，如激光或摄像传感器及其控制装置等。

根据机器人臂部自由度的不同组合，其端部运动所对应的坐标系常用的有四种：直角、圆柱、球形、关节式多球等坐标系，其特性可见表8-11。

表8-11　机器人四种坐标系各自特性

坐标系类型	臂端在空间的运动范围	占用空间	相对工作范围	结　构	运动精度	直观性	应　用
直角坐标	长方体	大	小	简单	容易达到	强	少
圆柱坐标	圆柱体	较小	较大	较简单	较易达到	较强	较少
球形坐标	球体	小	大	复杂	较难达到	一般	较多
关节式多球坐标	多球体	最小	最大	很复杂	难达到	差	最多

按这四种坐标系设计的任一款机器人臂部都有三个自由度，从而臂端能达到工作范围的任一点。但对于焊接机器人来说，这还不够，还要求在这任一点的不同方位能进行焊接，即要在臂端和焊枪之间有一“腕”部，以提供三个自由度，调速焊枪姿态保证焊接作业的完成。如图8-48所示，“腕”部的三个自由度即绕x、y、z三轴的回转运动，又分别称为滚转、仰俯、偏转运动，焊接机器人有了臂部和“腕”部各三个自由度，共六个自由度后，其手部（焊枪或焊钳）就可达工作范围任何位置，并在此位置不同方位上，以所需姿态完成焊接作业。由图8-48还可看出，机器人每个自由度，都有一相应的关节，为使其互不干涉，各关节必须是独立驱动的，驱动方式有液压、气动和电动。随着高性能伺服电动机的问世，在焊接机器人中都采用了电驱动，并由永磁直流伺服向永磁同步交流伺服电动机

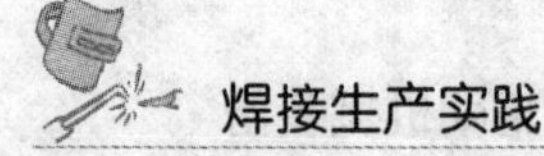

驱动转变，实现价格下降，构造简单（电动机构造）去除整流产生的电磁干扰，实现高性能优良控制。

在机器人的机械传动系统中普遍采用了齿形带、滚珠丝杠、精密齿轮副、谐波减速器等先进、精密、轻质、高强的传动元器件。

机器人控制系统的程序编制是一件复杂而费力的工作，目前机器人的控制系统具有“示教”功能，即操作员用手控机器人完成所需动作，手操作传给系统的指令被储存，下次即可按指令自动完成规定动作。但近年来由于编程语言的发展和它固有的优点而受到重视，并将在重要和关键的焊件焊接中得到应用。

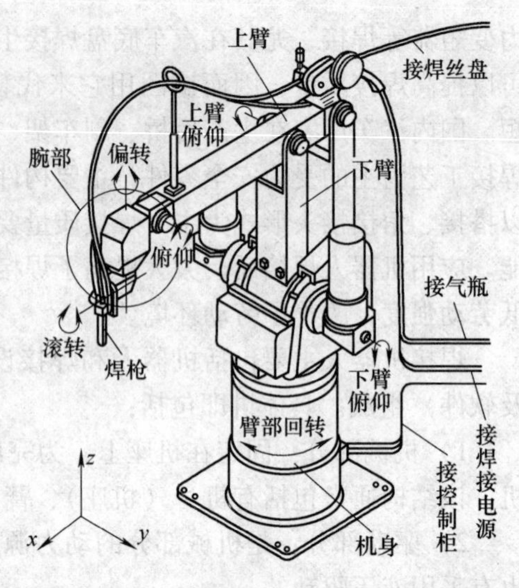

图 8-48　焊接机器人运动示意图

各种焊接机器人的技术性能主要有两部分，即机器人本体的技术性能数据：机器人控制系统的技术数据。以首钢莫托曼机器人（SG-MOTOMAN）的 SK6 型机器人和唐山松下的 AW—005 型机器人为例，其本体和控制系统的技术数据见表 8-12 和表 8-13。而 SG-MOTOMAN 机器人（型号 SK6）其作业范围如图 8-49 所示。

表 8-12　SG-MOTOMAN · SK6 型机器人本体技术数据

结构		关节式六自由度	许用力矩	R 轴	11.8N · m
最大动作范围①	臂部绕 S 轴的回转	±170°		B 轴	9.8N · m
	下臂绕 L 轴的俯仰	+170　−90°		T 轴	5.9N · m
	上臂绕 U 轴的俯仰	+170°　−125°	许用转动惯量（$GD^2/4$）	R 轴	0.24kg · m^2
	腕部绕 R 轴的偏转	±180°		B 轴	0.17kg · m^2
	腕部绕 B 轴的俯仰	±135°		T 轴	0.06kg · m^2
	腕部绕 T 轴的滚转	±320°	重复定位精度		±0.1mm
最大速度	绕 S 轴的回转	2.09rad/s、120°/s	驱动方式		交流伺服电动机
	绕 L 轴的俯仰	2.09rad/s、120°/s	腕部搭载能力		6kg
	绕 U 轴的俯仰	2.09rad/s、120°/s	电源容量②		3.5kVA
	绕 R 轴的偏转	5.24rad/s、300°/s	自重		145kg
	绕 B 轴的俯仰	5.24rad/s、300°/s			
	绕 T 轴的滚转	7.85rad/s、450°/s			
安装环境	温度	0~45°	避开易燃、腐蚀性气体、液体、勿溅水、油、粉尘等		
	湿度	RH20%~80%（不能结露）			
	振动	0.5G 以下	勿近电气噪声源		

① 参见图 8-18 和图 8-19。

② 电源容量根据用途和动作类型的不同而异。

表 8-13　松下 AW-005C 型弧焊机器人控制系统技术数据

规　格		YA-1CCR51
控制方式	示教方式	示教盒示教
	驱动方式	交流伺服电动机
	控制轴数	6 轴同步控制、外部 6 轴可选择控制
	坐标类型	直角型、关节型、圆柱型、吊挂型、移动型
存储	存储量	4000 点（2000 步、2000 序列）
	作业程序数	999
焊接条件设定	设定方式	内部设定功能、电流电压数据直接输入示教盒功能、编辑时焊接参数直接修改功能
	焊接方法	CO_2、MAG

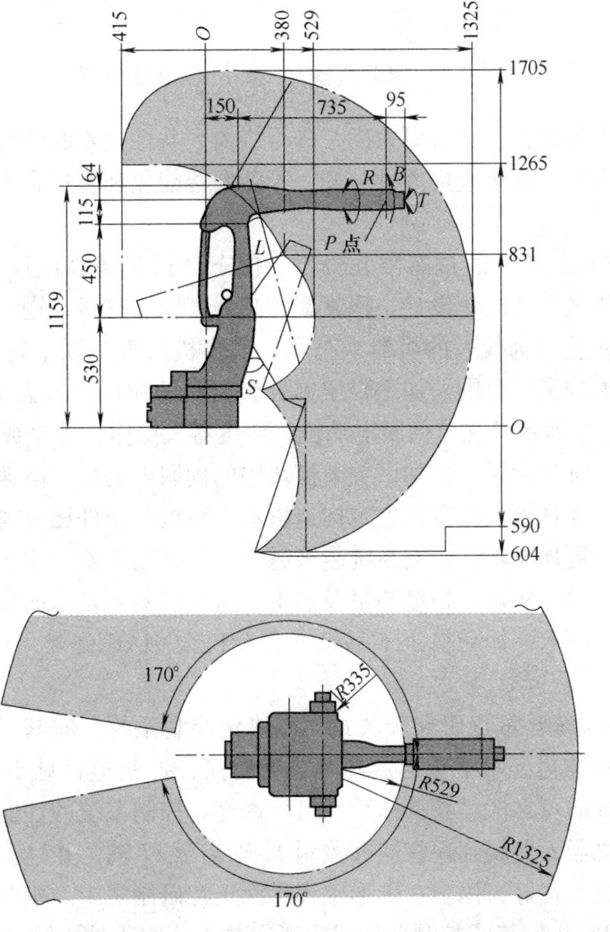

图 8-49　SG-MOTOMAN-SK6 型机器人 P 点动作范围图

图 8-50 是能满足弧焊要求的机器人，型号为 ASEA。采用刚性机械部分与自动控制相配合，其动作位置偏差很小（±0.2mm），使焊矩可沿曲线形状（空间）以不同速度移动。这种机器人用于成批和小批生产，配合两个焊接变位机（万能转台）或回转台 2（上有两个工

位，一个装配，一个焊接），进一步提高了设备和工作地的利用率。

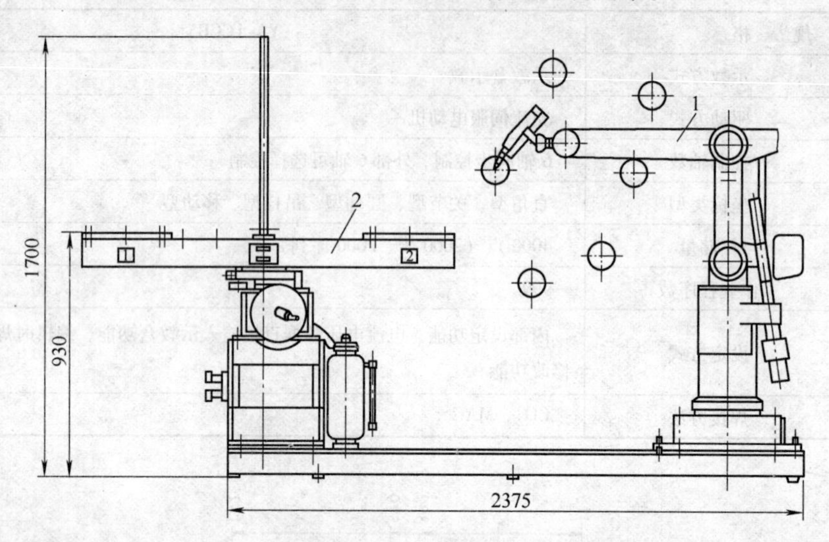

图 8-50　弧焊机器人 ASEA 与焊接变位机

目前国际机器人界都在加大科研力度，进行机器人共性技术的研究。从机器人技术发展趋势看，焊接机器人的其他工业机器人一样，不断向智能化和多样化方向发展，具体表现在如下几个方面：

1）机器人操作机结构：通过有限元分析、模态分析及仿真设计等现代设计方法的运用，实现机器人操作机构的优化设计。探索新的高强度轻质材料，进一步提高负载/自重比。例如，以德国 KUKA 公司为代表的机器人公司，已将机器人并联平行四边形结构改为开链结构，拓展了机器人的工作范围，加之轻质铝合金材料的应用，大大提高了机器人的性能。此外采用先进的 RV 减速器及交流伺服电动机，使机器人操作机几乎成为免维护系统。机构向着模块化、可重构方向发展。例如，关节模块中的伺服电动机、减速机、检测系统三位一体化：由关节模块、连杆模块用重组方式构造机器人整机；国外已有模块化装配机器人产品问市。机器人的结构更加灵巧，控制系统越来越小，二者正朝着一体化方向发展。采用并联机构，利用机器人技术，实现高精度测量及加工，这是机器人技术向数控技术的拓展，为将来实现机器人和数控技术一体化奠定了基础。意大利 COMAU 公司，日本 FANUC 等公司已开发出了此类产品。

2）机器人控制系统：重点研究开放式、模块化控制系统。向基于 PC 机的开放型控制器方向发展，便于标准化、网络化；器件集成度提高，控制柜日见小巧，且采用模块化结构；大大提高了系统的可靠性、易操作性和可维修性。控制系统的性能进一步提高，已由过去控制标准的 6 轴机器人发展到现在能够控制 21 轴甚至 27 轴，并且实现了软件伺服和全数字控制。人机界面更加友好，语言、图形编程界面正在研制之中。机器人控制器的标准化和网络化，以及基于 PC 机网络式控制器已成为研究热点。编程技术除进一步提高在线编程的可操作性之外，离线编程的实用化将成为研究重点，在某些领域的离线编程已实现实用化。

3）机器人传感技术：机器人中的传感器作用日益重要，除采用传统的位置、速度、加速度等传感器外，装配、焊接机器人还应用了激光传感器、视觉传感器和力传感器，并实现了焊缝自动跟踪和自动化生产线上物体的自动定位以及精密装配作业等，大大提高了机器人

的作业性能和对环境的适应性。遥控机器人则采用视觉、声觉、力觉、触觉等多传感器的融合技术来进行环境建模及决策控制。为进一步提高机器人的智能和适应性，多种传感器的使用是其问题解决的关键。其研究热点在于有效可行的多传感器融合算法，特别是在非线性及非平稳、非正态分布的情形下的多传感器融合算法。另一问题就是传感系统的实用化。

4）网络通信功能：日本YASKAWA和德国KUKA公司的最新机器人控制器已实现了与Canbus、Profibus总线及一些网络的联接，使机器人由过去的独立应用向网络化应用迈进了一大步，也使机器人由过去的专用设备向标准化设备发展。

5）机器人遥控和监控技术：在一些诸如核辐射、深水、有毒等高危险环境中进行焊接或其他作业，需要有遥控的机器人代替人去工作。当代遥控机器人系统的发展特点不是追求全自治系统，而是致力于操作者与机器人的人机交互控制，即遥控加局部自主系统构成完整的监控遥控操作系统，使智能机器人走出实验室进入实用化阶段。美国发射到火星上的“索杰纳”机器人就是这种系统成功应用的最著名实例。多机器人和操作者之间的协调控制，可通过网络建立大范围内的机器人遥控系统，在有时延的情况下，建立预先显示进行遥控等。

6）虚拟机器人技术：虚拟现实技术在机器人中的作用已从仿真、预演发展到用于过程控制，如使遥控机器人操作者产生置身于远端作业环境中的感觉来操纵机器人。基于多传感器、多媒体和虚拟现实以及临场感技术，实现机器人的虚拟遥操作和人机交互。

7）机器人性能价格比：机器人性能不断提高（高速度、高精度、高可靠性、便于操作和维修），而单机价格不断下降。由于微电子技术的快速发展和大规模集成电路的应用，使机器人系统的可靠性有了很大提高。过去机器人系统的可靠性MTBF一般为几千小时，而现在已达到5万h，可以满足任何场合的需求。

8）多智能体调控技术：这是目前机器人研究的一个崭新领域。主要对多智能体的群体体系结构、相互间的通信与磋商机理，感知与学习方法，建模和规划、群体行为控制等方面进行研究。

8.3.5　装配焊接机械装置的综合应用

在焊接生产中，装配焊接机械往往是组合运用的。组合形式多种多样，但本质上都是焊件和焊机移动装置组合，可以为某种单一产品服务，也可为同一焊缝形式的不同产品服务，也可以固定工位布置这些机械或以生产工艺要求而定。采用这些组合，能充分发挥各种焊接机械的作用，以提高焊接生产机械化水平，高质量高生产率地组织生产。

图8-27是门式焊接架和滚轮架的组合；图8-28是用可移动横梁门式焊接架进行半球焊件外缝焊接；图8-29～图8-30都是同悬臂平台焊接操作机与滚轮架组合焊接圆筒的实例；图8-38示出了焊接回转台和悬臂式焊接操作机的组合；图8-45示出链式翻转机和悬臂式焊接操作机配合焊接工字梁；而图8-50则是机器人和焊接变位机配合的示意图。此外，为组织焊接生产的综合机械化、自动化，仅有以上装配焊接机械是不够的，还必须配有高效率焊机及焊接辅助装备，如焊剂垫、焊剂自动回收装置等。

参 考 文 献

[1] 中国焊接学会．焊接手册：第3卷［M］．3版．北京：机械工业出版社，2007.
[2] 贾安东．焊接结构及生产设计［M］．天津：天津大学出版社，1989.
[3] 陈祝年．焊接工程师手册［M］．北京：机械工业出版社，2002.
[4] 中国焊接学会焊接设计与制造专业委员会．焊接结构设计手册［M］．北京：机械工业出版社，1990.
[5] 欧阳可庆，等．钢结构［M］．上海：同济大学出版社，1986.
[6] 建设部和国家质量监督检验检疫总局．GB 50017—2003 钢结构设计规范［S］．北京：中国计划出版社，2003.
[7] 建设部和国家质量监督检验检疫总局．GB 50205—2001 钢结构工程施工质量验收规范［S］．北京：中国计划出版社，2001.
[8] 王政，刘萍．焊接工装夹具及变位机械图册［M］．北京：机械工业出版社，1992.
[9] 王政．焊接工装夹具及变位机械—性能、设计、选用［M］．北京：机械工业出版社，2001.
[10] 包头钢铁设计研究院，中国钢结构协会房屋建筑钢结构协会．钢结构设计与计算［M］．北京：机械工业出版社，2003.
[11] C. A. 库尔金，等．焊接结构生产工艺、机械化与自动化图册［M］．关桥，等译．北京：机械工业出版社，1995.
[12] Б. А. 塔乌别尔．装配焊接夹具及机械装置［M］．北京：机械工业出版社，1963.
[13] 国家标准化管理委员会．GB/T 324—2008 焊缝符号表示法［S］．北京：中国标准出版社，2008.
[14] 国家标准化管理委员会．GB/T 985.1—2008 气焊、焊条电弧焊、气体保护焊和高能束焊的推荐坡口［S］．北京：中国标准出版社，2008.
[15] 国家标准化管理委员会．GB/T 985.2—2008 埋弧焊的推荐坡口［S］．北京：中国标准出版社，2008.